"十四五"职业教育国家规划教材

作物育种技术

第三版

董炳友 张 林 主编

化学工业出版社

·北京·

内容简介

《作物育种技术》(第三版)入选"十四五"职业教育国家规划教材,按照作物育种的工作过程,以作物育种的基本理论和技术为基础,拓宽并丰富了作物育种的实用技能知识,包括:绪论,育种目标,种质资源,作物的繁殖方式与育种,选择与鉴定,引种与选择育种,杂交育种,回交育种,杂种优势利用,诱变育种,远缘杂交育种,倍性育种,抗病虫性育种,生物技术在作物育种中的应用和新品种审定、登记、保护与利用。另外,为了提升学生作物育种专业实践技能水平,还设计了相关的实用技能实训内容。本书配有电子课件,可从www.cipedu.com.cn下载使用。教材融入"思政与职业素养案例",弘扬我国科学家精神,培养学生敬业奉献精神,引导学生积极响应二十大号召,学好专业本领维护国家安全,报效祖国。

本教材可供高职高专院校农学专业、作物生产技术专业和种子生产与经营专业学生使用,也可以作为其他相关专业和中等职业技术学校相关教师、广大作物育种工作者、种子生产者与经营者等农业科技工作者、爱好者的参考用书。

图书在版编目(CIP)数据

作物育种技术/董炳友,张林主编. —3版. —北京:化学工业出版社,2023.7(2024.9重印)
"十四五"职业教育国家规划教材
ISBN 978-7-122-40715-3

Ⅰ.①作… Ⅱ.①董…②张… Ⅲ.①作物育种-职业教育-教材 Ⅳ.①S33

中国版本图书馆CIP数据核字(2022)第019408号

责任编辑:李植峰 迟 蕾 张雨璐　　　　　　装帧设计:王晓宇
责任校对:刘曦阳

出版发行:化学工业出版社(北京市东城区青年湖南街13号　邮政编码100011)
印　　装:河北鑫兆源印刷有限公司
787mm×1092mm　1/16　印张18¼　字数449千字　2024年9月北京第3版第2次印刷

购书咨询:010-64518888　　　　　　　　　　售后服务:010-64518899
网　　址:http://www.cip.com.cn
凡购买本书,如有缺损质量问题,本社销售中心负责调换。

定　价:49.80元　　　　　　　　　　　　　　　版权所有　违者必究

《作物育种技术》（第三版）

———— 编 审 人 员 ————

主　　编　董炳友　张　林
副 主 编　孙　平　白百一　单提波
编写人员　（按姓名汉语拼音排列）
　　　　　白百一（辽宁农业职业技术学院）
　　　　　董炳友（辽宁农业职业技术学院）
　　　　　高金忠（吉林鸿翔种业有限公司）
　　　　　高树仁（黑龙江八一农垦大学）
　　　　　李子昂（辽宁农业职业技术学院）
　　　　　刘长华（黑龙江大学）
　　　　　刘淑芳（辽宁农业职业技术学院）
　　　　　孟令辉（黑龙江省种业技术服务中心）
　　　　　孟庆旭（沈阳仙禾种业有限公司）
　　　　　单提波（辽宁农业职业技术学院）
　　　　　孙　平（辽宁农业职业技术学院）
　　　　　王　邗（辽宁农业职业技术学院）
　　　　　王迎宾（辽宁农业职业技术学院）
　　　　　杨　志（辽宁农业职业技术学院）
　　　　　张金明（辽宁东亚种业有限公司）
　　　　　张　林（东北农业大学）
主　　审　**李卓夫**（东北农业大学）
　　　　　向春阳（天津农学院）

前言

"作物育种"是高职高专院校种子生产与经营、作物生产与经营管理、园艺技术等专业的核心课程。基于国家示范校高职院校建设成果，我们编写了《作物育种技术》教材，经几年的教学实践，根据《国家中长期教育改革和发展规划纲要（2010—2020年）》及《关于加强高职高专教育教材建设的若干意见》的有关精神，以培养面向生产、建设、服务和管理第一线需要的高技能人才为目标，按照"基于工作过程"的思路，从作物育种典型的职业活动出发，我们对教材进行了修订完善，教材第二版经全国职业教育教材审定委员会审定，入选了"十二五"职业教育国家规划教材，2019年又入选为"十三五"职业教育国家规划教材。

根据中共中央办公厅和国务院办公厅《关于深化新时代学校思想政治理论课改革创新的若干意见》、教育部《职业院校教材管理办法》等文件要求，在广泛收集用书院校反馈意见和种子生产企业专家建议的基础上，我们对《作物育种技术》（第二版）再次修订。本次修订主要工作如下：

1. 根据教育部对课程思政的要求，结合每章的专业内容收集、提炼、设计相关的典型思政与职业素养教育案例，在传授知识和技能的同时，培养学生的品行，做到"德技共修"。通过我国传统农业与育种历史、育种专家案例和我国育种成就等，鼓励学生积极响应二十大号召，提升文化自信，增强专业自豪感和荣誉感。

2. 对于教学的重点章节和重点技能，补充、完善教学微课、技能训练视频、动画等立体化数字资源，方便教师课堂组织和学生课后自学自练。

3. 吸纳行业企业专家参与教材实际编写，使教材内容更加贴近企业生产岗位实际，强化教材的职业性和实用性。

本教材经两轮职业教育国家规划教材建设修订，内容日臻完善，但难免有疏漏之处，敬请广大用书教师在使用过程中提出宝贵的意见和建议，深表谢意！

编　者

目录

绪论 —— 001

第一节　作物育种的意义及其与其他学科的关系　002
　一、作物进化与遗传改良　002
　二、作物育种的意义与发展　003
　三、作物育种与其他学科的关系　005
第二节　作物品种及其作用　005
　一、作物品种的概念　005
　二、作物优良品种在农业生产中的作用　006
第三节　作物育种的成就与展望　007
　一、我国作物育种工作的主要成就　007
　二、作物育种工作的展望　009
思考题　010

第一章　育种目标 —— 011

第一节　现代农业对作物育种目标的要求　012
　一、高产　012
　二、品质性状　017
　三、稳产　022
　四、生育期适宜　023
　五、适应农业机械化　023
第二节　制订作物育种目标的一般原则　024
思考题　025
技能实训1-1　育种材料播前的准备工作　025
技能实训1-2　小麦面筋含量及蛋白质含量的测定　030
技能实训1-3　面粉沉降值测定　032

第二章　种质资源 —— 034

第一节　种质资源在育种上的重要性　036
　一、种质资源的概念　036
　二、种质资源在作物育种中的重要作用　036
第二节　作物起源中心学说及其发展　038
　一、瓦维洛夫的作物起源中心学说　038
　二、作物起源中心学说的发展　039
第三节　种质资源的研究和利用　040
　一、种质资源的类别及特点　041
　二、种质资源的搜集　042
　三、种质资源的保存　045
　四、种质资源的研究和利用　048
思考题　050
技能实训2-1　玉米种质资源的观察识别　050
技能实训2-2　小麦品种和变种的鉴定和识别　052
技能实训2-3　水稻品种资源的认识及鉴别　053
技能实训2-4　谷子不同品种的鉴定和识别　056

第三章　作物的繁殖方式与育种 —— 057

第一节　作物的繁殖方式　058
　一、有性繁殖　058
　二、无性繁殖　059
　三、作物授粉方式的研究方法　060
第二节　不同繁殖方式作物的遗传特点及其与育种的关系　060
　一、自花授粉作物　060
　二、异花授粉作物　061
　三、常异花授粉作物　062
　四、无性繁殖作物　062
第三节　作物品种类型及育种特点　062
　一、作物品种的类型　062
　二、各类品种的育种特点　064
思考题　065

第四章 选择与鉴定 —— 066

第一节 选择的原理与方法 066
一、选择的意义 066
二、选择的基本原理 066
三、选择的作用 067
四、选择的基本方法 068
五、作物的繁殖方式和常用选择方法 070
第二节 性状鉴定 071
一、性状鉴定的作用 071
二、性状鉴定的一般原则 072
三、性状鉴定的方法 072

思考题 073
技能实训4-1 小麦育种材料的田间调查与室内考种 074
技能实训4-2 水稻育种材料的田间调查与室内考种 076
技能实训4-3 大豆育种材料的田间调查与室内考种 078
技能实训4-4 玉米育种材料的田间调查与室内考种 081

第五章 引种与选择育种 —— 083

第一节 引种 083
一、引种对发展农业生产的作用 083
二、引种的原理 084
三、重要生态因子、品种特性与引种的关系 086
四、作物引种规律 088
五、引种的程序和方法 089

第二节 选择育种 091
一、选择育种的简史和成效 091
二、选择育种的意义和特点 092
三、选择育种的原理 092
四、选择育种的程序 094
五、提高选择育种效率的几个问题 100
思考题 101

第六章 杂交育种 —— 102

第一节 亲本选配 104
一、选择适宜亲本 105
二、配制合理组合 105
第二节 杂交方式和杂交技术 109
一、杂交方式 109
二、杂交技术 111
第三节 杂种后代的处理 114
一、系谱法 114
二、混合法 117
三、衍生系统法 118

四、单籽传法 119
第四节 杂交育种程序和加速育种进程的方法 120
一、杂交育种的程序 120
二、加速育种进程的方法 122
思考题 123
技能实训6-1 小麦有性杂交技术 123
技能实训6-2 大豆有性杂交技术 124
技能实训6-3 水稻有性杂交技术 126

第七章 回交育种 —— 129

第一节 回交育种的特点及遗传效应 129
一、回交育种的概念与意义 129
二、回交育种的优缺点 130
三、回交育种的遗传规律 130

第二节 回交育种技术 132
一、亲本的选择 132
二、回交的次数 132
三、用于回交所需植株数 133

四、回交育种程序　　134　　思考题　　138

第八章　杂种优势利用 —— 139

第一节　杂种优势利用的概况及其表现特性　　140
一、杂种优势利用的简史与现状　　140
二、杂种优势的类型与度量　　141
三、杂种优势的表现特性　　142
四、杂种优势的固定　　144
五、杂种优势利用与常规杂交育种的比较　　144

第二节　杂种优势的遗传基础　　145

第三节　杂交种品种的选育　　147
一、利用杂种优势的基本原则　　147
二、不同繁殖方式作物利用杂种优势的特点　　147
三、自交系的选育与改良　　148
四、配合力及其测定　　151
五、杂交种品种的亲本选配原则　　153
六、杂交种品种的类型　　154
七、利用杂种优势的途径　　156
八、杂种优势利用的育种程序　　158

第四节　雄性不育性在杂种优势利用中的应用　　159
一、利用雄性不育系制种的意义　　159
二、雄性不育的遗传类型　　159
三、质核互作雄性不育性的应用　　161
四、核基因不育系的应用　　164

第五节　自交不亲和系的选育和利用　　164
一、作物的自交不亲和性　　164
二、自交不亲和性在杂种优势中的利用　　165

第六节　作物杂交制种技术　　167
一、选地与隔离　　167
二、制种田的规格播种　　168
三、精细管理　　168
四、花期预测方法　　169
五、去杂去劣　　169
六、去雄和人工辅助授粉　　170
七、分收分藏　　170
思考题　　170
技能实训8-1　玉米的自交和杂交技术　　171
技能实训8-2　育种试验田的小区收获　　173
技能实训8-3　育种试验地的场圃观摩　　174

第九章　诱变育种 —— 176

第一节　诱变育种的依据、特点和意义　　178
一、诱变育种的依据　　178
二、诱变育种的特点　　178
三、诱变育种的意义　　179

第二节　诱变因素　　180
一、物理诱变　　180
二、化学诱变　　187
三、理化诱变剂的特异性和复合处理　　189

第三节　诱变育种的方法和程序　　190
一、处理材料的选择　　190
二、诱变剂量的确定　　190
三、处理群体大小的确定　　191
四、诱变处理后代的选择　　191
五、不同繁殖方式的作物诱变处理的特点　　192
六、诱变育种的育种程序　　192

第四节　提高诱变育种效率的方法　　193
一、根据影响诱变效果的因素，采取相应措施，提高诱变育种效率　　193
二、提高诱变育种效率的其他方法　　194
思考题　　195

第十章　远缘杂交育种 —— 196

第一节　远缘杂交的概念和作用　　197
一、远缘杂交的概念　　197

二、远缘杂交在育种工作中的重要作用	198	二、克服远缘杂种夭亡和不育的方法	205
第二节 远缘杂交不亲和的原因及克服方法	200	第四节 远缘杂种后代的分离与选择	206
一、远缘杂交不亲和性及其原因	200	一、远缘杂种后代性状分离和遗传的特点	206
二、克服远缘杂交不亲和性的方法	201	二、远缘杂种后代分离的控制	206
第三节 远缘杂种夭亡、不育及其克服方法	204	三、远缘杂种后代处理的育种技术	207
一、远缘杂种的夭亡与不育性	204	思考题	208

第十一章 倍性育种 — 209

第一节 多倍体育种	210	二、诱导产生单倍体的途径和方法	220
一、植物多倍体的种类、起源及其意义	210	三、单倍体的鉴别与二倍化	222
二、多倍体育种技术	213	四、单倍体在育种上的应用	222
第二节 单倍体及其在育种中的应用	218	思考题	223
一、单倍体的起源、类型及特点	218		

第十二章 抗病虫性育种 — 224

第一节 抗病虫育种的意义与特点	225	一、抗病虫性的遗传	231
一、作物抗病性、抗虫性的概念	225	二、基因对基因学说	232
二、抗病虫育种的意义与作用	226	三、抗病虫性鉴定	234
三、抗病虫育种的特点	226	第四节 抗病虫品种的选育及利用	235
第二节 作物抗病虫性的类别与机制	227	一、抗原的收集和创新	235
一、病原菌致病性及其变异	227	二、选育抗病虫品种的方法	235
二、作物抗病虫性的类别	229	三、抗性品种的利用策略	237
三、抗病虫性的机制	230	思考题	238
第三节 抗病虫性的遗传与鉴定	231		

第十三章 生物技术在作物育种中的应用 — 239

第一节 细胞和组织培养在作物育种中的应用	241	五、诱导杂种细胞产生愈伤组织和再生植株	250
一、体细胞变异与突变体的筛选	241	第三节 基因工程在作物育种中的应用	251
二、离体培养技术在植物育种中的应用	243	一、目的基因的获取	252
三、细胞和组织培养技术的其他利用途径	245	二、载体系统及其改造	253
第二节 作物原生质体培养与体细胞杂交	245	三、重组DNA的制备	253
一、原生质体的分离与培养	245	四、植物的遗传转化	254
二、体细胞杂交技术	248	五、转基因植株的鉴定	255
三、杂种细胞的选择	250	第四节 分子标记与育种	256
四、杂种细胞的鉴定	250	一、分子标记的分类	256

二、构建遗传图谱 257
三、分子标记基因定位 258
四、分子标记在种质资源研究上的应用 260
五、分子标记在辅助选择中的应用 260
第五节　人工种子的生产程序和方法 261

一、人工种子的概念和研究进展 261
二、人工种子的结构和研制意义 261
三、人工种子的制作 262
四、存在问题和展望 263
思考题 264

第十四章　新品种审定、登记、保护与利用 ———— 265

第一节　品种的区域试验与生产试验 265
一、区域试验 265
二、生产试验和栽培试验 267
三、试验总结 268
第二节　新品种审定与品种登记管理 268
一、品种审定的意义与任务 268
二、品种审定与登记管理 269

第三节　植物新品种保护与合理利用 271
一、植物新品种保护的意义及概念 271
二、我国植物新品种保护体系 273
三、品种保护与品种审定的区别 275
思考题 276
技能实训14-1　品种（系）区域试验总结 276

参考文献 ————————————————281

微课资源

绪　论

> **思政与职业素养案例**

我国作物育种工作的主要成就

中国农业有1万多年的发展历史。自农业产生以来，它始终是我国国民经济最主要和最重要的生产部门之一。国以农为本，民以食为天，成为国人的共识。我国劳动人民在长期的生产实践中通过创造发明，积累了丰富的农业科技经验。勤劳智慧的中国人民，很早便开始了作物育种工作，选育出大量品种，积累了宝贵的育种经验，甚至有些技术至今仍在农业生产中被广泛应用。例如周代初期至春秋中的《诗经·大雅·生民》中，就有关于农作物的选种和育种的记载。如"种之黄茂"，意思是播种时要选色泽光亮美好的种子，才会长出好苗来。西汉的《氾胜之书》中记载了"取麦种，候熟可获，择穗大强者"收割下来，收藏好，"顺时种之，则收常倍"，讲"存优汰劣"人工选择育种的穗选法。北魏的《齐民要术》讲："粟、黍、穄、粱、秫，常岁岁别收，选好穗色纯者，劁刈高悬之。至春，治取别种，以拟明年种子。"这说明当时人们不仅十分重视选种，还建立了专门的种子田，把选出来的纯色好种种植在种子田里，避免与其他种子混杂。《齐民要术》又指出，不但要加强管理种子田，而且在收割时，要先收割种子田里的作物，并单独存放。这是近代混合选择法的先导，比德国选种专家仁博于1867年改良麦种所使用的混合选种法要早1300多年。以作物品种而言，战国时的《管子·地员》中已有一些作物品种及其所适宜栽培土壤的记载，《广志》和《齐民要术》中记述的品种又有大的发展；到清代《授时通考》，仅收录部分省州县的水稻品种即达3000个以上。品种资源呈现多样性，有不同熟期的，有不同株型的，有高产的，有优质的，有抗病虫的，有抗逆性的，以适应各地自然条件和社会经济的需要。

我国的传统农业曾长期处于世界较先进的地位。然而在19世纪以后，世界进入到科学育种阶段，整个育种工作迅速发展之时，中国正处在长期的封建统治和帝国主义的压迫之下，育种工作的发展受到很大限制。新中国成立以来，由于国家及政府对种子工作的重视，在品种资源的收集和研究、良种的选育和育种理论的研究等方面进行了大量的工作，作物育种事业得到了迅速发展。

总之，中国农业科技发展历史悠久，农业遗产非常丰富。学习中国农业科技史，就是要认识中国丰富的农业遗产，继承发扬中国农业的优良传统，从而走出一条具有中国特色的，符合中国国情的农业现代化道路。

提高作物的生产水平,加快农业生产发展,总体上是通过作物的遗传改良和作物生长条件的改善两个途径来实现的。作物的遗传改良属于作物育种学所研究的内容,而作物生长条件的改善则是属于作物栽培学所涉及的范畴。本教材针对当前国内外作物育种的现状和未来发展要求,全面系统地介绍作物育种的基本原理与方法。

第一节 作物育种的意义及其与其他学科的关系

一、作物进化与遗传改良

作物是人类通过对野生植物进行栽培驯化而形成的,其驯化过程从根本上来说符合物种起源与进化规律。人类从远古时代开始定居就学习耕种,并逐渐积累了植物改良的实践经验;当今人们将这门知识系统化,并融入了新的技术手段,使其不断发展。

1. 进化的基本要素

生物界的基本特征是进化,也是生物界运动的总规律。现有各种各样的生物都是从原始生物演变而来的;生物接受环境给予的刺激而产生形态和性状的改变,以适应现有的生境,这种演变发展的过程称为进化过程。所有生物的进化决定于三个基本因素:变异、遗传和选择。自然选择理论是核心,选择的基础是生物的遗传和变异,遗传、变异是进化的内因和基础,选择决定进化的发展方向。其三者关系如图绪-1所示。

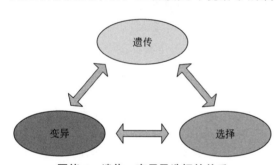

图绪-1 遗传、变异及选择的关系

一切生物都能发生变异,达尔文认为引起变异的原因有以下几个方面:环境的直接影响,器官的使用与不使用产生的效果,相关变异等。在众多的变异中,有的能遗传,有的不能遗传,只有广泛存在的可遗传的变异才是选择的对象。

任何生物都有按几何比率高速增加个体数目的倾向,和有限的生活条件发生矛盾,因而发生大比率的死亡,这就是生存斗争。任何一种生物如果以级数繁殖而不被消灭,那么若干年后一对生物的后代就会覆盖整个地球。由于繁殖过剩,因此生存斗争是不可避免的。在生存斗争中,那些对生存有利的变异会得到保存,而那些对生存有害的变异会被淘汰,这就是自然选择,也叫适者生存。由于生存斗争不断在进行,因而自然选择也不断地进行。正是由于生物居住的环境多种多样而且是变化的,加之生物漫长岁月的选择过程,才形成现在如此多样、复杂的生物适应类型。

2. 自然进化和人工进化

自然进化是自然变异和自然选择的进化;人工进化则是人工创造变异并进行人工选择的进化,其中也包括有意识地利用自然变异及自然选择的作用。因此,自然进化和人工进化的区别首先在于选择的主体和进化方向。自然进化过程中选择的主体是自然条件,人工进化选择的主体是人。自然进化的方向决定于自然选择,而人工进化的方向则主要决定于人工选择。自然选择使有利于个体生存和繁殖后代的变异逐代得到积累加强,不利的变异逐代淘汰，从而形成新物种、变种、类型以及对其所处环境条件的适应性。人工选择则是针对人类所需要的变异，并使其后代得到发展，从而培育出发展生产所需要的品种。现代的作物品种是在自然选择基础上的人工选择的产物。所有作物都是起源于其相应的野生植物，经历了漫长的自然选择和人工选择的过程，即野生植物经驯化成为作物，又从古老的原始地方品种经不断选育发展为现代品种。自然进化一般较为缓慢，创造一个新的变种、种平均需要几万年或几十万年的历史进程。而人工进化则较迅速，随着科学技术的进步，人工创造变异能力逐渐增强，选择方法不断改进，从而使得人工进化可在短短几年、十几年中创造出若干个新的生物类型或新品种。因此，作物育种实际上就是作物的人工进化。

自然选择和人工选择有其矛盾的一面，也有其一致的一面。人工选择的目标性状如高产、优质等与自然选择的方向有不同程度的矛盾，但某些性状，如对各种环境胁迫的适应性、以种子、果实为主要产品的植物繁殖能力的提高等，不仅是自然选择的方向，同样也是人工选择的基本要求。

作物育种实际上就是作物的人工进化，是适当利用自然进化进行的人工进化，其进程远比自然进化要快。

3. 遗传改良及其在作物生产中的作用

遗传改良是指作物品种改良，是通过改良作物的遗传性，使之更加符合人类生产和生活的需要。从野生植物驯化为栽培作物，就显示出初步的、缓慢的遗传改良作用。现有各种作物都是在不同历史时期先后从野生植物驯化而来的。

随着生产的发展，人类发掘可供食用、饲用、药用及工业原料用的各种植物种类的工作一直在不断进行，从而使作物种类不断得到丰富。如新油料作物的"希蒙德术"（Jajoba）。这种植物原产于墨西哥和美国西南部的沙漠中，抗旱性、抗盐性及抗高温性特强，其坚果含油量达50%，可作为优质润滑油，具有很高的经济价值。除了野生植物经驯化发展为新作物外，还可以通过人工合成创造新作物。如异源多倍体小黑麦，也具有特殊的生产价值。从其他国家和不同生态地区引种驯化前所未有的新作物及品种，对发展各国和地区的作物生产常起重要的促进作用。通过对现有作物的遗传改良，可以提高作物单位面积产量，改进产品品质，提高品种的适应性和改良其农艺性状，从而扩大该作物的种植区域，增强对病虫害和旱、冷、盐碱害等环境胁迫的抗耐性等。在当今科学技术突飞的时代，随着新的遗传育种理论、知识和方法技术的不断创新和应用，作物遗传改良将会发挥越来越重要的作用。

二、作物育种的意义与发展

1. 作物育种的性质和任务

作物育种学是研究选育和繁殖植物优良品种的理论与方法的科学。其基本任务是在研究和掌握植物性状遗传变异规律的基础上，根据各地区的育种目标和原有品种的基础，广泛发掘、深入研究和利用各种作物种质资源，采用适当的育种途径和方法，选育适于该地区生态、生产条件，符合生产发展需要的高产、稳产、优质、抗逆、熟期适当和适应性广的优良品种以及新作物，并通过行之有效的繁育措施，在繁殖、推广过程中保持并提高种性，提供优质好、成本低的生产用种，实现生产用种良种化，种子质量标准化，促进高产、优质、高效农业的发展。

2. 作物育种的主要内容

作物育种的主要内容包括：育种目标的制订及实现目标的相应策略；种质资源的搜集、

保存、研究评价、利用和创新；植物繁殖方式及其与育种的关系；选择的理论与方法；人工创造变异的途径、方法和技术；杂种优势利用的途径和方法；目标性状的遗传、鉴定及选育方法；作物育种不同阶段的田间及实验室试验技术，新品种审定、推广和良种繁育及其种子检验技术等。

3. 作物育种的发展

作物育种与野生植物的驯化和农业的起源有密切关系。远古时期，人们起初只是选择最好的果实和种子进行栽植。选择过程和植物生长条件的改善导致了栽培植物的形成。这个过程进展缓慢，到公元前 2 世纪，栽培植物才发展到超过人类总食物量的 50%。随着近代科学的发展，逐步加快了由野生植物驯化为栽培植物的过程。

近代育种技术和理论的发展始于西欧。随着遗传学、进化论及有关基础理论的发展，植物育种从 20 世纪 20～30 年代开始摆脱主要凭经验和技巧的初级状态，逐渐发展为具有系统理论和科学方法的一门应用科学。时至今日，作物育种学已成为一门融生物技术等高新技术和常规技术为一体的、充满活力的生命科学。人们不仅可以利用同一物种的各种有益基因，而且可以利用不同种、属甚至不同界的生物体中所蕴藏的有益基因，导入栽培作物，育成在产量、品质、抗性等方面更加突出的品种。世界上第一部较系统地论述有关育种知识的专著是美国 1927 年出版的 Hayes 和 Garber 所著的《作物育种》，随后则有苏联 1935 年出版的 Vavilov 的《植物育种的科学基础》，1942 年美国出版了 Hayes 和 Immer 的《植物育种方法》，比《作物育种》一书内容丰富。该书的第二版（1955 年）内容又有所补充，其中译本《植物育种学》于 1962 年出版。美国的 Allard 于 1960 年编著了《作物育种原理》等。这些论著对促进世界作物育种的发展起到重要的作用。

农业历史悠久的中国劳动人民早在汉代对植物性别就有了正确的认识并发明了穗选法，在《氾胜之书》、《齐民要术》、《南方草木状》等书中都有许多关于人工选择的记载。但这些文献中有关植物育种方面的记载多是经验的描述，没有形成育种的理论体系。我国在 20 世纪初仅有少数学者开展植物育种工作，到 30 年代逐渐形成学科体系。中国学者王绶最早编辑出版了《中国作物育种学》(1936)，沈学年编了《作物育种学泛论》(1948)；新中国成立以来，蔡旭主编了《植物遗传育种学》(第一版 1976，第二版 1988)，西北农学院主编了《作物育种学》(1981)，潘家驹主编了《作物育种学总论》(1994)，胡延吉主编了《植物育种学》(2003)，这些论著对促进中国作物育种和相关教学事业的发展起到了重要作用。

随着科学技术的迅速发展，自 20 世纪 60 年代以来，由水稻、小麦的矮化和抗病虫育种所引起的"绿色革命"，70 年代兴起的组织培养技术，80 年代兴起的生物技术特别是转基因技术等，不仅极大地推动了世界农业生产的发展，而且也有力地促进了作物育种学的发展。现代作物育种具有以下典型特点。

① 育种目标要求提高。按照现代农业的要求确定育种目标，育种目标要求更高、更全面；现代农业对新品种不仅要求进一步提高增产潜力，增强对多种病虫害及环境胁迫的抗耐性，广泛的适应性；而且还要求具有优良的产品品质和适应机械操作的特性等。

② 种质资源工作更加重要。要求在进一步重视种质资源的搜集、保存、研究评价、利用及创新的基础上不断创造新的种质类型。

③ 广泛采用现代技术和仪器，对育种目标性状及作物生长发育过程中的若干生理、生化特性进行微量、快速、精确、活体的鉴定分析方法，以提高选育效率。

④ 在传统的常规育种基础上，大力开拓育种的新途径和新技术。包括人工诱变育种、

倍性育种、远缘杂交育种，细胞工程、染色体工程、基因工程等多种育种方法相结合。

三、作物育种与其他学科的关系

作物育种学是农作物人工进化的科学，是一门以遗传学、进化论为基础的综合性应用科学。农业技术的进步使作物育种的速度远远超过了自然进化。现代作物育种工作要求掌握有关育种基础理论，综合运用多学科知识，采用各种先进的技术，有针对性和预见性地选育新品种。因而，作物育种涉及植物学、植物生态学、植物生理学、生物化学、植物病理学、农业昆虫学、农业气象学、土壤学、生物统计和试验设计、生物技术、农产品加工学和农业经济学等领域的理论知识和研究技术（图绪-2）。作物育种学和作物栽培学有密切的关系，是作物生产科学中两个不可偏缺的主要学科。

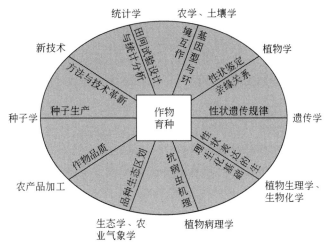

图绪-2　作物育种与其他学科的关系

第二节　作物品种及其作用

一、作物品种的概念

作物品种是人类在一定的生态条件和经济条件下，根据人类的需要所选育的某种栽培作物的某种群体；此群体的形态特征和生理、生化特性具有相对整齐一致性；性状在遗传上具有相对稳定性；适应当地自然、生产与经济条件，产品的产量高，质量优良；不同品种间的某些特征、特性彼此不完全相同，因而能互相区别。作物品种是人工进化的、人工选择的，即育种的产物，是重要的农业生产资料。品种必须符合生产的需要，其丰产性、优质性、抗逆性等能直接为生产者所利用，生产上广为种植。

作物品种不是植物分类学上的单位，也不同于野生植物。任何一个作物品种都能进行植物学分类，它属于植物分类学上的某一个种或变种，但它不是植物分类学上的一个最低单位，品种是经济上的类别。

作物品种，一般都具有三个基本要求或属性，即特异性（distinctness）、一致性（uniformity）和稳定性（stability），简称 DUS。特异性是指本品种具有一个或多个不同于其他品种的形态、生理等特征；一致性是指同品种内个体间植株性状和产品主要经济性状的整齐一致；稳定性是指繁殖或再组成本品种时，品种的特异性和一致性能保持不变。

景士西总结国内外有关论述，提出品种的属性还应包括优良（elite）和适应（adaptability），则品种的属性共包括五个方面，简称 EADUS。

品种的优良性和适应性有其地区性和时间性。品种具有地区适应性，品种是在一定的生态条件下选育而成的，因此要求品种利用在特定的生态条件下进行，因地制宜，良种结合良法。不同品种的适应性有广有窄，但没有任何一个品种能适应所有地区。不同的生态类型地区所种植的品种不同；即使在同一地区，所种植的品种也各不相同。在农业生产上，应根据当地的生态与经济条件来选择相应的品种。

品种的利用有时间性。任何品种在生产上利用的年限都是有限的，每个地区，随着经济、自然和生产条件的变化，原有的品种便不能适应。因此，必须不断地进行新品种选育研究，不断地选育出新的接替品种，满足农业生产对品种更换需求。

作物品种除了纯系品种外，还有多系品种、异交群体品种、综合品种、无性系品种等不同类型，根据其来源又可分为农家品种与现代品种，或者传统品种与高产品种。所有类型的品种都应具有上述的基本性能和作用。

二、作物优良品种在农业生产中的作用

提高作物产量的两个必需的关键环节是选育推广优良品种和改进作物品种栽培环境的技术。选育推广优良品种是内因，改进作物品种栽培环境和技术是外因。作物优良品种是指在一定地区和耕作条件下能符合生产发展要求，并具有较高经济价值的品种。生产上所谓的良种，应包括具有优良品种品质和优良播种品质的双重含义。

一方面，作物品种栽培过程中的土、肥、水等外部条件及一切农业技术措施，都要通过品种本身的遗传性才能起作用；另一方面，任何品种的优良遗传特性也必须在相应的栽培条件下才能充分表现出来。只有内因和外因相互结合，良种良法配套，才能有效地促进植物生产水平的提高。品种在发展农业生产中的作用主要有以下几方面。

1. 提高单位面积产量

优良品种一般都有较大的增产潜力和适应环境胁迫的能力。在同样的地区和耕作栽培条件下，选用产量潜力大的良种，一般可增产 10%~20%。在较高栽培水平下良种的增产作用将更大。新中国成立以来，我国在小麦、玉米、水稻、棉花等主要农作物上都经历了 5~6 次品种更换，每次更换至少使作物产量提高 10% 以上。

2. 改进品种品质

作物各品种间不仅产量有高低，而且其品质也有优劣，优良品种的产品品质显然较优，通过品种改良，使许多作物，如禾谷类作物的籽粒蛋白质含量及组分、油料作物的含油量及组分、纤维作物的纤维品质等，都在不同程度上有所提高或改进，更符合经济发展的要求。

3. 保持稳产性和产品品质

优良品种对常发的病虫害和环境胁迫具有较强的抗耐性，在生产中可减轻或避免产量损失和品质变劣。在作物生产过程中，常会遇到各种不良环境的影响，造成产量低而不稳、品质变劣的情况。但优良品种在大面积推广过程中就具有保持连续而均衡增产的能力，也就是说在不同年份、不同地块的土壤和气候等因素的变化和环境胁迫条件下，优良品种具

有较强的适应能力和较高的自我调节能力。

4. 有利于耕作制度的改革、复种指数的提高

随着人口增长与耕地面积逐渐减少，提高复种指数已成为当前农业发展的必然要求。通过选育出不同生育期、不同特性、不同株型并兼具其他优良性状的植物品种，有利于解决在增加茬数时几种作物之间争季节、争劳力、争水肥、争阳光的矛盾，大大促进了耕作制度的改革。

5. 扩大作物种植面积

改良的作物品种具有较广阔的适应性，还具有对某些特殊有害因素的抗耐性，采用这样的良种，有利于扩大该作物的栽培区域和种植面积。我国通过水稻早熟耐低温育种，选育出一系列早熟耐低温的优良粳稻品种，使许多原来不能生产水稻的北方地区成为水稻高产区。法国由于育成早熟、抗寒、丰产的玉米杂交种，使玉米种植区域由法国南部和西南部扩展至北部和西北部，面积扩大几倍。

6. 有利于农业机械化、集约化管理及劳动生产率的提高

机械化水平提高是社会发展的必然，实现机械化需要有适合于机械化作业的品种相匹配；同时，新品种的选育也促进了农业机械化的发展，提高了劳动生产率。如目前我国东北地区的大豆、小麦及其水稻的生产中已经大部分采用机械化生产。许多发达国家在棉花生产中普遍采用机械收获技术，一些结铃吐絮集中、苞叶外翻或折卷苞叶的棉花品种，更有利于提高收花效率，减少杂质含量。因此，有利于农业机械化、集约化管理的优良品种的选育与推广是未来农业生产的必然。

由于选用良种在农业生产中具有上述作用，所以在农业生产的诸因素中，选育、推广良种投资少、耗能低、见效快、经济效益高，优良品种在农业技术进步中的地位和作用是任何其他技术措施无法替代的。然而，优良品种的这些作用是潜在的，其具体的表现和效益还要决定于相应的耕作栽培措施。而且一个品种绝不是万能的，它的优良表现也是相对的，只有通过内因和外因相互结合，良种良法配套，才能使良种的优良遗传特性充分地表现出来。

第三节 作物育种的成就与展望

一、我国作物育种工作的主要成就

中国农业历史悠久，气候、土壤条件复杂，水稻、大豆、荞麦等许多作物都起源于我国。中国人民很早就开始了作物育种工作，选育出各种作物的许多品种，积累了宝贵的育种经验，因此，我国作物育种有着悠久的历史和辉煌的过去。早在汉代的《氾胜之书》和后魏贾思勰的《齐民要术》中就有对选种、留种的系统详细记载，这些记载对世界植物育种事业作出了巨大的贡献。然而在19世纪以后，当世界进入科学育种阶段，整个育种事业迅速发展时，中国正处于旧社会的封建统治和帝国主义的压迫之下，育种工作长期处于停滞状态。新中国成立以来，由于国家政府对种子工作的重视，作物育种事业得到了迅速发展。

1. 种质资源工作方面

世界各国普遍重视种质资源的搜集工作，通过到起源或变异中心考察搜集，有组织地征集和国家或地区间交流等，搜集并保存一大批种质资源，建立了种质资源库和现代化种质贮存和管理系统，并实现了电子计算机贮存与检索，开展了种质资源多种性状的观察、鉴定和遗传评价与开发利用等研究工作，从而有力地促进了作物育种的发展。在中国，从20世纪70年代末开始补充征集全国各类作物品种资源，还在重点地区开展了大豆、水稻、小麦、蔬菜、果树、茶树等作物地方品种和近缘野生植物考察，发现许多过去未曾发现的野生稻、野生大豆，以及小麦稀有种和珍贵品种，进一步丰富了我国植物资源。组织进行了云南和西藏的综合性种质资源考察，"七五"期间进行了三峡和神农架周围地区和海南省的作物资源的考察，搜集了大量珍贵种质资源。同时，还加强了国外引种工作，积极开展国际种质资源的搜集、交换和引种工作。目前我国拥有的种质资源已达35万份以上，在数量上进入了世界先进行列。对主要作物的种质资源的主要性状进行了初步鉴定评价，已输入现代化种质贮藏和管理系统。现已建成一座容量40万份的现代化国家作物种质资源库，还在全国建成了一批中期保存种质库，形成了布局合理、中长期保存相结合的网络。为今后我国作物育种工作打下了坚实的物质基础。

2. 育种途径、方法及技术方面

在以常规的杂交育种为主选育作物新品种的基础上，各国普遍重视对育种方法创新、新的育种途径和技术的开拓利用。高新技术向作物遗传育种领域的渗透促进了育种水平的不断提高。由于雄性不育性的利用，在杂种优势的利用上取得了很大成就，如玉米、高粱、水稻、烟草和甘蓝型油菜等都已先后育成了高产的杂交种，并大面积推广；杂种小麦、杂种棉花的育种也有较大进展，将陆续推广应用。其中杂种水稻和甘蓝型油菜的选育和推广，中国处于国际领先地位。通过远缘杂交创造了新物种、新类型，如在国外创造了六倍体小黑麦之后，在我国育成了八倍体小黑麦和八倍体小偃麦，取得了出色的成绩。我国在花药培养和单倍体育种工作的研究方面一直处于国际领先水平，现已建立了40多种植物的花培成株技术，育成的水稻、小麦、烟草、青椒等花培品种已在生产上大面积推广。我国通过诱变而育成和推广的作物种类和品种数在世界各国中是较多的。自1987年以来，我国屡次利用返回式卫星搭载了粮、棉、油等多种作物的种子，探索出改良作物产量、品质和抗性等重要遗传性的作物育种新方法，即空间育种技术，亦称太空育种或航天育种。现已育成了高产、优质、多抗的水稻和小麦等作物新品种（系），并从中获得一些有可能对产量有突破性影响的罕见突变。例如航育1号和航育2号水稻、特色米材料、巨穗谷子突变体、特大粒红小豆突变系等。近年来，遗传工程技术飞速发展，许多国家已利用转基因技术育成一批抗病、抗除草剂、抗虫等性状的新种质与新品种。中国农科院棉花研究所和生物技术中心与山西农科院棉花研究所、江苏省农业科学院经济作物研究所等合作，育成我国自己的抗虫棉品种。此外，改进了育种材料的性状鉴定方法，发展了微量、快速、精确的鉴定技术，有力地提高了种质资源的筛选和育种效率。

3. 新品种选育方面

20世纪60年代以来，由于优良品种在作物生产中的重要作用，世界各国都非常重视作物新品种的选育。在稻、麦等谷类作物育种上，国际水稻研究所育成了一系列矮秆水稻品种，国际玉米小麦改良中心育成了一系列矮秆小麦品种，矮秆高产新品种的育成和在许多国家推广种植，使产量得到大幅度提高，起到了显著增产作用，被誉为世界上的"绿色革命"。我国在同时期进行水稻的矮化育种，也取得了很大的成就。新中国成立以来，我国共培育出 40 多种作物的新品种 7000 多个，全国范围内主要农作物品种得到 5～7 次更换，充分地发挥了品种在生产中的作用。早在 1956 年便通过系统育种法选出第一个水稻矮秆品种矮脚南特，于 1959 年育成第一个杂交矮秆品种广场矮，1961 年又育出珍珠矮。小麦育种方面，选育出一批矮秆和半矮秆品种。从 20 世纪 50 年代便开始玉米矮秆育种，取得显著成绩。

我国在抗病育种上成就较大，先后选育和推广了大批抗病、丰产的农作物新品种，有效地控制了病害的危害。玉米抗大、小叶斑病，水稻抗白叶枯病，棉花抗黄、枯萎病，小麦抗锈病等抗性品种的选育都取得了显著的成效。在我国，由于小麦抗锈育种的成功，使得广大麦区近 30 年来基本上控制了锈病的危害。又由于 20 世纪 70 年代以来育成和推广了一系列抗枯萎病的棉花品种，基本上控制了该病对棉花产量的影响。

在品质育种方面，国内外对玉米、大麦、小麦等谷类作物的高蛋白、高赖氨酸的选育，对油菜的高含油量、低芥酸、低硫苷的选育，改进棉花纤维强度的选育等，都获得了较大的进展。

总而言之，没有作物优良品种的选育及其丰产潜力与抗逆性的不断提高，我国不可能用占不足世界 7% 的耕地养活占世界 22% 以上的人口。有学者指出，人类过去是依靠作物育种养活自己，今后将继续依靠作物育种而生存下去。

4. 良种繁育方面

新中国成立以后，我国广泛发动群众开展了良种繁育工作。1958 年提出了"自选、自繁、自留、自用，辅之以调剂"的"四自一辅"的留种形式，在当时的历史条件下推动了良种的繁育和推广。进入 20 世纪 80 年代后，又提出了"品种布局区域化，种子生产专业化，种子加工机械化，种子质量标准化，有计划地组织多种形式供种"的"四化一供"的种子工作方针。目前，正借鉴发达国家种子产业化的进程及经验，积极探索 21 世纪我国种子产业的发展方向和模式。

在良种繁育技术上，多年来也取得较大的成就。北方的夏播作物和春麦等进行冬、春季南繁，南方的春性冬麦和油菜在夏、秋季进行北繁，以及利用其他各种方法，一年多代繁殖，并采用一系列的技术措施提高繁殖系数和制种产量。此外，还研究总结出一整套防杂保纯的方法，既保证良种的纯度和典型性，还具有操作简便、省时、省工、节约种源之功效，有利于实现"育、繁、推"一体化和种子标准化。

二、作物育种工作的展望

1. 种质资源工作尚有待进一步加强

我国尽管已搜集、保存了大批种质资源，但从现代植物育种角度出发，种质资源类型仍然偏少，遗传基础狭窄。除继续征集国内外种质资源并加以安全保存外，还需要有计划地对已有材料做更全面、系统地鉴定，以提高其育种利用价值。深入研究目标性状的遗传特点及其机理，对一些优异种质的主要性状进行基因标记、克隆和转移，加快基因资源的利用效率，提高研究水平。利用各种先进的技术和手段，在原有资源的基础上进一步创造出便于育种利用的优良新种质。

2. 深入开展育种理论与方法的研究

重视基础理论的研究是现代育种工作的一个特点。为提高育种工作的预见性和育种效率，今后必须加强各类作物主要目标性状及其组分的遗传变异规律及性状相关的研究；加强产量、抗性、杂种优势等的生理生化基础的研究。积极探索产量与品质、产量与抗性等主要性状间的遗传关系。在育种方法上，积极开拓和利用新途径和新技术。生物技术是常规育种方法的延伸和补充，两者互补互辅，常规的育种方法与生物技术相结合，代表了育种科学发展的方向，生物技术将引发21世纪育种科学领域的技术革命。

3. 加强多学科的综合研究和育种单位间的协作

育种目标的提高，涉及性状越来越多，要求越来越高，有些育种所需要的知识和方法技术就不是作物育种工作者所能深入掌握的，必须组织多学科的综合研究才能提高功效。不同学科、不同单位的人才和技术力量，围绕育种任务和目标，分工协作，合力攻关，才能取长补短，形成整体优势，实现"选育出符合现代农业生产要求的作物新品种"这一育种学的中心任务。

4. 改革育种体制，扩大育种规模，加快育种与良种繁育的产业化进程，充分发挥优良品种的经济效益

我国作物育种工作虽然已经取得了较大成就，但在某些方面与发达国家相比还存在很大差距，与国民经济发展需要也存在差距。我国现有的育种体制和格局已经不适应市场经济发展和21世纪农业持续发展的需要。其基本特点是主要依靠行政决策，忽视乃至排斥市场的导向作用；宏观调控作用薄弱，使整个作物育种工作缺乏长远规划和合理布局；育种工作布局分散，层次不清，效益不高，造成机构重叠，分工不合理，重点不突出，基本上是在低水平上搞重复研究，人力、物力、财力资源利用效率低，缺乏竞争力，难以研究出突破性成果；育种材料不足，种子产业缺乏后劲，虽然种子生产经营体系已初步形成，但产业化、标准化水平与商品农业发展不相适应；缺乏有效的育种权益保障。我国已经加入WTO，作物育种工作既有机遇，也有了新的挑战。借鉴国外作物改良研究和管理工作先进经验，结合我国国情，在现有育种机构和设施条件基础上，根据生产需要组建国家作物改良中心，按照生态区设置改良分中心是实施种子工程的重要组成部分和源头，具有重要的意义。

 思考题

1. 名词解释

   作物育种　品种　优良品种

2. 生物进化的基本因素有哪些？它们在生物进化中的作用及相互关系如何？

3. 作物品种具有哪些属性？

4. 简述优良品种在农业生产中的作用。

5. 简述我国作物育种工作的现状及其发展趋势。

第一章　育种目标

微课资源

思政与职业素养案例

育种，更育人

"我一辈子只做了两件事：育种，育人。"这是曹连莆常挂在嘴边的话。

曹连莆，男，中共党员，生于1939年。1961年于原北京农业大学农学专业毕业后，来到兵团参与石河子大学农学院（前身为兵团农学院、石河子农学院）建设并任教。他被石河子大学延聘至71岁，退休后加入该校关工委。他曾获全国五一劳动奖章、全国粮食生产突出贡献科技人员、全国关心下一代工作先进工作者等称号。

曹连莆曾是作物遗传育种博士点及国家级精品课程《作物育种学》的负责人，主持的麦类育种科研先后引育成功新品种21个，育成品种的推广为农民增加经济效益5亿多元。他脚踏实地服务社会，把育种方法送到团场职工的田间地头，助力职工群众致富奔小康。

他在兵团教科战线上拼搏并总结出了"三式育人"经验，即："大水浇灌式"——利用一切机会通过正面教育引导学生辨明大是大非；"雨露滋润式"——在课堂内外通过言传身教给学生以潜移默化的影响；"整枝打杈式"——严格要求学生养成遵纪守法的良好习惯，教书育人成绩突出。1991年曹连莆作为新疆高校的唯一代表出席了全国高校教书育人座谈会，受到了原国家教委、中宣部和全国教育总工会的联合表彰。1997年他荣获首届全国农业教育最高奖——中华农业科教奖。2006年成为新疆第一位荣获国家级教学名师奖的教授。

育种目标就是对所要育成品种的要求，也就是在一定地区的自然、耕作栽培及经济条件下，对所要育成作物新品种应具备的一系列优良性状的要求指标。开展作物育种工作时，首先必须确定育种目标，确定育种目标是育种工作的前提，是选育新品种的设计蓝图，它贯穿于育种工作的全过程，育种目标适当与否是决定育种工作成败的首要关键。育种目标是育种工作的依据和指南，如果育种目标不科学合理，忽高忽低，时左时右，或者不够明确具体，则育种工作必然是盲目进行，育种的人力、物力、财力和新途径、新技术很难发挥应有的作用，难以取得成功和突破。只有有了明确而具体的育种目标，育种工作才会有明确的主攻方向，才能科学合理地确定品种改良的对象和重点；育种的具体目标应因地、因时而有所不同。

第一节　现代农业对作物育种目标的要求

现代农业对作物品种遗传性状的共同要求是高产、稳产、优质、适应农业机械、适应一定地区的自然和耕作栽培条件，而具体要求则因地、因时、因作物种类而异。

一、高产

高产是作物育种的基本要求，优良品种首先应具有较高的丰产潜力。人口的增长势必导致对农作物产品需求量的不断上升，现代化农业对品种产量提出了更高要求，不同作物其产量所指也不尽相同，如田间产品为籽粒的谷类、油料等作物，应具有较高的单位面积籽粒产量潜力，棉花的皮棉产量潜力，麻类作物的茎内韧皮纤维产量潜力，甘蔗的茎秆产量潜力、甜菜和甘薯的块根产量潜力，马铃薯的块茎产量潜力，烟草的叶片产量潜力等。对杂种品种产量潜力的要求较纯系品种更高，必须保证为产生杂交种子所增加的成本能获得一定的经济效益。联合国粮农组织于 2000 年 7 月 24 日发表的"面向 2015~2030 年的农业"报告预测，全球人均每年小麦消耗量将从 1995~1997 年的 101kg 增长至 2015 年的 105kg 和 2030 年的 106kg。世界各种粮食的产量目前约为 $18.4 \times 10^8 t$，到 2030 年预计将增长至 $28.4 \times 10^8 t$。选育具有更高产量潜力的优良品种是一项迫切而繁重的任务。

（一）产量因素的合理组成

产量最终决定于产量构成因素（产量因素）即产量结构性状，即指直接构成作物产量的性状，是品种是否高产的最后表现结果。不同作物的产量结构性状不同。禾谷类作物的产量构成因素为单位面积穗数、穗粒数及粒重；豆类和油菜是指单位面积株数、每株荚数、每荚粒数及粒重；棉花是指单位面积株数、每株铃数、铃重和衣分；单位面积的理论产量便是上述产量构成因素的乘积。几类主要作物的理论产量构成详见图 1-1。

现在，一般是根据自然栽培条件，按照不同的产量因素形成不同的品种群体结构来研究作物的高产类型。例如：水稻、小麦等作物有三种类型：

① 以增多穗数为基础，选育多穗型品种。
② 通过增加穗重的途径，选育大穗型品种。
③ 使品种的亩穗数、穗粒数和粒重并增，选育中间型品种。

在不同自然、生产条件下，各个品种获得高产的群体结构和组成因素可以不同。就小麦品种而言，北方冬麦区，气候寒冷、干旱，应选择分蘖力强、分蘖成穗率高、单位面积穗数多得多穗型品种；南方长江中下游冬麦区，气候温暖、多雨，病害重，应选择穗数较少、穗粒数较多、千粒重较高的大穗型品种；黄淮冬麦区兼具上述两大麦区特点，应以选择中间型品种为主。

各产量结构性状之间相互制约，常有一定程度的负相关。如玉米的株穗数和穗粒数，穗粒数和粒重；小麦的单位面积穗数和穗粒数，穗粒数和粒重；棉花的单株结铃数和铃重、

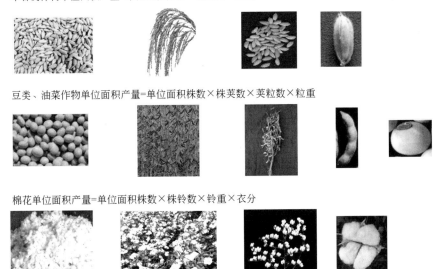

图1-1 作物产量构成因素

注：衣分=皮棉重量/籽棉重量。

衣分，铃重和衣分，一般都是负相关。应根据各地自然与生产条件，并结合作物发育规律，抓住制约产量的主要矛盾，不断提高品种的产量水平。在品种产量水平较低时，同时提高各种产量因素比较容易。但是随着产量水平不断提高，诸产量因素之间常呈负相关，即一项因素增大往往导致其他因素下降，因此，产量结构性状组合方式应不断调整。

（二）合理株型

合理株型是高产品种的生育基础和形态特征，是建立作物高产群体结构的"基本材料"。所谓"株型"指的是作物植株的综合性状，它不仅包括形态特征，也包括生理特性。所谓株型育种就是改善品种株型态势的育种，以提高对光能的利用率，从而提高有机物质的生产，增加产量。在农业生产中倒伏是主要威胁，因此作物育种中矮秆品种的选育是提高作物产量的一个重要突破口。禾谷类作物的合理株型是矮秆、半矮秆，株型紧凑，叶片挺直、窄短，叶色较深等。棉花的合理株型是株型较紧凑，主茎节间稍长，果枝节间较短，果枝与主茎夹角小，叶片中等大小、着生直立、以提高光能利用率为特征。

"理想株型"能在形态和机能两个方面都有利于提高作物的生产力。我国从20世纪50年代起即已开展了有意识的株型育种工作，在广东育成了"广场矮"、"珍珠矮"等矮秆水稻品种。1966年菲律宾国际水稻研究所育成了被称作奇迹稻的"IR8"。几乎在同一时期出现了墨西哥半矮秆小麦。中偏矮秆、半矮秆作物品种被认为是建立高产群体结构的良好材料。沈阳农业大学杨守仁教授提出理想株型与杂种优势利用相结合的水稻超高产育种理论。其理想株型以穗大、穗直立、分蘖适中为特征，杂交后代选择中，杂种优势与理想株型相结合。1998年袁隆平院士根据他与江苏省农业科学院合作育成的两系亚种间组合"培矮64S/E32"的表现，提出选育长江中下游中熟水稻的超高产株叶形态模式。

矮化育种是株型改良的一个重要内容，对许多作物选育高产品种来说是一个重要方向或突破口。矮秆品种具有抗倒伏能力强，耐密植的特点，进而增加了单位面积株数，水肥利用率高,提高经济系数,丰产潜力大。为了提高作物产量,各国都很重视矮秆品种的选育。但必须明确,矮秆、株型紧凑也是有限度的,并不是越矮越紧凑越好。

经济系数又称收获指数(harvest index,简称 HI)是指经济产量与生物学产量之比,反映了品种同化物质转化为经济产量的效率。不同作物的经济系数差异较大。因而,经济系数在一定情况下可有效地作为高产育种的一项选择指标。自 20 世纪 80 年代以来,水稻、小麦、玉米等粮食作物的经济系数由 35% 左右提高到了 50% 左右,国内外育种者认为稻、麦等现有高产品种的收获指数已近于高限,更进一步提高产量则需要兼顾收获指数与生物学产量的协调增长。

(三)合理的"源、库、流"关系

在作物超高产的理论探讨中,常用源、库、流三因素的关系阐明作物产量形成的规律,探索实现高产的途径,进而挖掘作物的产量潜力。

1. 源

源是指生产和输出光合同化物的器官(图 1-2)。在籽粒产量形成过程中,产量内容物除直接来源于光合器官的光合作用和根系的土壤吸收外,部分来源于茎鞘贮藏物质的再调运。禾谷类作物开花前光合作用生产的营养物质主要供给穗、小穗和小花等产品器官形成的需要,并在茎、叶、叶鞘中有一定量的贮备。开花后的光合产物直接供给产品器官,作为产量内容物而积累。

图1-2 几种常见作物的源器官——叶片

2. 库

库主要是指产品器官的容积(图 1-3)和接纳营养物质的能力。产品器官的容积随作物种类而异,禾谷类作物产品器官的容积决定于单位土地面积上的穗数、每穗颖花数和籽粒大小的上限值;薯类作物则取决于单位土地面积上的块根或块茎数和薯块大小上限值。穗数和颖花数在开花前已决定,籽粒数决定于开花期和花后,籽粒大小则决定于灌浆成熟期。同样,块根或块茎数于生育前期形成,薯块大小则决定于生长盛期。

库的贮积能力由产品器官的物质积累速度及其持续期所决定。如禾谷类作物籽粒库的贮积能力取决于灌浆持续期和灌浆速度。对玉米高产潜力的分析指出,未来实现玉米超高产目标的关键在于提高玉米灌浆期籽粒生产力。此外,灌浆持续期与籽粒大小有关,并受生态条件的影响。例如,青藏高原光照充足,气候冷凉,小麦灌浆期较长,每克茎叶重形成的籽粒少,籽粒大;反之,长江中下游和四川盆地,光照不足,气温高,灌浆持续期短,每克茎叶重形成的籽粒多,籽粒较小。

图1-3 几种常见作物的库——产品器官容积

禾谷类作物穗的库容量由籽粒数和籽粒大小所决定,两者有互补效应。小麦遮光和剪半穗处理,籽粒数减少,籽粒大小有所增加,但是,籽粒大小的增加不足以补偿粒数减少造成的穗粒重减轻。

3. 流

流是指作物植株体内输导系统的发育状况及其运转速率。作物光合器官的同化物除一小部分供自身需要外，大部分运往其他器官供生长发育及贮备之用。光合作用形成的大量有机物质如果运输分配不当，使较多的有机物留在非目标产品中，经济产量就会降低。流的主要器官是根、鞘、茎等（图1-4），其解剖结构中的维管系统是源通向库的总通道。同化物质运输的途径是韧皮部。在韧皮部运输的大部分是碳水化合物，少部分是有机氮化合物。物质运输速度因作物而异，棉花为35～40cm/h，小麦为39～109cm/h，甜菜为50～135cm/h。一般说来，C_4作物比C_3作物运输速度高。

图1-4　几种常见作物的流——作物体内物质输导器官

同化物的运输受多种因素的制约。韧皮部输导组织的发达程度是影响同化物运输的重要因素；适宜的温度、充足的光照和养分（尤其是磷）、水分均可促进光合作用以及同化产物由源向库的转运。

4. 源、库、流的协调及其应用

源、库、流是决定作物产量的三个不可分割的重要因素，只有当作物群体和个体的发展达到源足、库大、流畅的要求时，才可能获得高产。实际上，源、库、流的形成和功能的发挥不是孤立的，而是相互联系、相互促进的，有时可以相互代替。

源、库、流在作物代谢活动和产量形成中构成统一的整体，三者的平衡发展状况决定作物产量的高低。一般说来，在实际生产中，除非发生茎秆倒伏或遭受病虫危害等特殊情况，流不会成为限制产量的主导因素。但是，流是否畅通直接影响同化物的转运速度和转运量，也影响光合速率，最终影响经济产量。源、库的充分发展及其平衡状况往往是支配产量的关键因素。分析不同产量水平下源、库的限制作用，对于合理运筹栽培措施，进一步提高产量是十分必要的。在农业生产中，根据源、库关系可将作物品种分为三种不同类型：①源限制型。一般说来，在产量水平较低时，源不足是限制产量的主导因素。此类品种增源增产，增库不增产。②库限制型。在产量水平提高到一定程度时，库容小也是造成低产的原因，库不足是影响产量的主导因素。此类品种增源不增产，增库才增产。③源、库互限型。这类作物源、库都是限制作物产量的主要因素，增源增库都增产；但是，增产的途径是增源与扩库同步进行，重点放在增加源和库源比上。但是，当源（叶面积）达到一定水平，继续增库（穗）会使源（叶面积）超出适宜范围，此时，增源的重点应及时转向提高光合速率或适当延长光合时间两方面，扩库的重点则应由增穗转向增加穗粒数和粒重。此外，源、库在产量形成中相对作用的大小随品种、生态及栽培条件而异。可见，高产的关键不仅在于源、库的充分发展，还必须根据作物品种特性、生态及栽培条件，采取相应的促控措施，使源库协调，建立适宜的源库比。

（四）高光效

合理株型是高产品种的形态特征，高光效则是高产品种的生理原因。广义的高光效育种也包括株型育种的基本内容。狭义的高光效育种则是指提高单位叶面积的净光合速率的生理遗传改良或育种。作物产量的干物质，有90%～95%是由光合作用通过碳同化过程所构成的，生产上的一切增产措施，归根结底是通过改善光合性能而起作用的。高光效品种主要表现为：合成糖类和其他营养物质较强的能力，并将其更多地用于经济产量的形成。这就涉及一系列的形态特征、生理指标和个体与群体的关系等。高光效的生理指标主要有光合速率、光呼吸、CO_2补偿点、光补偿点、对光敏感性等，而这些指标主要用于生理研究和种质资源的筛选，难以适应育种过程的要求。农作物的光能利用率目前还很低，一般只有1%～2%或以下。据估算，小麦、水稻的光能利用率如提高到2.4%～2.6%时，每亩产量可达1000kg。所以，通过提高农作物的光能利用率来提高农作物产量的潜力是很大的。

从高光效育种角度，可将决定产量的几个要素归纳为下式：

$$产量=[(光合能力×光合面积×光合时间)-呼吸消耗]×经济系数$$

式中前三项代表光合产物的生产，其积值越高，说明源的供应能力越强。此外，也可用颖花叶比、粒数叶比、粒重叶比等表示，其比值越高，说明单位光合面积供给物质量越多。因此，作物群体和个体的发展达到绿色光合面积大、光合效率高，才能使源充足，为产量库的形成和充实奠定物质基础。

环境条件及栽培管理水平对开花前和开花后源的供给能力影响较大，在氮肥供应较少的低产栽培条件下，开花后光合作用逐渐降低，光合产物少，产量内容物主要依赖于花前贮备物。在高产栽培条件下，产量的大部分来自开花后的光合产物，因此，花后的光合势，即叶面积持续期长短与产量关系极为密切。试验证明，高产玉米需有60%以上的光合势用于籽粒生产。

二、品质性状

（一）作物品质的概念

作物产品的品质是指产品的质量，直接关系到产品的经济价值。作物产品品质的评价标准因产品用途而异。作为食用的产品，其营养品质和食用品质更重要；作为衣着原料的产品，其纤维品质是人们所重视的。评价作物产品品质，一般采用两种指标，一是化学成分以及有害物质如化学农药、有毒金属元素的含量等；二是物理指标，如产品的形状、大小、滋味、香气、色泽、种皮厚薄、整齐度、纤维长度和强度等。每种作物都有一定的指标体系。品质性状因作物种类及同一作物的产品用途不同而异。因此，根据国民经济发展和人民生活水平的提高，选育适于不同用途的优质专用作物新品种，是现代作物育种的一个发展趋势。

1. 粮食作物的品质

粮食作物包括谷类作物（亦称禾谷类作物）、豆类作物和薯芋类作物，其产品为籽粒、块根和块茎。产品品质可概括为营养品质、食用品质、加工品质及商品品质等。营养品质是指产品的营养价值，是产品品质的重要方面，它主要决定于产品的化学成分及其含量。不同产品，其营养品质的要求标准亦不同。

（1）禾谷类作物，如小麦、水稻、玉米、高粱、谷子等，是人类所需营养中蛋白质和淀粉的主要来源，对品质亦有各自不同的要求。强筋小麦适于制作面包及搭配生产其他专用食品；中筋小麦适于制作面条或馒头；弱筋小麦适于制作饼干、糕点。不同用途的优质专用玉米有优质蛋白玉米、甜玉米、糯玉米、高油玉米、爆裂玉米、青饲玉米等；此外，这类作物中还含有一定量脂肪、纤维素、糖、矿物质等。由于蛋白质是生命的基本物质，因此，蛋白质含量及其氨基酸组分是评价禾谷类作物营养品质的重要指标。如果将牛奶和鸡蛋的蛋白质作价为100，那么，禾谷类作物种子蛋白质的生物价值为：小麦62~68，黑麦68~75，燕麦70~78，玉米52~58，水稻83~86。

（2）食用豆类作物，如大豆、蚕豆、豌豆、绿豆、小豆等，其籽粒富含蛋白质，而且蛋白质的氨基酸组成比较合理，因此营养价值高，是人类所需蛋白质的主要来源。大豆作为蛋白质作物，籽粒的蛋白质含量约占40%，其氨基酸组成接近"全价蛋白"，大豆蛋白质的生物价值为64~80。其他豆类籽粒蛋白质含量在20%~30%。

（3）薯芋类作物，其块根或块茎中含有大量的淀粉。如食用及食品加工用甘薯品种要求具有优良的营养品质和加工品质，要求薯块光滑整齐、美观，一级品率高，肉色黄—橘红，粗纤维含量少，食物纤维含量多，食味好，胡萝卜素含量、维生素C含量较高。工业原料用品种要求薯块光滑整齐，薯肉洁白，淀粉含量和单位面积淀粉产量高。饲料用品种要求薯蔓产量高、再生能力强，生物学产量比当地主栽品种高15%~20%，干茎叶粗蛋白含量在15%以上，富含主要的氨基酸，块根也应富含蛋白质、胡萝卜素和维生素C，饲口性、消化性和饲料加工品质好。

2. 经济作物的品质

经济作物包括纤维作物、油料作物、糖料作物及嗜好作物等。

（1）纤维作物除棉花外，主要是麻类作物，如大麻、亚麻、苘麻、剑麻等，其产品为韧皮纤维和叶纤维，其品质取决于纤维长度、宽度和纤维束拉力。大麻纤维细胞长为20mm左右，宽度为20μm左右，纤维束拉力在59.6kg。麻纤维质地及色泽决定其外观品质。

（2）油料作物包括花生、油菜、芝麻、向日葵等，大豆种子含油量较高，也属于油料作物。脂肪是油料作物种子的重要贮存物质，也是食物中产热量最高的物质，每单位油或脂肪产热量相当于2.2单位糖类、4单位粮食。油料作物种子的脂肪含量及组分（油酸、亚油酸、亚麻酸、芥子酸等）决定其营养品质、贮藏品质和加工品质。一般说来，种子中脂肪含量高，不饱和脂肪酸中人体必需脂肪酸——油酸和亚油酸含量较高，且两者比值（O/L）适宜，亚麻酸或芥酸（油菜油）含量低，是提高出油率、延长贮存期、食用品质好的重要指标。

（3）糖料作物中甜菜和甘蔗是世界上两大糖料作物，其块根和茎秆中含有大量的蔗糖，是提取蔗糖的主要原料。糖用甜菜块根中含糖12%～25%，蔗糖占总糖的80%～90%。甘蔗茎中含糖12%～19%，一般出糖率在9%左右。出糖率是糖料作物的加工品质评价指标。

（4）嗜好作物主要有烟草、茶叶、薄荷、咖啡、啤酒花等。烟草是重要的高税利经济作物，烟叶品质由外观品质、化学成分、香味和实用性决定。烟叶质量通常分为外观质量和内在质量。外观质量即是烟叶的商品等级质量，如成熟度、叶片结构、颜色、光泽等外表性状；内在质量是指烟叶的化学成分、燃吸时的香味、劲头、刺激性等烟气质量，以及作为卷烟原料的可用性。

3. 饲料作物的品质

常见的豆科饲料作物如苜蓿、草木樨，禾本科饲料作物如青贮玉米、苏丹草、黑麦草、雀麦草等，其饲用品质主要决定于茎叶中蛋白质含量、氨基酸组分、粗纤维含量等。一般豆科饲料作物在开花或现蕾前收割，禾本科饲料作物在抽穗期收割，茎叶鲜嫩，蛋白质含量最高，粗纤维含量最低，营养价值高，适口性好。

（二）作物品质育种的重要性

随着农业的发展和人民生活水平的提高，对优质农产品的要求日益增强。新育成的作物品种不仅要有稳产和高产的产量特性，而且还应具有优质、适应不同需求的产品品质。

① 作物品种的某些品质特征与产量直接相关，是构成产量的重要因素。麦类的出粉率，稻谷的出米率，油料作物种子中的含油量，甘薯块根的切干率，甘蔗和甜菜中的含糖量等品质性状指标，对产量的高低有直接的影响。另外，提高农产品的营养价值可减少食物的消耗量，如把粮食作物籽粒蛋白质和赖氨酸含量提高一倍，也就等于增产一倍。

② 改良作物品质，有利于保证人、畜健康。营养品质就是指对人、畜有利的营养成分含量的提高和不利、有害成分的减少和消除。随着人们生活水平的提高和科学技术的发展，通过育种改进作物的营养品质，已受到越来越多的重视。如棉籽虽富含蛋白质、脂肪及多种维生素，但一般品种均含有棉酚，对人类和单胃动物有害，如育成棉籽不含或少含棉酚的品种，可大大增加蛋白质和油脂资源利用率，人、畜食用后不会受毒害，使棉花成为粮、棉、油兼用的作物。对油菜籽则要求在提高其含油量的同时，降低芥酸和亚麻酸含量，还要降低菜籽饼中硫苷含量。高粱籽粒中的单宁含量高，烟草中的焦油含量高时，均会影响人体健康。提高食用和饲用谷物籽粒中蛋白质及赖氨酸等必需氨基酸的含量，是改善其营养品质的重要内容。

③ 农产品的品质直接或间接地影响加工工业产品的产量、品质与生产成本。小麦胚乳蛋白质含量及组分，在很大程度上影响面食制品的品质，如烘烤面包，蒸制馒头，制作面条、饼干、糕点等的品质。棉花的纤维长度、细度及强度等性状则决定纺纱织布的质量。

（三）改良和提高作物品质的途径

作物品质的形成是由遗传因素和非遗传因素两个方面决定的。遗传因素是指决定品种特性的遗传方式和遗传特征；非遗传因素是指除了遗传因素以外的一切因素，如生态环境条件、栽培措施、矿质养分等。显然，作物品质的改良必须从以下两个方面入手，即通过育种手段改善品质形成的遗传因素，培育高品质的新品种；同时，要根据环境因子对品质形成的影响，采取相应的调控措施，为优质产品的形成创造有利条件。

1. 优质品种的选用

作物品质性状遗传规律的研究早已引起了人们的重视，例如，在小麦、玉米、大豆等作物上，蛋白质含量和氨基酸组分、油分含量和脂肪酸组分等性状的遗传改良取得了显著进展，目前已育出一些高成分的品种，并且丰产性与普通品种相近；稻米品质的遗传，已在核基因和细胞质水平上对垩白、直链淀粉含量、胶稠度、糊化温度、蛋白质含量等性状的遗传规律进行了大量的研究。国内外对大量品种材料分析表明，作物种间、品种间其品质性状的差异较大，因而，为生产上选用品质优良、产量高的品种提供了可能性。

禾谷类作物品质改良的重点，长期以来是围绕着提高蛋白质及其必需氨基酸组分含量进行的。通过遗传改良，已选育出多种多样的、品质各异的品种为生产所用。例如，小麦蛋白质含量种间差异较大，野生一粒小麦和栽培一粒小麦含量最高，分别为18%～30%和16%～27%，含量最低的是圆锥小麦（9%～16%）和硬粒小麦（12%～16%）。中国农业科学院作物所育成的O_2玉米单交种中单206，具有抗病、抗早衰、适应性广等特点，籽粒产量与中单2号相近，赖氨酸含量提高1倍左右。北京农业大学研究确定了IHOC80、UH023和依阿华高油群体，其中IHO系含油最高者达8.4%，已育成的高油1～8号，平均含油量为8%～10%；高油115的籽粒产量可达12000kg/hm^{2}以上。

大豆蛋白质和油分含量，种间和品种间变化较大。我国栽培品种的蛋白质含量变化为34.70%～50.75%；籽粒含油量随种皮颜色不同变化为17.83%～19.58%，种皮黄色，籽粒含油量最高，种皮黑色和绿色的次之，褐色大豆含油量最低。近年来，我国育成了高蛋白品种，如鄂豆4号，蛋白质含量高达45.98%～50.71%，油分含量15.87%～17.63%；通农9号，蛋白质平均含量为46.41%，油分含量为18.26%；高油品种黑农31，含油量达23.14%；兼用品种黑农32、吉林24、铁丰22等，蛋白质和油分含量合计均在63%以上。

在改良蛋白质和油分组成上，要求选育含硫氨基酸在3.5g/16gN以上，其中蛋氨酸含量在2g/16gN以上，亚麻酸含量在4%以下的品种；油菜籽油中亚麻酸含量在8%～9%，芥酸含量为17%～28%，此两种成分对人畜有害。随着油菜品质育种的进展，国内外已选育出食用品质较好的低芥酸或无芥酸油菜品种。各品种类型内不同品种的花生蛋白质含量变化为16%～34%，脂肪含量的变幅为43.6%～63.1%。高粱籽粒蛋白质含量和氨基酸组分也有很大变异性，为高粱品质改良和专用品种培育提供了丰富的遗传基础；另外，单宁含量也是影响高粱品质的重要指标。

2. 环境条件对品质的影响

作物体内的生理生化过程以及任何一个受基因控制的品质性状的表达均受环境因素的影响。因此，了解环境条件对品质形成的影响，对于高产优质栽培是必要的。

① 环境条件对蛋白质含量的影响。影响禾谷类作物籽粒蛋白质含量的主要因素是明显的地区气候和栽培条件的差异性，小麦籽粒中蛋白质含量由北向南和由西向东逐渐提高。在同一经度上由北向南每推进10°，籽粒中蛋白质平均提高4.5%；而在同一纬度上由西向东推进40°，蛋白质含量提高了5.47%。大麦、玉米、水稻、黑麦等的蛋白质形成规律也如此。我国栽培大豆的蛋白质含量总趋势为南高北低，北纬32°以南为高蛋白区，一般含量在43.5%以上，其中北纬30°～31°为全国最高蛋白区，含量达44.6%。土壤温度和气温对禾谷类作物籽粒蛋白质含量也有影响。气温在20～25℃时，春小麦籽粒蛋白质和湿面筋含量最高，尤其是在抽穗至蜡熟期间高温处理，蛋白质含量最高达22.7%，湿面筋含量达45.8%；而在15～20℃时籽粒产量较高，淀粉含量也较高，蛋白质和面筋含量偏低。玉米、

水稻、大豆等作物籽粒蛋白质含量均随气温的升高而增加。水分对作物籽粒中蛋白质含量的影响不尽相同,小麦、水稻、豆类及油料作物等籽粒蛋白质含量随降水量增加、土壤水分增多而减少。如小麦开花后土壤水分不足,籽粒产量降低,而蛋白质含量增加;水稻、陆稻和水陆杂交种在旱田下栽培,其糙米蛋白质含量均比在水田下栽培的高,可分别提高25%、39%和34%。施肥可以改善作物的营养条件,也影响其产品的化学成分和品质。

② 环境条件对油分含量的影响。不同的地理纬度和海拔高度,其综合气候因素不同,总的趋势是高纬度和高海拔地区气温较低,雨量较少,日照较长,昼夜温差大,有利于油分的合成。大豆地理播种试验表明,南种北引有利于油分的提高。海拔高处作物中的软脂酸(棕榈酸)含量低,亚麻酸含量高。大豆播种期不同,植株生育和籽粒形成期间的温度、水分和光照等条件各异,一般早播比晚播籽粒含油量高,春播比夏播或秋播油分含量高;春播的软脂酸、硬脂酸、亚油酸和亚麻酸含量较低,油酸含量较高。

③ 环境条件对碳水化合物形成的影响。碳水化合物是禾谷类、糖料类、薯芋类等作物产品的重要组成成分,主要的碳水化合物有淀粉、糖、纤维素等。淀粉是葡聚糖的混合物,是种子、块根或块茎的主要贮藏物质。淀粉由两种成分组成,即直链淀粉和支链淀粉。淀粉含量、组成成分及品质均受环境因素的影响。

④ 环境条件对纤维品质的影响。麻类作物,如亚麻和大麻等的纤维是韧皮纤维或结构纤维,要求湿润而温暖的气候条件,或在人工灌溉条件下栽培。例如,亚麻在印度、埃及的灌溉地或雨量充沛区域种植,纤维品质都极高。麻类作物生长期间水分供应充足,可促进形成品质优良的韧皮纤维,防止木质化。韧皮纤维作物整个生长期中,土壤含水量保持在田间最大持水量的80%~85%最为适宜。

⑤ 环境条件对特殊物质含量及品质的影响。烟草是喜温作物,特别是烟叶成熟时要求较高的温度,以昼夜平均温度24~25℃,并能持续30d左右为宜。温度低于20℃,叶薄,烟碱含量低,味淡不成熟,不宜作卷烟原料;若温度过高,再加之干旱,蛋白质和烟碱含量过高,品质也差。烟草生长季内,土壤水分含量高使烟叶烟碱含量降低,反之,则有利于烟碱的积累。

(四)作物产量与品质的关系

作物栽培的目的是要获得高额的有经济价值的产品,同时,对产品品质也有较高的要求。作物产量及品质是在光合产物积累与分配的同一过程中形成的,因此,产量与品质间有着不可分割的关系。不同作物,不同品种,其由遗传因素所决定的产量潜力和产品的理化性状有很大差异,再加上遗传因素与环境的互作,使产量和品质间的关系变得尤为复杂。

从人类的需求看,作物产品的数量和质量同等重要,而且对品质的要求越来越高。实际上,即使是以提高某些成分为目标,但最终仍是以提高营养产量或经济产量为目的。多数作物研究发现,一般高成分特别是高蛋白质、脂肪、赖氨酸等含量很难与丰产性相结合。若提高籽粒中蛋白质或脂肪含量,产量将会有所下降,除非进一步提高作物的光合效率,增强物质生产的能力。禾谷类作物,如小麦、水稻、玉米,其籽粒蛋白质含量与产量呈负相关,高赖氨酸玉米比普通同型种产量低。

随着生物技术的发展,通过进一步扩大基因资源,改进育种方法,利用突变育种技术,根据作物、品种的生态适应性,实行生态适种,调节不同生态条件下的栽培技术,创造遗传因素与非遗传因素互作的最适条件等,是可以打破或削弱产量与品质间的负相关关系,促进正相关关系的。

三、稳产

农业生产上不但要求所推广作物品种具有高产潜力，而且还要具有稳产性。作物品种的稳产性是指作物品种在其大面积推广过程中能够保持连续而均衡地增产能力。当作物产量达到较高水平时，保持和提高推广品种的稳产性是非常重要的。稳产是优良品种的重要条件。影响稳产性的主要因素是病虫害和不良的气候和土壤等环境条件的抗耐性。对这些因素可以采取各种措施加以防治，但是最经济而有效的途径则是采用对这些因素具有抗耐性的品种。因此，推广兼具高产性和抗耐性的品种可以取得大面积持续的增产。同一种作物就有多种病虫害和环境胁迫因素，其在同一地区受到威胁的也不止一两个，为了保持产量的稳定性，就需要兼抗或多抗的品种。在有的病菌或害虫中又有不同的小种或生物型，为了避免品种抗性的丧失，还特别需要采用具有持久抗性的品种。

1. 适应性

适应性是指作物品种对生态环境条件的适应范围及程度。作物品种的适应性可分为广泛适应性和专化适应性两种。一般适应性广的品种稳产性就好。适应性一般是在育种的后期阶段通过多点鉴定试验进行鉴定评价的。在育种上一般采用"穿梭育种"、"异地选择"等育种方法对品种的适应性进行鉴定。广泛适应性品种的适应性强，其不仅种植地域广泛、推广面积大，而且可在不同年份和地区间保持产量稳定，专化适应性品种则与之相反。因此，适应性是稳产的重要指标之一。

2. 对病虫害的抗耐性

世界上没有一种作物是不受病虫害威胁的，特别是随着高产栽培的肥水条件改善和矮秆品种的推广带来的高密度种植，都加重了病虫害的发生。病虫害的蔓延与危害对作物的产量和品质都有严重影响。在作物生产中为防治病虫害而大量使用化学药剂，不仅提高了生产成本，而且带来残毒危害、抗药性和环境污染等问题。另外，随着推广改良品种代替农家品种，农业生产的现代化发展已经逐渐使生产上应用的品种走向单一化。近年来，在许多作物上都育出了一些突破性的品种，致使生产上大面积单一种植，如此单一的寄主必然会引起流行病虫害的大面积发生，抗病虫育种越来越显示出其重要地位。因此，各国都寄厚望于抗病虫品种的选育和应用。

作物病害种类很多，抗性育种要抓主要矛盾。目前，抗病育种已从抗单一病害逐渐向抗多种病害发展，如国际水稻所育成的 IR28 和 IR29 水稻品种能抗 6 种病害。

在抗虫性育种方面过去研究很少。作物的抗虫性是由非选择性、抗生作用、耐性和补偿性决定的。所谓非选择性是指害虫不愿意寄生的特性；抗生作用是指不适于害虫发育和繁殖的特性；耐性和补偿性是指即使受到虫害侵袭，但恢复和旺盛生长可降低危害程度的特性。抗虫育种往往是以非选择性和抗生作用为目标，在育种上比较看好的是以抗生作用产生的作用。

从国内外抗病虫育种和品种推广的实践看，要注意解决抗性和丰产优质的矛盾、兼抗与多抗育种及品种抗性的持久化等问题。抗病虫育种不仅要解决已然成灾的病虫害问题，还要力求防患于未然，兼顾对那些可能上升的次要病虫害的抗性，也就是从单一（病虫害）抗性的选育适当扩大到兼抗多抗。抗性育种中要求新品种对病虫害有绝对的抗性常常是不切实际的，品种的抗耐性一般只要求在病虫害流行时能把病原菌数量和虫口密度压缩到经济允许的阈值以下，对产量和品质影响小即可。

3. 抗倒伏性

抗倒伏性对作物至关重要。倒伏不仅降低产量，而且影响品质，不利于机械收获。导致作物倒伏的原因很多，其中有作物品种本身的原因（如植株高大，茎秆强度差、韧性差，根系不发达等），也有病虫害的原因。因此，降低株高的矮化育种、抗病虫害育种都会起到抗倒伏的效果。而增强茎秆强度则要从茎秆内外径、茎壁厚度、节间长度、叶鞘覆盖率、维管束的数目和大小以及排列方式来考虑。

4. 对环境胁迫的抗耐性

作物品种类型对不利的气候、土壤因素等环境胁迫因素分别具有不同程度的抗耐性。作物的环境胁迫因素大体上可分为温度胁迫、水分胁迫、土壤矿物质胁迫、大气污染胁迫及农药胁迫等。温度方面有高温胁迫和低温胁迫。干旱又有大气干旱和土壤干旱之别。矿物质方面有盐碱土和酸性土胁迫，有由于矿质营养不足或某些矿质元素过多造成的饥饿或毒害胁迫等。对上述环境胁迫因素的抗耐性，是品种选育的重要目标性状。

四、生育期适宜

生育期是一项重要的育种目标，它决定着作物品种的种植区域。生育期早晚在大部分地区和许多作物都是重要的育种目标性状。生育期与产量呈明显的正相关，生育期长，产量高；生育期短，产量低。在选育优质、高产、多抗的品种时必须根据当地无霜期的长短决定生育期，不是越长越好，原则上应既能充分利用当地的自然生长条件，又能正常成熟。我国高纬度的东北、西北地区，无霜期短，秋季作物具有周期性低温冷害，需选育生育期短的早熟品种。华北、黄淮平原，为了提高复种指数，也需要早熟品种，以便倒茬和复种，达到早熟高产。

各种作物在不同地区，往往遇到种种灾害。早熟品种可以避免或减轻某些自然灾害的危害。如北方广大麦区，在小麦灌浆、成熟期间，常遇到干热风，使小麦青干，粒重降低，造成减产。选育早熟品种，可避免或减轻其危害。又如，在北方某些地区，九十月间秋雨连绵，常使棉花烂铃，玉米烂穗，选用成熟早、收获早的品种，可防止或减轻阴雨遭受的损失。

早熟和高产也存在一定的矛盾。一般情况下早熟品种会因生育期短，产量潜力低。因此，对早熟性的要求要适当。早熟程度应在适应耕作栽培制度的基础上，以充分利用当地光、热资源，获得全年高产为原则，选择生育期适当的品种为宜，不要片面追求早熟。同时，必须注意早熟性和丰产性的选择，并根据早熟品种的特点采取合理的栽培措施，克服单株生产力偏低的缺点，从育种和栽培两方面入手，达到早熟和丰产的有机结合。

五、适应农业机械化

随着我国国民经济的高速发展，要提高农业生产率，使农民增收，农业机械化势在必行。我国东北、西北的一些省区，地广人稀，机械化程度高，要求作物品种必须适应机械化作业的需要。对于广大农村来说，随着我国农村产业结构的调整，农村劳动力的转移，经营规模的不断扩大，种植专业大户将不断出现，种地实现机械化也是势在必行。适应机械化种植管理的品种应该是株型紧凑，秆硬不倒，生长整齐，株高一致，不打尖、不去杈、不倒伏、不自然落粒，穗、荚、铃等部位适中，成熟一致。例如，大豆结荚部位与地面有10~15cm 的距离；玉米穗位整齐适中；马铃薯的块茎和甘薯的块根集中；棉花品种要求株型紧凑、适于密植，单株结铃性强，吐絮早而集中，苞叶自动脱落，铃壳含絮力低等。因此，对作物品种不但要求适应地区的自然条件，而且要求适应发展中的耕作栽培水平。早熟性除了有利于减免作物生长后期可能遭受的灾害外，也有利于耕作改制和提高复种指数。禾谷类（常称谷类）作物的茎秆矮化可提高耐肥抗倒能力，有利于密植和高产，也有利于机械化收获；成熟时的抗落粒性则可减免机械化收获中的落粒损失。

总之，在作物育种上对品种各方面性状的选育要求应分轻重缓急，在原有品种的基础上，重点改进关键性状，而兼顾其他各性状的综合改良，育种工作不可能一蹴而就，也不可能育成万能的品种。

第二节 制订作物育种目标的一般原则

作物育种目标是在一定地区的自然耕作栽培和经济条件下，对所要选育的、适于生产发展需要的新品种所应具备的性状。育种目标体现育种工作在一定地区和时期的方向和要求，制订育种目标是一项复杂、细致的工作，不同作物、同一作物不同地区在制订育种目标上有很大差异。对育种者来说，要有效地制订出切实可行的育种目标不仅要熟悉育种过程，懂得改良性状的遗传特点，而且还必须了解农业生产以及市场需求等。作物育种目标制订的适当与否，往往影响育种工作的成败。一个正确的育种目标，往往要随着工作的进展，对当地自然条件、生产情况和现有品种特征、特性深入了解后，才能逐步明确和完善起来。制订作物育种目标的主要依据和原则如下。

1. 国民经济需要和生产发展的前景

制订育种目标既要着眼于现实和近期内发展需要，同时也应尽可能兼顾到长远发展，即人们常说的"立足当前，展望未来，富有预见性"。在现有品种的基础上，选育新品种进行品种更换需要许多年。从作物育种程序来看，育成一个新品种至少需要 5~6 年，多则 10 多年以上的时间，育种周期长的特点决定了育种目标制订必须要有预见性，至少要预见到 5~6 年以后国民经济的发展，人民生活水平和质量的提高以及市场需求的变化。因此，制订育种目标时，应在充分估计当前需要的基础上，认真研究将来的社会进步与生产发展，考虑到将来国民经济发展的需要和生产发展对品种的要求，制订育种目标要有一个适当的"提前量"，不然便会因对发展预测不足，使育成品种落后于形势，难以推广，即出现"品种育成，已经无用"的情况；或者会由于所定目标太高，脱离实际而难以实现。目前，制订育种目标还必须充分考虑到适应市场经济，我国加入 WTO 以来与国际市场接轨的要求。过去的育种目标是适应数量型增长的农业，以高产为目的，而今后的育种目标要适应效益型农业发展的需要，除高产外，更要优质、高效、专用，还要考虑好种、低耗等。例如，今后一个时期我国优质小麦的育种目标是：以改善食品加工品质为主，重点选育和推广发展两类小麦，一是蛋白质含量高，面筋强度大，质量好，能磨制强力粉，适于制作面包及优质面条的小麦；二是蛋白质和面筋含量低（<8%~10%），面筋强度弱，能磨制弱力粉和适于制作饼干和糕点的小麦。

2. 农业生产实际与现有品种有待提高和改进的主要性状

农业生产和市场对品种的要求往往是多方面的，再加上品种的丰产和稳产首先决定于品种对当地自然、栽培条件的适应程度。因此，制订育种目标时，应突出重点，分清主次，狠抓主要矛盾。要根据当地自然与栽培条件，以当地现有品种为主要对象，分析其特征、特性，以此为基础，分析在生产发展中存在的主要问题，明确亟待改良的主要目标性状，选育出能克服现有品种的缺点、保持其优点的新品种。不同生态地区及同一地区不同生产时期，都会因自然与栽培条件的差别和变化，对新品种有不同的要求。同时，一个地区的主要问题和次要问题也是相互联系和影响的。确定主要目标性状的同时，也要考虑到次要目标性状。随着主要目标的实现，一些次要目标性状又会上升为主要的。因此，应统筹兼顾，协调改良，不能片面强调个别主要目标而忽视其他目标。

3. 育种目标的具体化和可行性

制订育种目标时，不能停留在泛泛地高产、稳产、优质、多抗等一般化的要求，必须把这些要求落实到具体性状上，并有明确的性状指标。而且应尽可能提出数量化的可以检验的客观指标，使育种目标具有针对性、明确性、具体化和可操作性，同时也可以为育种目标的最后鉴定提供客观的具体标准。育种目标就是新品种的蓝图，应该刻画出其具体的综合形象；所定的各目标性状指标还应该因地、因时而异；在原有基础上是切实可行的，即通过选育可以实现的。例如，选育早熟品种生育期应该比一般品种提早多少天？以抗病性作为主攻目标时，不仅要明确具体病害种类，而且还要落实到生理小种上；同时，要用量化指标提出抗性标准，即抗病性要达到哪一等级或病株率要控制在多大比例。

4. 育种目标要考虑品种的合理搭配

在同一地区范围内，自然和生产条件不完全相同，对品种所具备的性状的要求也就有所差异。育种实践证明，要培育出一个能完全满足生产上各种需要的"全才"品种是很难做到的。因此，制订育种目标时，应从适应多种条件需要出发，培育不同类型的品种，以便生产上合理搭配，获得最佳经济效益。如有分别适于早晚播的、成熟期有早晚的、要求较高肥水条件的和较耐旱瘠的等。这样可以避免生产上的品种单一化，减轻灾害风险，有利于生产的实施和管理。同时，可以根据土质、茬口安排推广相应的品种，以满足农业生产中对品种的多种要求。国内外都有过因品种单一化而加重灾害所造成的损失的教训，今后必须注意配套品种的选育。

思考题

1. 名词解释

育种目标　经济产量　收获指数　株型育种　高光效育种

2. 现代化农业对所要育成的作物品种都有哪些要求？
3. 制订育种目标应考虑哪些主要目标性状？
4. 制订育种目标的依据和原则是什么？
5. 为什么作物的矮化育种能够提高单产？
6. 根据你家乡所在的地区，拟制订一个作物的育种目标，并说明其理由。

技能实训1-1　育种材料播前的准备工作

一、编制农作物的育种方案

为使育种工作有目的有计划地进行，在农作物育种工作的开始，要制订明确切实的育种方案。制订育种方案的要求有两点：一是适应当前的生产水平及将来生产发展的需要；二是要体现出当前国内外育种动向，采用先进的方法和技术。

育种方案内容有：育种目标、育种途径、组织领导、工作规模、育种材料和完成年限等。育种的年度计划应根据总的育种方案制订。

1. 育种目标

应根据本地区气候、土壤、栽培耕作条件及国家下达的任务确定。

2. 途径

目前常用的最基本途径有系统育种、杂交育种、倍性育种、辐射育种、远缘杂交育种、杂种优势利用和抗病虫性育种等方法。

3. 组织工作

选育单位、多点鉴定试验、选育组相结合。从不同生态条件下连年鉴定品种稳产、高产等性状，并由专家、教授、科技人员组成品种鉴评委员会，共同评选出新品种。

4. 育种工作的规模等

根据单位具体情况定，一般育种地在20亩左右，2～3人负责，其他物资设备视具体情况而定。

二、育种实验地的区划和播种

（一）试验地的准备

1. 选地

选地要求：

① 土壤类型要有代表性，能代表本地区土壤。

② 肥力应一致，地势平坦，如不平、倾斜，则要求不同坡度的土壤、水、肥、气、热条件都相应不同。另外，前作耕作情况也应一致，以免条件不一影响试验结果。

③ 试验位置要适当，应使管理照顾方便，也要避免人畜为害。

2. 整地

选好地后应很好整地，最好小麦地秋翻秋耙，大豆地，玉米地秋起垄，整地质量达到标准播种状态，以备播种。

3. 工具、物品准备

区划工具：皮尺、测绳、标杆、木桩。

播种作业工具：平地耙、开沟锄、划行器、播种尺、种子箱、标牌、锤子，并按施肥量要求准备足够的氮、磷、钾肥。

（二）编制田间种植计划书

计划书是每年田间管理的具体计划，要根据试验的题目和目的要求，结合本单位具体条件来拟订，内容包括试验的全过程和全部情况的说明，即从试验的题目、目的要求直到田间管理方法、试验的收获计产为止的全过程，都要尽可能具体，以便进行试验时有所遵循，便于对试验的检查，可以保证试验的质量。

内容包括：

① 试验地点、年代。

② 试验目的。本试验要解决什么问题，达到什么效果。如进行品种比较试验的目的是：比较观察在当地自然条件下和栽培条件下，参试品种哪个较高产、稳产、综合性状表现较好，符合当前和今后生产要求，为今后在当地推广哪个新品种提供可靠的科学

依据。

③ 供试材料。对照品（CK）的名称，代号，材料来源等。

④ 设计方案（法）。常用随机区组法，还可采用间比法、对比法、正交设计法等。

⑤ 田间布置。种植计划书应说明各试圃小区的面积（长×宽），每区行长、行数、行距、株距、过道宽度、重复次数、保护行（区）的设置、渠道畦埂等，计算出用地总面积，然后绘制出一张详细的田间种植图，图上标明试验地方位、相邻地块名称、保护行、特标行，以及试验小区起止号码，小区内特标不计入行号内。

⑥ 试验的基本情况及管理措施。写明试验地的地势、土壤类型和肥力、前作、整地日期、整地方式（法），施用基肥的数量、质量、施肥方法及要求，种子的准备、播种量、播种方法，间苗定苗时间、中耕除草时间和次数、防治病虫害方法、追肥时间和次数等。

⑦ 田间观察记载及室内考种项目。根据试验的目的、要求和作物的种类不同，以及人的多少，田间试验的观察记载项目也有所不同，但一定要抓住本试验的主要项目，突出重点。如小麦调查的主要农艺性状：株高、穗长、主穗粒数、主穗粒重、单株粒重、小穗数、千粒重等与产量关系密切的性状，以及主要病虫害等，田间调查和室内考种项目均需列成表格进行。

⑧ 气象记录。最好要调查田间小气候的变化情况，以便为今后总结试验时提供资料，如月平均降水、平均气温、光照等。

（三）各育种试验圃设计

参见表1-1，包括：各作物试验圃的行长、株距、每行粒数、小区行数、对照设置（也称标准品种设置）、父母本设置等设计。再根据各试验圃设计和需要播种的材料总数计算育种面积。

表1-1 各种作物育种试验圃设计

作物名称	项目							
	试验圃	行距/cm	株距/cm	行长/m	每行粒数	小区行数	CK设置	父母本设置与备注
大豆	原始材料	60	6	2～5	33～83	1～2	逢0	
	F_1	60	20	6	30		逢0	
	F_2	60	20	6	30		逢0	
	F_3	60	10	6	60		逢0	
	F_4	60	6	6	100		逢0	组合前设
	F_5	60	6	6	100		逢0	
	杂交圃	60	穴距60	6				
	区试圃			10		5		
	提纯复壮	60	15～20					
玉米	原始材料	65	37	10	81	5	逢5或0	
	基本材料	65	50	10	60	5	不设	
	自交系选	65	50	10	60	1	不设	
	测交鉴定	65	37	10	81	1～3	逢5或0	
	单交鉴定	65	37	10	81	3	逢5或0	
	双交鉴定	65	37	10	81	3	逢5或0	
	区域	65	37	10	81	5	逢5或0	

续表

作物名称	项目							父母本设置与备注
	试验圃	行距/cm	株距/cm	行长/m	每行粒数	小区行数	CK 设置	
小麦	原始材料	30	5	2	41	1	逢0	
	F_1	30	5~10	2	21~41		逢0	
	F_2	30	5~10	6	61~121		逢0	
	F_3	30	5~10	4~6	81~121		逢0	
	F_4	30	5~10	4~6	81~121		逢0	
	鉴定圃	15	同大田	4~6		5	随机区组	
	区试圃	15	同大田			10	随机区组	
	杂交圃	30	5~10			2~4		

（四）种子的准备

1. 播前种子的准备

一般情况下包括原始材料、亲本、杂交后代，及要进行区域试验、品种比较、鉴定试验及高倍繁殖种子的准备。

2. 种子装袋

各圃种子分别按设计装袋，一行一袋，原始材料、杂交圃、选种圃根据各圃行长和株距来确定每行粒数。鉴定圃品种、比较试验和区域试验可采用称量分包装（小麦），一行一包。在 15cm 行距下，小麦每行播量可按下式计算：

$$每行种子重量 = \frac{千粒重 \times 亩保苗数 \times 每区行长}{发芽率（\%） \times 1000 \times 4444}$$

种子装袋的同时，在种子袋上写上编好的行号（或小区号）或品种名称。

（五）编号

育种材料的数量很多，品种名称多样，为简便起见通常以编号予以简化，编号分为两类：一类是田间种植号，另一类是育种材料的代号。

田间种植号根据每年播种材料的多少确定号码数，以田间标牌为标记，按一定顺序落实在试验地上，每个种子袋上也按一定顺序编上当年种植号，播种前按顺序将标牌插好，也就是说田间种植号在试验地上已经确定了具体的位置。此外，种子袋上的田间种植号在播前必须登记在育种台账上，并清楚地注明每个田间种植号码种植的是什么材料或品种，也就是说，在一个田间种植号码后边写清各类育种材料的代号或品种名称。播种时将种子袋上的种植号"对号入座"。将种子安放在应播种的位置上，播种后，在田间可能见到的只是木牌或塑料插地牌上的种植号了，根据台账就能知道哪一号上种植的是什么材料或品种，便于观察和查找。台账必须有两本，以免丢失。田间种植号可简称行号或小区号。

原始材料圃、选种圃多以单行编号，一行一号，品种比较和区域各小区可直接写品种或品系名称，前面冠有以罗马字母Ⅰ、Ⅱ、Ⅲ等表示重复的代号即可。杂交圃可用两位数编号，杂交时便于写标牌。

育种材料的代号不同于田间种植号，是根据育种材料各代之间和同一世代不同系统之间的亲缘关系给予编号，这样做有利于简化育种工作中的大量文字记载，也有利于杂种后代的选择。是将大量的杂种后代通过编号的方法形成一个系谱，本身不意味着种在试验地的什么位置上，但反映着材料的系谱，它是哪一年的，什么品种杂交的，现在是第几代等。杂交后代的编号也可说是杂种后代的具体名称，每个具体的杂种后代在升入鉴定试验前一般是以编号代表的，称为组合代号。

现举例如下：

F_1：2011年共做了10个组合，第一个是克70-444×罗5，第二个组合是免194×索诺拉64等。第一个组合编号是1101，第二个为1102；11是"2011年做的杂交"的意思，"01"是代表克70-444×罗5的简称，即这一材料的代号。它代表克70-444×罗5组合F_0的种子，也代表F_1的植株，F_1产生的种子一般按组合收获仍以组合为代表。如果是复交F_1选择单株并单株脱粒，即复交F_1也要编号，如在1101这个复交组合中选35株，其编号为1101(1)～1101(35)。复交F_1的单株代号也是复交F_2的系统号。

F_2：一般以F_1的组合为单位种植，在F_2代选择若干单株并将单株脱粒入袋，每个单株编一个号，这个F_2单株（的种子）种成F_3的系统。因此，F_2的单株号码是F_3的系统号，如在1101单交组合中选了50个单株，则编成1101-1至1101-11050。

F_3：将F_2单株种一行或几行成为若干个系统，在优良系统中继续选择优良单株，每个单株予以编号。如在1101-3中选了三株，则编号为1101-3-1、1101-3-2、1101-3-3，它们也是F_4的系统号。

F_4、F_5以下各系统所选单株编号，方法同上。

鉴定圃：每份材料的代号是选种圃入选的种植行号前冠以当年年号作为品系号。品种直到命名前均使用这个代号。如11-5635代表2011年选种的第5635这一行的系统；再如垦农7号大豆品种在审定前的代号为：83733；垦农8号大豆品种在审定前的代号为：83070；这种编号便于考察材料在各世代的性状表现，决定取舍。

上述的是多次单株选择法，如是采用混合选择法，可在组合或系统号后加一"混"字或采用其他方法编号。

育种材料的性状记录本宜备两套，以免遗失、损坏，先按口袋上编的当年行号，用笔或打号机打在记录本上，再逐袋登记材料代号或品种号，为便于查找材料来源，应注明材料上年的田间编号。

（六）实验地区划

即将试验场圃按设计方法落实于田间。

1. 区划原则

① 服从试验地的统一规划，便于作物轮作。

② 节省用地，便于管理，尽量减少田间空行长（如有空行，可播鉴定试验材料、区域试验材料或一行分成两行）。

③ 测量精确，整齐美观。

④ 因地制宜，保证试验地的准确性。

2. 区划方法

整好地后，就可以根据试验设计的田间种植图将试验的重复和小区落实到具体地段上。为保证试验场圃方向准确，可利用勾股定理首先画好地的总廊，即四周基准线，然后按播种顺序分圃规划，随规划随将预先写好的编号的标牌按位置放好，仔细检查核对后，整齐地钉于土中，玉米，大豆是在起垄后区划。

（七）播种作业

育种材料种植的原始材料圃、选种圃、品比圃、鉴定圃等各场圃的播种应严格按照育种要求进行播种作业，但是参加品种区域试验、生产试验以及栽培试验的播种方法应和大田播种一样。

1. 划行

小麦地播种应划行，根据设计要求选用相应的划行器划好播种行，划行的行间即要平行又要与边线垂直，清晰、准确、整齐。

2. 安放种子

按试验内容将袋装的种子逐行放于小区一端，放好后立即检查种子袋上的编号是否与小区的内容及对应行号一致。

3. 开沟播种

用开沟锄按画好的播行开沟，沟深一致，土块要打碎，开沟后立即撒肥播种，随开随撒随播种，以利保墒。播种时以播尺为尺度，等距点播，条播时要撒种均匀，播时严防将种子播于土块之上或之下，播后检查袋内是否有剩种子，将空袋仍放回原行另一端，以便查对（玉米穴种要求刨穴，穴距穴深一致，覆土3~5cm，其他要求相同），覆土深浅均匀一致，不要有土块，覆土后镇压。

4. 收回种袋

同一试验播后经查对无误，将种子袋收回，有播错的立即记载入册。

5. 播种注意事项

① 操作要严肃，细致，严格按要求进行，不要错乱，要符合质量要求。
② 同一试验或试验的同一重复应在同一天播完，以减少人为误差。
③ 严防差错，有错应立即声明，以便更改台账，不致混乱。
④ 播后不准在已播小区内行走。

三、作业

1. 农作物育种方案的要求及内容是什么？
2. 简述田间种植计划书的内容。
3. 育种工作是如何对材料编号的？
4. 育种试验地播种作业的要求如何？有哪些注意事项？

技能实训1-2　小麦面筋含量及蛋白质含量的测定

一、目的

通过实际练习操作，初步掌握小麦面筋含量和蛋白质含量的基本测定方法。

二、原理及内容说明

小麦面粉的主要成分为淀粉、面筋、麸皮和一些杂质。面筋是小麦面粉中独有的、其他谷物所没有的具有弹性的物质。面筋主要由麦胶蛋白和麦谷蛋白组成，其中还含有淀粉、糖类、脂肪、灰分和其他蛋白质等。麦胶蛋白（约占干面筋的40%）不溶于水、乙醚和无机盐溶液，能溶于70%酒精，湿的麦胶蛋白黏力甚强，富有延伸性。麦谷蛋白（约占干面筋的40%），不溶于水、乙醚和无机盐溶液，能溶于稀碱和稀酸溶液；湿的麦谷蛋白凝结力甚强，但无黏力。由于它们不溶水，吸水力强，吸水后发生膨胀，分子互相连接形成网络状整体，因此测定面筋含量一般采用面团揉洗法获得面筋，然后测定其含量和蛋白质的含量。

面筋的含量和性质是小麦品质好坏的重要标志。面筋含量多，且其延伸性和弹性都好的小麦面粉能做出疏松多孔的面包和馒头。面筋的含量和品质与烤面包的特性有密切关系，如果面筋（面团中的）含量多和品质好，就能包住在发酵时所产生的气体，形成大而疏松的面包。

不同小麦品种面筋含量和品质不同，同一品种栽培在不同生态地区，面筋含量和品质也不同。我国北方麦区小麦品种的湿面筋含量平均为30%，变幅为17%～50%，绝大部分小麦品种的湿面筋含量在24%～40%。干面筋的含量：高面筋的面筋含量大于13%，中面筋的在10%～13%，低面筋的小于10%。

洗涤面筋的方法有手工洗涤和机器洗涤两种，本实验为手工洗涤法。

三、材料、用具和试剂

1. 材料

不同小麦品种的种子各100g，磨粉后过筛备用，或直接利用不同等级面粉备用。

2. 用具

天平（感量0.01g）、CQ20筛绢或金属筛（100目）、玻璃棒、陶瓷杯、移液管、铝盒、烘箱、米尺、表面皿、玻璃板、纱布或毛巾。

3. 试剂

I-KI溶液：称取0.1g碘和1.0g碘化钾，先用少量水溶解后，加水至250ml，贮于棕色瓶中备用。

四、方法与步骤

1. 合成面团

每个小麦品种的面筋样品经充分混合后，称取25g，放入洁净的陶瓷杯中，用移液管加入12～15ml清水，先用玻璃棒搅和，后用手揉成面团，达到均匀一致为止。将球形面团置于陶瓷杯中，静置20min，使水分均匀渗透。

2. 洗出面筋

在陶瓷盘内加适量清水或2%食盐水，然后用手在水中揉捏面团，洗去淀粉、麸皮和水溶性物质，中间需更换清水若干次，换水时要用网筛过滤，并将留存在网筛上的面筋碎屑收集并入面团内。洗至面筋在清水中不出现混浊为止。为准确起见，可用I-KI溶液测试，将洗涤水中或面筋中挤出的水滴入表面皿中，再滴入1～2滴碘液，无蓝色反应时即可。

最后将洗净的面筋捏成小团，放在玻璃板上，中间宜隔一片玉米穗的苞叶、一张H_2SO_4纸，以免面筋粘在玻璃板上，将面筋团连同玻璃板放入烘箱内（140～150℃）2h左右，使面筋的体积充分膨胀，待面筋的体积不再增大时即可降温到100～105℃，并用针在面筋球的顶部穿刺几个小孔，以便放出面筋内的残余的水分气体，经5～6h后取出称重。

五、结果计算

分别计算出面筋含量、面粉率。

$$干（湿）面筋含量（\%）=干（湿）面筋重量/供试面粉量×100\%$$

麦粉中蛋白质的含量测定，如果不是精量测定的话，可以根据相关变异的原理，把干面筋重量乘上系数400除以76.5就是面粉中蛋白质含量。

蛋白质含量（%）= 干面筋重量 ×400÷76.5，即为 100g 风干种子粒中蛋白质的含量。

六、面粉质量评价

面筋是小麦面粉独有的，其他谷物没有。面粉面筋含量计算的表示方法有两种，一种为湿面筋含量（即洗涤完离心后的百分含量），另一种是干面筋含量（烘干后的百分含量）。面筋含量的评定级别一般分为高、中、低三类（表1-2）。

表1-2 小麦面粉中面筋含量的评定级别

种类	高筋	中筋	低筋
湿面筋含量	≥26%~30% 或更高	≥20%~26%	<20%
干面筋含量	≥13%	≥10%~13%	<10%

一般情况下，面粉含量的好坏，常以面筋球的大小来说明，凡事质量好的面筋韧度大、弹性足，烘烤时能充分膨大而不破坏，质量低的面筋烘烤时则体积小。测定面筋球体积应先将 200ml 沙子的一部分装在 250ml 杯底部，把面筋球放在中间，然后把其余的沙子倒在上面，铺平观察杯的刻度，此时沙子增加的体积就是膨大了的面筋体积。

技能实训1-3 面粉沉降值测定

一、目的

通过具体操作掌握小麦面粉沉降值的测定方法。

二、原理

沉降值是用则伦尼（zeleny）试剂处理一定量的面粉（湿度14%）所得的沉降物的体积来表示。沉降值和面筋的弹性及其吸收则伦尼试剂中的乳酸和增大体积的能力呈正相关，其原理是在乳酸溶液中面粉的面筋颗粒膨胀不影响悬浮在乳酸溶液中的面粉颗粒的沉降进度，面筋含量高，面粉品质较好，都会导致沉降速度的减慢和沉降值的提高。沉降值的大小与面包的烘烤品质密切相关，一般来说其值越大，品质越好。以沉降实验法测定面筋品质方法简便、快捷、微量准确，特别适合于快速测定，能较其他方法更深刻地反映出供试品种材料的遗传性差异，当它与面筋或蛋白质的测定相结合，就成为一套最简便有效的测定小麦烘烤和营养品质的方案。

三、材料、用具和试剂

1. 材料

不同品种（系）品质的小麦品种籽粒各约 3500g（或不同品质的小麦面粉各 1700g）。

2. 用具

磨粉机、筛子（净筛孔为150μm）、平底量筒（容积100ml，以 1ml 刻度为单位，刻度间的距离为 180~185mm，备有塑料或玻璃塞子）、25ml 和 50ml 单刻度移液管、天平（感量 0.01g）、筒式振荡器（每分钟振荡 40 次，每个循环冲程 600，即水平面上下各 300）。

3. 试剂

99%~100% 异丙醇、溴酚蓝、乳酸原液。

四、方法与步骤

1. 溶液配制

可混溶的溶液应于 48h 之前制备。乳化溶液至少提前七天配制,以使其有充分均匀的时间,所配溶液应便于利用滴定管将之进行定量分配。

蓝溶液:每升蒸馏水加 4mg 溴酚蓝。

白溶液:取 250ml 85% 的浓乳酸(分析纯),用蒸馏水稀释至 1L,然后在回流条件下煮沸 6h。以 KOH 溶液标定,所得溶液浓度应在 2.7~2.8mol/L。

沉淀试验试剂:将 180ml 乳酸原液与 200ml 异丙醇彻底混合,加水至 1000ml,摇匀。保存在带塞的容器中,以防止蒸发。

2. 样品的准备

首先将供试小麦品种的籽粒的水分调节至 15%,用同一种合适型号的试验用碾磨机磨粉,再经筛孔为 150μm 的筛子筛分 90s,筛下物构成试验面粉。试验前测定试验面粉的含水量。

用天平称取 3.2g 面粉样品(含水量 14%,即称取 2.75g±0.04g 干物质)两份。取样时应充分搅拌,用来进行试验的面粉必须在加工后放置 24h 以上才能使用。精确至 0.05g,小心放入带塞的 100ml 刻度量筒中。如果需要过夜(最大容许限度),应用塑料塞塞住筒口以防干燥。

3. 沉降方法

将装有称好重量面粉的量筒置于工作台上,检查滴定管是否充满,其上的开关是否渗漏,开动振荡器,振荡器的摆动角度应调整到每边与水平成 30~60° 角。每分钟摆动 40 次。

加 50ml 蓝溶液于量筒中,用手左右轻摇动量筒混合 5s、摆幅约 180cm,摇晃次数约 12 次,将面粉全部与液体混合均匀。如果是多个样品,应该每个样品所受摇动一致,再将量筒放于振荡器上振荡 5min,从加蓝溶液到量筒上振荡器的全过程应在 30s 内完成。

5min 后取下量筒,加入 25ml 白溶液,比上次更轻地混合振荡几次,至制服色(草绿色)出现,所用时间与将溶液注入滴定管的时间相当即可,把量筒放到振荡器上再摇 5min,上述过程也应在 30s 内完成。

振荡完成后,将量筒从振荡器上取下,静至 5min,5min 后立即读沉降物体积在量筒刻度上的读数,这 5min 应掌握得精确,因为沉降进行得很快,从而使读数差异很大,每个量筒应从拿下振荡器起计时。

上述过程可简化为:

称 3.2g 样品 ⟶ 加 50ml 蓝溶液 ⟶ 摇晃均匀(振幅 18cm,12 次/5 秒)⟶ 振荡 5min ⟶ 加白溶液 25ml ⟶ 振荡 5min ⟶ 静至 5min(应精确)⟶ 读数

4. 沉淀读数

精确停放 5min 后,立即读取量筒中沉淀物的体积,准确至 0.5ml。

两次重复平均值即为沉淀值,以"ml"为单位。两次测定的结果不可相差 2 个单位以上。根据沉淀值可将小麦品种分成 >50ml,49~35ml,34~20ml,<20ml 四类。

五、作业

1. 测定各供试品种的沉淀值,并结合面筋测定结果评价各品种的品质。
2. 你认为在测定中应着重注意哪些环节?

第二章 种质资源

思政与职业素养案例

稻田里的守望者——袁隆平

袁隆平（1930—2021），男，汉族，生于北京，无党派人士，江西省九江市德安县人。袁隆平是我国研究与发展杂交水稻的开创者，也是世界上第一个成功地利用水稻杂种优势的科学家，被誉为"杂交水稻之父"。

历经早年的饥荒，袁隆平深切认识到粮食的重要性，暗下决心一定要解决中国的粮食增产问题。当时遗传学界的普遍看法认为，水稻这一自花授粉作物不具杂种优势。但对这一仅存在于形式逻辑、没有实验根据的推理，袁隆平始终持怀疑态度。在观察到一株性状优良的天然杂交稻后代出现性状分离后，袁隆平反复思考和实验，终于证实水稻具有杂种优势。但要利用水稻的杂种优势，必须先选育一种雄性不育的特殊品种。1964、1965两年的夏天，袁隆平团队拿放大镜先后检查几十万个稻穗后，终于找到6株雄性不孕株，使其育种计划有了可行性。杂交水稻的研究，以1964年寻找天然雄性不育株为起点。1966年发表的《水稻的雄性不孕性》论文，则对研究起到了至关重要的助推作用。

杂交水稻是利用杂种优势现象，即用两个品种杂交，杂交之后，由于品种之间的遗传有差异，这个差异就产生了内部矛盾，矛盾又产生了优势。由于杂种优势只有杂种第一代表现最明显，以后就没有优势了，就要分离，因此需要年年生产杂交种子；要利用水稻的杂种优势，其难度就是如何年年生产大量的第一代杂交种子。但是，水稻属自花授粉作物，颖花很小，而且一朵花只结一粒种子，如果要像玉米那样，依靠人工去雄杂交的方法来生产大量杂交种子，每天能生产多少种子呢？少量试验还可以，用到大田生产上是不可能的。也正因为如此，长期以来水稻的杂种优势未能得到应用。

解决这个问题，最好的一个办法就是要培育一种特殊的水稻——"雄性不育系"，由于它的雄性花粉是退化的，我们叫作"母水稻"，有的人也把它称作"女儿稻"。由于这种水稻的雄花没有花粉，要靠外来的花粉繁殖后代。换句话说，不育系就是人工创造的一种雌水稻，有了不育系后，把它与正常品种间种植，并进行人工辅助授粉，就可以解决不要人工去雄便能大量生产第一代杂交种子的问题。所以说，不育系是一种工具，借助这种工具可以生产大量杂交种子。我们后来的杂交稻制种就是通过在田里种几行雄性不育的水稻，再在它们旁边种几行正常的水稻品种，让它们同时开花，并在开花以后，用人工辅助授粉方法让正常水稻的花粉满天飞，落到雄性不育水稻的雌蕊上，这样来实现大规模生产杂交种子。

袁隆平查阅了国内外有关农作物杂种优势利用的文献，从中获悉，杂交玉米、杂交高粱的研究是从天然的雄性不育株开始的。借鉴玉米和高粱杂种优势利用的经验，他设想采取"三系法"技术路线：通过培育雄性不育系、保持系、恢复系，实现"三系"配套，以达到利用水稻杂种优势的目的。具体讲，就是培育出水稻雄性不育系，并用保持系使这种不育系能不断繁殖；再育成恢复系，使不育系育性得到恢复并产生杂种优势，以达到应用于生产的目的。

三系中的保持系是正常品种，但有一种特殊的功能，就是用它的花粉给不育系授粉，所产生的后代仍然表现雄性不育。由于年年要生产第一代杂交种子，就要年年提供大量的不育系，而不育系本身的花粉不起作用，不能自交结实。繁殖不育系种子，就是通过保持系，它是提供花粉的，花粉授给了不育系，所产生的后代仍然是不育，这样不育系才一代代地繁殖下去。没有保持系，不育系就呈昙花一现，不能繁殖下去。在生产运用中，还须选育另外一种品种给不育系授粉，这样的品种有另一种特殊功能，即它给不育系授粉之后，所产生的后代恢复正常可育，因此这种品种叫作"恢复系"。如果产生的后代正常结实，又有优势的话，就可应用于大田生产。由此可见，要利用水稻的杂种优势，必须做到"三系"配套。

"发展杂交水稻，造福世界人民"是袁隆平毕生的追求；"消除饥饿"是袁隆平毕生的梦想。他通过杂交水稻的研制与改良，把饭碗掌握在中国人自己手上。袁隆平谈及成功的"秘诀"体会，用八个字概括是"知识、汗水、灵感、机遇"。知识就是力量，是创新的基础，同学们要打好基础，开阔视野，掌握最新发展动态；汗水是要能吃苦，任何一个科研成果都来自深入细致的实干和苦干；灵感就是思想火花，是知识、经验、思索和追求综合在一起升华的产物；机遇就是要做一名"有心人"，要学会用哲学的思维看问题，透过偶然性的表面现象，找出隐藏在其背后的必然性。

袁隆平逝世后，习近平总书记高度肯定袁隆平院士为我国粮食安全、农业科技创新、世界粮食发展做出的重大贡献，并要求广大党员、干部和科技工作者向袁隆平学习，学习他热爱党、热爱祖国、热爱人民、信念坚定、矢志不渝、勇于创新、朴实无华的高贵品质，学习他以祖国和人民需要为己任，以奉献祖国和人民为目标，一辈子躬耕田野，脚踏实地把科技论文写在祖国大地上的崇高风范。

种质资源、品种资源、育种者的原始材料、遗传资源、基因资源都是一类内涵和意义大致相同的名词术语，一般指具有特定种质或基因可供育种及其相关研究利用的生物类型。遗传学上被称为遗传资源或基因资源。由于现代育种主要利用的是现代育种材料内部的遗传物质或种质，所以现在国际上仍大都用种质资源这一术语。随着遗传育种研究的不断发展，种质资源所包含的内容越来越广，凡是用于作物育种的生物体或其遗传物质的一部分都可归入种质资源。

第一节　种质资源在育种上的重要性

一、种质资源的概念

种质资源是指用以培育新品种的原材料，过去称为原始材料，也就是在遗传育种领域将一切具有一定种质或基因，可用于育种、栽培及其他生物学研究的各种生物类型总称为种质资源。包括品种、类型、近缘种和野生种的植株、种子、无性繁殖器官、花粉甚至单个细胞，只要具有种质并能繁殖的生物体，都能归入种质资源之内。又因为遗传、育种研究上主要利用的是生物体中的部分基因，甚至是个别基因，所以又称为基因资源。在种质资源利用方面，既可通过有性杂交，又可通过体细胞融合、转基因和总体 DNA 导入等生物技术。作物育种实际上是选择利用各种种质资源中符合人类需求的一些遗传类型或特殊基因，经过若干育种环节，重新组成新的基因型，育成新品种。

种质资源工作的内容包括搜集、保存、研究、创新和利用。我国种质资源工作的方针是：广泛征集，妥善保存，深入研究，积极创新，充分利用，为作物育种服务，为加速农业现代化建设服务。

二、种质资源在作物育种中的重要作用

种质资源是选育新品种和发展农业生产的物质基础，也是生物学研究的重要材料。没有好的种质资源，就不可能育成好的品种。作物育种成效的大小，很大程度上取决于掌握种质资源的数量多少和对其性状表现及遗传规律的研究深浅。世界育种史上，品种培育的突破性进展往往都是由于找到了具有关键性基因的种质资源。如美国利用日本冬小麦农林 10 号的矮秆基因育成了第一个高产、半矮秆冬小麦品种格恩斯（Gaines），于 1965 年创造了高产纪录。1948 年，美国从土耳其偏僻山区收集到一种小麦材料，编号 P.I.178383，秆高而细，易倒伏，越冬性差，不抗叶锈病，烤面包品质差，当时未引起人们的注意。15 年后，美国西北部条锈病大流行，而这个材料抗条锈病的 4 个生理小种，同时抗普通腥黑穗病的 35 个小种和矮腥黑穗病的 10 个小种，并且对小麦秆黑粉病和雪霉病有较好的耐病性，以此材料作亲本，美国西北部 4 个州育成了一些抗条锈病品种。抗病品种推广后，每年减少数百万美元的损失。玉米虽不是中国原产，但传入中国后，形成了许多珍贵种质，在广西，形成了糯玉米类型，所以广西是糯玉米的原产地，1908 年又传到了美洲。陕西镇安的八大行玉米，籽粒重，品质好，耐寒，适宜间作并抗大、小斑病；黄野鸡粳玉米，早熟，60 多天就可成熟。20 世纪 50 年代末，德国饲用油菜品种 Liho 的油中，芥酸含量为 6%～50%，变幅很大，从中进行定向选择后，育成了世界上第一个低芥酸品种 Oro，其芥

酸含量为 0.3%～2.2%。20 世纪 60 年代后期发现波兰的甘蓝型油菜品种 Bronowski 是世界上唯一的低硫苷源，从此推动了低硫苷油菜的育种工作，并取得了显著进展。湖北五峰县的天鹅蛋大豆，做豆腐比一般品种多产 15%。白液稻米质好，高抗稻瘟病，耐阴、耐低温，是一个优良水稻种质资源。云南省有一种米粒紫色的接骨糯稻，不仅黏性大，且有很大药用价值，当地人称有接骨、治肝炎的功效。

种质资源是人类的宝贵财富。农业科学的未来，很大程度上将取决于人类在多大程度上发掘和利用作物种质资源。J.R.Harlan（1970）指出，"人类命运将取决于人类理解和发掘植物资源的能力"。作物育种中每一重大成就及其突破性品种的育成都是和种质资源方面的重大发现和开发利用分不开的。归纳起来，种质资源在作物育种中的作用主要有以下几个方面。

1. 种质资源是现代作物育种的物质基础

没有好的种质资源，就不可能育成好的品种。如 19 世纪中叶欧洲马铃薯晚疫病大流行，几乎毁掉了整个欧洲马铃薯种植业，后来利用从墨西哥引入的具有抗病性的野生种杂交育成抗病品种，才使欧洲马铃薯种植业得到挽救；20 世纪 50 年代中期，美国大豆产区孢囊线虫病大发生，大豆生产濒临停滞，是从中国引入北京小黑豆育成了一批抗线虫品种，才使病害得到有效控制。

2. 特异种质对育种成效具有决定性作用

当代作物育种中的每一重大成就、突破性品种的育成几乎都是和种质资源方面的重大发现和开发利用分不开的。20 世纪 50 年代，由于我国发现并利用了矮脚南特、矮子黏等水稻矮源，育成一批矮秆、抗倒、高产的籼稻良种，如广场矮、珍珠矮等。同时，随着低脚乌尖等的发现和利用，进一步推动了全球范围的水稻"绿色革命"。低脚乌尖原产于中国台湾和福建，是世界所有国家矮秆籼稻品种的祖先。中国台湾省以低脚乌尖为亲本，1960 年育成了 TN_1（台湾本地种 1 号）。国际水稻研究所（IRRI）用低脚乌尖与皮泰（Peta）杂交，1966 年育成 IR_8。据 IRRI 调查（1980），继 IR_8 之后，36 个国家育成的 370 个新品种，其中矮秆良种占 70%。而矮秆良种中，IR 系统占 1/3。追溯其基因来源，几乎都有低脚乌尖。水稻矮化育种关键是基于矮秆基因 sd_1 的发现和利用。20 世纪 70 年代，由于野败型雄性不育籼稻种质的发现（李必湖）和从国外引入强恢复性种质资源（IR 系列），使我国的籼稻杂种优势利用有了突破性进展，处于世界领先水平。超级稻育种利用籼粳杂种 F_1 的优势，关键是广亲和基因 $S_5\text{-}n$ 的发现和利用。玉米高赖氨酸突变体奥派克 2 号（Opaque2）的发现利用，大大推动了玉米营养品质的遗传改良。可见，农业的发展，在很大程度上将取决于人们对种质资源的发掘和利用的程度。

3. 新的育种目标能否实现取决于所拥有种质资源的种类

作物育种目标不是一成不变的，人类物质生活水平的不断提高对作物育种不断提出新的目标。新的育种目标能否实现决定于育种家所拥有的种质资源的数量和质量。如在油料、麻类、饲料和药用等植物方面，常常可以从野生植物中直接选出一些优良类型，进而培育出具有经济价值的新作物或新品种。

4. 种质资源是生物学理论研究的重要基础材料

种质资源不但是选育新作物、新品种的基础，也是生物学研究必不可少的重要材料。不同的种质资源，各具有不同的生理和遗传特性，以及不同的生态特点，可对其进行深入研究，可为育种工作提供理论依据。

第二节　作物起源中心学说及其发展

一、瓦维洛夫的作物起源中心学说

为了广泛搜集、研究、利用种质资源，需要到各种作物的原产地进行考察，了解种质资源的来源、遗传变异程度及其分布情况和生态环境。因此，作物起源中心的研究是整个种质资源研究的基础。

瓦维洛夫从1920年起，组织了一支庞大的植物采集队，先后到过60多个国家，在生态环境各不相同的地区考察了180多次，并对采集到的30余万份植物标本及种子进行了研究。他发现物种变异多样性分布的不平衡，并形成了作物起源中心概念，于1926年出版了《栽培植物起源》一书，提出了作物起源中心学说。

（一）作物起源中心学说的主要内容

① 作物起源中心有两个主要特征，即基因的多样性和显性基因的频率较高，所以起源中心又可命名为基因中心或变异多样化中心。

② 最初始的起源地称为原生起源中心。当作物由原生起源中心向外扩散到一定范围时，在边缘地点又会因作物本身的自交和自然隔离而形成新的隐性基因控制的多样化地区，即次生起源中心或次生基因中心。

③ 在一定的生态环境中，一年生草本作物间在遗传性状上存在一种相似的平行现象。如地中海地区的禾本科及豆科作物均无例外地表现为植株繁茂，穗大粒多，粒色淡，高产抗病；而我国的禾本科作物则生育期短，植株较矮，穗粒小，后期灌浆快，多为无芒或勾芒。瓦维洛夫将这种现象称之为"遗传变异性的同源系列规律"。

④ 根据驯化的来源，将作物分为两类。一类是人类有目的驯化的植物，如小麦、大麦、玉米、棉花等，称为原生作物。另一类是与原生作物伴生的杂草，当其被传播到不适宜于原生作物而对杂草生长有利的环境时，被人类分离而成为栽培的主体，这类作物称为次生作物，如燕麦和黑麦。

（二）瓦维洛夫提出的作物起源中心

瓦维洛夫于1935年提出了作物的八大起源中心（图2-1）。

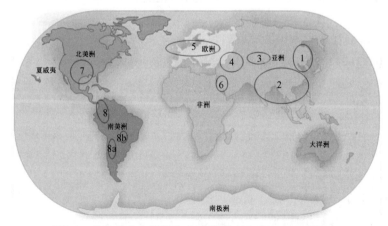

图2-1　作物的八大起源中心示意图（Poehlman，1935）

(1) 中国——东部亚洲中心　包括中国中部和西部山岳及其毗邻的低地。主要起源的作物有黍、稷、粟、高粱、裸粒无芒大麦、荞麦、大豆、茶、大麻和苎麻等。

(2) 印度中心　包括缅甸和阿萨姆（印度东部的省）。主要起源作物有水稻、绿豆、饭豆、豇豆、甘蔗、芝麻和红麻等。

(3) 中亚细亚中心　包括印度西北部（旁遮普、西北边区各省）、克什米尔、阿富汗、塔吉克、乌兹别克及天山西部。起源作物有普通小麦、密穗小麦、印度圆粒小麦、豌豆、蚕豆和非洲棉等。

(4) 西亚中心　包括小亚细亚、外高加索、伊朗和土库曼斯坦。起源作物有一粒小麦、二粒小麦、黑麦、葡萄、石榴、胡桃、无花果和苜蓿等。

(5) 地中海中心　大量蔬菜作物，包括甜菜，许多古老的牧草作物都起源于此。为小麦、粒用豆类的次生起源地。

(6) 埃塞俄比亚中心　包括埃塞俄比亚和厄立特里亚山区。小麦、大麦的变种类型极其多样。这里的亚麻既非纤维用也非油用，而是以其种子制面粉。

(7) 南美和中美起源中心　包括安的列斯群岛。存在着大量玉米变异类型。陆地棉起源于墨西哥南部。甘薯、番茄也起源于此。

(8) 南美（秘鲁—厄瓜多尔—玻利维亚）中心　有多种块茎作物，包括马铃薯的特有栽培种。

8a. 智利中心　重要的有木薯、花生和凤梨。

8b. 巴西—巴拉圭中心　特有种有花生、可可、橡胶树。

瓦维洛夫认为，这8个中心在古代由于山岳、沙漠或海洋等地理障碍的阻隔，其农业都是独立发展的。所有的农具、耕畜、栽培方法都不尽相同。每个中心都有相当多的有价值的作物和多样性变异，是作物育种者探寻新基因的宝库。

二、作物起源中心学说的发展

瓦维洛夫的作物起源中心学说发表以后，后人对此作了修改补充，同时也引起一些争论。主要是：遗传多样性中心不一定就是起源中心；起源中心不一定就是多样性的基因中心，有时，次生中心比初生中心具有更多的特异物种。有些物种的起源中心至今还无法确定。有些作物的起源可能在几个不同的地区。

1. 哈伦对作物起源中心学说的发展

Harlan（J.R.Harlan, 1951）提出了不同于瓦维洛夫作物起源中心学说的有关作物起源的观点，主要是中心和非中心体系。他认为农业是分别独立地开始于三个地区，即近东、中国和中美洲，存在着由一个中心和一个非中心组成的一个体系；在一个非中心内，当农业传入后，土生的许多作物物种才被栽培化，在非中心栽培化的一些主要作物可能在某些情况下传播到它的中心。Harlan 的 3 个中心-非中心体系为：

中心　　　非中心
A_1 近东 ⇌ A_2 非洲
B_1 中国 ⇌ B_2 东南亚
C_1 中美 ⇌ C_2 南美

Harlan 的中心是农业起源中心，它不同于瓦维洛夫的作物起源中心，他是从人类文明进程和作物进化进程在时间和空间上的同步和非同步角度上来论证说明作物起源的。根据作物扩散面积的远近和大小，大致可以分为5种类型。

① 土生型　作物在一个地区驯化后，从未扩散出这一地区。如几内亚的弯臂粟、墨西哥的印第安稷。

② 半土生型　被驯化栽培的作物只在邻近地区扩散。如非洲稻的起源地可能在尼日尔河的泛滥盆地。扩散的栽培区域，向东仅至乍得湖，向西仅达塞内加尔及几内亚海岸。

③ 单一中心　在原产地被驯化后迅速在别的地区大量栽培，不产生次生中心。如橡胶树、咖啡、可可。

④ 有次生中心　作物从一个明确的原生起源中心广泛扩散栽培，在一个或几个地点形成次生变异起源中心。如一些重要作物小麦、玉米、芝麻、豌豆和蚕豆等。

⑤ 无中心　有些作物看不出有明确的原生起源地点。如高粱、菜豆、油菜、香蕉等在相当大的范围内似乎都能驯化栽培。

哈伦认为，除了综合性起源中心外，某些作物在一些较窄的生态地区还会出现特殊的隐性基因类型，同样具有推动作物进化的作用。他名之为基因小中心，并在土耳其发现有3处小麦小中心，各具有特殊的品种类型。苏联的茹考夫斯基（1970）则提出不同作物物种的地理小基因中心达100余处，他认为这种小中心的变异种类对作物育种有重要的利用价值，所以基因小中心的重要性不亚于综合基因起源中心。

2. 齐文和茹考夫斯基对作物起源中心学说的发展

荷兰的齐文（A.C.Zeven，1970）和苏联的茹考夫斯基（1975）在瓦维洛夫学说的基础上，根据研究结果，将八大起源中心所包括的地区范围加以扩大，另又增加了4个起源中心，使之能包括所有已经发现的作物基因种类。他们称这十二个起源中心为大基因中心（megagene center）。包括：①中国—日本中心；②东南亚洲中心；③澳大利亚中心；④印度中心；⑤中亚细亚中心；⑥西亚细亚中心；⑦地中海中心；⑧非洲中心；⑨欧洲—西伯利亚中心；⑩南美中心；⑪中美和墨西哥中心；⑫北美中心。齐文（1982）又称这些中心为变异多样化区域。大基因中心或变异多样化区域都包括作物的原生起源地点和次生起源地点。有的中心虽以国家命名，但其范围并非以国界来划分，而是以起源作物多样化类型的分布区域为依据。

总之，确定各种作物的起源中心是个很复杂的问题。尽管瓦维洛夫的理论存在一些值得争论和深入研究的问题，但是有一点是可以肯定的，现有的各种作物都有它们最初被驯化的地区和发生演变的范围。不同作物总是分别在一定的历史时期，一定的地区最初被驯化，又在一定地区发生演变。事实说明，大部分作物种质的自然变异是在它的原生或次生中心出现的，所以这些中心地区的种质资源中往往蕴藏有新的育种目标所需要的基因资源。到起源中心或多样性中心进行考察和搜集，可以得到丰富的基本种质。

第三节　种质资源的研究和利用

种质资源工作内容包括搜集、保存、研究、创新和利用。农业农村部和国家科委曾在有关文件中指出："我国农作物品种资源工作的方针是：广泛征集，妥善保存，深入研究，积极创新，充分利用，为农作物育种服务，为加速农业现代化建设服务。"

一、种质资源的类别及特点

种质资源的类别，一般都是按其来源、生态类型、亲缘关系或从育种的实用角度划分的。

（一）按亲缘关系分类

Harlan & Dewet（1971）按其亲缘关系，即按彼此间的可交配性与转移基因的难易程度，将种质资源分为三级基因库。

① 初级基因库（GP-1） 即各资源材料间能相互杂交，杂种可育，染色体配对良好，基因分离正常，基因转移较容易，简单的、同一种内的各种材料。

② 次级基因库（GP-2） 属于这一类的各个材料，彼此间基因转移是可能的，但必须借助特殊的育种手段来克服由生殖隔离所引起的杂交不实和杂种不育等困难的种间材料和近缘野生种。如大麦与球茎大麦。

③ 三级基因库（GP-3） 亲缘关系更远的类型，彼此间杂交不实，杂交不实和杂种不育现象十分严重，基因转移困难。如水稻与大麦，水稻与油菜。

（二）按种质资源的来源分类

在实际育种工作中，往往按其来源进行分类，一般可分为本地的、外地的、野生的和人工创造的四类。

1. 本地种质资源

本地种质资源是育种工作最基本的原始材料，包括地方品种、过时品种和当前推广的主栽品种。本地种质资源是长期自然选择和人工选择的产物，它不仅深刻地反映了本地的风土特点，对本地的生态条件具有高度的适应性；而且还反映了当地人民生产、生活需要的特点，是改良现有品种的基础材料。

① 地方品种 地方品种指那些没有经过现代育种手段改进的，在局部地区内栽培的品种。这类种质资源往往因为优良新品种的大面积推广而被逐渐淘汰。虽然这些种质在某些方面有明显缺点，但往往具有某些罕见的特性，如适应特定的地方生态环境，特别是抗某些病虫害，适合当地人们的特殊饮食习惯等。

② 本地主栽品种 本地主栽品种是指那些经过现代育种手段育成，在当地大面积栽培的优良品种，包括本地育成的，也可能是从外地（国）引种成功的。它们具有良好的经济性状和适应性，是育种的基本材料。大量研究实践表明，以本地主栽品种作为中心亲本是杂交育种的成功经验之一。

③ 过时品种 这些品种曾经是生产上的主栽品种，由于农业生产条件的改善，种植制度的变化，病虫害流行，以及人们对产量、品质要求的日益提高，而逐渐被其他品种所代替。这些品种的综合性状不如当前主栽品种，但它们仍是选择改良的好材料。

2. 外地种质资源

外地种质资源是指从其他国家或地区引入的品种或类型。它们反映了各自原产地区的生态和栽培特点，具有不同的生物学、经济学和遗传性状，其中有些是本地种质资源所不具备的，特别是来自起源中心的材料，集中反映了遗传的多样性，是改良本地品种的重要材料。

从20世纪20年代起，我国便开始引进国外种质资源。20世纪70年代初以来，从世界90多个国家、地区、国际组织引进各类作物种质11万多份（次），经过试种鉴定，有的直接或间接利用，有的入国家种质库保存，取得较好效果。新中国成立以来，生产上直接推广利用的引进水稻品种，面积在 6.67 万公顷以上的有 19 个。从日本引进的粳稻品种世界一（农垦 58）、金南风（农垦 57）、丰锦（农林 199）、秋光（农林 238），最大推广面积均达到 20 万公顷以上。直接推广利用的引进小麦品种有 80 多个。从欧美国家引进的低芥酸和低硫代葡萄糖苷油菜品种奥罗、米达斯、托尔等，直接在我国推广应用。

外地种质资源引入本地后，由于生态条件的改变，种质的遗传性也可能发生变异，因而是选择育种的基础材料。应用外地种质作为杂交亲本，丰富本地品种的遗传基础，是常用的育种方法。引进的水稻材料，经测选、杂交等途径获籼型杂交水稻强优势恢复系如泰引 1 号、IR24，IR26，IR661，IR30 等 66 个，对我国籼型杂交水稻的培育和发展起了重大作用。

3. 野生种质资源

野生种质资源主要指各种作物的近缘野生种和有价值的野生植物。它们是在特定的自然条件下，经长期的自然选择而形成的，往往具有一般栽培作物所不具备的某些重要性状，如顽强的抗逆性、对不良条件的高度适应性、独特的品质等，是培育新品种的宝贵材料。如我国东北的野生大豆的蛋白质质量分数可以达到 50% 以上，是大豆高蛋白育种的重要种质。

野生植物通过栽培驯化，可发展成新的栽培作物，具有极大的开发价值。我国地域辽阔，生态类型多样，具有丰富的野生植物资源。如我国仅野生蔬菜就有 213 个科 1822 个种。黑龙江省野生浆果类果树资源就有 10 个科 7 个属 33 个种。

4. 人工创造的种质资源

人工创造的种质资源主要指通过各种途径（如杂交、理化诱变等）产生的各种突变体或中间材料。这些都是丰富种质资源、扩大遗传变异性的珍贵材料。

自然界已有的种质资源虽然丰富多彩，但其性状特点是以种群生存为第一需要，是在环境条件选择下形成的，其中符合现代育种目标要求的理想种质资源是有限的。现代作物育种，除应充分发掘、搜集、利用各种自然种质资源外，还应通过各种途径（如杂交、理化诱变、基因工程等）产生各种突变体或中间材料，以不断丰富种质资源。这些种质虽不一定能直接应用于生产，但却是培育新品种或进行有关理论研究的珍贵资源材料。如山东农业大学利用杂交育种育成的矮秆、多抗、丰产冬小麦种质矮孟牛（矮丰 3 号 / 孟县 201// 牛朱特），在全国广泛应用，已经育成小麦新品种 13 个，有近百份种质材料在国家种质库长期保存。

二、种质资源的搜集

1. 广泛搜集种质资源的必要性和迫切性

为了更好地保存和利用自然界生物的多样性，丰富和充实育种工作的物质基础，种质资源工作的首要环节和迫切任务是广泛发掘和收集种质资源。

① 新的育种目标必须有更丰富的种质资源才能完成　随着农业生产的不断发展和人民生活水平的日益提高，对良种提出了越来越高的要求，要解决这些日新月异的育种任务，使育种工作有所突破，迫切需要更多、更好的种质资源供人们选用，以便按照人们的需要，将其有利基因转育到现有品种中去。

② 社会和经济发展，需要不断开发利用新的植物类型　地球上有记载的植物约有 30 万种，其中陆生植物约有 8 万种，而被大面积栽培的只有 150 余种；世界上人类粮食的

90%只来源于约20种植物,其中75%是由小麦、稻米、玉米、马铃薯、大麦、甘薯和木薯7种植物提供的。可见,迄今人类开发利用的植物资源是很少的。如原产美洲的向日葵属有70多个种,但现在被栽培利用的只有向日葵和菊芋两个种。有人估计,如果能充分利用所有的植物资源,全世界可养活500亿人。

③ 不少宝贵资源大量流失,急待发掘保护 种质资源的流失即遗传流失由来已久,如自地球上出现生命至今,约有90%以上(甚至99%以上)的物种已不复存在。这主要是物竞天择和生态环境的改变所造成的。当地球上出现人类以后,人类活动的影响对种质资源的流失也具有特别突出的作用。尤其到了20世纪,由于人口的激增和科学技术的迅速发展,人类戏剧性地改造了地球表面,大大加速了这一过程。其结果是造成了许多种质的迅速消失,使大量的生物种濒临灭绝的边缘。Bennett(1970)报道:20世纪30年代瓦维洛夫等在地中海、近东和中亚地区所采集的小麦等作物的地方品种,到60年代后期已从原产地销声匿迹了。希腊95%的土生小麦,早在40年前就已绝迹。这些种质资源一旦从地球上消灭,就难以用任何现代技术重新创造出来。所以,必须采取紧急的有效措施,来发掘、收集和保护这些种质资源,为子孙后代造福。

④ 拓宽现代品种的遗传基础,需要丰富的种质资源 大多数农作物是一万年来从野生种栽培驯化而来的,在漫长的驯化过程中,人类强大的选择压力使作物的多样性发生急剧变化。特别是单纯追求产量,使作物品种单一化,推广品种遗传基础十分狭窄的问题更加突出。贾继增等用分子检测的方法证明了现代选育品种的遗传多样性最差,地方品种较好,野生种遗传多样性最丰富。作物品种单一和遗传基础狭窄,恰恰增加了对严重病虫害抵抗能力的遗传脆弱性。1846年造成大约50万爱尔兰人死亡及200万幸存者移居美国的饥荒,就是由于栽培的马铃薯品种突然遭受晚疫病侵害,从而使其产量减少一半所至;1970年,美国南部种植玉米的土地有一半以上被玉米小斑病所摧毁,使美国玉米的收成损失了15%,而农民损失10亿多美元;苏联,在几个连续暖冬,使冬小麦的一个品种在1972年超出其适宜生长区达1500万公顷,然而在此后的一年冬天,酷寒造成上千万吨冬小麦损失。因此,充分保护和利用丰富的种质资源,扩大新品种的遗传基础、增加遗传多样性是十分必要的。

2. 搜集种质资源的方法

搜集种质资源的方法概括起来主要有四种,即直接考察搜集、征集、交换、转引。无论采用哪种方法,首先都要有一个明确的计划,包括目的、要求、步骤,如搜集的种类、数量和有关资料,拟搜集的地区和单位等。为此,必须事先进行初步调查研究,了解相关的资料等。

直接考察搜集是指到野外实地考察收集,多用于搜集野生近缘种、原始栽培类型与地方品种。直接考察搜集是获取种质资源的最基本的途径,常用的方法为有计划地组织国内外的考察搜集。除到作物起源中心和各种作物野生近缘种众多的地区去考察采集外,还可到本国不同生态地区考察搜集。野外考察首先考虑搜集对象的多样性。种内多样性中心常集中在该植物的发源地及栽培历史悠久的生产区;而种间多样性中心决定于种的自然分布,有时远离作物发源地。自20世纪80年代以来,我国组织了多次国内种质资源考察(表2-1),"九五"期间进行了三峡库区和京九铁路沿线湘、赣山区考察,搜集了大量种质,发现了许多稀有、珍贵的作物新类型和一些新物种,抢救了一些濒临灭绝的名贵品种。

表2-1 我国规模较大的作物种质资源考察

考察项目	时间	收集种质数/份	考察项目	时间	收集种质数/份
全国野生稻	1978~1983年	>4800	神农架作物种质资源	1986~1990年	>9000
全国野生大豆	1981~1983年	>5000	海南岛作物种质资源	1986~1990年	>4000
云南作物种质资源	1978~1983年	>4700	全国小麦族野生植物资源	1986~1990年	>2000
全国野生猕猴桃	1978~1984年	1455	大巴山区作物种质资源	1991~1995年	8045
西藏作物种质资源	1981~1984年	>10400	黔南桂西区作物种质资源	1991~1995年	6644

引自：董玉琛.1998.

交换是指育种工作者彼此互通各自所需的种质资源；转引一般指通过第三者获取所需要的种质资源，如我国小麦 T 型不育系就是通过转引方式获得的。由于国情不同，各国收集种质资源的途径和着重点也有差异。资源丰富的国家多注重本国种质资源收集，资源贫乏的国家多注重外国种质资源征集、交换与转引。目前主要作物的种质资源已不同程度地被国内外各级种质资源机构或育种单位搜集和保存起来，因此从这些单位征集和交换种质，也是搜集种质资源重要方法。我国各种作物种质资源都有负责单位（表2-2），这些单位都建有中期库，并负责向使用者提供相关作物种子。

表2-2 我国各种作物种质资源的负责单位

作物	负责单位	地址及邮政编码	作物	负责单位	地址及邮政编码
水稻	中国农科院作物所	北京 100081	食用豆	中国农科院作物所	北京 100081
	中国水稻所	浙江杭州 310006	油料作物	中国农科院油料所	湖北武昌 430062
小麦	中国农科院作物所	北京 100081	棉花	中国农科院棉花所	河南安阳 455112
大麦	中国农科院作物所	北京 100081	麻类	中国农科院麻类所	湖南沅江 413100
高粱	中国农科院作物所	北京 100081	烟草	中国农科院烟草所	山东青州 262500
玉米	中国农科院作物所	北京 100081	甜菜	中国农科院甜菜所	黑龙江呼兰 150501
粟类	中国农科院作物所	北京 100081	果树	中国农科院兴城果树所	辽宁兴城 121600
黍稷	内蒙古乌兰察布市农科所	内蒙古集宁 012000	西瓜、甜瓜	中国农科院郑州果树所	河南郑州 450004
燕麦	内蒙古自治区农科院	内蒙古呼和浩特 010030	绿肥	中国农科院土肥所绿肥室	北京 100081
荞麦	山西省农科院品种资源所	山西太原 030031	牧草	中国农科院草原所	内蒙古呼和浩特 010010
大豆	中国农科院作物所	北京 100081	蔬菜	中国农科院蔬菜花卉所	北京 100081

引自：董玉琛.1998.

关于搜集数量及取样策略，主要在于在最小容量的样本中获得最大的变异。不能只搜集看上去性状好的材料，而应该搜集一切能搜集到的品种或类型。因为当时认为无价值的资源，以后可能发现有用。为了能充分代表搜集地种质的遗传变异性，有人建议自交草本植物至少要从 50 株上采集 100 粒种子；而异交的草本植物至少要从 200~300 株上各取几粒种子。搜集的样本应包括植株、种子和无性繁殖器官。对于无性繁殖植物种质，重点考察品种内发生的芽变，然后从原品种和芽变类型的典型植株上分别采集少量繁殖材料，就可兼顾典型性、多样性和全面性的要求。

采集样本时，必须详细记录品种或类型名称，产地的生态条件，样本的来源（如荒野、农田等），主要形态特征、生物学特性和经济性状，以及采集的地点、时间等。

3. 搜集材料的整理

搜集到的种质资源，要及时整理。首先应将样本对照现场记录，进行初步整理、归类，将同种异名者合并，以减少重复；将同名异种者予以订正，并给以科学的登记和编号。如美国，自国外引进的种子材料统一编号为 P.I. 号。中国农业科学院国家种质库对种质资源的编号办法如下。

① 将作物划分成若干大类。Ⅰ代表农作物；Ⅱ代表蔬菜；Ⅲ代表绿肥、牧草；Ⅳ代表园林、花卉。

② 各大类作物又分成若干类。1代表禾谷类作物；2代表豆类作物；3代表纤维类作物；4代表油料作物；5代表烟草作物；6代表糖料作物。

③ 具体作物编号。Ⅰ1A代表水稻，Ⅰ1B代表小麦，Ⅰ1C代表黑麦，Ⅰ2A代表大豆等。

④ 品种编号。Ⅰ1A00001代表水稻某个品种；Ⅰ1B00001代表小麦某个品种，依次类推。随着计算机及网络技术的日益普及，及时建立种质资源信息检索数据库将大大提高种质管理使用效率。

三、种质资源的保存

收集到的种质资源，经整理归类后，必须妥善保存，种质保存指利用天然或人工创造的适宜环境保存种质资源。主要作用在于维持样本的一定数量，保持各样本的生活力和原有的遗传变异性，以供研究和利用。

（一）种质资源保存的范围

种质资源的保存范围会随着研究的不断深入而有所变化。根据目前条件，应该先考虑保存以下几类。

① 有关应用研究和基础研究的种质，主要指进行遗传和育种研究的所有种质，包括主栽品种、当地历史上应用过的地方品种、过时品种、原始栽培类型、野生近缘种、育种材料等。

② 可能灭绝的稀有种和已经濒危的种质，特别是栽培种的野生祖先。

③ 具有经济利用潜力而尚未被发现和利用的种质。

④ 在普及教育上有用的种质。如分类上的各个作物种、类型，野生近缘种等。

（二）种质资源的保存方式

目前各国保存种质资源的方式主要有种植保存、贮藏保存、离体试管保存、基因文库保存和利用保存。

1. 种植保存

为了保持种质资源的种子或无性繁殖器官的生活力，并不断补充其数量，种质材料必须每隔一定时间（如1~5年）播种一次，即称种植保存。种植保存一般可分为就地保存和迁地保存。就地保存指在资源植物的产地，通过保护其生态环境达到保存资源的目的。如中国1956~1991年已建成各种类型的自然保护区707处，其中长白山、卧龙山和鼎湖山三处已被列为国际生物圈保护区。就地保存还包括国内各地古老果木和花木等，使其能得到长久利用。迁地保存常针对种质资源的原生境变化很大，难以正常生长及繁殖、更新的情况，选择生态环境相近的地段建立迁地保护区。全国共建成30个国家级种质资源圃，共保存温带和亚热带野生稻、野生花生、野生棉、麻、甘薯、多年生牧草、多年生小麦野生近缘植物等数十种作物、45000余份种质，包括1000多个种。其中，野生稻种质圃建在广东省农科院和广西壮族自治区农科院，分别保存4300余份和4600余份。

在种植保存时，每种作物或品种类型的种植条件应尽可能与原产地相似，以减少由于生态条件的改变而引起的变异和自然选择的影响。在种植过程中应尽可能避免或减少天然杂交和人为混杂，以保持原品种或类型的遗传特点和群体结构。对异花授粉作物和常异花授粉作物，应采取自交、典型株姊妹交或隔离种植等方式，控制授粉，防止生物学混杂。

2. 贮藏保存

种子贮藏是以种子为繁殖材料的种类简便、经济、应用普遍的资源保存方法。种子容易采集、数量大而体积小，便于储存、包装、运输和分发。种子贮藏保存主要是通过控制贮藏温度、湿度、气体成分等措施，来保持种子的生活力。一般种子通过适当降低种子含水量、降低贮藏温度可以显著延长其贮藏时间，称为正常型种子；少数种类的种子在干燥、低温条件下反而会迅速丧失活力，称为顽拗型种子。顽拗型一般不用种子保存资源。

种子寿命长短取决于植物种类、种子成熟度及贮藏条件等因素。研究表明，低温、干燥、缺氧是抑制种子呼吸作用从而延长种子寿命的有效措施。如种子含水率在4%~14%范围内，含水率每下降1%，种子寿命可延长一倍。在贮藏温度为0~30℃范围内，每降低5℃，种子寿命可延长一倍。一般而言，禾谷类作物种子的寿命高于油料作物，成熟适度的比未成熟的种子寿命长。大多数作物的种子寿命，在自然条件下只有3~5年，多者十余年（表2-3）。

表2-3　不同种类种子寿命的估测值

种子寿命/年	植 物 种 类
2~3	白苏、蒜叶婆罗门参
3~4	峨参、药天门冬、无芒雀麦、大豆、狭叶羽扇豆、皱叶欧芹、林地早熟禾
4~5	旱芹、毛雀麦、黄瓜、牛尾草、羊茅、欧防风、粗茎早熟禾、黑麦、葛缕子、林生川断续
5~6	洋葱、大头蒜、燕麦草、大麻、菊苣、向日葵、独行菜、梯牧豆、车轴草
6~7	大看麦娘、鸭茅、胡萝卜、莴苣、黄羽扇豆、雅葱、小缬草、草地早熟禾、具角百脉根
7~8	花椰菜、普通小麦、大麦、黑麦草、荞麦、多花菜豆、救荒野豌豆
8~9	圆锥小麦、燕麦、亚麻、马铃薯、天蓝苜蓿、白车轴草、大黄
9~10	玉米、多花黑麦草、大剪股颖、绒毛花、菘蓝
10~11	尖叶菜豆、紫苜蓿、兵豆、绒毛草
11~12	黍、具棱豇豆、苦野豌豆、大爪草
12~13	菠菜、燕麦
13~14	萝卜、芸薹、白芥、香豌豆、大爪草
14~16	法国野豌豆、菜豆、豌豆、蚕豆、鹰嘴豆
16~18	甜菜
19~21	绿豆、长柔毛野豌豆、具梗百脉根
24~25	番茄
33~34	白香草木樨

引自：马缘生. 不同种类种子寿命的估测值.1989.

为了更有效地保存好众多种质资源，世界各国都十分重视现代化种质库的建设。新建的种质库都充分利用先进的技术装备，创造适合种质资源长期贮藏的环境条件。如国际水稻研究所稻种资源库便分为3级。

① 短期库　温度20℃，相对湿度45%。稻种盛于布袋或纸袋内，可保持生活力2～5年。每年储放10万多个纸袋的种子。

② 中期库　温度4℃，相对湿度45%。稻种盛放在密封的铝盒或玻璃瓶内，密封，瓶底内放硅胶。可保持种子生活力25年。

③ 长期库　温度-10℃，相对湿度30%，稻种放入真空、密封的小铝盒内，可保持种子生活力75年。

改革开放以后，在洛克菲勒基金资助下，我国国家作物种质库于1986年在北京建成并投入使用。该库是世界一流的，容量40万份，常年温度控制在-18℃±2℃，相对湿度50%±7%。库内种子生活力可维持50年或更长。至1995年底，该库已保存各种作物的种子31万份，计有161种作物，包含30个科，174个属，600多个种。为防止意外的天灾人祸，"八五"期间在西宁建立了复份保存库。该库温度-10℃，由于西宁环境干燥，故库内不控制湿度。

3. 离体试管保存

植物细胞具有全能性，含有植株发育所必需的全部遗传信息。因此，可利用试管保存组织或细胞培养物的方法来有效地保存种质资源材料。离体试管保存技术最适合于保存顽拗型植物、水生植物和无性繁殖植物的种质资源。作为保存种质资源的细胞或组织培养物有愈伤组织、悬浮细胞、幼芽生长点、花粉、花药、体细胞、原生质体、幼胚和组织块等。

利用离体试管保存技术，可以保存用种子贮藏法不易保存的某些种质，如高度杂合性的、不能产生种子的多倍体材料和不适合长期保存的无性繁殖器官，如球茎等。可以大大缩小种质资源保存的空间，节省土地和劳力；另外，用这种方法保存的种质，繁殖速度快，还可避免病虫的危害等。目前，种质资源离体试管保存有两个系统。

① 缓慢生长系统　陈振光于1985年将一批柑橘试管苗培养在20℃，12h光照条件下，不作转移继代培养，至今已13年，小苗处于生长停滞状态，但仍存活。用上述方法保存的试管苗进行继代培养，可立即恢复生长。缓慢生长系统由于需要继代培养而耗费劳力，细胞继续分裂，难以排除遗传变异的可能，因此适用于短期和中期保存。

② 超低温保存系统　自20世纪70年代首次报道将胡萝卜悬浮培养细胞在液氮中保藏后仍可恢复生长的成果以来，美国、印度、加拿大、英国、意大利、苏联和日本等国的有关实验室先后开展了植物组织细胞超低温保存研究，并着手建立超低温种质库，收集和保存珍贵的植物资源。植物组织的超低温保存，对保存顽拗型种质具有重要的应用价值。

超低温保存是指在干冰（-79℃）、超低温冰箱（-80℃）、氮的气相（-140℃）或液态氮（-196℃）中保存植物组织或细胞。在超低温条件下，细胞处于代谢不活动状态，从而可防止或延缓细胞的老化；由于不需要多次继代培养，也可抑制细胞分裂和DNA的合成，细胞不会发生变异，因而保证资源材料的遗传稳定性。利用超低温组织保存技术，可长期储存去病毒的分生组织，以及远缘杂交的花粉、组织无性系及杂交种组织等材料。如英国Withers已用30多种植物的细胞愈伤组织在液氮（-196℃）下保存，保存后能再生成植株。超低温培养对于那些寿命短的植物、组织培养体细胞无性系、遗传工程的基因无性系、抗病毒的植物材料以及濒临灭绝的野生植物，都是很好的保存方法。

4. 基因文库保存

面对遗传资源的大量流失、部分资源濒临灭绝的情况，建立和发展基因文库技术，为抢救和长期安全保存种质资源提供了有效方法。这一技术的要点是从动植物提取大分子量 DNA，用限制性内切核酸酶切成许多 DNA 片段，再通过载体把 DNA 片段转移到繁殖速度快的大肠杆菌中，通过大肠杆菌的无性繁殖，增殖成大量可保存在生物体中的单拷贝基因，当人们需要某个基因时，可以通过某种方法去"钓取"获得，有人把基因文库叫做基因银行。这样建立起来的基因文库不仅可长期保存该种类的遗传资源，而且还可以反复地培养繁殖、筛选，来获得各种基因。

5. 利用保存

种质资源在发现其利用价值后，及时用于育成品种或中间育种材料，是一种对种质资源切实有效的保存方式。如国内用大濑草做亲本，育成了高蛋白、高赖氨酸含量和抗条锈病、叶锈病和白粉病的小麦中间品系，以及高抗大麦黄矮病 GPV 小种的小麦二体异附加系，实际上都是把野生种质资源的有利基因保存到栽培品种中，便于育种利用。

种质资源的保存，除资源材料本身以外，还应包括种质资源的各种资料构成的档案。每一档案大体上包括如下信息。

① 资源的历史信息，名称、编号、系谱、分布范围，原保存单位给予的编号、捐赠人姓名、有关对该资源评价的资料等；

② 资源入库信息，包含入库时给予的编号、入库日期、入库材料（种子、枝条、植株、组培材料等）及数量、保存方式、保存地点场所等；

③ 入库后鉴定评价信息，包括鉴定评价的方法、结果及评价年度等。

档案按永久编号顺序存放，便于及时补充新的信息。档案资料输入计算机，建立数据库，以便于资料检索和进行有关分类、遗传研究，可及时向有关单位提供种质材料。

四、种质资源的研究和利用

（一）种质的鉴定和研究

1. 特性的观察和鉴定

种质资源的植物学性状，是长期自然选择和人工选择形成的稳定性状，是识别各种种质资源的主要依据；农艺性状（产量、品质、抗性等）是选用种质资源的主要目标性状，鉴定研究和评价种质资源时，首先要在田间条件下，观察鉴定上述性状的表现。对于不同的作物，观察鉴定的主要性状和鉴定分级标准有所不同。如玉米，观察鉴定的主要性状有株高、穗位、茎粗、抽雄、散粉、吐丝、生育期、穗型、穗长、穗粗、穗行数、行粒数、粒色、粒重、粒型等。

性状鉴定评价是种质资源研究利用的基础。从 1986 年开始，按照国家重点科技攻关的统一部署，由中国农科院品种资源所组织协调全国 400 个单位、2500 余名科技人员对我国的作物种质资源进行全面评价与鉴定。

对种质资源表型重复鉴定评价出的优良基因是分子标记和育种的基础，已在育种中发挥了重要作用。然而，国家品种资源攻关中仅对保存的部分品种资源的抗病性、抗逆性、品质等性状进行了初筛，对少数的高抗、优质等特性进行了重复鉴定。而复鉴的数量与研究和利用的要求差距很大。例如，到目前为止，我国还没选育出在生产上推广的抗大豆孢囊线虫病 4 号生理小种的黄种皮大豆品种；而近年来我国个别地区发现的具有毁灭性的大豆疫霉根腐病，如不予以重视和及时采取措施，后果将不堪设想。因此，除对初筛出的优异资源进行重复鉴定外，应加强对尚未鉴定种质的研究，挖掘新的优异基因，以便为深入研究提供材料，及时解决生产发展中出现的新问题。

2. 种质资源遗传特点的研究和分析

种质资源的特征、特性的观察鉴定属于表现型鉴定。只有在表现型鉴定的基础上进行深入的基因型鉴定。掌握种质性状的基本遗传特点，才能更好地为育种服务。种质资源的基因型是指种质资源中控制性状的基因数目、显隐性、纯合或杂合等。种质资源的表现型不仅受外界环境条件的影响，而且往往是多个基因共同作用的结果，因此表现型不能反映基因型。以往的种质资源鉴定基本上限于表型鉴定。表型鉴定虽然对种质资源研究是非常必要的，但显然是不深入的。只有从根本上明确种质资源携带的基因，才能经济、高效地开发利用。利用分子标记技术和已绘制的作物遗传连锁图，可以在较短时间内找到人们感兴趣的目标基因。目前各种主要作物中均有一批重要的农艺性状基因被定位与作图。特别需要指出的是许多重要的农艺性状，如产量性状、抗逆性等都属数量性状，对于这类性状用传统的方法很难进行深入的研究。利用分子标记技术，可以像研究质量性状基因位点一样，对数量性状基因位点（QTL）进行研究。如水稻的千粒重、穗粒数、株高；小麦的抽穗期、分蘖数、穗数等重要性状的 QTL 均已有报道。

3. 种质资源的聚类分析

在种质资源研究中，常常需要对研究对象进行分类。传统分类方法主要依据个别明显特征进行人为分类，存在着考察性状少、主观因素多、忽略数量性状等局限性，分类结果不尽合理。聚类分析则是应用多元统计分析原理研究分类问题的一种数学方法，其考察性状既可以是质量性状，也可以是数量性状，并可同时对大量性状进行综合考察，主观因素少，分类结果更加客观和科学。近年来，在我国作物研究中聚类分析得到广泛应用，效果良好。

用于聚类分析的性状多种多样，可以是产量性状、品质性状，也可以是植物学和生物学性状，还可以是抗性指标、同工酶谱带、RAPD 谱带等。聚类分析的结果可能因聚类方法的不同而有所差异，因此，必须对聚类方法有所选择，根据研究的目的和对象确定分类方法。关于分类的数目问题，即分成多少类合适，需要具体问题具体分析。但有一点是明确的，即聚类结果只要符合实际，有应用价值就可认为是有意义的。

（二）种质资源的利用和创新

随着相关学科理论和技术的迅速发展，特别是生物技术的迅速发展，人类创造和利用种质资源的能力日益增强。近年来发展起来的分子标记技术，是开发利用作物种质资源的有力工具。中国农科院贾继增预测，在不久的将来可能在以下几个方面取得突破。

① 广泛开发利用种质资源，拓宽育种基础。育种基础狭窄是育种工作难以取得突破性进展的主要原因之一。利用分子标记技术，能够准确鉴定种质资源中的优异农艺性状基因的多样性，特别是能够从农艺性状不良的野生种中鉴定出其中蕴藏着的优良农艺性状基因，这将发掘出大量的未被利用的优良农艺性状的基因，大大拓宽育种的物质基础。

② 标记目的基因，提高育种效率。进行种质资源中重要农艺性状基因的分子作图与标记，在育种中可以不受环境条件的干涉与影响，做到准确地对育种目标进行选择，这将大

大缩短育种周期，提高育种效率。

③ 揭示物种亲缘关系，有效进行种质资源创新。野生近缘植物是一个巨大的基因宝库。通过远缘杂交进行种质创新，是育种工作取得突破的途径之一。在远缘杂交中，分子标记不仅可以精确检测外源染色体，而且可以广泛地揭示外源染色体与栽培物种染色体的部分同源关系，这对有效转移外源基因十分重要。

④ 鉴定遗传多样性，确定利用杂种优势育种的亲本选配。利用杂种优势育种是粮食产量取得突破的另一条重要途径。分子标记可以揭示杂种优势的遗传基础，鉴定种质资源（亲本）的遗传多样性，对其进行分类，从而有效地选配亲本。

随着基因工程技术的日益成熟，人们能够从作物的基因组中克隆有重要经济价值及科学研究价值的目的基因，采用遗传工程的手段将其转移到另一个物种或品种中，并对其结构与功能进行研究。人们已经用染色体步移法成功地克隆出了水稻的抗白叶枯病基因 $Xa21$ 等重要农艺性状基因。

应用新的生物技术与常规鉴定相结合，在种质资源中发掘新的优良基因，克隆新的优良基因，建立基因文库，在此基础上研究各种优良基因的多样性和遗传特点，为新基因在育种中利用提供科学依据，将使作物种质资源在满足日益增长的人类生活需要中发挥应有的作用。

思考题

1. 名词解释
   种质资源　基因银行　起源中心　初级基因库　次级基因库　三级基因库
2. 简述种质资源在选育新品种和发展农业生产中的重要性。
3. 种质资源按来源分为那几大类？每一类各有何特点和利用价值？
4. 种质资源的保存方法有哪些？各具有什么特点，应注意哪些问题？
5. 如何搜集种质资源？
6. 瓦维洛夫起源中心学说在作物育种中有何作用？
7. 怎样对种质资源进行鉴定和研究？可通过哪些途径和方法对种质资源进行创新？

技能实训2-1　玉米种质资源的观察识别

一、目的

熟悉鉴定玉米种质资源和品种的方法。在认识玉米各个类型基础上，认识几个优良的玉米品种。

二、内容说明

1. 玉米类型的鉴定

玉米栽培种是玉米属唯一的一个种，玉米栽培种按籽粒淀粉的结构及分布、籽粒外部有无稃分为九种类型，各类型的特点如下。

① 硬粒型。果穗多为圆锥形，籽粒多为方圆形。籽粒顶部和四周的胚乳均为角质淀粉，只有中间为粉质淀粉。籽粒坚硬，外表平滑，有光泽。此类玉米的淀粉品质较好。

② 马齿型。果穗多为圆柱形，籽粒多为扁长形。籽粒两侧的胚乳为支链淀粉，顶部及

中部的胚乳均为粉质淀粉。成熟后，籽粒顶部的粉质淀粉收缩大而下陷，形似马齿，故名马齿型。食用品质不如硬粒型。

③ 中间型（半马齿型）。籽粒顶部的粉质淀粉较马齿型少，比硬粒型多。籽粒顶部的马齿形凹陷比马齿型浅，也有不凹陷的，仅呈白色斑点状。据籽粒淀粉的粉质程度又可分为中间偏硬、中间偏马类型。品质介于硬粒型与马齿型之间。

④ 糯质型。此类玉米起源于中国，基因型为 $wxwx$。籽粒的胚乳全为角质淀粉，加碘液呈褐红色（马齿型、硬粒型加碘液呈深蓝色）。籽粒向光时不透明，暗淡无光泽。淀粉性黏，不易消化，可作鲜食或工业原料。

⑤ 爆裂型。籽粒的胚乳几乎全为角质淀粉组成，仅中部有少许粉质淀粉。加热时粉质淀粉中的空气膨胀，受到外围角质淀粉的阻碍而易膨爆。该类型的果穗较小，籽粒小。主要用于制作爆玉米花。

⑥ 粉质型。果穗、籽粒外形与硬粒型相似，但无光泽。籽粒的胚乳完全由粉质淀粉组成，无角质淀粉或仅在外层有一薄层角质淀粉，因此呈乳白色。组织松软，容重很低。此类玉米易磨粉，是生产淀粉的好材料。

⑦ 甜质型。植株分蘖性强。籽粒中含大量可溶性碳水化合物，淀粉含量很低，在乳熟期糖分含量很高，达15%～28%。成熟后，籽粒糖分减少，转化成淀粉。因淀粉少，籽粒干燥后表皮皱缩。籽粒中角质淀粉呈半透明状，粉质淀粉极少。

⑧ 有稃型。果穗上每个籽粒的外面均有一长大的稃（颖片和内外稃的变形）包住，稃壳顶端有时有芒状延生物。利用价值较低。

⑨ 甜粉型。籽粒上半部为与甜质型相同的角质淀粉，下半部为与粉质型相同的粉质淀粉。少见。

2. 玉米品种的鉴定和识别

鉴定玉米品种时，首先是确定其所属类型，然后再根据下列的性状进行鉴定：
① 果穗形状　圆柱形（筒形）、圆锥形；
② 果穗大小　大、中、小；
③ 籽粒形状　饱满、顶部圆形，饱满、顶部马齿，饱满、顶部半马齿，较皱缩，很皱缩；
④ 籽粒大小　大、中、小；
⑤ 籽粒光泽　透明、半透明、不透明；
⑥ 胚乳淀粉类型　角质、粉质、混合型；
⑦ 碘液染色　黄褐色、深蓝色。

三、材料与工具

1. 材料

各种类型的玉米和主要优良玉米品种。

2. 工具

碘-碘化钾（I-KI）染液、电炉和蒸煮铝锅（或微波炉）、刀片、米尺、天平、瓷盘以及刀等。

四、方法与步骤

观察认识各种类型的特征。

同学分成两人一组，每组一套不同类型的成熟玉米干果穗。先观察不同类型的玉米果穗形状、籽粒的形状及外表，再取下籽粒，用刀片将籽粒垂直切开，观察淀粉的角质、粉质程度及分布，并在胚乳上滴上碘-碘化钾染液，注意观察糯质玉米与其他玉米的染色区别。

五、作业

1. 每组同学各取玉米品种资源果穗一组，根据各性状进行鉴定，记录到表2-4中，并评价不同玉米种质资源品质的优劣和利用价值。

表2-4 不同类型玉米观察

材料代号	果穗形状	果穗大小	籽粒形状	籽粒大小	有无稃	籽粒光泽	胚乳淀粉类型	碘液染色	玉米类型

2. 你认为要识别玉米品种应着重掌握哪些特征、特性？

技能实训2-2 小麦品种和变种的鉴定和识别

一、目的

熟悉鉴定小麦品种和变种的方法。

二、内容说明

小麦种质资源的鉴定和识别是根据种质的特征和特性来进行的。种质的特征主要包括穗形、芒、护颖、粒形、粒色等方面，特性主要包括植株高度、叶型、生育期、抗病性等。

三、材料与工具

1. 材料

小麦品种资源若干。

2. 工具

直尺、解剖针、镊子、培养皿、记载表、铅笔等。

四、方法与步骤

1. 鉴定小麦变种的一般依据

根据芒的有无、稃毛的有无、穗的颜色、芒色、粒色等性状。但也有少数变种还需用芒色来鉴定。现将变种特征介绍如下。

① 芒 有芒和无芒。

② 稃毛 在护颖和外颖的边缘部分有茸毛或无茸毛。

③ 穗色 可分为下列四种。黄色：黄色或淡黄色；红色：淡红至红褐色；黑色：护颖或外颖露出部分呈黑色、蓝黑色、紫色或白底上面生有黑色的斑点或条纹；淡灰色：在红底上带有淡灰色。

④ 芒色 芒有白、红和黑三种颜色，一般除了黑色芒外，芒色都与穗色相同。

⑤ 粒色 纯白色到淡黄色的为白色；玫瑰色、淡褐色及红褐色的为红粒。

2. 鉴定小麦品种的一般依据

① 穗形　a.纺锤形：穗中下部宽、上部逐渐变窄，正面＞侧面；b.圆柱形：穗的上、中、下各部宽度皆相近，侧面＞正面；c.棍棒形：穗上部的小穗紧密加宽；d.圆锥形：穗下部宽，上部逐渐变窄；e.椭圆形：穗中部宽，两端对称地逐渐变窄；f.分枝形：小穗呈分枝状。

② 芒的特征　a.芒的硬度：粗硬芒，有强的锯齿，下部较宽和较粗；柔软芒，锯齿较少，纤细容易弯曲；中等硬粗芒，介于上述两者之间。b.芒的长短：无芒，完全无芒或极短；顶芒，穗顶有短芒，长10~15mm；短芒，穗的上下均有芒，多少不等，长30~40mm；长芒，小穗外颖上均有芒，芒长20~100mm。

③ 护颖　a.护颖的齿按形状分为：钝齿、锐齿、鸟嘴齿、外弯曲齿；b.按长度分：短齿（＜2mm）、中长齿（3~5mm）、长齿（6~10mm）、芒状齿（＞10mm）；c.护颖的形状：长圆形、卵圆形、椭圆形、长方形、圆形；d.护颖颜色：一般可分为红壳和白壳，个别品种有黑壳等。

④ 粒形　长圆形、卵形、椭圆形和圆形。

⑤ 粒色　一般分为红粒和白粒，最近有蓝粒，黑粒等。

五、作业

1.小麦变种的鉴定结果填入表2-5中。

表2-5　小麦变种的鉴定

品种代号	芒的有无	稃毛的有无	穗　色	粒　色	变　种

2.小麦品种的鉴定与识别结果填入表2-6中。

表2-6　小麦品种的鉴定与识别

品种代号	穗型	芒的特征	护颖			籽粒	
			色	肩	形状	粒形	粒色

技能实训2-3　水稻品种资源的认识及鉴别

一、目的

掌握普通野生稻、栽培稻种质资源的主要特性及其鉴别方法和标准。

二、内容说明

稻种资源包括野生稻、栽培稻的地方品种和引进品种。这些类型在地理分布、栽培季节、土壤环境和米质淀粉特性等方面的性状有差异。了解这些差异，对育种工作中亲本的选配等将很有帮助。

三、工具与材料

1. 工具

手提放大镜、直尺、解剖针、镊子、培养皿、盖玻片、载玻片、刀片、剪刀、1%石炭酸溶液、醋酸洋红。

2. 材料

野生稻、籼稻、粳稻、早中稻、晚稻、水稻、陆稻、黏稻、糯稻等类型种子，各代表品种稻穗和田间种植的植株。

四、方法与步骤

水稻品种分类的标准很多，但经常是根据少数特征、特性来加以区别，一般来说，水稻分类的依据如下。

1. 普通野生稻特征特性观察

普通野生水稻是栽培稻的祖先，其主要特征特性如表2-7所示。

表2-7 普通野生水稻主要特征特性

生长习性	光照阶段发育特性	株型	芒	穗型	落粒性	糙米	米质	种子休眠期
多年生宿根，分布于沼泽地	对短日照条件反应极敏感	松散，甚至匍匐状	长芒	披散，穗粒稀疏	极易落粒	一般红色	好，腹白小	极长

2. 籼稻和粳稻

我国栽培稻种在地理分布上因受气候影响而分化形成籼亚种和粳亚种。在北方高纬和南方高海拔地区，主要分布粳稻，南方低纬平原地区，主要分布籼稻。

籼稻和粳稻亚种的主要区别列于表2-8中。

表2-8 籼稻和粳稻亚种的主要性状差异

项目	籼亚种	粳亚种
谷米性状	一般较长，黏性弱，胀性大，米质多较差	一般较短圆，黏性强，胀性小，米质较好
秆	脆弱易折断或倒伏	柔软坚韧，不易折断或倒伏
叶	叶幅宽，色较淡，剑叶角度小，叶毛多	叶幅窄生，色浓绿，剑叶角度大，叶毛少至无
稃壳	较厚	较强
稃毛	少	较薄
落粒性	易	难
石碳酸反应	易着色	不易着色
着粒密度	较疏	较密
穗颈	短	长

籼粳亚种识别的实验内容如下。

① 粒形观察　取籼、粳稻谷粒，目测粒形，用手提放大镜观察稃毛分布情况，用尺量10粒谷的长宽（重复3次，取平均数）。

② 石碳酸染色反应　取粳稻谷粒各100粒，先浸清水中6h（实验预先处理），再浸入1%石碳酸溶液中12h，取出用水冲洗，置湿润滤纸或卫生纸上过一昼夜，即可观察记载染色程度，将稻谷分为不染色、淡紫褐色、紫褐色、黑褐色和黑色5级记载石碳酸反应结果。

3. 早、中稻和晚稻

早、中稻和晚稻是在不同的季节日照长短的影响和人工选择下分化形成的。早、中稻对长、短日照反应不敏感,晚稻只能在短日照条件下才能出穗,故晚稻不能在早季栽培,其主要形态区别如表2-9所示。

表2-9 早、中稻和晚稻的区别

项目	早、中稻	晚稻
对短日照反应特性	钝感或无感型	敏感至极敏感
谷米粒形	谷粒较阔,稃色较浅	谷粒窄长,稃色多较深
米质	米粒腹白大,米质较差	米粒腹白小,米质较好

实验鉴定如下:取典型的早、中稻和晚稻谷粒,观察其粒、稃色、量其长宽(重复3次,每次10粒)。另取米粒,用刀片横切,比较腹白大小。

4. 水稻和陆稻

水稻、陆稻是由于土壤条件、特别是土壤水分多少引起的环境适应性的变异类型。陆稻是由水稻演化形成的、能适应旱地条件的土壤生态型。水稻、陆稻在形态上差异较大,主要在于有关水分生理方面引起的差异,见表2-10。

表2-10 水稻、陆稻的一般差异

项目	陆稻	水稻
植株	根系和根毛发达,机械组织细胞发达,叶毛多,气孔少	与陆稻相反
谷米	谷壳和糠层较厚,米质较差,黏性较低	与陆稻相反

水稻、陆稻观察实验的内容如下。

① 取水稻、陆稻植株,观察其根系发达程度,根毛多少。

② 用刀片将水稻、陆稻植株的根和叶进行横切,将切下的薄片置于载玻片上,加一滴醋酸洋红染色后盖上盖玻片,放在显微镜下观察,注意比较通气组织的大小与有无、根毛的多少、叶片的机械组织等。

③ 取水稻和陆稻谷粒脱去谷壳,比较糠层的厚薄;横切米粒比较米质好坏。

五、作业

列表记录各项实训结果,石碳酸反应的结果填入表2-11中。比较籼稻、粳稻,早中稻、晚稻,水稻、陆稻的性状差异。

表2-11 籼稻、粳稻种子石碳酸染色结果

谷粒染色分级		染色粒数	
		粳稻	籼稻
1级	不染色		
2级	淡紫褐色		
3级	紫褐色		
4级	黑褐色		
5级	黑色		

技能实训2-4 谷子不同品种的鉴定和识别

一、目的
熟悉鉴定谷子种质资源及其品种的方法。

二、内容说明
谷子属于禾本科，黍族，狗尾草属，起源于我国，是粮草兼用作物。去壳后的小米中含有大量人体所必需的氨基酸、维生素E、胡萝卜素、钙、磷、铁、硒等微量元素。其耐寒、耐瘠薄、抗逆性强，适应性广，是很好的抗灾作物。根据茸毛有无、穗形、穗谷码疏密、刚毛长短和色泽、籽粒颜色等特征以及田间的特性进行分类。

三、材料与工具
1. 材料

谷子品种资源若干。

2. 工具

镊子、培养皿、记载表、铅笔等。

四、方法与步骤
① 观察茸毛有无。

② 观察穗形。

a. 纺锤形：穗中下部宽，上部逐渐变窄，正面 > 侧面。

b. 圆柱形：穗的上、中、下各部宽度皆相近，侧面 > 正面。

c. 棍棒形：穗上部的小穗紧密加宽。

d. 圆锥形：穗下部宽，上部逐渐变窄。

e. 分枝形。

f. 特异形。

③ 穗色　白色、黄色或淡黄色。

④ 穗谷码疏密　疏和密。

⑤ 刚毛长短和色泽。

⑥ 粒色　白色、黄色或淡黄色。

五、作业
列表（表2-12）记录谷子品种资源的鉴定与识别结果。

表2-12　谷子品种资源的鉴定与识别

品种代号	穗形	穗色	穗谷码疏密	刚毛的特征	粒色

第三章　作物的繁殖方式与育种

思政与职业素养案例

大豆科学泰斗王金陵

王金陵(1917—2013),1917年3月15日生于江苏徐州。1936年考入金陵大学理学院工业化学专业后,出于对大自然的浓厚兴趣,申请转到农学院农艺系学习。大学四年级时,在著名作物育种学家、大豆专家、金陵大学农艺系主任王绶教授的指导下,他高质量地完成了毕业论文《大豆的分类》,从此对大豆产生了浓厚的兴趣,和大豆研究结下了不解之缘。

虽几经磨难,却坚守信念,将一生奉献给我国大豆事业。王先生遵循实践和理论相结合,坚持并不断探索发展"一手出品种,一手出论文"的理念。他是我国大豆杂交育种的开拓者,采用混合个体选择法育成了"东农4号"大豆品种,年最大推广面积超过1000万亩,获得了全国科学大会奖。从地理远缘亲本Logbew与东农47-1D杂交组合选育出的超早熟品种"东农36",把中国大豆种植北界向北推进了100多公里。选育出的30多个大豆品种取得了巨大的社会经济效益。他重视大豆遗传育种理论与方法研究,提出的大豆生态育种理论对我国大豆品种改良产生了深远而持久的影响。在大豆进化与演化、生态类型划分、光周期反应、重要性状遗传和野生大豆种质资源育种利用等方面发表了一系列经典论著,建立了完整的理论体系,获得多项科技成果和奖励。

1949年,王金陵先生受命创建了东北农学院农学系,为首任系主任。他亲手创建了大豆研究室,构建了优秀的研究梯队。历任黑龙江省副省长、省人大常委会副主任、全国人大第七届和第八届常委。工作一丝不苟,淡泊名利。坚持试验、生产、教学三结合,强调理论联系实际,解决生产问题。治学严谨,教书育人60余载,从不以权威自居;对后辈循循诱导、耐心启发,言传身教,诲人不倦,培养的大批农学和大豆科学人才,遍布全国各地。他创办并主编全世界唯一的大豆学术期刊《大豆科学》,为国内外大豆科学的交流作出了重要贡献。

作物在长期进化过程中，由于自然选择和人工选择的作用，形成了各种不同的繁殖、授粉方式以繁衍后代。由于繁殖方式不同，其后代群体的遗传特点各异，所采用的育种方法亦有所不同，良种繁育工作也和繁殖方式有密切关系。因此，有必要了解作物的繁殖方式及后代的遗传特点，分析其与作物遗传改良的关系，进而提高作物育种的效果。

第一节 作物的繁殖方式

作物的繁殖方式可分为两类：第一类是有性繁殖。凡由雌雄配子结合，经过受精过程，最后形成种子繁衍后代的，统称为有性繁殖。在有性繁殖中，根据参与受精的雌雄配子的来源不同，又分为自花授粉、异花授粉和常异花授粉三种授粉方式。此外，还包括两种特殊的有性繁殖方式，即自交不亲和性和雄性不育性。第二类是无性繁殖。凡不经过两性细胞受精过程的繁殖后代的方式统称为无性繁殖。其中又分植株营养体无性繁殖和无融合生殖无性繁殖。

一、有性繁殖

有性繁殖是作物繁殖的基本方式，是由雌雄配子结合，经过受精过程，最后形成种子繁衍后代的繁殖类型。

1. 自花授粉作物

由同一朵花的花粉传播到同朵花的雌蕊柱头上，或由同株的花粉传播到同株的雌蕊柱头上的作物称为自花授粉作物，又称自交作物，如水稻、小麦、大麦、燕麦、大豆、绿豆、豌豆、花生、芝麻、烟草、亚麻、马铃薯、茄子、番茄和辣椒等。这类作物都是雌雄同花；花器保护严密，外来花粉不易进入；花瓣多无鲜艳色彩，也少有特殊香味，多在清晨或夜间开放，不利于昆虫传粉；雌雄蕊长度相仿或雄蕊较长、雌蕊较短，花药开裂部位紧靠柱头，有利于自花授粉；花粉不多，不利于风媒传粉；雌雄蕊同期成熟，甚至开花前已授粉（闭花授粉）。自花授粉作物在花器结构和开花习性上的特点，决定了其自交率都很高，自然异交率一般不超过 1%，如大麦常为闭花授粉，自然异交率为 0.04%~0.15%；大豆的自然异交率为 0.5%~1%；小麦的自然异交率一般不到 1%，但因品种的差异和开花时环境条件的影响，自然异交率也有高达 1%~4% 的。

2. 异花授粉作物

通过不同植株花朵的花粉进行传粉而繁殖后代的作物称为异花授粉作物，又称异交作物。其自然异交率在 50% 以上，甚至高达 95% 或 100%。异花授粉作物又可分为五种情况：第一种是雌雄异株，即植株有雌雄之分，雌花和雄花分别着生于不同植株上，如大麻、蛇麻、菠菜、石刁柏、木瓜和银杏等，其自然异交率为 100%，为完全的异花授粉作物。第二种是雌雄同株异花，如玉米、蓖麻、西瓜、黄瓜、南瓜、甜瓜和桑等。如玉米的雄花序着生于植株顶端，雌花序着生于中部的叶腋中。蓖麻的雌雄花着生于同一花序上，但分别着生于不同部位，雄花在下，雌花在上。第三种是雌雄同花，但雌雄蕊异熟或花柱异型，如葱、洋葱、芹菜和荞麦等；如棉花雌蕊柱头高于雄蕊；有的有蜜腺，或有香气，能引诱昆虫传粉；或花粉轻小，寿命长，容易借风力传播。这些特征、特性都有利于异花授粉。第四种是雌雄同花，但是雄蕊瘦小，花粉发育不良而败育，形成所谓的雄性不育性。具有雄性不育的植株花粉败育，不能产生正常的雄性配子，但能形成正常的雌性配子。第五种是雌雄同花，但是自交不亲和。由于具有特殊的遗传生理机制，自花花粉落在柱头上，不能发芽或发芽后不能受精，阻碍自身的雌雄配子结合，借以避免自花授粉，被称之为自交不亲和性。如黑麦、白菜型油菜、向日葵、甜菜和甘薯等。

3. 常异花授粉作物

一种作物同时依靠自花授粉和异花授粉两种方式繁殖后代的称为常异花授粉作物，又称常异交作物。常异花授粉作物是自花授粉和异花授粉植物的中间类型，在这两种作物之间异花授粉的程度存在着逐渐过渡的变异。这类作物通常仍以自花授粉为主要繁殖方式，其自然异交率在4%～50%，如棉花、高粱、蚕豆、粟、甘蓝型和芥菜型油菜、苜蓿、一年生甜三叶草、苏丹草等。常异花授粉作物花器结构和开花习性的基本特点是：雌雄同花；雌雄蕊不等长或不同时成熟；雌蕊外露，易接受外来花粉；花瓣有鲜艳色彩，并能分泌蜜汁以引诱昆虫传粉；花朵开花时间长等。常异花授粉作物的自然异交率，常因作物种类、品种、生长地的环境条件而有一定变化，如棉花自然异交率的变幅为1%～18%；高粱的自然异交率最低为0.6%，最高可达50%；甘蓝型油菜的自然异交率一般在10%左右，最高可达30%以上。

二、无性繁殖

凡是不经过两性细胞受精过程而繁殖后代的方式统称为无性繁殖。无性繁殖可分为营养体繁殖和无融合生殖两大类。

1. 营养体繁殖

利用植物营养器官的再生能力，使其长成新的植物体，称为营养体繁殖。如可利用植物的根、茎、叶等营养器官及其变态部分块根、块茎、球茎、鳞茎、芽眼、匍匐茎等，采用分根、扦插、压条、嫁接等方法繁殖后代。利用营养体繁殖后代的作物主要有甘薯、马铃薯、木薯、甘蔗、苎麻等。但在一定条件下，也可以进行有性繁殖。它们进行有性繁殖时，也有自花授粉和异花授粉的区别，如马铃薯为自花授粉，而甘薯则为异花授粉。

2. 无融合生殖

植物的雌雄性细胞甚至雌配子体内的某些单倍体、二倍体细胞，不经过正常的受精和两性配子的融合过程而直接形成种子以繁衍后代的方式，称之为无融合生殖。无融合生殖主要包括无孢子生殖、二倍配子体无融合生殖、不定胚生殖、单倍配子体无融合生殖四种类型。

（1）无孢子生殖　大孢子母细胞或幼胚败育，而由胚珠体细胞进行有丝分裂直接形成二倍体胚囊，最后形成种子。

（2）二倍配子体无融合生殖　指从二倍体配子体发育而成孢子体的无融合生殖类型。大孢子母细胞不经过减数分裂而进行有丝分裂，或由胚珠体细胞进行有丝分裂而直接形成二倍体胚囊，最后形成种子。因此，这一类型属于不减数的单性生殖。

（3）不定胚生殖　为最简单的一种方式，它直接由珠心或珠被的二倍体细胞经过有丝分裂而形成胚，同时由正常胚囊中的极核发育成胚乳而形成种子。柑橘类中常出现多胚现象，其中一个胚是正常受精发育而成的，其余的胚则是珠心组织的二倍体的体细胞发育的不定胚。

（4）单倍配子体无融合生殖　指雌雄配子体不经过正常受精而产生单倍体胚的一种生殖方式，简称为单性生殖。其又可分为孤雌生殖和孤雄生殖两种类型。

① 孤雌生殖　凡由胚囊中卵细胞未和精核结合而直接形成单倍体的胚，称为孤雌生殖。有时胚囊中的助细胞和反足细胞（配子体的体细胞）在特殊情况下也能发育为单倍体

或二倍体的胚。

② 孤雄生殖　进入胚囊中的精核未与卵细胞融合，直接形成单倍体胚的，称为孤雄生殖。具有单倍体胚的种子后代，经染色体加倍可获得基因纯合的二倍体，否则，表现高度不育。目前通过花药或花粉离体培养，诱导产生单倍体植株，是人工创造孤雄生殖的一种方式。

上述各类无融合生殖的后代，无论来自于母本的体细胞、性细胞或来自父本的性细胞，共同的特点都是没有经过受精过程，即未经过雌雄配子的融合过程。因此，这些后代只具有母本或父本一方的遗传物质，表现母本或父本一方的性状，所以仍属于无性繁殖的范畴。

三、作物授粉方式的研究方法

作物授粉方式是根据自然异交率高低而定的。一般自然异交率在4%以下为典型的自花授粉植物；自然异交率在50%以上为典型的异花授粉植物；常异花授粉植物的自然异交率介于两者之间，一般为4%~50%。自然异交是与人工杂交相对而言的，是指同种作物不同品种间的自然杂交。确定作物授粉方式和测定自然异交率，一般从以下几方面进行。

1. 研究花器结构、开花习性、传粉方式以及雌雄蕊生长发育特点

如为雌雄异株、雌雄同株异花，以及其他有利于异交的方式，即可判断为异花授粉；而闭花授粉的大豆、小麦等则提供了自花授粉的可靠证据。

2. 采用单株隔离自交的方法，观察强迫自交的结实性和自交后代的表现

在套袋隔离条件下不能正常结实，表明这个种基本上是异花授粉的。但有不少异花授粉植物如玉米，在套袋自交条件下容易结实。这时可进一步根据隔离单株的近亲繁殖效果判断授粉方式。如果自交产生的后代出现显著的退化现象，生长势减弱，甚至出现畸形个体等不良个体情况，即是异花授粉植物。相反，后代没有不利的效应，则可能是正常的自花授粉植物。

3. 采用遗传试验测定自然异交率

选择简单遗传的一对基因控制的某种相对性状作为测定时的标志性状，该性状以在苗期易于分辨而又能处理大量试验材料最为适宜，可以保证更精确地估测自然异交率。可作为标志性状的，如大豆的紫色花瓣对白色花瓣，小麦芽鞘色性状红色对绿色，棉花的绿苗对芽黄苗等。进行测定时，用具有隐性性状的一个品种作母本，具有显性性状的纯合基因型品种作父本，父母本间行种植或父本种在母本的周围，任其自由传粉。从母本（隐性亲本）上收获种子，下年播种后，从 F_1 中统计显性个体出现的比率，即为自然异交率。

自然异交率=（F_1中具有显性性状的植株数/F_1总植株数）×100%

如果能选用具有当代种子显性的性状作为标志性状，测定工作将更为方便。例如玉米籽粒的胚乳性状黄色对白色为显性，可通过直接鉴定母本（具白色胚乳性状）植株上收获种子的胚乳色泽，测定出杂交当代种子中出现黄色胚乳性状的比率，即为自然异交率。

第二节　不同繁殖方式作物的遗传特点及其与育种的关系

一、自花授粉作物

自交是近亲繁殖中最极端的一种形式，自花授粉作物具有以下遗传行为特点。

① 由于长期自花授粉，加上定向选择，自花授粉作物品种群体内绝大多数个体的基因型是纯合的，而且个体间的基因型是同质的，其表现型也是整齐一致的。这种表现型和基因型的一致性，是自花授粉作物遗传行为上的一个显著特点。通过单株选择或连续自交产生的后代，在表现型和基因型上都表现相对一致，一般称为纯系。即使个别植株或个别花朵偶然发生天然杂交，也会因连续几代的自花授粉，而使其后代的遗传组成很快趋于纯合。以一对杂合基因型 Bb 的个体为例，在没有选择的前提下，杂合体 Bb 会随着自交代数的增加而纯化，如自交 4 次后，纯合基因型就占 93.75%。如果某性状是由 n 对独立遗传的基因控制时，自交 r 代时，可以按 $(1-1/2^r)^n$ 的公式计算群体内纯合型个体的频率。

② 在自花授粉作物群体中通过人工选择产生的纯系的一致性，在以后各个世代中，不通过人工自交都能较稳定地保持下去。因此，在一定时间内和一定条件下它们在遗传行为上表现出相对稳定性，这是自花授粉作物优良品种得以较长期保存下去的重要原因，也是这类作物遗传行为上的另一个显著特点。选择育种法是自花授粉作物常用的育种方法之一。

③ 自花授粉作物具有自交不退化或退化缓慢的特点。达尔文关于"杂交一般是有利的，自交时常是有害的"论点，是自然界动植物繁殖过程中存在的普遍规律。但自交有害是相对的，在一定条件下自交转化为有利的繁殖方式。作物的自花授粉方式是在长期的自然选择作用下，为了适应自然生态环境，产生和保存下来的对于种的生存和繁衍有利的特性。

自花授粉作物的基因型纯合也是相对的。自花授粉作物也有一定的天然异交率，通过天然异交可产生基因重组或由于环境条件的改变而发生基因突变，以及在长期进化过程中由微小变异发展而来的显著变异，都是自花授粉作物在自然条件下产生变异的主要原因。通过人工选择再度分离纯系，这些产生的变异又趋于纯化。自花授粉作物除利用自然变异进行选择育种外，杂交育种是目前最有效的方法，还可利用杂种优势。这类作物虽然自然异交率低，但在良种繁育时也应注意适当隔离，以防自然异交和机械混杂。

二、异花授粉作物

在长期自由授粉的条件下，异花授粉作物的群体是来源不同、遗传性不同的两性细胞结合而产生杂合子所繁衍的后代。群体内各个体的基因型是杂合的，各个体间的基因型是异质的，没有基因型完全相同的个体。因此，它们的表现型多种多样，没有完全相似的个体，这种个体内的杂合性和个体间在基因型与表现型上的不一致性，是异花授粉作物遗传行为上的一个显著特点。

由于异花授粉作物群体的复杂异质性，所以从群体中选择的优良个体，后代总是出现性状分离，表现出多样性，优良性状难以稳定地遗传下去。为了获得较稳定的纯合后代和保证选择效果，必须在适当控制授粉的条件下进行多次选择。这是异花授粉作物遗传行为和育种方法的又一特点。

异花授粉作物不耐自交，自交会导致生活力显著衰退，称为自交衰退。为避免或减轻自交对生活力下降的影响，对于异花授粉作物群体进行改良时，多采用多次混合选择法。自交虽使生活力衰退，但同时也使性状趋于稳定。通过若干世代的自交、选择，得到纯合的自交系，再进行优良自交系间的杂交，得到具有杂种优势的杂种。这种自交导致生活力显著衰退和杂交产生杂种优势是异花授粉作物遗传行为的第三个特点。利用杂种优势是目前异花授粉作物的主要育种途径。在良种繁育中，要严格隔离和控制授粉，利于防杂保纯。

三、常异花授粉作物

这类作物以自花授粉占优势，故其主要性状多处于同质纯合状态。另外，在人工控制条件下进行连续自交，与异花授粉作物比较，后代一般不会出现显著的退化现象。对高粱、棉花、粟等作物进行连续自交试验，后代虽有一定的生活力衰退现象，但不太明显。因此，常异花授粉作物的育种方法，基本上与自花授粉作物相同，采用选择育种和杂交育种是有效的。但由于有一定的自然异交率，群体中的异质程度依自然异交率高低而异。所以应进行多次选择。进行杂交育种时，应对亲本进行必要的自交纯化和选择，以提高杂交育种的成效。在良种繁育中应注意防止生物学混杂，以保持品种纯度。

四、无性繁殖作物

这类作物一般采用营养器官进行繁殖。由一个个体通过无性繁殖产生的后代，称为无性繁殖系，简称无性系（clone）。无性系是由母体体细胞分裂繁衍而来，没有经过两性受精过程。无论母体遗传基础的纯杂，其后代的表现型与母体完全相似，通常也没有分离现象。这样，一个无性系内的所有植株在基因型上是相同的，而且具有母体的特性，这是无性繁殖植物遗传行为上的一个显著特点。因此，无性繁殖作物的种性可以通过无性繁殖得以保持。可以采用与自花授粉作物一样的选择方法进行选择育种。

通常情况下，这类作物一般不能开花或开花不结实。在适宜的自然条件和人工控制的条件下，无性繁殖作物也可进行有性繁殖，从而进行杂交育种。杂种第一代一般就有很大的分离，这是由于亲本本身是杂合体所致；杂种一代也会表现杂种优势。因此，在杂种第一代便可选择具有明显优势的优良个体，并进行无性繁殖将其优良性状及优势稳定、固定下来，成为新的无性系品种。这样，将有性和无性繁殖结合起来进行育种，是改良无性繁殖作物的一种有效方法，也是较其他类型作物杂交育种所需年限较短的主要原因。

第三节　作物品种类型及育种特点

一、作物品种的类型

目前对作物品种类型的划分各有关专著和书籍的划分结果不尽相同。究其原因主要是划分的依据和标准不同。从不同的角度可以将作物品种划分为相应的类型系列，例如依据生育期长短，又可分为早熟品种、中熟品种或晚熟品种等类型。因作物品种适应地力水平不同，可以将其划分为高肥水品种、中肥水品种和抗旱耐瘠型品种等类型。其次，对有关品种类型划分的一些认识还不够一致。如对异花授粉作物（如玉米）的自交系是否应作为品种，有的教科书认为应属于品种，但也有的学者认为自交系作为杂交种的亲本，并不直接作为农业生产资料，品种应直接用于作物生产，有一定推广面积和效益，而且自交系本身的产量、品质、抗性及其他性状的表现并不一定符合农业生产的需要，只有用不同自交系组配成的杂交种，由于双亲结合后基因效应的综合作用，才决定了其杂交种性状的表现水平，故不宜将其列为品种之列。当然，自花授粉作物的亲本应另当别论。景士西教授依据品种群体内遗传的同型和异型，以及个体遗传的纯合性和杂合性，把品种分为同型纯合、同型杂合、异型纯合和异型杂合四大类，反映了品种群体遗传组成特点，而且与相应类型的育种方法有密切关系，给人以清晰明了的概念。潘家驹教授主编的《作物育种学总论》根据作物的繁殖方式、遗传基础、育种特点和商品种子生产方法及利用形式等，将作物品种划分为四大类，本书主要采用其划分方法。其中，对异花授粉作物的综合品种的归属，不同教科书及专著的划分结果不够一致，本书将其归入杂交种品种的范畴。对异花授粉作物（如玉米）的自交系作为自交系品种。

1. 纯系品种又称自交系品种

自交系品种包括从突变中及杂交组合中经过系谱法育成的、基因型纯合的后代。自交系品种由遗传背景相同的和基因型纯合的一群植株组成。规定自交系品种的理论亲本系数为 0.87 或更高，即具有亲本纯合基因型的后代植株数达到或超过 87% 的就是自交系品种。在我国生产上种植的大多数水稻、小麦、大麦等自花授粉作物的品种就是纯系品种。在异花授粉作物中，如玉米的自交系，是由一群高度纯合和相同遗传背景的植株组成，当作为推广杂交种的亲本使用时，具有生产和经济价值，因此，也应属于自交系品种之列。

2. 杂交种品种

杂交种品种是指在严格选择亲本和控制授粉的条件下生产的各类杂交组合的 F_1 植株群体。它们的基因型是高度杂合的，群体又具有不同程度的同质性，表现出很高的生产力。杂交种品种通常只种植 F_1，即利用 F_1 的杂种优势。杂交种品种不能稳定地遗传，F_2 发生基因型分离，杂合度降低，导致产量下降，所以生产上只利用 F_1 代。

现在许多作物相继育成了雄性不育系，解决了大量生产杂交种子的问题，使自花授粉作物和常异花授粉作物也可以利用杂交种品种。袁隆平、李必湖等（1970）发现并育成水稻野败型雄性不育系之后，1975 年开始推广水稻杂交种品种，1990 年全国种植水稻杂交种品种 1533 万公顷，已占全国水稻种植面积的 50%。中国水稻和甘蓝型油菜杂交种品种的选育和利用，在国际上都是领先的，证实了自花授粉作物和常异花授粉作物利用杂种优势的可行性。

3. 群体品种

群体品种的基本特点是遗传基础比较复杂，群体内的植株基因型是不一致的。因作物种类和组成方式不同，群体品种包括下面四种。

① 异花授粉作物的自由授粉品种　自由授粉品种在种植条件下，品种内植株间随机授粉，也经常和相邻种植的异品种授粉，包含杂交、自交和姊妹交产生的后代，个体基因型是杂合的，群体是异质的，植株间性状有一定程度的变异，但保持着一些本品种主要特征特性，可以区别于其他品种，例如许多玉米、黑麦等异花授粉作物的地方品种都是自由授粉品种。

② 异花授粉作物的综合品种　综合品种是由一组选择的自交系采用人工控制授粉和在隔离区多代随机授粉组成的遗传平衡的群体。综合品种的遗传基础复杂，每一个个体都具有杂合的基因型，各个体的性状有较大的变异，但具有一个或多个代表本品种特征的性状。

③ 自花授粉作物的杂交合成群体　杂交合成群体是用自花授粉作物的两个以上的自交系品种杂交后繁殖出的、分离的混合群体，把它种植在特别的环境条件下，主要靠自然选择的作用促使群体发生遗传变异并期望在后代中这些遗传变异不断加强，逐渐形成一个较稳定的群体，最后的杂交合成群体实际上是一个多种纯合基因型混合的群体。例如哈兰德（Harland）大麦和麦芝拉（Mezcla）利马豆都是杂交合成群体。

④ 多系品种　多系品种是若干自交系品种的种子混合后繁殖的后代，可以用自花授粉作物的几个近等基因系的种子混合繁殖成为多系品种。由于近等基因系具有相似的遗传背景，而只在个别性状上有差异，因此多系品种可以保存自交系品种的大部分性状，而在个别性状上得到改进。在抗病性改进方面，利用携带不同抗性基因的近等基因系合成的多系品种，具有良好的效果。

多系品种也可用几个无亲缘关系的自交系，把它们的种子按预定的比例混合繁殖而成，由于种子的繁殖力不同，这类多系品种的遗传组成会逐代发生改变。

4. 无性系品种

无性系品种是由一个无性系或几个近似的无性系经过营养器官繁殖而成的。它们的基因型由母体决定，表现型和母体相同。许多薯类作物和甘蔗品种都是这类无性系品种。由专性无融合生殖，如孤雌生殖、孤雄生殖等产生的种子繁殖的后代，得到的种子并未经过两性细胞受精过程，是由单性的性细胞或性器官的体细胞发育形成的种子，这样繁殖出的后代，也属无性系品种。

二、各类品种的育种特点

1. 自交系品种的育种特点

自交系品种是由一群同质的和纯合的基因型植株个体组成，严格地讲，它们是来自一株优良的纯合基因型的后代。基因型高度纯合和性状优良而整齐一致是对自交系品种的基本要求。为了达到上述要求，必须采取自花授粉和单株选择相结合的育种方法。自花授粉作物本身靠自交繁殖后代，只要选出具有优良基因型的单株，它的优良性状就可稳定地传递给后代。如属纯合基因型中主效基因控制的突变性状，只需1~2次的单株选择，性状就可稳定下来。如属杂合基因型和多基因控制的数量性状，则需连续多代的单株选择，才能获得性状优良并能稳定遗传的自交系品种。异花授粉作物和常异花授粉作物由于它们异花授粉特性和基因型的杂合性，必须采用连续多代套袋自交结合单株选择的方法，才能育成自交系品种。这类自交系品种一般不直接用于大田生产，而是作为配制杂交种的亲本使用。

无论自花授粉作物或异花授粉作物的自交系品种，都要求具有优良的农艺性状，例如高产、优质、抗病虫、抗倒伏、生态适应性等。因此，必须拓宽育种资源，采用杂交和诱变等方法，引起基因重组和突变，扩大性状变异范围，在性状分离的大群体中进行单株选择，多中选优，优中选优，方能选出具有较多优良性状基因的极端个体。可见，创造丰富的遗传变异和在性状分离的大群体中进行单株选择，是自交系品种育种的又一个特点。

2. 杂交种品种的育种特点

杂交种品种是由一群杂合的和一定程度同质的基因型植株组成。它们是自交系间杂交或自交系与自由授粉品种间杂交产生的F_1。杂交种品种的基本要求是基因型高度杂合、性状相对整齐一致和具有较强的杂种优势。育种实践表明，自交系间的杂交种品种的杂种优势最强，F_1增产潜力最大。而杂种优势的强弱是由亲本自交系的配合力和遗传力决定的。因此，实际上杂交种品种的育种包括两个育种程序：第一个程序是自交系育种，第二个程序是杂交组合育种。贯彻在两个程序中的关键问题是自交系的和自交系间的配合力测定，所以配合力测定是杂交种育种和杂种优势育种的主要特点。

F_1杂交种子生产的难易是生产上利用杂交种品种的主要限制因素。虽有优良的杂交种品种，但不易配制出大量种子，则难以大面积推广。因此对影响亲本繁殖和配制杂交种种子的一些性状应加强选择。如亲本自身的生产力、两个亲本花期的差异、母本雄性不育系的育性稳定性、父本花粉量的大小等性状都要注意选择，才能保证制种质量，提高制种产量，降低种子生产成本。在此基础上，还应结合杂交种品种推广地区的实际条件，建立相应的种子生产和供销体系，保证按计划供应所需的亲本自交系种子和杂交种种子。

3. 群体品种的育种特点

群体品种的遗传基础比较复杂，群体内植株间的基因型是不相同的。异花授粉作物的综合品种和自由授粉品种内每个植株的基因型都是杂合的，不可能有基因型完全相同的植株。自花授粉作物的多系品种是若干近等基因系或若干非亲缘自交系的合成群体，这种群体内包括若干个不同的基因型，而每个植株的基因型是纯合的。自花授粉作物的杂交合成体系，随着世代增长，最终也成为若干纯系的混合体。

群体品种育种的基本目的是创建和保持广泛的遗传基础和基因型多样性，因此，必须根据各类群体的不同育种目标，选择若干个有遗传差异的自交系作为原始亲本，并按预先设计的比例组成原始群体，以提供广泛的遗传基础。对后代群体一般不进行选择，用尽可能大的随机样本保存群体，以避免遗传漂移和削弱遗传基础。对异花授粉作物的群体，必须在隔离条件下多代自由授粉，才能逐步打破基因连锁，充分重组，达到遗传平衡。

4. 无性系品种的育种特点

用营养体繁殖的无性系品种的基因型受作物种类及来源而定，如甘薯为异花授粉作物，其无性系品种的基因型是杂合的，但表现型是一致的。马铃薯是自花授粉作物，其无性系品种如果来自自交后代，则基因型是纯合的；如来自杂交后代，则基因型是杂合的，但它们的表现型都是一致的。由于上述特性，可以采用有性杂交和无性繁殖相结合的方法进行育种，即利用杂交重组丰富遗传变异，在分离的 F_1 实生苗中选择优良单株进行无性繁殖，迅速把优良性状和杂种优势稳定下来。此外，无性繁殖作物的天然变异较多。芽的分生组织细胞发生的突变，称之为芽变。芽变发生后，可在各种器官和部位表现变异性状，例如芽眼色、叶脉颜色、蔓色、薯皮和薯肉色等性状都可由芽变引起变异。因此，芽变育种是营养体无性系品种育种的一种有效方法，国内外都曾利用芽变选育出一些甘薯、马铃薯、甘蔗等无性系品种。同时，淘汰芽变类型也是无性系品种繁殖、保纯的必要措施。

 思考题

1. 名词解释

有性繁殖　无性繁殖　无融合生殖　自交作物　异交作物　常异交作物　无性系　纯系品种　杂交种品种　群体品种　无性系品种　多系品种　近等基因系

2. 作物的繁殖方式有几类，如何研究确定作物的授粉方式？
3. 从作物育种角度简述自交和异交的遗传效应。
4. 试述不同繁殖方式作物的遗传特点，这些特点与育种有什么关系？
5. 作物品种可划分为哪几种类型，各具有什么特点？
6. 试述不同类型品种的育种策略和特点。

第四章 选择与鉴定

第一节 选择的原理与方法

一、选择的意义

选择就是选优去劣,就是从自然的或人工创造的具有遗传变异的群体中,根据个体表现型挑选符合人类需要的基因型,淘汰不良变异,积累和巩固优良变异,使选择的性状稳定地遗传下去。选择是创造新品种和改良现有品种的重要手段。任何育种方法,即无论采用哪种育种途径和利用什么样的育种材料,都要通过引起变异、选择优株和试验鉴定等步骤,因此,选择是育种过程中不可缺少的重要环节。育种的实践证明,育种工作者选择水平的高低与育种的成效关系甚大。常常有这样的情况,同样的育种材料,将其分在不同的单位,由不同的人员进行选择,结果有的从中选出了好的品种(系),有的则选不出。其中尽管原因很多,但对材料的熟悉程度、选择的技巧和水平,是重要原因之一。因此,观察敏锐,能够及时发现优良变异,选择细致、准确,是育种工作者必须具备的基本素质。

现有各种作物的形形色色的不同品种都是在漫长的历史发展过程中,通过选择,从野生植物逐渐演变过来的。在原始社会中,当人们发现满足人类需要的某些性状(如禾谷类的大穗、粒大、穗多、不落粒等)时,就把它们选留下来,逐代繁殖下去,野生植物逐渐向栽培化发展。以后一代一代由于自然变异和人类按不同的有利方向进行选择,同一作物就逐渐形成了具有不同特点的各种品种。它们与野生种有明显的区别,如许多作物的种子比其野生种大得多、有很强的抗落粒性等。因而,品种的形成是人工选择的结果,是人类劳动的产物。培育和选择是人类用以改造自然、创造生活必需资料,以及改良品种的实践活动中最普遍的方法。

二、选择的基本原理

达尔文生物进化学说的中心内容是变异、遗传和选择。变异是选择的基础,为选择提供了材料,没有变异就不会出现对人类有利的性状,也就无从选择。已经发生了变异,一定要通过繁殖把有利的性状遗传下去。遗传是选择的保证,没有遗传,选择就失去了意义。有了有利的变异和这些变异的遗传,还要通过不断地选择把它们保留和巩固下来。同时,选择还促进变异向有利的方向发展,使微小的变异逐渐发展成为显著的变异,从而创造出各式各样的类型和品种。因此,变异、遗传和选择既是使生物进化的三大重要因素,也是人工选择新品种的理论基础。

变异有自然变异和人工创造的变异。育种工作既要充分利用自然界的变异,更要运用人工杂交、诱变等方法,有计划有目的地创造变异,为选择提供更符合人类需要的材料。

已有的变异，有的能遗传，有的不能遗传。由环境条件影响引起的变异，只是表现型出现某些变化，而基因型并没改变，是不可遗传的变异，选择这种变异是无效的。选择要在一致的环境条件下进行，避免不可遗传的变异的干扰。

选择有自然选择和人工选择。在自然条件下，对生物本身有益的变异，通过自然选择过程把它保留下来，使其后代继续向这种变异方向发展，而使物种进化。人工选择的作用是选择符合人类需要的变异，并使其向对人类有利的方向发展。自然选择主要保留对生物本身有利的性状，这些性状有的是和人类需要相一致的，如适应性和抗逆性等；有的往往对人类不利，如品质和种子籽粒大小等。人工选择的目的虽然在于提高产量和品质等经济性状，但是也要注意生物性状的选择，在自然条件或人工创造的条件下鉴定适应性和抗逆性，从而进行有效的选择。

三、选择的作用

无论是自然选择或人工选择，都能使群体内一部分个体产生后代，其余个体因受淘汰而不能产生或较少产生后代。所以，选择的实质就是差别繁殖。T.Dobzhansky（1953）指出"选择的实质就是一个群体中不同基因型携带者对后代基因库做出不同的贡献"。在存在遗传变异的群体中，选择的实质是改变群体的基因频率。虽然突变、遗传漂移、基因迁移、选择四种因素都能引起群体基因频率的改变，但是选择起着主要的作用。

选择是育种工作的主要内容之一，在品种改良中具有重要的作用。通过选择，可以把作物已有的变异分离出来，把优良的变异类型挑选出来。有些性状，特别是自花授粉作物的质量性状，通过一次选择就能收到明显效果。更重要的是，对发生了变异的生物体，按照一定的方向和目标，通过连续选择，就能使变异逐渐积累、巩固和加强，所以选择是具有创造性的。有一些性状，特别是异花授粉作物的数量性状，如品质和产量因素等就需要通过多次选择，借助有利基因的积累和基因的累加效应，才能收到预期的效果。

育种上对一些作物的重要品质性状，如棉花的纤维长度、甜菜的含糖量、油料作物的含油量等方面，都曾长期进行连续的定向选择，对这些性状的改进有很大作用。如美国作物学会（1974）发表的伊利诺伊州农事试验场对玉米籽粒含油量和蛋白质含量连续进行70年的选择，结果见表4-1。

表4-1 对玉米原始品种波尔白的油分、蛋白质含量进行70代定向选择的效应

年份	世代	高含油量 /%	低含油量 /%	高蛋白质含量 /%	低蛋白质含量 /%
1896	0	4.70	4.70	10.92	10.92
1901	5	6.24	3.45	13.78	9.63
1906	10	7.38	2.67	14.26	8.65
1911	15	7.52	2.06	13.79	7.90
1916	20	8.51	2.07	15.66	8.68
1921	25	9.94	1.71	16.66	9.14
1926	30	10.21	1.44	18.16	6.50
1931	35	11.80	1.23	21.14	7.12
1936	40	10.16	1.24	22.92	7.99
1941	45	13.73	1.02	17.76	5.79
1946	50	15.36	1.01	19.45	4.91

续表

年份	世代	高含油量/%	低含油量/%	高蛋白质含量/%	低蛋白质含量/%
1951	55	12.15	0.52	21.80	6.70
1956	60	15.03	0.76	23.00	4.90
1961	65	15.29	0.60	23.10	5.10
1966	70	16.64	0.70	26.60	4.40

在表 4-1 中，70 代定向选择的总趋势是高低含油量和高低蛋白质含量一直按选择的方向缓慢而稳定地变化着，表明选择始终在发挥作用。原始群体的平均含油量为 4.70%，平均蛋白质含量为 10.92%。通过 70 代分别向高低两个方向定向选择后，高低含油量和高低蛋白质含量的平均值分别为原始群体平均值的 354%、14.89% 和 244%、40%。

由此可见，定向选择具有创造性作用。通过定向选择，由于有利基因的积累和基因累加效应，可以显著地改变原始群体的面貌，从而出现新的变异。

四、选择的基本方法

选择的方法很多，应用也很灵活，但归纳起来最基本的选择方法有单株选择法和混合选择法两种。两种方法都可用于对自然变异材料和人工创造变异材料的选择。

1. 单株选择法

单株选择法又称个体选择法，就是以个体（单株、单穗、单铃等）为单位进行选择。在原始群体中，根据植株的表型性状选择符合育种要求的优良个体，并且以个体为单位，分别收获、脱粒和保存。每一个个体的后代分别种植一个小区，并与种植的标准品种进行鉴定比较。种植的每个小区即为一个个体的后裔，称为一个株（穗、铃）行。根据小区植株的表现来鉴定上年各入选单株基因型的优劣，并据此将误选的不良单株的后裔全部清除淘汰。此法在育种中经常应用，我国农民所用的"一株传"、"一穗传"等都是单株选择法。

对原始群体所进行的单株选择可以只进行一次，即所谓"一次单株选择法"，也可以进行多次，即所谓"多次单株选择法"。选择次数的多少决定于小区内当选个体后代的性状是否整齐一致，凡通过一次选择产生的后代，如不发生性状分离的，就不再进行单株选择。如果当选单株的后代，继续出现分离，就要进行多次选择。结束单株选择的时间，就是小区内所有植株的性状已经趋于一致的时间，否则，就应该继续进行单株选择。

单株选择法的选择效果好，其原因是可根据当选植株后代的表现对当选植株遗传性优劣进行鉴定，消除环境影响，把一些遗传性并不优良，只是在选择时由于条件较好而一时表现较好的单株淘汰掉。遗传性相同的不同单株，在优劣不同的条件下，性状表现的差异是很大的。育种工作中选择变异个体时，常有这样的情况：有的单株的遗传性并不优良，但由于处在较好的条件下，其性状表现却比较好，因而有可能将它误认为是良好的变异类型而选了下来。如果将这样的假优良变异单株和其他当选单株混合脱粒、混合种植时，就不容易将不良单株的后裔识别出来并彻底淘汰掉。单株选择法将入选单株（单穗、单铃等）分别种成株（穗、铃）行，以其后裔（株行）表现作为鉴定、比较和选择的依据，可以最大限度地剔除误选的不良单株的后裔，因而选择效果好。另外，当选单株种成株行，可加速性状的纯合与稳定，增强株行后代群体的一致性。多次单株选择可定向累积变异，有可能选出超过原始群体内最优良单株的新品种。

单株选择法也有它的缺点。要将当选的单株分别处理种植，比较费时、费人工，小区占地多。由于育成的品种是来自一个单株，种子少，繁殖年限较长，推广应用较慢。另外，连续的单株选择，就意味着连续的近亲交配，对异花授粉植物来说，容易引起后代生活力衰退。

2. 混合选择法

混合选择法是从品种群体中，根据一定的表型性状（如成熟期、株型、产量性状、抗性等），选出具有一致特点的一些优良单株（单穗、单铃等），混合留种，下一代混合播种，与原品种和标准品种进行比较的一种选择方法。

同单株选择法一样，混合选择可以只进行一次，即所谓"一次混合选择法"，也可以连续进行多次，即所谓"多次混合选择法"。选择次数的多少，决定于一个混合选择小区内的所有植株在育种目标所要求的性状上是否一致。在选择过程中，当发现某一小区内的所有植株表现优良而且性状又比较一致时，就可以停止混合选择。

从混合选择法的具体做法就可以看出它与单株选择法的根本区别。单株选择法是当选单株分别留种、分别种植，而混合选择法则是当选单株混合留种、混合种植。所以混合选择法不能根据后代植株的表现，分别鉴定各当选植株的优劣，因而也就不能准确而彻底地淘汰掉误选的不良个体的后裔。这就是混合选择法的选择效果不如个体选择法的原因，是混合选择法的主要缺点。

混合选择法虽有上述缺点，但连续的混合选择不会形成连续的近亲交配，因而也就不会导致选择对象生活力的衰退。因为在同一个混合选择区内种植的不是一个单株的后代，而是许多当选单株的后代，它们之间存在一定的遗传异质性，所以异花授粉作物的不少品种是利用混合选择法育成的。另外，混合选择法简单易行，不需要很多土地、劳力及设备就能迅速从原始群体中分离出优良类型，便于普遍采用。混合选择法一次就可以选出大量植株，获得大量种子，因此能迅速应用于生产，在良种繁育工作中是经常应用的。

3. 两种基本选择法的综合应用

单株选择法和混合选择法各有优点和不足，在长期的育种实践中，人们在两种基本选择法的基础上，衍生出了其他多种选择方法。主要介绍以下几种。

（1）改良混合选择法　改良混合选择又称系统混合选择法，是通过单株选择及其后代鉴定的混合选择育种。其具体做法是将选出的单株（穗、铃等）经一年的后裔鉴定，淘汰不理想的系统，然后将选留的优系混合留种，再通过与原品种和标准品种的比较试验，表现确有优越性的，则加以繁殖推广。

改良混合选择法结合了单株选择法和混合选择法的优点。先经过一次单株选择，淘汰不良入选单株的后裔；然后将优系混合，不致出现生活力退化，并且从第二代起每代都可以生产大量种子。此法选优纯化的效果不及多次单株选择法。

（2）集团选择法　集团选择法是从混合选择法衍生出来的，实质上仍属于混合选择法，也可以说是一种归类的混合选择法，主要用于地方品种的改良，当现有品种内类型较多，而育种者很难断定哪种类型更好时使用。例如按生育期、株高、花色、叶片的不同形状等性状分别选择单株，将特性相同的单株归为一个集团，混合留种，下一代按集团分别种植，每一个集团播种一个小区，然后各集团之间及集团与原品种和对照品种之间进行比较，选出较优集团并加以繁殖，供大面积推广。

此法应用于异花授粉植物时，集团间应当隔离留种，避免集团间异花传粉、集团内自由授粉。此法简单易行，易为群众掌握；后代生活力不易衰退，集团内性状一致性提高比混合选择快，但比单株选择慢。

（3）母系选择法　此法在异花授粉植物的牧草、蔬菜中应用。这种选择法的选择程序和自花授粉植物的多次单株选择法完全相同。由于对所选的单株不进行防止异花授粉的隔离，所以又称为无隔离系谱选择法。因为本身是异花授粉植物而又不进行隔离，选择只是根据母本的性状进行，对花粉来源未加选择控制，故名为母系选择法。优点是无需隔离，较为简便，生活力不易退化；缺点是选优提纯的速度较慢。

五、作物的繁殖方式和常用选择方法

各种作物由于繁殖方式不同，其后代的遗传变异也不尽相同。在育种工作中，为了提高选择效果，必须根据作物的繁殖特点，采用相应的选择方法。

1. 自花授粉和常异花授粉作物的选择法

自花授粉作物与常异花授粉作物所采用的选择方法基本上是相同的，主要都是应用单株选择法，但在某些情况下，也可应用混合选择法或集团选择法及其他选择方法。这两类作物应用单株选择法进行选育时，既能发挥单株选择法的优点，又因这两类作物能耐自交，故减少了单株选择法缺点的影响，所以选择效果最好。自花授粉作物品种内各个体的基因型大都是纯合的，后代和亲代相似程度大，通常只需进行一、二次选择即可。常异花授粉作物在一般栽培的条件下，会发生一定程度的天然异花授粉，在它们的品种群体中常常有一定数量的杂合性个体，因此，单株选择的次数要多一些。

在某些情况下，混合选择法或集团选择法在自花授粉和常异花授粉作物中也是行之有效的。例如，在结合生产进行品种纯化时，可以应用混合选择提高品种的纯度和种性。另外，混合选择法和集团选择法是改良农家品种的有效方法。不少自花授粉作物的农家品种是一个复杂的群体，包含着多种多样的类型，其中占有比例较大的那个类型代表着该品种的一般特点，一般情况下它具备了该品种所表现的一切优良性状；而占有比例较小的类型，则在一定程度上影响着该品种群体性状的优良一致性和生产价值。所以，通过混合选择或集团选择，将不同类型进行分离，将优良的类型选出来，则可以提高该品种的种性和生产价值。

2. 异花授粉作物的选择法

异花授粉作物遗传基础复杂，亲代与后代之间，以及同一亲本的后代各个体之间的性状都存在不同程度的变异，群体内变异较大，而且该类作物存在自交后代生活力衰退的现象。混合选择法较适用于对异花授粉作物进行改良和提高，能迅速从原有品种混杂群体中分离出最优良的类型，同时可获得大量种子，尽快用于生产。同时，混合选择获得的群体内的植株间还存在一定的遗传异质性，能保持较高的生活力，避免近亲繁殖引起生活力衰退。关于选择的次数，通常要多次混合选择才能见效。过去许多地方品种是用这个方法育成的。如玉米品种小粒红和野鸡红等。

异花授粉作物为利用杂种优势而培育的自交系则必须采用多次单株选择法。另外，为了提高选择效果，弥补基本选择方法的不足，可酌情采用改良混合选择法、集团选择法、母系选择法等。

3. 无性繁殖作物的选择法

在无性繁殖作物的育种工作中，对这类作物的选择方法基本上是和自花授粉作物相同的，即以单株选择法为主，在某些情况下也需采用混合选择或集团选择。无性繁殖作物的单株选择法与有性繁殖作物的单株选择法相似，差别在于因所用的播种繁殖材料的不同，分为营养系单株选择法和有性后代单株选择法。前者所用的繁殖材料为无性繁殖器官，后者可用于能结种子的无性繁殖作物。无性繁殖作物的单株选择一般都为一次单株选择。因为从原始群体内选出的各株无论是什么样的基因型，由每一单株通过无性繁殖形成的一个无性系内各株的基因型都是相同的，性状表现整齐一致，因此继续在这些无性系内选择是无意义的。

第二节 性状鉴定

一、性状鉴定的作用

性状鉴定就是在育种工作中，采用科学的方法和技术对育种材料所表现的特征、特性进行客观而准确的评定。作物育种过程中，从选用原始材料、选配杂交亲本、选择单株，直到育成新品种都离不开性状鉴定工作。性状鉴定是性状选择的依据，是保证和提高育种质量的基础，选择的效率主要决定于鉴定的手段及其准确性。运用正确的鉴定方法，对育种材料作出客观科学的评价，才能准确地鉴别优劣，作出取舍，从而提高育种效果和加速育种过程。性状鉴定的方法愈是快速简便和精确可靠，选择的效果就愈高。

性状选择的根据是性状鉴定，选择的效率主要决定于鉴定的手段及其准确性。选择效率的提高主要决定于鉴定效率的提高。随着科学技术的不断发展，性状鉴定的手段也日新月异，从最基本的感官目测到应用现代化的各种先进设备，育种效率不断提高。经典的事例是甜菜含糖量的鉴定和选择。从十八世纪末到十九世纪初，为提高甜菜的含糖量，经历了漫长的过程，含糖量由原来的5%～6%，到1950年提高到24%，经历了130多年的时间（表4-2）。

表4-2 甜菜含糖量的增长情况

年份	1818	1838	1848	1858	1868	1878	1888	1889	1908	1918	1928	1950
含糖量/%	6.0	8.8	9.8	10.1	10.1	11.7	13.7	15.2	18.1	20.1	21.0	24.0

表4-2说明，从1818～1848年的30年中，按照圆锥形的根和叶色较淡的植株外观形态进行鉴定和选择，甜菜的含糖量增加了63%；在1848～1868年的20年中，按照块根比重的测定结果进行选择，含糖量只增加了3.0%，提高选择的效率很低；在1868～1888年的20年中，用旋光计鉴定含糖量而进行选择，含糖量增加了35.6%；在1888～1928年的40年中，用磨碎块根组织直接测定量进行单株选择，含糖量提高了53.3%。这一事实充分说明，甜菜的含糖量由于鉴定方法技术的改进而提高了选择效率，也就说明了不断改进和运用先进的鉴定方法，对提高育种效果有显著作用。

随着育种科学技术水平的不断提高，性状鉴定技术也得到了显著的改进。鉴定性状不仅只根据其外观形态表现，而且还要深入测定有关生理生化指标。除了在当地自然和耕作栽培条件下进行田间鉴定外，还可采用经改进和发展的人工模拟和诱发鉴定方法，以保证对病虫害和环境胁迫因素的抗耐性得到及时、全面、深入的鉴定。对品质性状、生理生化特性等的鉴定，陆续研制测定的仪器和技术，使鉴定和选择效率不断得到提高。现代化的性状分析测定已向微量或超微量、精确或高精度、快速和自动化的方向发展，并可同时测定许多样本，这使大量的小样本能够得到快速而精确的鉴定，从而就可以相应地提高选择效率，特别是个体选择效率。此外，在田间鉴定中，为了提高鉴定和选择的准确性，要求试验田地的土壤条件和耕作栽培措施均匀一致，使供鉴定和选择的各材料的性状都能在相对相同的条件下得到表现；还需要设置对照行（区）和重复，以便比较；并减少误差。

二、性状鉴定的一般原则

鉴定贯穿于整个育种过程，性状鉴定原则要求首先是在一致的条件下对同一试验各个材料性状进行性状鉴定；其次是性状鉴定时必须客观、准确、高效。

在育种工作中进行性状鉴定时经常采用的最基本方法是目测鉴定法。这就要求育种工作者要全面系统地观察育种材料，作出完整准确的记录，不断积累和全面掌握育种材料的形态特征、生物学特性以及对各种环境条件的反应，积累经验，并通过阶段性和全面分析总结，不断提高性状鉴定水平。

在性状鉴定中，往往育种材料数量很大，这就要求育种者掌握以简驭繁的原则来减轻工作量。在育种初期阶段，宜采用简易有效的鉴定方法（目测、计数、测量等）对材料进行评价，分期淘汰明显不符合育种目标要求的材料，从而大大减轻工作量。到育种的后期阶段，只保留了少数较优良材料进行比较试验，就有可能进行更为精确的全面鉴定，准确地选择最优材料。

随着育种工作的不断深入，只凭田间观察鉴定是不够的，必须把田间鉴定和实验室鉴定、自然鉴定和诱发鉴定、形态结构鉴定和生理生化鉴定等方面的鉴定工作密切结合，而且鉴定的手段也要求现代化、快速化、精确化。如在作物品质育种工作中，从测定蛋白质含量进行简易鉴定开始，到各种氨基酸组成的分析，以及分析对人体营养价值高的几种氨基酸的含量与其他成分的相互制约关系等。因此，要求育种者除掌握本学科所必需的鉴定知识外，还要具备必要的现代科学技术知识，要与各有关学科密切协作，才能有效地实现育种任务。

三、性状鉴定的方法

性状鉴定方法，按所依据的性状、鉴定的条件、地点、场所及手段等，有如下的类别。

1. 按所依据的性状可分为直接鉴定和间接鉴定

直接鉴定就是根据目标性状的直接表现进行的鉴定。间接鉴定就是根据与目标性状有高度相关的性状的表现来评定该目标性状的鉴定。如小麦面粉的烘烤面包品质的直接鉴定，需要通过烘烤试验，按所烤出的面包体积、形状、色泽、质地、口味等进行综合评价；而烘烤品质的间接鉴定，可以通过少量面粉的沉淀试验，以沉淀值来评定烘烤品质。直接鉴定的结果当然最可靠，但是有些性状的直接鉴定需要较大的样本或者鉴定条件不容易创造、鉴定程序复杂、鉴定费时并费工本等，则需要采用间接鉴定以适当代替直接鉴定，而最后结论还是要根据直接鉴定的结果。在利用间接鉴定选择时，间接鉴定的性状必须与目标性状有密切而稳定的相关关系或因果关系，而且其鉴定方法、技术必须具备微量、简便、快速、精确的特点，适于对大量育种材料早期进行选择处理。应当指出，间接鉴定选择并不能完全代替直接鉴定选择,特别是在育种工作的后期,选留材料已较少的情况下更是如此。

2. 根据鉴定的手段可分为官能鉴定和仪器鉴定

官能鉴定就是利用人体的感觉器官来进行的性状鉴定。如利用目测棉花纤维长度、细度以及手拉纤维的强度等来初步鉴定棉花的品质;用手触、齿咬、鼻闻等进行作物含水量等一些性状的初步鉴定。官能鉴定必需借助于一定的经验积累,并且鉴定的准确性较差,只是在育种的初期阶段中用于大量供试材料的初步筛选。仪器鉴定就是利用精密的仪器设备进行的性状鉴定。其鉴定的准确性最高,但是用于大量材料的性状鉴定时则存在费工、费时等的缺点,因此,目前只是在育种的后期阶段中用于初步筛选后少量供试材料的准确鉴定。

3. 按鉴定的条件可分为自然鉴定与诱发鉴定

对病虫害和环境胁迫因素的抗耐性,如为害因素在试验田地上经常充分出现,则可就地直接鉴定试验材料的抗耐性,这就是自然鉴定;通过人工模拟危害条件,包括病虫的接种,使试验材料能够及时地充分表现其抗耐性,而获得鉴定结果,这就是诱发鉴定。对当地关键性的灾害的抗耐性最后还是依靠自然鉴定,但是在人工控制下的诱发鉴定可以提高选育工作的效率,保证及时进行。在利用诱发鉴定时,必须适当掌握所诱发的危害程度及全部诱发材料所处条件的一致性,以及危害的时期,以免发生偏差。

4. 根据鉴定的地点分为当地鉴定和异地鉴定

一般来说,试验材料在当地条件下进行鉴定,但有时还得借助于异地条件。当一种灾害在当地试验地上常年以相当的程度发生时,则可以在当地鉴定其抗耐性;如果这种灾害在当地年份间或田区间有较大差异,而且在当地又不易或不便人工诱发,则可以将试验材料送到这种灾害常年严重发生地区鉴定其抗耐性,这就是异地鉴定。异地鉴定对个别灾害的抗耐性往往是有效的,但不易同时鉴定其他目标性状。对需要在生产条件下才能表现的性状,则应在具有一定代表性的地块上进行鉴定,如生育期、生长习性、株型、产量及其构成因素等。以加代为目的的异地繁殖(如冬繁、夏繁和秋繁)也提供了异地鉴定的良好条件,特别是鉴定育种材料对温光反应为主的适应性,在不同海拔或不同纬度地区下进行生态试验是异地鉴定的一种有效方式。

5. 根据鉴定的场所分田间鉴定和实验室鉴定

田间鉴定就是将试验材料种于大田,进行各种性状的直接鉴定。如利用自然条件对作物的抗虫性进行鉴定;作物种子纯度的大田鉴定等,这些只有田间鉴定才能得到确切的结果。但是品质性状以及其他生理生化性状指标的鉴定则需要在实验室内,借助于专门的仪器设备才能得到精确的鉴定。如DNA指纹鉴定玉米杂交种纯度,作物品质中的含油量、蛋白质、氨基酸等含量的测定都需要在实验室进行鉴定。田间鉴定和实验室鉴定各有优缺点,有些性状需要田间鉴定与实验室鉴定结合进行。

在作物育种中,往往根据条件和需要,采用合适的鉴定方法,或者同时兼用两三种鉴定方法,以提高选择效率。

 思考题

1. 名词解释

选择　单株选择法　混合选择法　集团选择法　改良混合选择法　性状鉴定

2. 简述选择的意义和作用。
3. 选择的方法都有哪些？各有何特点？
4. 在不同繁殖方式作物的育种中，进行试验材料选择时应如何采用选择方法？
5. 性状鉴定的一般原则是什么？
6. 性状鉴定的方法有哪些？

技能实训4-1 小麦育种材料的田间调查与室内考种

一、目的

了解小麦育种材料田间调查与室内考种的意义与方法。田间调查是对育种材料田间所表现出来的特征特性进行的性状鉴定，室内考种是田间调查的继续，所考性状多为植株完全成熟以后才得以表现或固有的性状，主要是穗部和籽粒性状，因此，二者都是选择的重要依据。同一作物不同育种材料的考种项目、方法和要求不尽相同。

二、材料与用具

成熟小麦植株，直尺、电子天平、三角盘、铅笔、田间调查表和室内考种表等。

三、步骤与方法

1. 田间调查项目及标准

① 播种期：播种当天日期。

② 出苗期：全区有 2/3 以上幼苗芽鞘露出地面的日期。

③ 抽穗期：主穗从剑叶抽出 1/3 的株数占全区 2/3 以上的日期。

④ 成熟期：全区有 75% 以上植株其籽粒大小颜色正常，内呈蜡质硬度（植株茎秆除上部 2~3 节外，其余全部呈黄色，上部叶呈黄色）。

⑤ 生育日数：从出苗到成熟的天数。

⑥ 抗旱性：综合各方面表现，分强、中、弱三级，记载调查日期，注明干旱时期，分苗期抗旱、中期抗旱、后期抗旱等。

⑦ 耐湿性：成熟前调查分三级。

强：在多湿条件下，仍能正常成熟，没有早期枯死现象，茎秆呈金黄色持续的时间长。

中：在多湿条件下，有不能正常成熟和早期枯死现象，程度中等。

弱：在多湿条件下，不能正常成熟及早期枯死严重。

⑧ 抗倒伏性：分 0、1、2、3 四级。

0 级：不倒伏。1 级：植株倾斜 15° 以内。2 级：植株倾斜 15°~45°。3 级：植株倾斜 45° 以上。

⑨ 落粒性：一般在完熟期调查，分为：口紧、不易落粒和口松。

口紧：用手搓方可落粒，机械脱粒困难（一般颖与穗枝梗接触面积大）。

不易落粒：口不紧，机械脱粒容易（一般颖与穗枝梗接触面中等）。

口松：麦粒成熟后，稍一触动即落粒（一般颖与穗枝梗接触面小）。

⑩ 秆、叶锈病

调查日期：乳熟后期至蜡熟期记载一次，并注意调查发生开始期。

调查方法：取全行或全区平均发病百分数记载，且观察全株发病状况，勿用少数植株发病率代表一般。如抗病品种个别植株发病需加以注明。

调查项目：A. 发病百分率，B. 发病严重率，C. 反应性严重率。以病斑所占叶，茎面积的百分率计算，共分无：0；轻：5%～10%；中：10%～30%；重：30%以上四种。

⑪ 根腐病：调查时期在成熟期。调查项目：发病百分率、发病严重程度。

叶部：一般在抽穗后18天调查一次，25～30天调查第二次。后者可根据地区和年份伸缩，以在成熟前病害能清楚判别时为标准，分轻、中、重三级。

轻：植株中下部叶片有少数病斑。中：全株叶片普遍出现病斑，少数叶片有枯死现象。重：病株密集，中下部叶片大多数枯死。

穗部：在叶部第二次调查时检查一次，分轻、中、重三级。轻：穗部有少数病斑。中：穗部病斑较多，或有一二个小穗有较大病斑或变黑。重：穗部病斑连片，且变黑。

⑫ 赤霉病：调查时期与根腐病穗部相同。病穗发病率：调查病穗所占百分率。

严重程度分五级。无：无病。轻：被害小穗占全穗1/4以下。中：被害小穗占全穗1/4～1/2。重：被害小穗占全穗1/2～3/4。极重：被害小穗占全穗3/4以上。

⑬ 叶枯性病：叶部病害总称，抽穗后至乳熟期调查，以轻、中、重表示。

⑭ 散黑穗病：调查发病百分率。

⑮ 收获密度：查每平方米株穗数。

2. 室内考种项目及标准

① 株高：分蘖节至主茎顶端（不计芒）的长度，单位：cm。

② 有效分蘖数：主茎以外的结实分蘖数。

③ 穗长：穗基部至顶端（不计芒）的长度，单位：cm。取10株平均数。

④ 芒：分四级。

a. 无芒：完全无芒或芒极短。

b. 顶芒：穗顶有长10～15mm的短芒。

c. 短芒：穗的上下部有数目不等、长约30～40mm的芒。

d. 长芒：每个小穗外颖上均有芒，长约40～100mm。

⑤ 穗色：分红、白、黑等记载。

⑥ 穗上茸毛：分有、无两种。

⑦ 穗形：分六种。

a. 纺锤形：中部稍大，两头尖。

b. 长方形：宽厚相同，上下一致。

c. 圆锥形：下部大上部小。

d. 棍棒形：上部大且较密，也称倒卵形。

e. 椭圆形：两头小且尖，中间宽。

f. 分枝形：穗上长出小的分枝。

⑧ 每穗小穗数（包括不结实小穗）：主穗轴着生小穗数，有效与无效分别统计。

⑨ 每株粒数：脱粒后数粒。

⑩ 每株粒重：脱粒后称重。

⑪ 千粒重：每次称500粒完整粒，称重后换算成千粒重。三次重复，取平均数以"克"表示。误差不超±0.3克。

⑫ 粒色：分红、白两种。
⑬ 粒形：分卵形、长圆形和椭圆形三种。
⑭ 籽粒大小：分大、中、小三种。
⑮ 籽粒饱满度：分饱满、中等和不饱满三种。
⑯ 粒质：用刀片从腹沟处纵切开，估计硬质（半透明）部分占比例，分三级。
a. 硬粒：硬质部分占 70%；
b. 半硬粒：硬质部分占 30%～70%；
c. 软粒：硬质部分小于 30%。
⑰ 黑胚率：黑胚粒数的百分比。
⑱ 容重：每升重，以"g/L"表示。
⑲ 小区实收面积：以"平方米"为单位。
⑳ 每平方米穗数：每平方米结实穗数。
㉑ 小区产量：以"千克"为单位。
㉒ 亩产量：以"千克"为单位。

四、综合评定

考种脱下的籽粒，小麦的杂交早代入选材料和某些特殊材料应单株保存，原始材料、品系和区试品种等可混合装袋保存。考种结果应逐项记载在调查记录纸上，每个材料都要根据所附标牌登记材料名称或代号、当年小区号及收获日期等。最后根据田间调查和室内考种结果，进行综合评判。

五、作业

每位同学室内考种不同的小麦品种 2 个，每个品种考种 10 株。

技能实训4-2 水稻育种材料的田间调查与室内考种

一、目的

了解水稻育种材料田间调查和室内考种的意义与方法。

二、材料与用具

成熟的水稻植株，直尺、电子天平、三角盘、铅笔、田间调查表和考种表等。

三、步骤与方法

1. 田间调查项目及标准
① 播种期：播种灌水次日的日期。
② 出苗期：幼苗现青，第一片真叶露出 1～1.5cm 占全区 2/3 时的日期。
③ 基本苗期：直播田第一次中耕后，插秧田返青后，调查每平方米实有株数。
④ 耐寒性：根据保苗率高低和幼苗生长速度分强、中、弱。
⑤ 移栽期：移栽当天的日期。
⑥ 抽穗期：全区 50% 的稻穗已露出叶鞘的日期。
⑦ 齐穗期：全区 80% 的稻穗已露出叶鞘的日期。
⑧ 成熟期：95% 以上稻穗呈现本品种固有颜色，谷粒已达用指甲不易压碎的程度，并

且有 80% 以上稻穗去壳后观察糙米已为玻璃质的日期。

⑨ 收割日期：收割当天的日期。

⑩ 活动积温：统计从播种第二天到成熟期的活动积温。

⑪ 生育日数：从出苗到成熟的天数。

⑫ 植株高度：插秧田株高量法是每小区取其具有代表性的 10 穴，量每穴中最高的植株作为代表，然后取 10 穴的代表植株株高平均值作为小区的株高。直播田株高量法是在有代表性的 $1m^2$ 内取 10 株求其平均值，在齐穗后一星期调查，从地面量至穗顶端，不包括芒，以"cm"表示。

⑬ 整齐度：目测植株生长的整齐度，分整齐、中等、不整齐三级。

⑭ 倒伏性：目测记载倒伏日期、原因、程度、面积。

a. 倒伏日期：记载倒伏当天日期。

b. 倒伏程度：分四级。直：植株倾斜度不超过 15°。斜：植株倾斜度在 15°～45° 之间；倒：植株倾斜 45° 以上。伏：穗茎触地。

⑮ 病害调查

a. 稻瘟病：稻颈瘟（包括枝梗瘟）于成熟后调查记载。叶瘟随时发病随时记载，根据发病程度可分别记为无（无病）、轻（受害 5% 以下）、中（受害 10% 左右）、重（受害 20% 以上）。

b. 白叶枯病：记载发病时期及发病程度，可分为无、轻（小区稻株有 1/5 叶发生明显病斑）、中（植株上很多叶片有病斑，并有 1/5 叶片枯死）、重（多数叶片枯死）。

⑯ 虫害调查：调查有负泥虫、稻摇蚊、潜叶蝇等虫害发生，记录发生时期、危害程度。

2. 室内考种

插秧田于第二或第三行取样 5 穴，直播田在第二、三行中划出 0.5m，取其全部植株，共三次重复，测定以下项目。

① 株高：基部至主穗主轴顶端（不计芒）的高度，单位：cm。

② 有效分蘖数：主穗以外的结实（多于 5 粒）穗数。

③ 主穗长度：主穗穗颈至主轴顶端（不计芒）的长度，单位：cm。

④ 一级枝梗数：主穗一级枝梗数。

⑤ 每穗粒数：包括每穗上的实粒及不实粒，取其样本的平均值。

⑥ 每株小穗数：主穗与有效分蘖数的小穗数之和。

⑦ 结实小穗数：全株结实（不含瘪粒）小穗数。

⑧ 结实率：结实小穗数 / 每株小穗数 ×100%。

⑨ 芒：分有、无记载。

⑩ 颖尖颜色（芒色）：分为无色、黄、褐、紫、黑五种。

⑪ 脱粒性：用手抓成熟稻穗给予轻微压力，分难（粒脱落 < 25%）、中等（粒脱落 25%～50%）、易（粒脱落 >50%）记载。

⑫ 粒形：椭圆、阔圆、缓圆、细长。

⑬ 每株粒重：全株实收粒重（不含瘪粒），单位：g，保留一位小数。

⑭ 千粒重：随机取样 1000 粒，重复两次，单位：g，保留一位小数。误差不得大于 0.5g。

⑮ 粒色：分白、红、黑等。

⑯ 米：按籼黏、籼糯、粳黏、粳糯记载。

⑰ 腹白大小：观察腹白占米粒体积的大小，分无、小、大三级。
⑱ 米质：根据腹白大小、色泽、糙米率及碎米多少综合评定，分上、中、下。
⑲ 小区实收面积：以"平方米"为单位。
⑳ 小区产量：以"千克"为单位。
㉑ 亩产量：以"千克"为单位。
㉒ 平均亩增产百分比。

四、综合评定

考种脱下的籽粒，水稻的杂交早代入选材料和某些特殊材料应单株保存，原始材料、品系和区试品种等可混合装袋保存。考种结果应逐项记载在调查记录纸上，每个材料都要根据所附标牌登记材料名称或代号、当年小区号及收获日期等。最后根据田间调查和室内考种结果，进行综合评判。

五、作业

每位同学室内考种水稻 5 穴，每穴按照 3 株计算。

技能实训4-3　大豆育种材料的田间调查与室内考种

大豆材料的室内考种

一、目的

掌握大豆育种材料田间调查和室内考种的意义与方法。

二、材料与用具

成熟的大豆植株、直尺、电子天平、三角盘、铅笔、考种表等。

三、步骤与方法

1. 田间调查项目及标准

① 播种期：播种当天的日期。
② 出苗期：子叶出土后并展开的幼苗数达 2/3 以上的日期。
③ 出苗率：第一真叶展开的时期调查，分良、中、不良。出苗率在 90% 以上为良，70%~90% 为中，70% 以下的为不良。
④ 开花期：开花株数达 50% 以上的日期。
⑤ 成熟期：荚完全成熟呈现本品系固有颜色、粒形、粒色，已不再变化，或摇动植株时有响声的植株达 50% 以上的日期。
⑥ 生育日数：从出苗至成熟的天数。
⑦ 活动积温：统计从出苗期至成熟期≥10℃的积温。
⑧ 花色：花的颜色，分白花、紫花。
⑨ 叶形：开花期调查植株中部叶片，分为尖、卵圆、圆。
⑩ 茸毛色：植株茸毛的颜色，分为灰白色、棕色。
⑪ 荚皮色：成熟期调查，分为黑、褐、浅褐、草黄色。
⑫ 结荚习性：分为无限、有限和亚有限三种。
无限：植株自下而上，叶渐少，茎渐细，荚分布均匀，植株顶端着生少数荚。
有限：植株上部叶片较大，节多，上下往往同时开花，花期短，植株顶端着生一簇荚。

亚有限：介于有限、无限之间，植株顶端着生一簇荚。

⑬ 株高：从地面量至植株顶端的高度；以"cm"表示，调查时于中间行取连续不断空10株的平均数。室内考种时从茎基部子叶痕处量至生长点。

⑭ 底荚高：从地面量至最低荚尖端的距离。取连续10株平均值。以"cm"表示。

⑮ 主茎节数：从子叶痕算起，数主茎节数，取连续10株平均值。

⑯ 有效分枝：主茎上的分枝有二节以上结荚的分枝数，取连续10株平均值。

⑰ 单株有效荚数：全株所有结粒的荚数，取连续10株平均值。

⑱ 倒伏性：目测记载倒伏日期、原因、程度、面积。

a. 倒伏日期：记载倒伏当天日期。

b. 倒伏程度：分5级。

0级：全区植株不倒；

1级：植株倾斜度不超过15°；

2级：植株倾斜度在15°～45°；

3级：植株倾斜度在45°～85°；

4级：植株倾斜度超过85°以上。

c. 倒伏面积：目测。以"平方米"表示。

⑲ 细菌性斑点病：分5级

0级：没有发病植株；

1级：个别植株发病；

2级：部分植株发病；

3级：50%以下的植株发病；

4级：50%以上的植株发病。

⑳ 霜霉病：分5级

0级：没有发病；

1级：个别植株背面有霉状菌；

2级：全区有1/3植株发病；

3级：全区有1/2以下植株发病；

4级：全区有1/2以上植株发病。

㉑ 灰斑病：分为6级。

0级：全区植株叶片无病；

1级：部分叶片发病，发病叶片病斑数在5个以下；

2级：全区少量植株有病斑，病斑分布面积占叶面积1/4以下；

3级：全区植株大部分发病，病斑分布面积占叶面积1/2；

4级：全区植株叶片普遍有病斑，少数叶片因病提早枯死；

5级：全区植株叶片普遍有大量的病斑，多数叶片因病提早枯死。

㉒ 病毒病：分为5级。

0级：全区叶片平展，无发病痕迹；

1级：全区有10%植株的上部1～2层叶片皱缩；

2级：全区有20%～40%的植株上部叶片皱缩；

3级：全区有50%以上植株叶片严重皱缩，有黄斑，影响长势；

4级：全区70%以上植株叶片严重皱缩。

以上各项均在发病盛期调查。

㉓ 线虫病，分为 5 级。

0 级：完全无病症；

1 级：发育基本正常；

2 级：症状明显，生育受阻；

3 级：生育明显受阻；

4 级：植株矮小萎黄，甚至死亡。

此项在大豆出苗后 40 天调查。

㉔ 每平方米收获株数：收获有代表性的中间两行中部，70cm 垄距量 1.43m 长，65cm 垄距量 1.54m 长，60cm 垄距量 1.67m 长，查株数除以 2 既得平方米株数。

㉕ 缺区调查：凡是小区缺苗断条超过 30cm 以上，则应测其长度，并将每段测量值减去 30cm 后相加，则为该小区缺区长度；缺区面积 = 缺区长度 × 垄距。

㉖ 小区实收面积：以"平方米"表示。

2. 室内考种项目及标准

① 株高：子叶痕到主茎顶端生长点的高度。

② 荚高：子叶痕到最低结荚部位的距离。

③ 分枝数：即主茎有效分枝数。

④ 主茎节数：从子叶痕上一节开始到植株顶端的节数。

⑤ 一株荚数：全株有效荚数。

⑥ 一株粒数：一株所结的粒数。

⑦ 三粒荚数：一株所结的三粒荚数。

⑧ 四粒荚数：一株所结的四粒荚数。

⑨ 百粒重：称量经过随机取出的完全粒选的 100 粒种子的重量，重复两次，取平均值，单位：g，误差不得超过 0.2g。

⑩ 完全粒数：未遭病虫害和种皮无褐斑的完整粒占没有经过粒选种子的百分比，可取没有经过粒选种子 200g，从中选出完熟的、饱满均匀的种子，称重后按下式计算：完全粒率 = 完全粒重 / 取样重量 ×100%。

⑪ 虫食率：食心虫为害的籽粒占未经粒选种子的百分比，取未经粒选的种子，将虫食粒挑出后按下式计算：虫食率 = 虫食粒重 / 取样重 ×100%。

⑫ 褐斑粒率：种皮发生褐色斑纹的褐斑粒占未经粒选种子的百分比，取未经粒选的种子 200g，将褐斑粒挑出后按下式计算：褐斑粒率 = 褐斑粒重 / 取样重 ×100%。

⑬ 紫斑粒率：种皮上有紫色斑纹的紫斑粒占未经粒选种子的百分比，取未经粒选的种子 200g，挑出紫斑粒后按下式计算：紫斑粒率 = 紫斑粒重 / 取样重 ×100%。

⑭ 未成熟粒率：未成熟籽粒占未经粒选种子的百分比，取未经粒选的种子 200g，挑出未成熟粒后按下式计算：未成熟粒率 = 未成熟粒重 / 取样重 ×100%。

⑮ 粒色：

黄豆：分黄、浓黄、淡黄；

青豆：分绿、淡绿；

黑豆：分黑、乌黑；

褐豆；

茶豆；

双色豆。

⑯ 粒型：分圆、椭圆、扁椭圆、长椭圆、扁圆、肾脏形。

⑰ 种皮光亮度：分强光、有亮光、微亮光、无光泽。

⑱ 脐色：分无色、褐色、褐、泺褐、黑、极淡褐色六种。

⑲ 籽粒大小：百粒重 12g 以下的为小粒，12～20g 为中粒，20g 以上为大粒。

⑳ 品质：分上、中、下三级。

㉑ 单株生产力：一株种子的重量。

㉒ 公顷产量：用"kg/hm^2"表示。

四、综合评定

大豆育种的每个材料都要附有标牌，登记材料名称或代号、当年小区号及收获日期等。大豆田间调查和室内考种结果应逐项详细记录，最后根据田间调查和室内考种结果进行综合评判，汰劣留优。

五、作业

每位同学室内考种不同的大豆品种 2 个，每个品种考种 10 株。

技能实训4-4 玉米育种材料的田间调查与室内考种

玉米材料的室内考种

一、目的

掌握玉米育种材料田间调查与室内考种的意义与方法。

二、材料与用具

成熟的玉米植株和果穗、直尺、电子天平、三角盘、铅笔、田间调查表、考种表等。

三、步骤与方法

1. 田间调查项目及标准

① 播种期：播种当天的日期。

② 出苗期：幼苗出土 3cm 左右的穴数达到全区 2/3 的日期。

③ 幼苗强弱：幼苗 3～4 叶，目测幼苗长势的强弱，以 5 分制评定之。

④ 抽丝期：60% 雌穗开始吐出花丝的日期。

⑤ 成熟期：全小区 90% 以上果穗的籽粒硬化，呈固有色泽的日期。

⑥ 植株整齐度：开花后期目测全区植株生长的整齐程度，以齐、中、不齐表示。

⑦ 大斑病级：在乳熟期（抽丝后 20～25 天）目测整株的发病情况，分为 1、3、5、7、9 五级，分别表示高抗、抗、中抗、感与高感。

1 级：全株叶片上无病斑或仅在穗位下部叶片上有少量病斑，病斑占叶面积少于 5%；

3 级：穗位下部叶片上有少量病斑，占叶面积 6%～10%，穗位上部叶片有零星病斑；

5 级：穗位下部叶片上病斑较多，占叶面积 11%～30%，穗位上部叶片有较多病斑；

7 级：穗位下部叶片上有大量病斑，病斑相连，占叶面积 31%～70%，下部叶片枯死；

9 级：全株叶片基本为病斑覆盖，叶片枯死。

⑧ 黑穗病率：乳熟期后实测全区发病植株百分率。

⑨ 黑粉病率：乳熟期后实测全区发病植株百分率。

⑩ 倒伏程度：抽雄穗后，目测因风雨造成的植株倒伏程度，倾斜 45°以上植株超过全区 2/3 以下为中，1/3 以下为轻，直立不倒者为无。高度均以"cm"表示，计小数。

⑪ 株高：扬花后期至乳熟后期，实测有代表性的植株 5 株，自地表至雄穗顶端的平均高度，以"cm"表示，不计小数。

⑫ 穗位高度，测定株高的同时，实测上述 5 株自地表至上部果穗着生节的平均高度。以"cm"表示，不计小数。

⑬ 空秆率：收获时调查全区不结实株数百分率（结实不足 10 粒为空秆）。

⑭ 双穗率：收获时调查全区双穗株数百分率。

⑮ 活动积温：统计从播种第二天到成熟期的活动积温。

⑯ 出苗至成熟天数：统计各品种从出苗期第二天到成熟期的总天数。

⑰ 群众评议：秋收前邀请有关领导和技术员，共同评议供试材料的优缺点，由执行人汇总记述。

2. 室内考种项目及标准

① 穗形：分圆柱形，长锥形，短锥形。

② 籽粒类型：分硬粒型、马齿型、半马齿型等型。

③ 穗整齐度：根据全区果穗的穗形、籽粒类型、大小等，分为正、中、不整三级。

④ 穗长：测量有代表性的 10 枚果穗由穗基部至穗顶（包括秃尖）的平均长度。

⑤ 穗粗：测定上述 10 枚果穗中部最粗处直径的平均数。

⑥ 秃尖长：测定上述 10 枚果穗顶端不结实部分的平均长度，以"cm"表示，取一位小数。

⑦ 粒色：记载脱粒后的籽粒颜色，分黄、白、橙黄、浅黄。

⑧ 穗行数：测定上述 5 枚果穗中部籽粒的行数，记载其粒行幅度。

⑨ 行粒数：记上述 5 穗玉米每行的籽粒平均数。

⑩ 穗粒数：一穗的籽粒数。

⑪ 轴粗：测上述 10 枚果穗脱粒后轴中部直径的平均数。

⑫ 穗轴颜色：分红、白两种。

⑬ 千粒重：脱粒后任取 1000 个整粒称重，重复 2 次，以"g"表示。

⑭ 籽粒出产率：风干籽粒重／风干果穗重 ×100%。

⑮ 单穗穗粒重：一穗的籽粒重，以"g"表示。

⑯ 小区实收面积：以"m^2"为单位。

⑰ 小区实收株数。

⑱ 小区产量（千克）：按标准含水量 16% 折合产量。

⑲ 亩产量 = 小区实收产量 ÷ 小区实收株数 × 每亩保苗株数。

⑳ 室内评定：根据小区果穗大小、色泽、品质等，按 5 分制进行综合评分。

异交作物玉米杂交组合产量试验考种用的果穗是田间天然授粉所结的，不能留种，因此除特殊用途外，脱下的籽粒就归入商品粮了。

四、作业

每位同学室内考种不同的玉米杂交组合 2 个，每个组合考种 10 株。

第五章　引种与选择育种

第一节　引　　种

  广义的引种泛指从外地区或外国引进新植物、新作物、新品种，以及为育种或有关育种理论研究所需要的各种遗传资源材料。从生产角度来讲，引种系指从外地区或外国引进作物新品种，通过简单的试验证明适合本地区栽培后，直接在本地或本国推广种植。这种工作虽然并没有创造作物新品种，但是引种者也同育种者一样为此品种付出了心血，也是解决生产上迫切需要新品种的一条行之有效的途径，因此，引种也是一种育种途径。引种材料可以是繁殖器官（如种子）、营养器官（如块根、块茎等）或染色体片段（如含有目的基因的质粒）。

一、引种对发展农业生产的作用

  世界各国由于地理、气候条件，以及科学技术发展水平的差异，拥有的作物资源各不相同。通过互相引种，可以互通有无，为己所用。各国为了满足本国作物育种及农业生产发展，普遍加强了国外引种工作。作物引入新地区后，对新的环境条件会有不同的反应。一种情况是不适应新的环境条件，失去经济栽培价值乃至死亡，或者无法繁殖后代。另一种情况是能够适应新的环境条件，又可以细分为下列两种情况。①一经引进即能适应。如地中海沿岸的小麦品种引到我国长江中下游地区，很可能可以直接利用；我国大豆品种引种到美国可直接种植；美国陆地棉品种引到我国黄河流域和长江流域就被直接推广。②引种后，最初不适应，生长不正常，经过一定选择培育过程，逐渐由不适应发展到适应。引种的作用主要包括以下几个方面。

  1. 引种能促进农业生产的发展

  世界各地广泛种植的各种作物品种和类型，都是由野生种经过驯化成为栽培种，并通过相互引种，不断加以改进、衍生，而逐步丰富发展起来的。也就是新作物或新品种都是先在个别地区即原产地栽培，然后通过引种，逐步传播、扩散到广大地区的。通过引种，不仅可以迅速引进外地优良品种推广种植，以提高产量和品质，而且还可以引入当地没有栽培过的新作物，有时引入的品种可以直接供当地生产利用，解决大面积急需用种问题，以满足当地人民物质生活日益增长的需要。

  中国自然条件复杂多样，具有通过引种利用不同地理环境下各种作物资源的优越条件。20 世纪以来，我国从国外引入水稻、小麦、棉花、玉米、甘薯、马铃薯、甘蔗和烟草等作物的许多品种，有些在生产应用中起了重要作用。其中棉花的引种工作取得的成就较显著，小麦的国外引种工作成就也很大。20世纪30年代从意大利引进的小麦品种南大2419、矮立多、阿夫、阿勃等，大面积推广增产效果显著。原产日本的水稻品种农垦58、农垦57、菲律宾国际水稻研究所的IR8等，也起显著的增产效应。

我国是多种大田作物的起源中心，作物资源丰富多彩，这些资源也通过多种途径传到了国外，对世界作物育种研究和农业生产起了重要作用。如美国利用我国的大豆资源，发展了大豆育种和生产，育成一系列的抗胞囊线虫的高产品种，使其大豆产量居世界第一位；国际水稻研究所利用我国水稻品种"低脚乌尖"育成著名高产品种IR_8；日本利用我国抗稻瘟病品种作抗原育成一系列抗病优良品种。

2. 引种能扩大作物的分布，丰富作物类型，充实种质资源

引种的作用不仅在于所引进的品种直接用于生产，更重要的是扩大作物的分布、丰富遗传资源和充实育种的物质基础。新中国成立以来，我国从国外引入不同作物的种质资源10万份以上，利用它们作原始材，从中进行系统育种或作为杂交亲本，在育种中发挥了重要作用。

3. 引种可以充分地利用作物营养生长与生殖生长的关系，发挥作物的丰产性与早熟性

我国麻类生产中，利用异地种植提高产量的常用做法是南麻北种，能显著地提高产量而纤维品质变化不大。因为麻类的主要经济产品是纤维，是作物的营养体，引种目的是提高麻纤维的产量，种子生产仅仅是为了繁殖。生产上种植的大麻、黄麻、红麻和苘麻等，都是喜高温、短日照的作物，南麻北种，由于每日的光照时间延长，气温较南方降低，因而延长了生育期，植株高大，麻皮厚，纤维产量显著提高。谷子引种时，按照"南种北引、东种西引和湿（降水量多）种旱（降水量少）引"的规律，如能适时成熟，一般都能增产。我国北方地区采取异地换种是谷子复壮增产的宝贵经验。

二、引种的原理

为了减少引种的盲目性，增强预见性，地理上的远距离引种，包括国家之间和本国内不同地区之间引种，应重视所引作物的种类、原产地区与引种地区之间的生态环境，特别是气候因素的相似性。

1. 气候相似论

20世纪前，各国的作物引种工作都带有一定的盲目性，成效较小。20世纪初，德国林学者迈尔（H.Mayr）提出了气候相似论后，才首先改变了这种被动局面。气候相似论的基本要点是："地区之间，在影响作物生产的主要气候因素上，应相似到足以保证作物品种互相引用成功时，引种才有成功的可能性。"这一理论首先是根据木本树种的引种提出来的，推而广之，对其他作物的引种也有一定的指导意义。如我国从美国中西部引进的小麦品种在我国华北北部较为适应；相隔大西洋的欧、美之间，美国加利福尼亚的小麦品种引种到希腊比较容易成功。如果两地间生态条件差异较大，引种就不易成功。

气候相似论有其一定的指导意义，但也有片面性。它强调了气候条件，构成气候条件的主要因素光、温、湿、气等，它只强调了作物对环境条件反应的不变的一面，但是没有看到作物类型及其对环境条件反应的可变的一面，这些都对植物的生长发育有很大影响。例如茶树是我国南方多湿的酸性土壤上生长的，引种到北方不能成功。但是在20世

50~60年代采取一定措施后，南方茶树也已经向北方扩展到山东南部，80年代西藏某些地区的茶树也引种成功了。

2. 引种的生态环境和生态类型相似性原理

作物的生长都需要有与它们相应的生态条件，因此，掌握所引品种必需的生态条件对引种非常重要，是引种能否成功的重要依据之一。一般来说，生态条件相似的地区引入品种是易于成功的。生态条件中对作物的生长发育有明显影响的和直接为作物同化的因素称为生态因素。生态因素有气候的、土壤的、生物的，各种生态因素都处于相互影响、相互制约的复合体中，这种起综合作用的一些生态因素的复合体称为生态环境。不同作物或不同品种类型，对不同生态环境有不同的反应，对一定的生态环境表现生育正常的反应称为生态适应。在生产上，作物品种对地区生态环境的适应主要是从生育期、产量及稳产性上得到反映。在一定的地区内具有大致相同的生态环境，包括自然环境和耕作条件。对于一种作物具有大致相同的生态环境的地区，称为生态地区。一种作物对一定的生态环境具有相应的遗传适应性，具有相似遗传适应性的一个品种类群称为生态类型。不同生态型之间相互引种有一定的困难，相同生态型之间相互引种则较易成功。

在不同地区的生态环境中有主导的因素和从属的因素。首先，自然生态因素是基本的，而自然因素中的气候因素又是首要的和先决的；土壤因素在很大程度上取决于气候因素，生物因素又受气候因素和土壤因素的影响。气候因素中的水分、温度和光照都是作物生存和发育的最基本因素。各种作物随着其起源地区和演变地区的水分、温度和光照等因素的不同，形成具有相应的要求和反应的特性。生态型一般可分为气候生态型、土壤生态型、共栖生态型和亲缘生态型四种。气候生态型是在光照、温度、湿度和雨量等气候条件影响下形成的。这些因素在田间条件下，目前尚难控制，但它们对作物生产有着很大的影响。籼稻和粳稻、早稻和晚稻是水稻的不同气候生态型。土壤生态型是在土壤的物理化学特性、土壤含水量、含盐量、pH及各种土壤微生物的影响上形成的。东北农业大学曾在陕西中部搜集大豆品种，发现凡来自土壤水分充足的沿河地区的品种，多属大粒或中粒型；凡来自干旱少雨的黄土高原地区的品种，多属小粒型。两类地区只相距1.5~2.5km，即有此差别。共栖生态型是在作物与其他生物（如病虫等）间不同的共栖关系的影响下形成的。农业生产上某些病虫经常发生的地区，就有较抗病虫或耐病虫的类型存在，是自然选择和人工选择的结果，这是共栖生态型的表现。此外，昆虫对作物的传粉也是一种共栖生态型。亲缘生态型是指具有血缘关系比较近的前提下所形成的生态型。根据各种作物的起源和分布地区的主要生态因素和各个品种的有关特性，加以分析研究，可以对不同作物进行生态区划和生态分类，从而为制订育种目标、正确进行品种（系）试验，特别是为引种工作提供参考依据。

3. 作物的个体发育阶段理论

作物个体发育有不同的阶段，目前研究最多的是感温阶段和感光阶段，也就是人们常说的作物个体发育的第一阶段和第二阶段。

（1）感温阶段（春化阶段） 感温阶段是指种子萌动至性器官分化开始，在温度、水分、空气和营养成分等综合因素中，以温度为主导因素的发育阶段。从外部来看，就是种子从发芽到分蘖。在作物生长发育的这个阶段，如果不能满足温度要求就不能进入第二阶段，特别是冬性作物表现更为明显。作物完成第一阶段的温度与天数因作物和生态型不同而有差异，见表 5-1。同一作物因生态型不同也有差异。例如小麦在华北地区为冬性，长江流域冬、春性都有，在华南的福建、广东、广西为春性。水稻早熟、中熟、晚熟品种要求也不同，详见表 5-2。

表5-1　不同生态型作物感温阶段表现

作物生态型	所需温度/℃	天数/d
强冬性（如冬小麦）	0～3	50～60
冬性	0～7	30～60
弱冬性	3～15	20～30
春性（东北春小麦）	5～20	3～15
喜温性	20～30	5～7

表5-2　不同熟期水稻品种感温阶段表现

熟期	春化温度/℃	天数/d
早稻品种	15～20	3～5
中稻品种	25～30	3～6
晚稻品种	25～30	6～12

由此可见，如果不了解春化阶段的意义，在作物育种和农业生产实践中就容易犯错误。例如从南方引进冬小麦在北方种植，结果只分蘖不拔节。另外，人们也可以充分利用这一理论来指导生产。如春化菜籽（在冰箱中进行菜籽春化阶段）种植后就可以当季繁殖此类作物（白菜、萝卜等）的种子。

（2）感光阶段（光照阶段）　是指作物完成感温阶段后到性器官分化结束为止，也就是作物个体发育的第二阶段。从外观上看就是人们常说的拔节期。在这个阶段各种综合因素中以光或黑暗的长短为主导因素，以每天光照 12～14h 为界限，可将作物分为以下几种特性类型。①长日照作物：此类作物感光阶段要求每天光照要大于 12～14h 才能正常生长发育。它们一般起源于高纬度地区，每天光照时间越长，其开花期越早，整个生育期就越短。由于此类作物起源于高纬度地区，温度比较低，因此又把它们称为低温长日照作物。如小麦、大麦、豌豆、甜菜、萝卜、大蒜、洋葱等。②短日照作物：此类作物感光阶段要求每天光照时间要小于 12～14h 才能正常生长发育。它们一般起源于低纬度地区，每天光照时间越短，其开花期越早，整个生育期也相应地缩短。由于此类作物起源于低纬度地区，温度比较高，因此又把它们称为高温短日照作物。如水稻、玉米、大豆、高粱、棉花、大麻、马铃薯、茄子等。③中间类型作物：此类作物感光阶段对每天光照时间的长短要求不严格，反应不敏感，日照长短对抽穗、开花影响不明显。如辣椒、四季豆、番茄等。

综上所述，掌握作物的个体发育阶段理论对引种和栽培都有指导作用。有助于人们在引种和栽培工作中有效地控制和预测所引作物的生育期，避免盲目引种所带来不能正常成熟或生育期太短以致产量严重下降的现象。

三、重要生态因子、品种特性与引种的关系

引种时要综合分析不同地区温度、光照、降水和湿度、土壤及其他生态因子的变化情况，以及不同作物品种的遗传、发育特性。

1. 温度

温度常常是影响引种成败的具主导作用的限制性因子之一。温度条件不合适对引种作物的不良影响可表现为：①不符合生长发育的基本要求，致使引种作物的整体或局部造成致命伤害，严重的则死亡。②引种作物虽能生存，但影响产量、品质，失去生产价值。作物的不同种类和品种，分别具有不同的生育期及对生育期温度的要求。一般说来，温度升

高能促进生长发育，提早成熟；温度降低，会延长生育期。但是，作物的生长和发育是两个不同的概念。所以，生长所需的温度与发育所需的温度是不同的。如冬小麦品种生长的适温是 20℃左右，但发育期，幼苗期需要有一定时期的一定低温条件。温度因纬度、海拔、地形、地理位置等条件而不同，一般说来，高纬度地区温度低于低纬度地区，高海拔地区的温度低于平原地区。温度对引种的影响表现在有些作物一定要经过低温过程才能满足其发育条件，否则会阻碍其发育的进行，不能抽穗或延期成熟。

2. 光照

光照对作物的影响大致包括昼夜交替的光周期、光照强度和时间。一般情况下，光照充足有利于作物的生长，但在发育上，不同作物、不同品种对光照的反应也是不同的。有些作物对光照长短和强弱反应比较敏感，有些作物比较迟钝。不同作物种类对光照强度的要求不同，有阳性作物、阴性作物之分。光照的长短因纬度和季节而变化。北半球，夏至光照最长，冬至最短。从春分到秋分，我国高纬度地区的北方光照时数长于低纬度地区的南方；从秋分到春分，我国高纬度地区的光照时数短于低纬度地区。高海拔地区的太阳辐射量大，光较强；低海拔地区的太阳辐射量小，光强相对较弱。

3. 降水和湿度

降水对作物生长发育的影响，包括年降水量、降水在四季的分布、空气湿度。

4. 纬度

在纬度相同或相近地区间引种，由于地区间日照长度和气温条件相近，相互引种一般在生育期和经济性状上不会发生太大变化，引种容易成功。纬度不同的地区间引种时，由于处于不同纬度地区间在日照、气温和雨量上差异很大，因此要引种的品种在这三个生态因子上得不到满足，引种难以成功。如要引种，必须了解所引品种对温度和光照的要求。

5. 海拔

由于海拔每升高 100m，日平均气温要降低 0.6℃，因此，原高海拔地区的品种引至低海拔地区，植株比原产地高大、繁茂；反之，植株比原产地矮小、生育期延长。同一纬度不同海拔高度地区相互引种时，一定要注意温度生态因子的影响。

6. 栽培水平、耕作制度、土壤情况

引入品种的栽培水平、耕作制度、土壤情况等条件与引入地区相似时，引种容易成功。只考虑品种不考虑栽培、耕作、土壤等条件往往会导致引种失败。例如土壤的理化性质、含盐量、pH 及地下水位的高低，都会影响作物的生长发育，其中含盐量和 pH 常成为影响某些种类和品种分布的限制因子。不同作物种类和品种类型对土壤中某些不利因子的敏感性不同。因此，根据当地土壤的类型和性质，特别是某些特殊的不利因子的情况，引种适宜的作物品种生态型。

7. 作物的发育特征

根据作物对温度、光照的要求不同，可把一二年生作物分成两大类，即低温长日性作物和高温短日性作物，作物个体发育中总是表现为需要低温和长日照、需要高温和短日照相联系的现象。这是由于各种作物在起源地或长期适应演变地区的外界环境条件影响下，经历代的生长发育过程中逐渐形成的。高温短日性作物大都起源于低纬度地区，如水稻起

源于我国南方。它们的生活周期主要是在夏至到冬至之间，其开花期正处于温度和水分适宜的立秋以后。此时的低纬度地区，白昼日照短，太阳辐射较强。作物长期生活适应的结果，就形成喜高温、需短日照的习性。低温长日性作物，大都起源于高纬度地区。作物长期适应外界环境条件，形成了先要有一段时间的低温条件，接着需要长日照的习性。同一种作物的不同品种，对温度和光照的要求及反应有着明显的差异。例如北方地区的小麦品种对缩短日照的反应多敏感，南方地区的小麦品种则较迟钝。

除上述生态因子以外，不同地区引种时还有一些生态因子可能成为引种的限制因素，主要有目前还难以控制的某些严重病虫害和风害等。

四、作物引种规律

1. 低温长日照作物的引种规律

① 原产高纬度地区的作物品种引到低纬度地区种植，往往由于低纬度地区冬季温度高于高纬度地区，春季光照短于高纬度地区，因此，不能满足感温阶段对低温的要求和感光阶段对光长的要求，表现为生育期延长。超过一定范围，甚至不能抽穗开花。

② 原产低纬度地区的作物品种引至高纬度地区，由于温度和光照条件都能很快满足感温阶段和感光阶段的要求，表现生长期缩短，提早成熟。但向北远距离引种要注意冻害的影响。植株可能缩小，不易获得较高的产量。

③ 低温长日性作物冬播区的春性品种引到春播区作春播用，有的可以适应，而且因为春播区的光照长或强，往往表现早熟、粒重提高，甚至比原产地还长得好。但是抗病性的强弱是限制它们能否推广的因素。低温长日性作物春播区的春性品种引到冬播区冬播，有的因为春季的光照不能满足而表现迟熟，结实不良，有的易遭冻害。

④ 高海拔地区的冬作物品种往往偏冬性，引到平原地区往往不能适应。而平原地区的冬作物品种引到高海拔地区春播，则有可能适应。

2. 高温短日照作物的引种规律

① 原产高纬度地区的高温短日性作物品种，大都是春播的，属早熟春作物。其感温性较强而感光性较弱。引到低纬度地区种植，往往由于低纬度地区的气温高于高纬度地区，会缩短其生育期，提早成熟，植株、穗、粒变小，产量降低，所以有一个能否高产的问题。

② 原产低纬度地区的高温短日性作物品种，有春播、夏播之分，有的还有秋播。一般而言，这类作物的春播品种感温性较强而感光性较弱；夏播或秋播品种感光性较强而感温性较弱。引至高纬度地区，由于不能满足对温度或短日照的要求，往往会延迟成熟，营养器官增大，延长生育期。成熟期过迟，往往影响后茬播种或遭受后期冷害，所以有一个能否安全成熟的问题。

③ 高海拔地区的作物品种感温性较强，引到平原地区往往表现早熟，有能否高产的问题。而平原地区的作物品种引到高海拔地区往往由于温度较低而延迟成熟，有一个能否安全成熟的问题。

3. 作物对环境反应的敏感性与引种

地区之间生态环境相似时，引种易成功。但不能对此绝对化，引种还要从品种本身遗传适应性的大小来考虑，忽视任何一方都是片面的。引种是作物在其基因型适应范围内的迁移。不同作物和同一作物的不同品种间存在适应性广窄的较大差异。物种之内遗传变异类型较多的作物所能适应的生态环境的幅度较大，引种的地区范围较广；对主要的生态因素要求不严格或反应不敏感，适应性就强；对普遍的不利的生态因素具有抗性、耐性，这样的作物或品种，往往具有较大的遗传适应性。适应性范围广的品种，常具有较强的自体调节能力，表现为对异常外界环境的影响具有某种缓冲作用。根据对环境条件反应的敏感程度不同，高温短日性作物大体上可以分成三大类。

① 敏感型　大豆是一个较典型的例子。它的适应性较小，引种范围较窄。南北之间相互引种，纬度相差$1°$~$1.5°$，大豆品种就不容易表现适应。如纬度相似，东西之间引种的距离可以较远，如东北的大豆品种可引到新疆乌鲁木齐种植。因此，在地势高低相差不大、生育期间温度类似的东西地区之间相互引种，最易成功。

② 迟钝型　这类作物适应性较广，引种的范围较宽，无论长距离的南北引种或东西引种，影响都较小，如甘薯、花生等。胜利百号甘薯品种遍布我国东西南北。但是两地间温度差异过大，也有可能不会成功，如花生引到西藏，由于积温不够，在大部分地区开花而不结果，或者不能成熟。

③ 中间型　这类作物对环境条件的敏感程度介于以上二者之间，如水稻、玉米、谷子、棉花、麻类等，其引种范围可以大于敏感型作物而小于迟钝型作物。例如玉米引种，纬度每差$1°$，春播晚熟品种的生育期相差1.3天左右，早熟品种相差0.8天左右；夏播品种相差0.5天左右。在海拔方面，每差100mm，春播晚熟品种的生育期相差3.5天左右，早熟品种相差2.5~3天。早熟和晚熟品种的这种差异因所在地区纬度不同而异，在高纬度地区差别大，在低纬度地区差别小。

五、引种的程序和方法

为确保引种效果，避免浪费和损失，引种时必须按照引种的基本原则，明确引种的目标与任务，引种时必须有组织有计划有步骤地进行（图5-1）。

1. 引种计划的制订和引种材料的搜集

引种必须有明确而具体的引种目标。要引进什么样的品种（材料），必须多方面综合考虑。搜集引种材料时，首先要根据引种理论及对本地生态条件的分析，掌握国内外有关品种资源的信息。了解原产地自然条件、耕作栽培制度及引进品种的选育背景、生态类型、温光反应特性和在当地生产过程中所表现适应性能，并和本地的具体条件进行比较，分析其对引入地区能否适应，以及适应程度的大小。如果为了直接利用，更应该注意与当地生产条件和耕作栽培制度相适应。

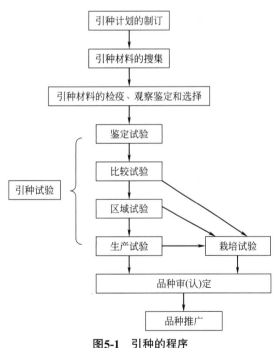

图5-1　引种的程序

2. 引种材料的检疫

引种往往是病虫害和杂草传播的一个主要途径。在引入育种材料时，很有可能同时带入本国或本地所没有的病虫和杂草，给当地农业生产带来不可估量的危害。国内外都有许多这方面的经验教训。因此，从外地区，特别是外国引进的材料必须先通过严格的检疫，对有检疫对象的材料应及时加以消毒处理。必要时应在特设的检疫圃内进行隔离种植，鉴定中若发现有危险性病、虫和杂草，就要彻底清除。

3. 引种材料的观察鉴定与选择

品种或材料引进新地区后，在生长发育过程中所处的环境与其原产地相比是一种新的条件，容易发生遗传变异，因此，必须对引进的品种或材料进行观察、比较、鉴定和选择，以保持其种性，或培育新的品种。其常用的选择途径有三种：一是去杂去劣，将杂株和不良变异的植株全部淘汰，保持品种的典型性和一致性。二是混合选择，将典型而优良的植株混合脱粒、繁殖，参加试验。三是单株选择，选出性状突出优良的少数植株，分别脱粒、繁殖，依系统育种程序选育新品种。

4. 引种试验

有关引种的基本理论和规律，只能起一般性的指导作用，为了确定所引入品种能否直接用于生产，避免或减小引种工作的盲目性，还必须通过试验鉴定，了解该品种的生长发育特性，对其实用价值做出正确的判断后，再决定是否推广，以免造成损失。引种试验的程序一般如下。

（1）鉴定试验　对初引进的品种，特别是从生态环境差异大的地区和国外引进的品种，必须先小面积试种观察，初步鉴定其对当地生态条件的适应性。开始时引进的品种数目可以多一些，每一品种的种子量较少，故小区面积小，不设重复。对引进的材料，只能鉴定对当地条件的适应性和某些显而易见的经济性状，至于各个材料是否比当地良种增产，以及能否直接利用等关键问题，还须再进一步进行品种比较试验或生产试验才能解决。此外，试种观察试验最好能在引进地区范围内选择几个有代表性的地点同时进行，以便在相对不同的条件下对引进的品种材料进行全面的鉴定。

（2）品种比较试验　将鉴定试验中表现优良的引进品种进行小区面积较大的、有重复的品种比较鉴定试验，以作出更精确的选择，从中选择出表现优异的个别品种，准备参加省或国家品种审定委员会统一组织的区域试验。

（3）区域试验和生产试验　品种区域试验、生产试验和审定是品种推广的基础。育种单位育成或引种的品种要在生产上推广种植，也必须先经过品种审定机构统一布置的品种区域试验的鉴定，确定其适宜推广的区域范围、推广价值和品种适宜的栽培条件。在此基础上，经省（自治区、直辖市）或国家品种审定机构组织审定，通过后才能取得品种资格，得以推广。品种区域试验和生产试验实际上是新品种选育与良种繁育推广的承前启后的中间环节，为品种审定和品种布局区域化提供主要依据，所以一直受到农业管理部门、作物育种工作者和农业技术推广人员的高度重视。引进品种进入该阶段的试验时，与用其他方法选育的新品种处于同等地位，以后生产示范、繁殖、推广也是一样。

（4）栽培试验　经过品种区域试验和生产试验的引种品种或材料，并通过省（自治区、直辖市）或国家品种审定机构组织审定通过后，才能取得本地区的品种资格，得以推广。但是在区域试验、生产试验以及所引品种决定推广的同时，还应进行栽培试验，目的在于摸索引入品种的良种良法配套技术，为大田生产制订高产、优质栽培措施提供依据。栽培试验的内容主要有密度、肥水、播期及播量等，视具体情况选择1～3项，结合品种进行试验。试验中也应设置合理的对照，一般以当地常用的栽培方式作对照。当参加区试的品种较少，而且试验的栽培项目或处理组合又不多时，栽培试验可以结合区域试验进行。

第二节 选择育种

　　选择育种就是根据育种目标，对现有品种群体内出现的自然变异进行性状鉴定、选择、并通过品系比较试验、区域试验和生产试验而选育成农作物新品种的育种途径。如采用单株选择法时，因所育成的品种是由自然变异的一个个体成为系统发展而来的，故称为系统育种，对典型的自花授粉作物又可称为纯系育种。如采用混合选择法育成品种，则称为混合选择育种。

一、选择育种的简史和成效

　　选择育种是一种最古老的育种方法。我国在西周时期对品种就有认识，并已形成选种、留种技术。汉朝的《氾胜之书》和北魏《齐民要术》中对利用单株选择和混合选择进行留种、选种都曾作过详细的记载。清代初年就已普遍采用"株取佳穗，穗取佳粒"的单株选择法，来选育新品种。19世纪后，英国育种家P.Sherriff（1819）曾用单株选择法改良小麦和燕麦品种，他称这种方法为系谱培育法，通过对所选单株分别种植，再在后代中选优去劣，育出了不少新的品种，对以后的北、中欧小麦育种产生了很大影响。选择育种方法的制订应归功于法国的L.de.Vilmorin，他在甜菜育种中发现，根部含糖量很高的甜菜单株，有可能产生含糖量高的后代，也有可能产生含糖量低的后代；还可能产生含糖量有高也有低的后代。他于1856年提出了对所选单株进行后裔鉴定的原则，这正是现代育种工作者公认的选择指导思想。到19世纪末，许多学者对选择育种方法作出过贡献，如澳大利亚的W.Farrer、加拿大的W.Saunders和瑞典的N.H.Nilsson。20世纪初，约翰逊发表了纯系学说，使得现代的系统育种建立在科学的理论基础上。

　　1914年夏，我国金陵大学美籍教授John Reisner在南京附近农田中采取小麦单穗，经七八年试验育成"金大26号"，这是我国用近代科学育种方法育成的第一个作物良种。此后在水稻、大豆、棉花等作物中被广泛应用。例如东南大学于1923年开始在南京附近农田中选取水稻单穗，育成中熟籼稻品种"帽子头"，是我国用近代科学方法最先育成的水稻良种。

　　世界各国在作物育种的早期阶段采用选择育种法取得了明显效果，育成的很多品种在生产上发挥了重要作用。20世纪60年代初，苏联小麦品种无芒1号的育成提供了较好的例证。无芒1号是从矮秆丰产良种无芒4号中通过系统选育而成的高产、优质、适应性广的品种，其种植面积之大创造了世界小麦品种的纪录。在20世纪30年代，美国曾一度把系统育种作为水稻、甘薯、亚麻等作物品种选育的主要方法。

　　选择育种在我国作物育种中一直起着相当大的作用。新中国成立以来，虽然在不同年代采用的育种方法各有侧重，但不论哪个时期，用选择育种法育成的品种均占一定的比例。

　　由于选择育种法自身的局限性，加之育种方法和技术水平的提高及育种目标的多样化，选择育种法的作用会日趋减小。同时，作物的种类及繁殖方式不同，选择育种的作用也存在差异。如上所述，选择育种法培育的果树品种在目前仍占相当大的比例，而稻麦等农作物用此法培育的品种近年来呈现下降的趋势。因此，要根据植物的种类、繁殖方式及改种目标的要求，结合选择育种法的特点，取长补短，提高其育种效率，继续发挥其在品种遗传中的作用。

二、选择育种的意义和特点

选择育种是解决生产上需要新品种的有效途径之一。在开始杂交育种以前的所有栽培作物品种,都是通过选择育种这一途径创造出来的。选择育种和杂交育种、杂种优势利用和诱变育种等途径的区别就在于杂交育种等是先用人工创造出变异的,而选择育种则是以现有品种在生产繁殖过程中自然产生的变异作为材料,进行选择工作的。其具有以下特点。

1. 优中选优,简便有效

这是因为:①选择育种是利用自然变异材料,省去了人工创造变异的环节;②所选的优良个体一般多是纯合体,通常不需要进行几代的分离和选株过程;③由于是在原品种的基础上进行优中选优,所选得的优系一般只是在个别性状上有改进和提高,其他性状基本保持原品种的优点。因此,试验鉴定年限可以缩短,一般进行二年的产量比较试验证明较原品种优良后,即可参加区域试验。由此可见,选择育种与杂交育种等育种途径比较,工作环节少,过程简单,试验年限短,无需复杂设备。而且育成的品种易于为群众所熟悉和接受,便于尽快推广利用。我国用选择育种法选育了许多推广品种,其中有些品种是农民育种家育成的,如水稻品种矮脚南特、陆才号、老来青,小麦品种内乡36、偃大5号和大豆品种荆山璞大豆等。

2. 连续选优,使品种不断改进提高

一个比较纯的品种在广大地区长期栽培过程中产生新的变异,进行选择育成新品种;新品种又不断变异,为进一步选择育种提供了材料。例如,从水稻地方品种鄱阳早中通过系统育种育成丰产、适应性广的早籼良种南特号,从南特号中育成更早熟、丰产、耐肥的南特16号,从南特16号中育成我国第一个矮秆籼稻良种矮脚南特,从矮脚南特中育成比矮脚南特早熟10天的早熟早籼良种矮南早1号。再如,从棉花斯字棉2B中用系统育种法选出徐州209→选出徐州1818→选出徐州58→选出徐州142。其中徐州209、徐州1818和徐州142都是大面积推广的品种。

选择育种只是从自然变异中选出优良个体,只能从现有品种群体中分离出最好的基因型,使现有品种得到改良,而不能有目的地创新,产生新的基因型。而且一般只能对现有品种的个别性状进行改良,难以有较大突破。随着杂交育种等其他育种途径的进展,选择育种的比重随之相应降低。尽管如此,选择育种在现代品种改良中仍具有不容忽视的重要作用。

三、选择育种的原理

1. 纯系学说

丹麦植物学家约翰逊(Johannsen)从1901年开始,对从市场上购买来的自花授粉作物菜豆品种公主的籽粒大小、轻重进行了连续6年的选择试验,分离出19个纯系,根据试验结果(表5-3),于1903年提出了"纯系学说"。其主要论点如下。

① 在自花授粉作物原始品种群体内,通过单株选择可以分离出一些不同的纯系。这表明原始品种是纯系的混合物,通过选择把它们的不同基因型从群体中分离出来,这样的选择是有效的。所谓纯系是指自花授粉作物一个纯合体自交产生的后代,即同一基因型组成的个体群。

表5-3　菜豆籽粒质量轻重的选择效果

世代	亲本籽粒的平均质量/g			子代籽粒的平均质量/g		
	最轻	最重	相差	由最轻亲本选出的	由最重亲本选出的	相差
1	60	70	+10	63.15	64.85	+1.70
2	55	80	+25	75.19	70.88	-4.31
3	50	87	+37	54.59	50.68	-3.91
4	43	73	+30	63.55	63.64	+0.09
5	46	84	+38	74.38	70.00	-4.38
6	56	81	+25	69.07	65.66	-1.41

引自：Johannesen.1903.

② 在同一纯系内继续选择是无效的，因为同一纯系内各个体的基因型是相同的，它们出现的变异是受各种环境因素影响的结果，这种变异只影响了当代个体的体细胞，而并不影响到生殖细胞，所以是不能稳定遗传的。

纯系学说是自花授粉作物纯系育种法的理论基础之一。它把变异分为两类：一类是可遗传的变异，另一类是不可遗传的变异（即环境引起的变异）。该理论还强调通过后代鉴定可判断是否属于可遗传的变异，选择着重于可遗传的变异。这些结论无疑是正确的，不但对于自花授粉和常异花授粉作物的纯系育种具有指导意义，而且对于异花授粉作物的自交系选育也具有指导意义。但纯系学说也存在一定的局限性，即把纯系绝对化是错误的。遗传育种的大量实践证明，纯系只是相对存在的，没有绝对的纯系。由于基因突变、自然异交产生基因重组以及环境条件引起的微小变异逐步发展成为显著变异等原因，都可以造成纯系不纯。一旦可遗传变异出现，从"纯系"中再进行选择是有效的，可以选择育成许多新品种。

2. 作物品种自然变异现象和产生原因

作物品种在一定时间内具有相对的稳定性。如株型、株高、叶片大小、成熟早晚等，都表现整齐一致性，并在一定时间内保存下去。但是随着外界环境条件的不断变化而产生的突变（碱基替换、颠换、碱基重排）或自然杂交等原因，品种群体内常会出现遗传变异，导致出现一些新的类型，即自然变异。因此，品种的稳定性是相对的，而变异则是绝对的。如果出现了符合育种需要的变异，则可以通过选择和试验，培育成新品种，省去人工创造变异这样繁重的工作环节。

作物品种群体内出现自然变异的原因主要有以下三个方面。

① 自然异交而引起基因重组　不论是异花授粉作物、常异花授粉作物还是自花授粉作物，在其栽培种植过程中都不可避免地发生不同程度的天然异交现象。一个品种与不同基因型的品种或类型互交后，必然引起基因重组，导致出现性状的变异。

② 基因突变　品种在推广和繁殖过程中，由于自然条件的作用和栽培条件的影响，会发生基因突变（碱基替换、颠换、碱基重排），在某些基因位点上发生一系列变异，或者染色体畸变，使品种群体内出现新的类型。

③ 新育成品种群体中的变异　也就是由于品种本身剩余变异的存在造成的。有些品种在其育成时有的性状尤其是数量性状并没有达到真正的纯合，个体间存在若干微小差异，在长期的生产利用过程中，微小差异逐渐积累，发展为明显的变异。另外，从不同生态区

引种时常出现遗传变异，即在原产地表现型一致的品种，由于引入地区环境条件变化较大，在某些性状上出现了个体间的明显差异。究其原因，或者是由于原品种群体内个体间基因型存在异质性，异地环境提供了这些差异的表达条件，即原品种个体间异质性在新的生态环境下的显露和表达；或者是由于引入地区生态条件差异较大，较易引起自然突变。无论变异来自何种因素，一旦发现有价值的变异，就应注意研究利用。

四、选择育种的程序

（一）有性繁殖作物的选择育种程序

1. 纯系育种程序

纯系育种或称系统育种，是通过个体选择、株行试验和鉴定试验、品系比较试验和区域试验等到新品种育成一系列过程（图5-2）。纯系育种的基本环节如下。

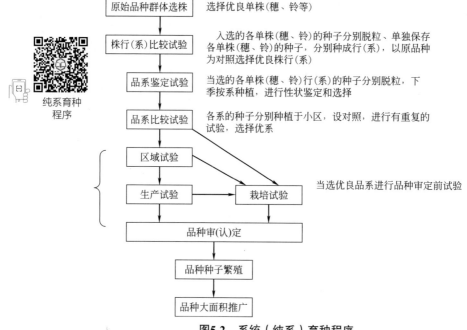

图5-2 系统（纯系）育种程序

① 优良变异植株（穗、铃等）个体的选择　在作物原始品种群体的大田中，根据育种目标选择优良自然变异植株（穗、铃等），收获后经室内复选，淘汰性状表现不好的单株（穗、铃等），选留的植株（穗、铃等）分别脱粒留种，并加以编号，将其特点记录在案，以备对其后代进行检验。

② 株行（系）比较试验　将上年当选的各单株的种子分别种植成株行，也称为株系或系统。每隔9或19个株行（系）设置对照行，种植原始品种或已推广的良种。系统育种的关键环节是单株后裔鉴定，在目标性状表现明显的各生育期进行仔细观察鉴定，严格选优。入选的优系再经室内复选，保留几个、十几个、最多几十个优良株系。如果入选的株系在目标性状上表现整齐一致，则可作为品系，参加下年的品系比较试验。对个别表现优异但尚有分离的株系，可继续选株，下一年仍参加株行（系）试验。

③ 品系鉴定试验　在与大田生产条件相一致的条件下种植株行（系）比较试验中稳定

的品系，其主要任务是对当选品系的特征、特性进行详细而全面的鉴定，从而淘汰表现明显不良或有特殊缺陷的入选品系，品系鉴定试验一般 1~2 年。

④ 品系比较试验　将上年品系鉴定试验入选的各品系分别种成小区，并设置重复，以提高试验的精确性。试验多采用随机区组设计，品系多时也可用顺序排列设计，每重复设一对照小区，种植标准品种，以供比较。试验条件应与大田生产接近，保证试验的代表性。品系比较试验一般进行 2 年。根据田间和室内鉴定结果，选出较对照显著优越的品系 1~2 个参加区域试验。第一年品系比较试验中表现特别优越的品系，可在第二年继续参加品系比较试验的同时，提早繁殖种子。

⑤ 区域试验　新育成的品系需要参加国家或省品种审定委员会统一组织的区域试验，以测定其丰产性、适应性和适宜推广的地区；为品种审定委员会进行品种的审定提供参考依据。品种区域试验分为全国和省（自治区、直辖市）两级。全国区域试验由全国农业技术推广服务中心组织跨省进行，各省（自治区、直辖市）的区域试验由各省（自治区、直辖市）的种子管理部门与同级农业科学院负责组织。市、县级一般不单独组织区域试验。

参加全国区域试验的品种（系），一般由各省（自治区、直辖市）的区域试验主持单位或全国攻关联合试验主持单位推荐；参加省（自治区、直辖市）区域试验的品种（系），由各育种单位所在地区品种管理部门推荐。申请参加区域试验的品种（系），必须有 2 年以上育种单位的品比试验结果，性状稳定，显著增产，且比对照增产 10% 以上，或增产效果虽不明显，但有某些特殊优良性状，如抗逆性、抗病性强，品质好，或在成熟期方面有利于轮作等。

品种区域试验一般是将若干个新品种（系）加对照（CK）按随机区组排列，设计多次重复的品系比较试验，进行多年和多点鉴定。多年试验是对新品种审定的要求，一般 2~3 年；多点试验根据作物的适应性、种子管理部门管辖的地区范围加以安排。每一个品种的区域试验在同一生态类型区不少于 5 个试验点，试验时间不少于 2 个生产周期。

⑥ 生产试验　生产试验是在大面积生产条件下对区域试验选出优良品系的表现进行更为客观的鉴定。参加生产试验的品种，应是参试第一、第二年在大部分区域试验点上表现性状优异，增产效果大于 10%，或具有特殊优异性状。参试品种除对照品种外一般为 2~3 个，可不设重复。生产试验种子由选育（引进）单位无偿提供，质量与区域试验用种要求相同。在生育期间尤其是收获前，要进行观察评比。

生产试验原则上在区域试验点附近进行，每一个品种的生产试验在同一生态类型区不少于 5 个试验点，试验时间不少于 1 个生产周期。生产试验与区域试验可交叉进行。在作物生育期间进行观摩评比，以进一步鉴定其表现，同时起到良种示范和繁殖的作用。

生产试验应选择地力均匀的田块，也可一个品种种植一区，试验区面积视作物而定。稻、麦等矮秆作物，每个品种不少于 $667m^2$，对照品种面积不少于 $300m^2$；玉米、高粱等高秆作物 $1000~2000m^2$；露地蔬菜作物生产试验每个品种不少于 $300m^2$，对照品种面积不少于 $100m^2$；保护地蔬菜作物品种不少于 $100m^2$，对照品种面积不少于 $66.7m^2$。

另外，在进行区域试验和生产试验的同时，对有望通过审定的品系，应设置种子田，加速繁殖种子，以便能尽早大面积推广。

⑦ 栽培试验　在生产试验以及优良品种决定推广的同时，还应进行栽培试验，目的在于摸索新品种的良种良法配套技术，为大田生产制订高产、优质栽培措施提供依据。栽培试验的内容主要有密度、肥水、播期及播量等，视具体情况选择 1~3 项，结合品种进行试

验。试验中也应设置合理的对照，一般以当地常用的栽培方式作对照。当参加区试的品种较少，而且试验的栽培项目或处理组合又不多时，栽培试验可以结合区域试验进行。

⑧ 品种的审定与推广　经上述试验表现优异的品系，可报请品种审定委员会审定，经品种审定委员会审定合格并批准后，定名推广。

2. 混合选择育种程序

混合选择育种程序较为简便，是从原始品种群体中，按育种目标的要求选择一批个体（株、穗、铃等），混合脱粒留种，第二年将其与原品种对应种植进行比较鉴定，如经混合选择的群体确比原品种优越，就可以进行鉴定、品系比较试验、区域试验、生产试验、审定、繁殖和推广（图5-3）。这种育种方法的基本工作环节如下。

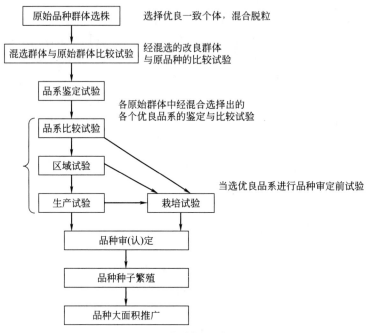

图5-3　混合选择育种程序

① 混合选择　在原始品种群体中，按育种目标将符合要求的优良变异个体选出，经室内复选，淘汰其中一些不合格的，然后将选留的个体混合脱粒，以供比较试验。

② 混合群体与原始群体的比较试验　将入选的优良个体混合脱粒的种子与原品种种子分别种植于相邻的小区，通过试验比较鉴定是否确比原品种优越。

③ 品系试验、审定、繁殖推广　经混合选择而成的新优良品系还必须经过品系鉴定试验、品系比较试验、区域试验、生产试验、品种审定后，才能进行品种的繁殖与推广，其中品系鉴定试验、品系比较试验、区域试验、生产试验及品种审定的具体叙述，详见系统育种程序中的说明。

另外，如果混选群体在产量或某一两个性状上显著优于原品种，即可进行繁殖，在原品种推广的地区进行推广应用。

系统育种法和混合选择育种法是两种基本的选择育种方法。依作物授粉方式、群体性状变异状况和育种目标，可以变通出多种方法，如集团混合选择育种、改良混合选择育种、母系选择法等，其基本方法前面选择与鉴定中已有叙述，在育种工作中，可根据具体情况灵活应用。

(二) 无性繁殖作物的选择育种程序

无性繁殖作物在栽培的作物总体中占有相当重要的地位。甘薯、马铃薯、山药、甘蔗、啤酒花、蔬菜、果树、绝大多数的花卉等都属于无性繁殖植物。利用无性繁殖植物的营养器官（根、茎、叶）繁殖产生的后代群体，称无性系。无性系与有性繁殖群体相比，具有一些不同的特点。就群体而言，无性系内个体间基因型具有一致性；但从个体而言，无性系的遗传基础又具有高度的杂合性。这些特点决定了无性繁殖作物的选择育种与有性繁殖作物不同。现介绍芽变选种与实生选种。

1. 芽变选种

（1）概念、意义及特点

① 芽变与彷徨变异　芽变来源于体细胞中自然发生的遗传物质变异。变异的细胞发生于芽的分生组织或经分裂、发育进入芽的分生组织，就形成变异芽。芽变总是以枝变或株变的形式表现出来。芽变选种是指对由芽变发生的变异进行选择，从而育成新品种的选择育种法。

在营养系品种内，除由遗传物质变异而发生芽变外，还普遍存在着由种种环境因素造成的不能遗传的彷徨变异，又称饰变。芽变选种的一个重要内容就是正确区分这两类不同性质的变异，选出真正的优良芽变。

② 芽变选种的意义　芽变经常发生及变异的多样性，使芽变成为无性繁殖作物产生新变异的丰富源泉。芽变产生的新变异，既可直接从中选育出新的优良品种，又可不断丰富原有的种质库，给杂交育种提供新的种质资源。

芽变选种的突出优点是可对优良品种的个别缺点进行修缮改良，优中选优，同时，基本上保持其原有综合优良性状。所以一经选出，即可进行无性繁殖供生产利用，具有投入少、见效快的特点。

③ 芽变的特点　任何发生于性细胞的突变通常都可能发生于体细胞。因此，遗传学总结突变的规律都适用于芽变。

a. 芽变的多样性　作物各器官所有性状都是由遗传物质控制的，都有发生突变的可能性，因此，突变性状包括根、茎、叶、花、果所有形态、解剖和生理特性等。

b. 芽变的重演性　同一品种相同类型的芽变，可以在不同时期、不同地点、不同单株上重复发生，这就是芽变的重演性，其实质就是基因突变的重演性。

c. 芽变的稳定性　有些芽变很稳定，无论采用有性或无性繁殖，都能把变异的性状遗传下去。有些芽变只能在无性繁殖下保持稳定性，当采用有性繁殖时，或发生分离，或全部后代都又恢复成原有的类型。

d. 芽变的嵌合性　体细胞突变最初仅发生于个别细胞。就发生突变的个体、器官或组织来说，它只是由突变和未突变细胞组成的嵌合体。只有在细胞分裂、发育过程中异型细胞间的竞争和选择的作用下才能转化成突变芽、枝、植株和株系。

e. 芽变性状的局限性　同一细胞中同时发生两个以上基因突变的概率极小。因此芽变性状有比较严格的局限性。

（2）芽变选种的目标及时期

① 芽变选种的目标　芽变选种总的目标是"优中选优"，在保持原品种优良性状的基础上，通过选择而修缮其个别缺点。所以育种目标针对性较强。

② 芽变选种的时期　为提高芽变选种效率，除经常观察选择外，还必须抓住最易发现芽变的时机进行选择。两个时期要特别注意：第一个是果实采收期最易发现果实经济性状变异，如果实色泽、成熟期、果形、品质等。第二个是灾害期，包括霜冻、严寒、大风、旱涝和病虫害，要抓住时机选择抗自然灾害能力强的变异类型。

（3）芽变选种的程序

芽变选种分三个阶段进行。即初选阶段、复选阶段和决选阶段（图5-4）。

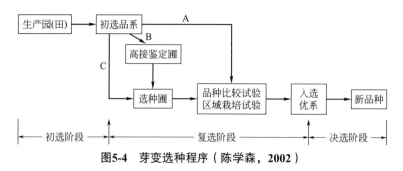

图5-4　芽变选种程序（陈学森，2002）

① 初选阶段　本阶段包括发掘优良变异，对变异个体进行分析并筛除饰变，变异体分离同型化。初选出芽变优系进入第二级选种程序。

a. 发掘优良变异　根据已定的选种目标，采取座谈访问、群众选报、专业普查等多种形式，将专业选种工作与群众性选种活动结合起来。选种时期，除在整个生长发育期都应进行细微观察选择外，应着重抓住目标性状最易发现的时期。

b. 分析变异、筛除饰变　在芽变选种中，开始选报出的变异系往往数量较多，其中有不少是属于非遗传的饰变。所以，最好是在移地鉴定前，先采用一种办法筛除大部分显而易见的饰变。

按上述分析的原则与方法，对变异进行比较分析，筛除有充分证据可肯定是一般环境条件引起的饰变，不再进入第二阶段选种程序，其他分别按下列程序进行。

Ⅰ：有充分的证据说明变异是十分优良的芽变，并且没有相关的劣变，可不经高接鉴定圃和选种圃，直接进行品种比较试验及区域性栽培试验（图5-4A）。

Ⅱ：变异性状明显，表现优良，但不能证明是否为芽变，可先进入高接鉴定圃，再根据表现决定下一步如何进行（图5-4B）。

Ⅲ：有充分证据可肯定为芽变，而且性状优良，但是还有些性状尚不十分了解，可不经高接鉴定，直接进入选种圃进行观察了解（图5-4C）。

c. 变异体的分离同型化　由于芽变往往以嵌合体的形式存在，为使变异体达到同型化稳定，可采用分离繁殖、短截或多次短截修剪、组织培养等方法对变异体进行分离同型化。

② 复选阶段　包括高接鉴定圃、选种圃及品种比较试验和区域性栽培试验。

a. 高接鉴定圃　是用于对变异性状虽十分优良、但仍不能肯定其为芽变的个体，与其原品种类型进行比较，为深入鉴定变异性状及其稳定性提供依据，同时也可为扩大繁殖提供材料来源。鉴定圃可采用高接或移植的形式。对一些通常采用扦插、分株等方法繁殖的植物，可采用移植鉴定圃。将变异体的无性繁殖后代与原品种类型栽植于同一圃内，进行比较鉴定。

b. 选种圃　选种圃是对芽变系进行全面而精确鉴定的场所。由于在选种初期往往只注意特别突出的优变性状，所以除非能充分肯定无相关劣变的芽变优系外，只要还有某些性

五、提高选择育种效率的几个问题

1. 选择的对象

利用什么材料选择关系到选择育种的成败。用选择育种育成的品种绝大多数来自生产上大面积推广或即将推广的品种。这样的品种综合性状好、产量高、品质好、适应性较强，优中选优，最容易见效。而且大面积推广的品种长期种植在不同的生态条件下，会发生多种多样的变异，易于从中选拔出更好的品种。相反，淘汰或即将被淘汰的品种以及没有推广前景的品种不宜作为选择育种的对象。另外，外引品种因生态条件的改变容易产生新变异类型，也是选择育种的重要选择对象。

2. 选择的标准

选择育种是在保持原品种综合性状优良的基础上，重点克服其个别突出的缺点。农业生产要求一个品种应具备优良的综合性状，如果它只是某个单一性状比较突出，而其他性状并不理想，就很难成为生产上应用的品种。这就需要对选择对象做全面的分析，明确其基本优点，存在的主要缺点，确定哪些优良性状是要保持和提高的，哪些不良性状是必须改进克服的。

选择标准根据作物的种类、用途和具体的育种目标来确定。选择标准还应定得适当，如选标准定得太高，则入选个体太少，影响对其他性状的选择，致使多数综合性状优良的个体落选；如选标准定得太低，则入选个体过多，使后期工作加重。

3. 选株的条件

① 选株要在保持原有品种优良特点并且栽培条件较好的田块中进行。发生机械混杂的田块或栽培管理差的田块，品种的优良种性不能表现出来，不宜进行选择。

② 选株要在均匀一致的生长条件下进行，保证能正确鉴别个体间遗传性的差异，选出遗传性优良的单株。一般不在田边和边行、沟旁、缺苗断垄处选择。

4. 选株的数量和时期

选择育种建立在自然变异的基础上，可遗传变异的频率不是太高，出现优良变异的概率更小，因此，供选的群体越大，选株的数量越多，则成功的可能性越大。至于选株的具体数量，视具体情况而定。育种的材料、规模和育种者的经验等对其都有影响。如果对品种习性和性状非常熟悉，育种经验丰富，观察鉴别能力强，可以适当少选一些单株。如果为了改良品种的某些性状，而这些性状的变异又不十分明显时，就需要选择较大量的植株，一般最少数十株，多至数百株或千株以上。为了提高选择的准确性，要在全生育过程中多看精选，经常观察，多次选择。品种的不同性状是在不同生育时期和不同条件下表现的，必须在性状表露最明显的时期进行观察和选择。例如小麦的生育期要在抽穗、开花、成熟时期观察选择；抗倒性要在大风雨之后观察选择；抗病性应在病害大发生的时期观察选择等。

5. 根据作物遗传育种的基础理论研究成果指导选择

选择育种中对单株的选择是根据品种群体中个体的表现型进行的，选择的准确与否在于选种者正确判断表现型的能力。对表现型的选择受许多因素所支配，为了将基因型真正优良的类型选择出来，除考虑上述因素影响并采取适当措施外，还应借助遗传育种基础理论指导选择，以提高选择的科学性和成效。例如性状的遗传力与选择效果有密切关系，二者呈正相关。一般不易受环境影响的数量性状的遗传力较高，选择效果较高；易受环境影响的性状遗传力则较低，选择效果较差。品种群体内性状变异幅度越大，则选择潜力越大，选择效果也就越明显。因此，有目的地增大供选群的变异幅度，可提高选择效果。在实践中，用扩大环境变量的办法来增大表型标准差是毫无意义的，只会降低遗传力。唯一可能有利于增大群体变异幅度的办法是适当增大群体，因为群体太小时，频率小的类型往往不出现。

 思考题

1. 名词解释
   引种　选择育种　生态类型　自然变异　芽变选种　彷徨变异　实生选种
2. 简述引种的基本原理。
3. 气候相似论的主要内容是什么？其在引种工作中有何意义？
4. 影响引种成功的基本因素有哪些？
5. 简述作物引种的规律。
6. 简述引种的工作环节。
7. 选择育种的基本原理是什么？
8. 选择育种的特点是什么？
9. 品种产生自然变异的原因有哪些？
10. 简述有性繁殖作物的系统育种和混合选择育种的程序。
11. 无性繁殖作物芽变选种和实生选种有什么特点？并简述其主要程序和方法。
12. 如何提高选择育种的效率？

微课资源

第六章 杂交育种

思政与职业素养案例

"中国半矮秆水稻之父"——黄耀祥院士（1914—2004）

"民以食为天，食以稻为先"。水稻是我国最主要的粮食作物，全国约有60%的人口以大米为主食，水稻在我国粮食生产和农业发展中具有举足轻重的战略意义。新中国成立以来，随着人口逐年增加，有限的耕地已难以解决人们的温饱。因此，提高主粮作物水稻产量潜力，满足人民日益增长的粮食需求，已成为各级政府和广大科研人员的首要任务。

20世纪50年代末，以中国工程院院士、广东省农科院水稻研究所黄耀祥为首的中国育种家率先开启水稻矮化育种，成为水稻发展史上的重大突破，使稻谷产量增加20%～30%。此后，我国农业科技工作者前赴后继，在水稻育种方面取得了突破性进展。

1. 水稻矮化育种的提出与创立

新中国建立之初，南方水稻产区都是种植高秆品种，每遇台风暴雨，水稻就会严重倒伏。随着生产条件的改善和施肥水平的提高，施肥增产与倒伏的矛盾日益突出。为选育耐肥、抗倒的水稻高产品种，黄耀祥及其科研团队进行了艰苦的探索，但早期主要通过高秆品种与高秆品种之间的杂交进行改良和提高抗倒性，所以一直未能取得突破性进展。后来，他从"树大招风"的民谚中得到启发，认为水稻茎秆愈高，茎秆基部受到折力愈大，抗倒性就差，并由此产生通过降低株高来提高水稻品种抗倒性的矮化育种想法，研究重点转向培育矮秆水稻品种。1955年，黄耀祥利用引进的矮秆资源矮仔占，与其培育的生产上大面积推广的高秆品种广场13进行杂交与系选，在1959年首次通过人工杂交育成了第一个迅速在生产上大面积推广应用的半矮秆高产籼稻品种广场矮。广场矮的育种成功，证明利用矮秆品种作为水稻杂交育种的矮源，可以培育出矮秆抗倒的高产品种，并由此开创了一条水稻矮化育种的新途径。

之后，黄耀祥带领团队迅速相继育成了早籼中熟矮秆品种珍珠矮、早籼早熟矮秆品种广解9、广陆矮4号，以及晚稻矮秆品种广二矮、广秋矮等，逐步实现了水稻矮秆品种的熟期配套，使水稻矮化育种得到迅猛发展。至20世纪60年代中期，广东省基本实现了早稻品种矮秆化，大面积种植每亩产量由过去的200～250kg迅速提高到350～400kg，一举改变了广东传统的"早四晚六"（指双季稻产量早稻占四成、晚稻占六成）的早稻低产局面。与此同时，矮秆水稻品种快速向南方各省推广，至1965年全国矮秆品种种植面积达到148万公顷。70年代中期，水稻籼型矮秆品种在全国年种植面积累计达1000万公顷，其中广陆矮4号在长江流域双季稻区种植面积之大，利用时间之长，为常规稻矮秆品种之冠。70年代后期，我国南方籼稻区基本实现了水稻品种的矮秆化。

黄耀祥带领育种团队先后共培育出 60 多个水稻新品种，其中推广面积超过 66.67 万公顷的品种有 15 个，对农业增产发挥了巨大作用。

2. 水稻矮化育种的社会影响

2.1 引领了农业史上的第一次绿色革命

水稻矮化育种的成功和矮秆品种的大面积推广应用，不仅提高了水稻的抗倒伏能力与收获指数，有效地解决了长期以来农民渴望解决的水稻倒伏和产量不高的问题，而且打破了自水稻开展杂交育种以来，局限于高秆与高秆品种之间进行不良性状改良的老传统，在世界水稻育种史上是一次重大突破，引发了水稻育种的一场"绿色革命"。广场矮比后来在国际上曾经轰动一时的、由菲律宾国际水稻研究所 1966 年育成的、被称为"奇迹稻"的"IR8"早了 7 年，水稻矮秆品种在生产上的应用比其他稻作国家早了约 10 年。中国的水稻矮化育种与墨西哥的小麦矮化育种一起，引领了农业发展史上的第一次绿色革命。

黄耀祥

2.2 为解决中国人的温饱问题发挥了巨大作用

早在 1957 年，全国籼稻平均每亩产量仅为 179.5 kg，全面矮秆化后的 1979 年，全国籼稻品种平均每亩产量达到 283.0kg，每亩增产 103.5kg。按 1990 年全国籼稻种植面积每年 2934 万公顷计，60 年来，矮秆水稻品种累计种植面积 11.7 亿多公顷，增产稻谷超过 1.8 万亿千克，为解决中国人民的温饱问题发挥了巨大作用，从此打破了国外有人认为"中国人养活不了自己"的论断。

2.3 为中国水稻育种处于世界领先地位奠定了重要基础

水稻矮化育种的成功，实现了水稻单产的第一次飞跃，也是中国在水稻育种领先世界的一次重大突破。此后在水稻矮化育种成功的基础上，又进一步地开创了杂交稻育种，杂交稻早期最重要的亲本珍汕 97A、V41A、Ⅱ-32A 等，都是由黄耀祥及其团队育成的矮秆品种广场矮、珍珠矮及其衍生品系杂交选育而成的。

中国科学院院士谢华安说："黄耀祥是中国矮秆水稻育种的先驱，他是有记载以来第一个通过人工杂交培育出半矮秆高产水稻品种并大规模推广应用的人，为被誉为'第二次绿色革命'的杂交水稻的研究成功与应用，奠定了十分重要的基础。"美国最著名的水稻育种家 Charlie Bollich 博士评价说："谈到今后 10 年甚至 20 年以后需要的水稻（亲本）品种时，我会考虑我已在进行试验的中国品种桂朝（桂朝 2 号）和特青（'早长'特点）。"国际水稻研究所称黄耀祥为"半矮秆水稻之父"，国际水稻研究所育种系主任库希博士赞誉他是"世界上最有经验的育种家"。

（摘自《广东农业科学》）

杂交育种是指通过不同品种间杂交获得杂种。继而对杂种后代进行培育、选择以育成新品种的育种方法。遗传类型不同的生物体相互交配或结合而产生杂种的过程谓之杂交。由于杂交可以实现基因重组，能分离出更多的变异类型，可为优良品种的选育提供更多的机会。依据杂交时通过性器官与否，可分为有性杂交和无性杂交；依据杂交亲本亲缘远近不同，可分为远缘杂交和种内杂交；目前杂交育种多指种内品种间有性杂交育种。杂交育种是国内外育种者广泛应用且卓有成效的一种育种途径，也称常规育种。在自花授粉作物和常异花授粉作物中应用最广。

目前世界各国用于生产的主要作物品种绝大多数是杂交育成的。例如，目前我国农业生产上大面积推广的大豆品种、小麦品种以及粳稻品种等大多都是通过杂交选育的。我国作物育种方法已从应用地方良种、引种和系统育种，逐步发展到以杂交育种为主，其他育种方法为辅的新格局。据对25种大田作物中2729个品种的育种途径分析：地方品种和引进品种所占比例，已从20世纪50年代的33%下降到80年代的5%；系统育种育成的品种从41%降低为28%；杂交育种从26%上升为61%；其他育种途径自60年代开始应用，到70年代育成品种已占6%。例如，我国棉花育种方面，通过杂交育种途径选育的品种在20世纪50年代、60年代、70年代、80年代所占比例分别为14.8%、35.5%、45.4%、79%。由此可见，杂交育种在我国棉花生产中的重要作用，且已经成为国内外主导的棉花育种方法。在小麦育种方面，20世纪50年代大面积推广的小麦品种碧蚂1号、70年代的泰山1号以及目前的鲁麦14号和鲁麦15号等小麦品种均属杂交育成的。据统计1986年至1996年山东省育成的小麦品种22个，其中17个是杂交育成的。此外，水稻、大豆、花生等作物杂交育成的推广品种，无论在品种数目或播种面积上，都占推广品种总数的60%以上。

在世界作物育种上，尽管新的育种技术和方法不断出现，但目前杂交育种仍是主要的育种方法。菲律宾国际水稻研究所（IRRI）育成矮秆、多抗的水稻品种，墨西哥国际玉米小麦改良中心（CIMMYT）育成矮秆、适应性广的春小麦品种，美国著名的棉花品种岱字棉15、斯字棉823、爱字棉系统、PD系统等都是采用各种杂交方法育成的。由此可见，杂交育种法在作物育种中具有重要意义。

杂交育种的重要作用还表现在与某些新的育种途径和方法相结合上。如诱变育种、倍性育种和生物技术育种等，只有很好地与杂交育种结合，才能发挥其作用，收到更好的效果。

第一节　亲本选配

杂交育种根据其指导思想可分为组合育种和超亲育种两类。组合育种是将分属于不同品种、控制不同性状的优良基因随机结合，形成各种不同的基因组合，再通过定向选择育成集双亲优良性状于一体的新品种。组合育种的遗传机理主要是基因重组和互作。组合育种所涉及的性状是质量性状，其遗传方式大多较简单，受主效基因控制，容易鉴别；例如，将分属于两个亲本的矮秆抗倒伏和抗病性强的亲本杂交后，可育成既抗倒伏又抗病的新品种。组合育种还可通过基因重组，将分散在不同亲本的不同显性互补基因结合，产生双亲均不具备的新的优良性状。例如，两个有绒毛的大豆品种杂交，F_1全是无绒毛的，在F_2后代中出现无绒毛和有茸毛的新个体比例为9∶7。超亲育种是将双亲控制同一性状的不同微效基因积累于同一杂种个体中，形成在该性状上超越任一亲本的类型。超亲育种的遗传机理主要是基因累加和互作。例如，用不同生育期的品种杂交，可以选出比早熟亲本更早熟的品种。在蛋白质和含油量等方面也可选到超过高亲值的类型。超亲育种所涉及的性状多为数量遗传性状，受微效多基因控制，鉴别也较难。组合育种和超亲育种在某些情况下是很难截然分开的。

杂交亲本的选择与选配是杂交育种工作成败的关键之一。育种目标确定之后，要根据育种目标从种质资源中挑选最合适的材料作亲本，并合理搭配父母本，确定合理的杂交组合。

一、选择适宜亲本

1. 亲本选择的意义

根据育种目标，选择合适的亲本，是杂种后代性状形成的基础，是获得优良重组基因型的先决条件。亲本选用得正确与否直接影响到杂交育种的成效。

2. 亲本选择的原则

① 从大量种质资源中精选亲本。首先应该尽可能多地搜集种质资源，然后从中精选优良性状多、具有育种目标性状的材料作亲本。

② 明确目标性状，突出研究重点。目标性状要具体，要明确其构成性状。因为许多经济性状如产量、品质等都可以分解成许多构成性状。构成性状比综合性状的遗传更简单，更具可操作性，选择效果更好。如大豆的产量由单位面积株数、每株荚数、荚粒数、粒重等性状构成；在育种工作中，可以从不同性状入手实现产量的提高。育种目标涉及的性状很多，要求所有性状均优良是不现实的，应根据育种目标，突出主要性状。

③ 重视选用当地推广品种。优良品种必备的重要特性是对当地自然和栽培条件具有较强的适应性，而杂种后代能否适应当地的自然和栽培条件在很大程度上取决于亲本本身的适应性。当地推广品种不仅适应当地的自然和栽培条件，而且综合性状较好，能满足当地的生产需要。因此，用当地推广品种作亲本选育的品种对当地的适应性强，容易在当地推广。

目前国内外不少育种单位除注意选用适应当地条件的品种作亲本外，还十分重视品种的广域适应性，注意选用对光周期反应不敏感的材料，以扩大品种的适应范围。如果外来的推广品种基本适应当地条件，其他性状又优于当地品种，则在一个杂交组合中两个亲本都用外来品种也能取得良好效果。

④ 考虑亲本性状的遗传规律。首先要考虑目标性状属于数量性状还是质量性状。当数量性状和质量性状都要考虑时，应首先根据数量性状的优劣选择亲本，然后再考虑质量性状。这是因为数量性状受多基因控制，它的改良比质量性状困难得多。其次要考虑具体性状是单基因控制还是多基因控制。在单基因控制的情况下，亲本的基因型是纯合还是杂合、性状间的显隐性关系、外界条件的影响程度等。另外，不同作物不同性状的遗传力差异很大，在选择亲本时也要注意研究。

二、配制合理组合

（一）亲本选配的概念和意义

亲本的选配是指从入选的亲本中选用恰当的亲本，配制合理的杂交组合。多个亲本杂交时，应确定哪两个亲本先配成单交种，然后再用它们组配杂交。

大量育种实践证明，杂交亲本的选配是杂交育种工作成败的关键，直接关系到杂种后代能否出现好的变异类型和选出优良品种。一个好的杂交组合往往能选育出多个优良品种。

例如大豆杂交组合九农 13 × 绥农 4 号，曾分别育成垦农 4 号、垦农 5 号两个优良的推广良种。反之，如果亲本选配不当，即使在杂种后代中精心选育多年，也难以出现理想的变异类型，更不能育成优良品种。

（二）亲本选配的原则

1. 根据双亲本身的性状表现选配亲本

（1）根据双亲许多重要数量性状的平均值选配亲本。研究表明，作物许多性状如产量、品质、生育期、株高等大都属于数量性状。杂种后代群体各性状平均值大多介于双亲之间，与亲本平均值有高度相关。因此，在许多性状上双亲的平均值大体上可决定杂种后代的表现趋势。如果两个亲本含油量平均值高的大豆品种杂交后，则其后代含油量的总体表现都较高，出现高含油量类型的机会将增多。

（2）双亲性状优良，主要性状表现突出，缺点少又比较容易克服，主要性状的优缺点应该互补。这是选配亲本中的一条重要基本原则，其理论依据是基因的分离和自由组合。由于一个地区育种目标所要求的优良性状总体是多方面的，杂交亲本必须具有较多的优点和较少的缺点，亲本间优缺点应尽可能达到互补。在双亲的性状表现中，如果双亲优良的性状多，并且主要优良性状突出，即主要性状的遗传力高；不良性状少，且表现不明显，即不良性状的遗传力小，则其杂种后代通过基因重组，杂种群体的性状表现总趋势将会较好，出现优良类型的机会将会增多，选育作出优良品种的概率大。

双亲优缺点互补是指亲本之一的优点应在很大程度上克服另一亲本的缺点。对于一些综合性状来说，还要考虑双亲间在不同构成性状上的互补。这样，属于数量遗传的性状，会增大杂种后代的平均值；属于质量遗传的性状，后代可出现亲本一方所具有的优良性状。因此，亲本双方可以有共同的优点，而且越多越好，但决不应有共同的或相互助长的缺点（表 6-1）。这是适用于各种作物品种间杂交育种的一条最基本的经验。

表 6-1　碧蚂 1 号和选配亲本的表现特征

亲本和品种	越冬性	成熟性	抗条锈病	抗倒伏	耐旱性	籽粒大小
蚂蚱麦	较好	中	感染	较弱	较强	小
×						
碧玉麦	差	较早	免疫	较强	较强	大
碧蚂 1 号	中	中	高抗	中	较强	中大

性状互补应着重于主要性状，尤其要根据育种目标抓主要矛盾。当育种目标要求在某个主要性状上有所突破时，则选用的双亲最好在这个性状上表现都好，而且又有互补因素。例如，为了解决某种主要病害，可选用都表现抗病但所抗生理小种又有所差别的亲本杂交，则有可能选出兼抗多个生理小种的品种。

性状互补也不完全是平均值关系，不少性状经常表现为倾向于亲本之一，有时还出现超亲现象。亲本的性状互补是有一定限度的，在性状互补上应注意以下三点原则。

① 双亲之一不能有太严重的缺点，特别是重要性状上，更不应有难以克服的缺点。如栽培大豆与野生大豆杂交，不易出现理想的后代，因为野生大豆的小粒性、炸荚性等缺点难以克服。

② 亲本双方最好有共同的优点，但是绝不能有共同的缺点。如亲本双方都秆弱不抗倒伏、都不抗某种病虫害等。

③ 双亲间的互补性状数目不能太多。根据孟德尔自由组合定律，杂种后代的性状表现并非亲本优缺点的简单相加，而是随着互补性状数目的递增，分离世代增加，育种年限越长，双亲互补性状越多，杂交后代中双亲优良性状集中到一个单株上的概率就越低，难以获得亲本缺点得到完全克服的后代，杂交育种成功的机会减少，成功率降低。在实际选配时，双亲多数是优良性状，需要互补的主要性状只有 1～2 个就可以。如黑农 10 号（东农 4 号 × 荆山璞）大豆品种的杂交组合中，东农 4 号秆强不倒、主茎发达、节间短、每节荚数多、中早熟、籽粒品质好，但是每荚粒数偏少，而荆山璞大豆品种适应性和丰产性强、四粒荚多、熟期偏晚、易倒伏，二者杂交后育成的黑农 10 号大豆品种继承了双亲的优点，少数 1～2 个性状得到互补。

（3）根据与产量有关的重要性状选配亲本。高产是目前作物育种的育种目标之一，作物的丰产性是在各种特定环境下综合作用的结果，尽管许多性状都与产量的高低有关，但是它们对产量影响并非相等的。由于各种性状对产量的影响是相对的，因此性状的重要程度也是相对的，随环境的改变而改变，在低肥条件下植株繁茂、强壮、高大是重要性状，而在高肥水条件下，矮秆又是重要性状。因此，与产量有关的性状因时间、地点不同而异。国内外都非常重视各种性状与丰产性、稳产性的相关研究，以便在育种中抓住关键性状，尽快育成品种。美国明尼苏达农学院的拉斯姆森教授提出了叶面积指数、叶的几何学、库的储藏能力、株高、分蘖能力、生育期、光合率等 15 项与产量有关的表现型性状，可作为亲本选配参考。

（4）亲本之一的目标性状应表现十分突出，遗传力强，同时避免使用带有特殊不良性状的亲本。为克服主要限制因素而选用的亲本，其目标性状应足够强，且能较好地传递给后代，遗传力大，使具有该优良性状的个体在杂种后代中占较大比例，便于育成该性状上表现突出而综合性状又优良的品种。如为了克服晚熟则选用特别早熟的品种。

2. 选亲本间遗传差异大、生态类型差异大、亲缘关系较远的亲本材料相互杂交

杂交育种实践表明，选用生态类型、地理来源和亲缘关系差异较大的品种作亲本，由于亲本间的遗传基础差异大，其杂交后代的遗传基础更丰富，分离比较广，必定会出现更多的变异类型，易于选出性状超亲和适应性比较强的新品种。

通常根据性状遗传规律选择亲本时，除亲本间遗传差异大外，还应该从以下三方面来考虑。

（1）选择优良性状遗传力强、不良性状遗传力弱的材料作亲本。不同性状遗传力不同，同一性状在不同亲本的遗传力也不同，因此，要对重点材料主要农艺性状的遗传力、配合力等进行深入研究，根据遗传资料确定所选亲本。

（2）选择亲本时要注意性状的显隐性关系。优良性状为显性性状的亲本较好，容易在杂种的早代小群体中选出优良表现型的材料。如果有的优良性状是隐性的，就必须在杂种后代的晚些时期在大量群体中选择。

（3）选配亲本应该考虑性状的连锁关系。当两个或多个优良性状连锁时，这些优良性状可能同时传递给同一后代个体，这是理想的亲本材料。但是往往更多的是不良性状与优良性状连锁，育种者只能对基因重组作有限制的控制，打破基因链锁增加基因重组的概率，其中打破基因连锁常用的方法有：杂交与诱变相结合、增加基因重组概率。

根据生态型差异选择亲本时，并不是双亲的生态型差异越大、地理距离越远越好，关键在于亲本是否具有育种目标所需的性状，并能较好地传递给后代，且适应性广。一般而言,利用外地不同生态型的品种作为亲本,容易引进新品质,克服当地推广品种作亲本的某些局限性或缺点,增加成功的机会。不同生态型间杂交必须有一个亲本是适应当地自然和栽培条件的,如果双亲都不适应当地条件,生态型差异越大,在杂交后代中就越选不出适应性好的品种,常用的经验有:①外引品种不受地区与类型的严格限制,只要性状优良突出,遗传力强就可用于亲本选配。②外因品种与本地品种生态差异小,地理距离近,可以选育出专化适应性的品种;反之,则可选育出广泛适应性的品种。③两个亲本都不是本地品种,很难选育出适应性强的品种,但是外引品种对本地适应性较强的例外,两个外引品种有一个适应性好的也可选育出新品种。④两个本地品种杂交也可以选育出优良品种。例如我国近年来所选育的冬小麦杂交品种,其杂交组合当中几乎都采用了一个国外品种或具有国外品种亲缘的品种作为杂交亲本。我国棉花杂交育种的经验也表明,来源于岱字棉系统、斯字棉系统和乌干达棉系统的材料,由于系统来源不同,生态类型差异较大,从各个系统中选择性状较好的品种作杂交亲本,杂种后代都表现较好。例如以岱字棉15作为亲本之一,杂交育成的优良品种有鲁棉1号、陕棉4号、豫棉1号、泗棉2号、鄂沙28、鄂荆92等。但不能因此而理解为,生态型必须差异很大和亲缘关系很远,才能提高杂交育种的效果。相反地,若过于追求双亲的亲缘关系很远,遗传差异越大,定会造成杂交后代性状分离越大,分离世代越长,影响育种效果。

通过主要作物品种亲缘关系研究发现,各个国家在不同育种时期都有一个重点品种作为杂交育种中的亲本,这个杂交亲本对于自交作物而言称为中心亲本,对于异交作物则叫骨干系。中心亲本就是一定时期国内外育种者集中使用,而且大量育成新品种的亲本,它是特定时期、特定地区杂交育种的骨干(表6-2)。

表6-2　20世纪80~90年代黑龙江省大豆、玉米育种部分中心亲本(骨干系)实例

作物	品种名称	组合名称	中心亲本或骨干系	非中心亲本
大豆	垦农7号	绥农4号×合丰29	绥农4号	合丰29
	绥农10号	绥农4号×绥7516		绥7516
	黑39号	绥农4号×铁7518		铁7518
	垦农4号	九农13号×绥农4号		九农13号
	东农42号	东农79-5×绥农4号		东农79-5
	垦农8号	合丰28×绥农4号		合丰28
	合丰31号	合丰25×合丰24	合丰25	合丰24
	红丰7号	合丰25×KENT		KENT
	红丰8号	合丰25×DAWN		DAWN
玉米	合玉16	合344×长3	合344	长3
	合玉17	合344×熊掌		熊掌
	垦玉六	合344×南5		南5

由表6-2可见,中心亲本是许多优良品种共同的亲本,它不受地区、来源和育种方法的限制,可以是引入的,也可以是系统育种或杂交育种等不同育种方法育成的,但是作为一定时期和地区的中心亲本(骨干系)都具有时间性、适应性广、生产性能好、配合力高等优良特性。

3. 亲本之一最好是当地综合性状好的优良推广品种

尽量选用当地推广优良品种作为亲本之一,以使杂种后代具有较好的丰产性和适应性。杂种的适应性虽然可以通过当地培育条件的作用进一步加强,但其遗传基础还在于亲本本

身的适应能力。如果亲本的适应性强，又有一定的丰产性，则成功的可能性更大。为了使新育成的品种具有大面积推广和发展前途，亲本之中最好有能够适应当地条件的推广品种。例如中国推广面积较大的丰产棉花品种如徐州 154、徐棉 6 号的亲本之一是徐州 142；中棉所 12、鲁棉 6 号和冀棉 10 号的亲本之一是邢台 6871。这些品种在黄河流域棉区都曾是丰产性和适应性较好的推广品种。

4. 杂交亲本应具有较高的配合力

亲本本身优良性状多、缺点少，是选择亲本的重要依据，但并非所有优良品种都是优良的亲本。近年来在自花授粉和常异花授粉作物的杂交育种中，引入了配合力的概念。在根据本身性状表现选配亲本的基础上，考虑亲本的配合力，杂交亲本间应具有较好的配合力。配合力分为一般配合力和特殊配合力两种。一般配合力是指某一亲本品种和其他若干品种杂交后，杂种后代在某个数量性状上的平均表现。一般配合力是由基因的加性效应决定的，用一般配合力好的品种作亲本，往往会得到很好的后代，容易选出好的品种。一般配合力的好坏与品种本身性状的好坏有一定关系，但两者并非一回事。即一个优良的品种常常是好的亲本，在其后代中能分离出优良类型。但是并非所有优良品种都是好的亲本，或好的亲本必是优良品种。有时一个本身表现并不突出的品种却是好的亲本，能育出优良品种，即这个亲本品种的配合力好。如创世界小麦单产纪录的美国小麦品种 Gaines 曾在成千上万个杂交组合中作为亲本，但没有一个获得成功，而其姊妹系 Pullmen10 却是一个很好的亲本，用它育成了 Hayslop 等好几个优良品种。因此，选配亲本时，除注意亲本本身的优缺点外，还要通过杂交实践，积累资料，以便选出配合力好的品种作为亲本。一般配合力高的材料有使优良性状传递于后代的较高能力。特殊配合力指两个特定亲本所组配的杂种的某一性状表现。特殊配合力是由基因的非加性效应决定的。

在育种中，大多数高产的杂交组合的两个亲本都具有较高的一般配合力，双亲间的特殊配合力也较高；大多数低产的杂交组合的双亲或双亲之一具有较低的一般配合力，在这种情况下，即使具有较高的特殊配合力，也很少出现高产组合。

一个育种单位应选定几个当地推广的优良品种作为中心亲本，并有几套具备不同目标性状的常用亲本，同时注意经常引进新的种质资源，及时对材料的各种性状作出鉴定，对于有利用价值的亲本材料，如能进行产量比较试验，选择那些产量较高的材料作杂交亲本，则成功的可能性更大。国内外的育种实践表明，应注意利用已经加工改良过的材料，而不必局限于尚处于原始状态的材料。

第二节 杂交方式和杂交技术

一、杂交方式

与杂交育种成效有关的另一重要因素是杂交方式，杂交方式就是指在一个杂交组合里要用几个亲本，以及各亲本间的组配方式。为了获得符合育种目标要求的重组基因型，在选好杂交亲本的基础上，需要根据育种目标和亲本特点及有关条件，确定相应的杂交方式。

（一）单交或成对杂交

单交指两个不同品种或品系进行一次杂交，又称成对杂交，以符号 A×B 或 A/B 表示

(A 为母本，B 为父本）。单交只进行一次杂交，简单易行，不同的单交组合后代分离大小及稳定快慢，取决于亲本间的差异和亲缘关系的远近。当甲、乙两个亲本的性状基本上能符合育种目标，优缺点可以相互补偿时，可采用单交方式。实践证明，单交的两个亲本，如果来源较近，性状差异较小，杂种后代则分离小，稳定较快；反之，则分离大，稳定较慢。

两杂交亲本可以互为父、母本，因此，单交又有正交和反交之分，如果 A/B 为正交，则 B/A 为反交。育种实践表明，如果亲本主要性状的遗传机制为细胞核遗传的，正交和反交后代性状差异一般不大。因此，就没有必要同时进行正交和反交，可根据亲本花期迟早进行灵活杂交，习惯上常以最适应当地条件的亲本作母本。但也有些杂交组合正反交的育种效果存有较大的差异，表现出母本对杂种后代有较大的影响。例如山西省吕梁农业科学研究所用抗寒的小麦品种华北 187 为母本与半冬性品种阿桑杂交，选出了晋中 829 良种，反交组合则因抗寒性很差而被淘汰。

（二）复交

复交是指选用三个或三个以上的亲本，进行两次或两次以上的杂交称为复合杂交，简称复交。一般先将一些亲本配成单交组合，再在这些组合之间或组合与品种之间进行杂交。在进行第二次或两次以上的杂交时，要根据亲本组合的特点，有针对性地选择另一组合或品种，才能使二者的优缺点达到互补，满足育种目标的要求。

复交与单交相比有如下几个突出特点：一是复交需进行两次或两次以上的杂交，不仅手续麻烦，而且杂交工作量大。复交杂种的遗传基础比较复杂，杂交亲本至少有一个是杂种，因此，复交 F_1 群体就开始性状分离。二是复交杂种的遗传基础比较复杂，虽然比单交杂种能提供更多的变异类型，但杂种性状稳定较慢，所需育种年限较长。三是要想获得综合多个亲本性状的优良类型，复交后代群体的种植规模要比单交大得多，否则难以达到预期目标。

复交方式一般适于下述情况：一是单交杂种后代总体性状未完全达到育种目标的要求；二是某亲本有非常突出的优点，但缺点也很明显，一次杂交时其缺点难以完全克服。应用复交时，正确安排各亲本的组合方式及亲本在各次杂交中的先后次序，是一个很重要的问题。一般遵循的原则是：综合性状较好、适应性较强及丰产潜力较大的亲本应安排在最后一次杂交，以便使其核遗传组成在杂种中占有较大的比例，从而增强杂种后代的优良性状。常用的复交方式有以下几种。

1. 三交

三交是指三个品种间的杂交，常以单交的 F_1 或其他世代杂种再与另一品种杂交，以符号（A×B）×C 或 A/B//C 表示，A 和 B 两亲本的核遗传组成在 F_1 中各占 25%，C 为 50%。一般用综合性状优良的品种或具有重要目标性状的亲本作为最后一次杂交的亲本，以增加该亲本性状在杂种后代遗传组成中所占的比重。

2. 双交

双交是指两个单交的 F_1 再杂交。参加双交的亲本可以是三个也可以是四个。三亲本双交是把一个亲本先分别同其他两个亲本配成单交，再将这两个单交的 F_1 进行杂交，以符号（A×B）×（A×C）或 A/B//A/C 表示。小麦良种北京 10 号是利用华北 672、辛石麦和早熟 1 号三个品种采用双交方式育成，其杂交方式为：华北 672/ 辛石麦 // 早熟 1 号 / 华北 672。四亲本的双交是在四个亲本中，先两两组配成两个单交，再将这两个单交的 F_1 进行杂交，以符号（A×B）×（C×D）或 A/B//C/D 表示。例如中国农业大学育成的农大 139

小麦品种就是利用四个品种的双交方式（农大 183/ 维尔 // 燕大 1817/30983）选育而成的。

3. 四交

四交是选用四个亲本的连续杂交法，以符号 [（A×B）×C]×D 或 A/B//C/3/D 表示。A 和 B 两个亲本核遗传组成在杂种后代中各占 12.5%，C 占 25%，D 占 50%。这种四交方式则需要进行三次杂交，而双交方式的四交只需要杂交两次就可以完成杂交过程。因此当四个亲本杂交时，一般宜采用双交方式而不用四交。四交只是在弥补三交不足时才采用。在四亲本双交组合中，四亲本在后代遗传组成中所占的比例相同，四交杂种的遗传基础较丰富，育成新类型的可能性较大，例如曾在中国大面积种植的岱字棉 15，就是从四亲双交即快车棉 / 米般棉 // 福字棉 / 胜利棉的杂种后代中选育而成的。

若选用五个亲本的连续杂交法，则为五交，即 A/B//C/3/D/4/E，六交、七交等杂交方式依次类推的。

4. 聚合杂交

聚合杂交是复交的一种特殊形式，是指通过一系列杂交将若干个亲本品种的优良基因聚合在一起，例如 8 个品种，其聚合杂交的步骤如下：

第一次杂交：A/B　　　　C/D　　　　E/F　　　　G/H
第二次杂交：　　　A/B//C/D　　　　　　E/F//G/H
第三次杂交：　　　　　　A/B//C/D/3/E/F//G/H

（三）回交

回交是指两个品种杂交后，子一代再和双亲之一再进行杂交。从回交后代中选择单株再与该亲本之一回交，如此连续进行若干次，一直到达到预期目的为止。回交多用于改进某一推广品种的个别缺点或转育某个性状，详见第七章中详述。

（四）多父本杂交

多父本杂交是指选用一个以上的父本品种花粉混合与一个母本品种杂交，其杂交方式有两种：一是多父本混合授粉，即将一个以上的父本品种花粉人工混合授给一个母本品种；二是多父本自由授粉，即将母本种植在若干父本品种之间，去雄后任其天然自由授粉。这种方式宜用于风媒花作物，不宜用于虫媒花作物。

多父本授粉比成对杂交的后代变异类型丰富，可应用于多种作物，且育种效果良好。例如，辽宁省棉麻研究所育成的早熟棉花辽棉 3 号品种（长绒 2 号 /4978//4978+ 关农 1 号 + 1298），以及陕西省棉花研究所育成的抗枯萎病棉花陕棉 4 号品种（中棉所 3 号 / 辽棉 2 号 + 射洪 57681）、陕棉 401（8763/ 射洪 52+ 徐州 1818+Y60-5// 射洪 57-681）都是采用多父本混合授粉杂交育成的。

虽然在作物育种中，多父本杂交授粉后已经取得了良好的育种效果，但是关于多父本杂交授粉的机理目前还不清楚，尚待研究。胚胎学上已看到多花粉管和多精子进入胚囊的现象，然而迄今还没有观察到两个或两个以上的精子的核与卵细胞结合的过程。其机理需要进一步研究。

二、杂交技术

不同农作物其具体杂交技术不尽相同，详见本章技能实训，但它们都具有以下共同的杂交技术要点。

（一）杂交前的准备工作

1. 熟悉作物的花器结构和开花的习性

不同种类的农作物，花的构造和开花习性常不相同。一朵花中最重要的部分是雌、雄蕊。杂交前应对亲本花中雌、雄蕊形状、数目、离合和位置等认识清楚，否则就无法进行杂交的各项工作。

在杂交前还必须了解杂交亲本的开花习性。农作物的开花习性包括开花时间、开花顺序、授粉方式、花粉、柱头的生活力、花粉储藏条件及寿命等内容。如水稻花粉取下5分钟内、小麦花粉取下十几分钟至半小时内使用有效，而玉米花粉取下2~3小时后才开始有部分死亡，其生活力可以维持5~6小时，不同作物的花粉储藏条件及寿命见表6-3。了解亲本开花习性，是杂交前必须准备的工作。

表6-3 主要作物花粉的适宜保存条件与寿命

作物	相对湿度/%	温度/℃	寿命
玉米	90~100	4	10天
	50~70	7	10天
大麦	40左右	10左右	1天（室内保存）
小麦	30以下	15以下	—
高粱	75	4	94小时
甘蔗	90~100	5~9	7天
棉花	—	5	—
烟草	50	-5	1年
马铃薯	15~20	0~1	1年

2. 调节开花期

用来杂交的亲本，一定要花期相遇，才能进行杂交。因此，杂交前一定要了解杂交亲本各个生长发育阶段，以便调节开花期。调节开花期的主要方法有以下几种。

（1）分期播种　分期播种是调节开花期简单而有效的方法。通常以母本开花期为标准，如果父本开花期太早则延迟播种，太迟则提早播种。如果这样做还没有把握使花期相遇，则可对父本采取分几批播种，这样就可选择最适宜的亲本花朵进行杂交。

（2）光照处理　如果两个亲本的花期相差过大，可应用调节每天光照长度的方法调节花期。一般对晚稻和大豆等短日照作物，从苗期到抽穗开花以前，缩短每天光照时间，可以促进开花；延长每天光照时间，可以延迟开花。对小麦、油菜等长日照作物，加长每天光照时间，可以促进开花；缩短每天光照时间，则可延迟开花。

（3）春化处理　人工春化处理，也可以作为调节花期的方法。例如，对冬性、半冬性的小麦，在播种前将萌动种子在0~5℃低温下处理若干天（冬性的处理时间是30~45天，半冬性是10~25天），让它们完成春化阶段的发育，就可提前抽穗。

（4）调节生育期间的温度　对于喜温的亲本可以在温室或塑料棚中播种栽培，以促进开花。对于要求较低温度的亲本，则可露天播种栽培，以推迟开花。

（5）其他农业技术措施　常用的农业技术措施有地膜覆盖、增施或控制施用肥料、调节密度、中耕断根以及剪除大分蘖、促进后生分蘖等也可起到调节花期的作用。例如对于早熟亲本，可多施氮肥以推迟开花；对于晚熟亲本，可多施磷肥以促进开花；采取中耕切根和灌水等措施,可以使花期推迟。

3. 杂交用具、用品的准备

各种作物杂交用具不完全一样,但是共同需要的用具、用品有以下几种。

(1) 剪刀和镊子　在杂交中大量使用,如整穗、去雄、采粉、授粉等,是有性杂交的主要用具。其性能要优良,如镊子一定要前端尖细、夹持力强和回弹性能好。

(2) 70%酒精　用于杂交中工具和手的消毒,以杀死不需要的花粉。

(3) 纸袋　用于授粉前后花的隔离。应选用白色坚韧且防水性好的羊皮纸、玻璃纸制作,以避免因破裂而导致杂交失败。

(4) 纸牌(或塑料牌)　用于登记杂交组合和杂交时间等内容,纸牌质地应该能经受风吹雨淋,并能完整地保持到收获。

(二) 杂交的操作程序和方法

1. 去雄

(1) 去雄时间　去雄的最适时间是在开花的前1~2天。过早,花蕾过嫩,容易损伤花的结构;过迟,花药容易裂开,导致自花授粉。

(2) 去雄方法　去雄的方法很多,如夹除雄蕊法、剥去花冠法、温汤杀雄法、热气杀雄法、化学药剂杀雄法和麦管切雄法等。各种作物因花的结构不同,去雄方法也不一样。但大多采用人工夹除雄蕊法进行去雄。夹除雄蕊法是用镊子将母本花中的雄蕊一一夹除。禾谷类作物杂交中经常使用的分颖去雄法、剪颖去雄法等都属于夹除雄蕊法。夹除雄蕊法的成败关键是谨慎细心而又要注意消毒工作。去雄时,一朵花中的雄蕊务必全部夹除干净,而且夹除时不能夹破花药。如果花中的雄蕊未夹净,或花药破裂散落出花粉,都会招致杂交工作失败。消毒工作也很重要,在去雄以前,一切用具及手指都须用70%酒精消毒,以免带入其他花粉。一个品种或一朵花去雄完毕后,如果接连进行另一品种或另一朵花去雄时,必须将用具重新消毒。消毒后镊子上的酒精应在蒸发干净后方能使用,以免去雄时损害柱头。

2. 授粉

(1) 授粉时间　在去雄后的1~2天,柱头上分泌出黏液,此时最适宜接受花粉。一般的授粉时间以该作物开花最盛时刻的效果最好,因为此时除能够获得大量的花粉外,柱头的受精能力最强,柱头光泽鲜明,授粉后结实率高。但此时往往也有其他品种进入盛花期,空气中各种花粉混杂,所以授粉时应防止污染。为了减少污染,授粉人最好头带宽檐草帽。但是在实际工作中由于双亲花期有差异或杂交任务大,有些杂交组合不能在最适时期授粉,这就要了解不同作物柱头受精能力维持的期限。禾谷类作物在开花前1~2天即有受精能力,其开花后能维持的天数为:小麦8~9天;黑麦7天;大麦6天;燕麦及水稻4天。玉米在花丝抽齐后1~5天受精能力最强,6~7天后开始下降,最长可达9~10天,夏玉米维持时间较短。棉花柱头的受精能力只能维持到开花的第二天;大豆可维持2~3天。有时为延长柱头的受精时间,也可以进行灌溉,以提高田间空气湿度、降低温度。

(2) 授粉方法　可以将父本成熟的花粉收集在容器中,然后用毛笔蘸取涂在母本柱头上。有时,也可将父本的整个花药塞到母本的花朵中去进行授粉。

3. 隔离

为了防止其他花粉侵入母本花朵,在去雄后和授粉前后,都必须进行隔离,有时为保证父本花粉的纯度，对父本也要预先隔离。常用的隔离方法是用白色纸袋套住花朵或花序，纸袋下方用回形针或大头针夹住。授粉后，经过几天，当柱头枯萎脱落时，可将纸袋摘除。使幼果在自然条件下发育。

4. 挂牌和记载

去雄后应在母本植株上拴挂纸牌（或塑料牌），用铅笔在纸牌上写明去雄、授粉日期和母本、父本名称，并写明操作者姓名。同时将这些项目登记在记录本上。

（三）杂交后的管理

1. 田间管理

要为杂交种子的发育创造有利条件，如对禾谷类应及时除分蘖，棉花及时整枝。在杂交种子发育后期应注意防止鸟兽为害，必要时可重新套上纸袋。

2. 收获和保存

应将每一单穗、单铃或单荚分别采下，连同所悬挂的纸牌一起分别脱粒、晒干并分别装袋保存。袋上应写明编号和收获日期。

第三节　杂种后代的处理

通过正确地选配亲本，并采用恰当的杂交方式进行杂交，获得杂种后，应进一步根据育种目标，在良好而一致的条件下培育杂种，并保证足够数量的杂种群体，保持杂种变异类型的完整性。按照不同世代特点，对杂种进行正确处理、严格选择、鉴定和评比，最后育成符合育种目标的新品种。由此可见，杂种后代的处理同样是至关重要的。

杂种后代的处理方法有多种，目前应用较广的有系谱法、混合法、衍生系统法和单籽传法等。

一、系谱法

系谱法是国内外在自花授粉作物和常异花授粉作物杂交育种中最常用的杂种后代的处理方法。其程序是：自杂种的第一次分离世代（单交 F_2、复交 F_1）开始选株，分别种成株行（即系统），以后各世代均在优良系统中继续进行单株选择，直至选育出性状优良一致的系统时升级进行产量试验。在选择过程中，各世代都予以系统的编号，以便考查或查找株系历史与亲缘关系，故称系谱法。现在我国推广的许多杂交育成品种，绝大多数是用此法育成的。例如辽宁省农业科学院作物研究所选育的辽豆 16 号（新豆 1 号 × 辽 8868-2-16）、辽豆 18 号（辽 89094× 辽 93040）、辽豆 28 号（辽 92112× 晋遗 20）等。

（一）系谱法的工作要点

现以单交杂种为例叙述如下。

1. 杂种一代（F_1）

（1）种植　按杂交组合排列，点播，适当加大株行距，并相应播种对照品种及亲本以便比较。每一杂交组合的种植株数应按照预期 F_2 群体大小及该植物繁殖系数而定，大约数株至数十株。F_1 除保证一定株数外，应加

系谱法及工作要点

强田间管理以获得较多的种子。

（2）选择　单交 F_1 杂种群体在性状上大体是一致的，所以一般不选单株，主要根据育种目标淘汰有严重缺点的杂交组合（如熟期极晚、植株太高、感病极重）及评选出优良组合和一般组合，并参照亲本淘汰假杂种和劣株。

（3）收获　以组合为单位混收植株，标明行号或组合号。每组合的收获数量以保证 F_2 有足够大的群体以供选择为原则。若确实需要选单株，则按单株分别收获、脱粒，并注明单株号。

2. 杂种二代（F_2）

（1）种植　按杂交组合点播，适当加大株行距，种植亲本和对照品种。保持单株间营养面积一致，使供试单株既能充分表现其遗传潜力，又要减少株间竞争，以利于个体选择。

F_2 是性状强烈分离的世代，种植的株数要多，才能使每一种基因型都有表现的机会。F_2 种植群体的大小，可根据育种目标、杂交方式、组合优劣、目标性状遗传的特点而定。若育种目标要求面广（如对成熟期、抗病性、抗逆性、高产等性状均有要求），或采用多品种复交的杂种或在 F_1 评定为优良组合的，群体宜大；反之，育种目标要求面窄、单交或 F_1 表现较差，但无把握淘汰的组合，群体宜小。例如稻、麦等小株作物，每个杂交组合一般播种 2000～6000 株。而株行距很大的植株的 F_2 群体可适当减少。

（2）选择　单交 F_2 或复交 F_1 是性状分离最大的世代，即选育新品种的关键世代。所以，这一世代的工作重点是在优良组合中选择优良个体，并淘汰不良组合。首先是将各组合与其邻近的对照作比较，然后进行不同组合间的比较，并评定出优良杂交组合、一般杂交组合和较差杂交组合。在评选优良组合和淘汰表现较差的不良组合的基础上，在优良杂交组合中选择优良单株。选择单株时，必须考虑不同性状遗传力的大小，重点针对质量性状进行选择。由主效基因控制的性状选择宜严，由多基因控制的性状选择宜宽或不选。一些受环境影响较小的性状，如抽穗期、开花期、株高、穗长、棉花的纤维长度和强度，以及某些由主效基因所控制的抗病性等，在早期世代遗传力较大，可在 F_2 作为选择依据进行单株选择。一些受环境影响较大的性状，如单株产量、单株分蘖数、穗粒数、穗粒重、单株结铃（果）数等在早代遗传力小，不宜作为 F_2 的主要选择依据，最好延至后期世代（F_4～F_5）进行选择。

由于 F_2 当选的单株是后继世代的基础，所以 F_2 选株数量和质量是否得当，直接影响后继世代的发展和选择效果。选择过宽，会使试验规模扩大而分散精力；选择过严，会使选择规模过分缩小而丧失优良基因及其重组的机会。由于 F_2 选择方法是根据目测单株优劣，所以选择的可靠性并不很高。因此，F_2 当选单株不能太多，也不能太少。中国农业大学小麦育种的经验是，一般在每个组合中入选的 F_2 单株百分率为 5%～10%。

（3）收获　当选单株分株收获、脱粒（或轧花），并编写组合号、行号和株号。入选单株的综合性状及抗病性等以田间评定为准，室内考种仅对株高、穗部性状和品质性状（如粒色、籽粒饱满度等）进行简单考察评定，据此淘汰明显表现不良单株。

3. 杂种三代（F_3）

（1）种植　将 F_2 当选的单株按组合排列，以株为单位，点播成株行，在田间每隔一定行数均设置对照品种，以便比较和选择。

（2）选择　来自同一个 F_2 单株的 F_3 各株行从其血统上看，可称之为系统（或株系）。F_3 各株系间的性状差异表现明显，系内仍有不同程度的分离，但其分离程度因株系而异，

一般分离程度比 F_2 要轻。由于 F_3 各株系的主要性状表现趋势已较明显，所以 F_3 代也是对 F_2 入选单株的进一步鉴定和选择的重要世代。因此，F_3 的主要工作内容是选拔优良株系中的优良单株，即首先评选出优良株系，然后重点从优系中选优株。这一世代是以每个株系的整体表现为主要依据从中选择单株的，因而选株的可靠性比 F_2 大得多。

在 F_3 中选择株系和单株时，可根据生育期、抗病性、抗逆性及产量因素等性状的综合表现进行选择。各组合入选株系的数量主要依据组合的优劣而定。一般在当选的株系中每系选 3~5 个优良单株。

（3）收获　F_3 的收获和考种同 F_2，并延续编号。以后，F_4、F_5 等后继世代依同样方法编号。若有个别株系性状已基本一致，且表现特别优良，在选出优株之后，可将其余植株混收混脱，下一年升级进行品系鉴定试验或品系比较试验。

4. 杂种四代（F_4）及其以后世代

（1）种植　F_4 及其以后世代的种植方法同 F_3。

（2）选择　来自同一 F_3 系统（即属于同一 F_2 单株后代）的不同 F_4 系统，称为系统群，同一系统群内的各系统之间互为姊妹系。不同系统群间的差异一般比同一系统群内不同姊妹系间的差异大，而同一系统群内各姊妹系间的总体表现常常相近。因此，F_4 的主要工作内容首先是评选出优良的系统群，在优良系统群内选拔优良系统，再从优良系统中选择优良单株。从 F_4 开始，已出现为数不多的稳定系统，选择的重点可由选单株转为选优良的系统，并升级进入鉴定圃或品比圃进行品系鉴定试验或品系比较试验。进行鉴定或比较试验的系统改称为品系。

（3）收获　在 F_4 及其以后各世代收获时，应先收获当选单株，然后再混收准备升级的优良系统。如果系统群表现相对一致，也可按系统群混收，以保持所选育品种相对的异质性和收获较多的种子。这不仅有利于增强品种的适应能力和提高其产量潜力，而且由于种子量大，也有利于尽早进行多点比较试验。

F_5 及其以后各世代的工作与 F_4 相同。如果某组合种植到 F_5 或 F_6 还未出现优良品系，一般就不再种植。但对常异花授粉植物来讲，选择世代可以略长。

（二）杂种各世代进行选择的依据和选择效果

杂种各世代的选择是一项细致复杂而又十分重要的工作。由于杂种早代是后继世代的基础，所以对早代进行正确的选择更为重要。但早期世代杂种性状尚在分离阶段，尤其是某些受环境条件影响较大的数量性状，选择时难以区别株间、系间的差异是环境条件的影响还是基因的分离重组所致，又给选择工作增加了一定难度。因此，如何对杂种各世代进行选择才能提高可靠性和有效性，是杂种后代处理的重要问题。根据各地的育种经验，概括如下几点。

1. 性状的遗传力与世代选择的效果

不同性状在同一世代的遗传力不同，选择的效果也不同。一般以生育期、株高、穗长等性状的遗传力最高，选择的可靠性和效果也最高。千（百）粒重、一穗粒数等次之。每株穗数、单株粒重、产量等较低，选择效果和可靠性也较低。有些性状如脂肪和蛋白质含量等变化较大，遗传力和选择的可靠性较低或中等。棉纤维的长度、强度等遗传力高，选择效果好；单株铃数和产量的遗传力较低，选择效果较差。

同一性状在不同世代的遗传力不同，选择的效果也不同。随着世代的进展，同一性状的遗传力会逐渐增高，选择的可靠性和选择效果则明显提高（表6-4）。因此，生育期、株高、穗长、抗病等遗传性简单的性状，在 F_2 进行选择效果明显。而产量等早代遗传力不高的性状，到 F_3 或 F_4 再作为选择的依据，其可靠性大，选择效果好。

表6-4 大豆F_2、F_3、F_4性状的遗传力

性状	F_2	F_3	F_4	性状	F_2	F_3	F_4
成熟期	75	79	86	倒伏	32	45	57
株高	60	73	82	产量	18	40	53
百粒重	55	46	59				

同一世代的同一性状，根据个体或群体表现进行选择，其选择效果不同。同一世代的同一性状，根据单株的表现进行选择的遗传力最小，可靠性最低，选择效果也最差；根据系统选择的次之；根据系统群选择的遗传力最大，可靠性最高，选择效果也最好（表6-5）。因此，选择时首先是选组合，再在优良组合中选优良系统，最后在优系中选优株。

表6-5 大豆两种选择的遗传力比较

性状	单株选择的遗传力	系统选择的遗传力	性状	单株选择的遗传力	系统选择的遗传力
生育期	55	78	产量	5	38
株高	45	75	油分含量	30	67
百粒重	40	68	蛋白质含量	25	63
倒伏性	10	54			

2. 田间评定和室内鉴定与世代选择的关系

田间评定和室内鉴定是进行有效选择的依据，是提高育种效果的基础和保证。不论在哪一世代，也不论是选株、选系或选系统群，都应在田间着重进行考察和鉴定。育种工作者应把主要精力放在田间，特别是生长发育的关键时期，根据育种目标对各世代材料主要性状进行细致的观察鉴定，在分清主次并综合分析的基础上，做出确切的田间评定，以作为选择的依据。对一些田间不易测定的性状，如稻麦籽粒品质等，还需要在室内考种测试。虽然某些作物或某些性状的室内考种鉴定工作也很重要，但权衡田间和室内工作的轻重，应以田间评定为主，室内鉴定为辅。

二、混合法

1. 混合法的工作要点

混合法对于自花授粉作物产量育种是一种简便实用而有效的方法。其工作要点是：在自花授粉作物杂种分离世代，按组合混合种植，不加选择，只是淘汰明显的劣株和杂株，直到杂种后代纯合百分率达到 80% 以上时（在 $F_5 \sim F_8$）或在有利于选择时（病害流行，某种逆境条件如旱、冻害等条件）才进行个体（单株、单穗）选择，下一代种成系统（株系或穗系），然后选拔优良系统升入鉴定或比较试验。

2. 混合法的理论依据

① 育种目标所要求的许多重要的经济性状是由微效基因控制的数量性状，易受环境条件的影响，在杂种早代遗传力低，选择效果差。同时，杂种早代纯合个体很少，如杂种某

性状有 10 对基因差异时，则 F_2 纯合个体只有 0.1%，到 F_6 才有 72.82%。因此，若用系谱法在 F_2 开始选株，选择效果很低，而且还会损失大量优良遗传基因。而采用混合法不但可以容纳较大的杂种群体，保存大量的有利基因，使其在各个混种世代得以重组，从而提高优良重组型个体出现的概率，而且随着世代的增加，数量性状的遗传力也逐渐增大，选择的准确性和效果必然会提高。

② 杂种 F_2 为不同基因型组成的群体，由于基因型间的竞争，优良基因型可能因竞争力差、产量潜力得不到充分表现而被淘汰，不良基因型可能因竞争力强而中选，所以 F_2 的选择工作十分困难。

③ 典型的混合法在早代不进行人工选择，但易受自然选择的影响。在自然选择的作用下，有利于选育适应性强的新品种。但由于基因型间的竞争或其他因素的作用，一些不是作物本身所要求而是为人类所需要的性状，如矮秆性、大粒性、早熟性、丰产性和品质等可能会被削弱，以致降低育种成效。这是混合法不利的一面。例如 Suneson 用 Atlas、Club Mariot、Hero、Vaughn 四个大麦品种以各占 25% 的比率混合，种植 15 年后发现混播群体中，高产的 Hero 和 Vaughn 两品种存留率分别只有 0.7% 和 0.4%，而产量不及它们的 Atlas 存留率却为 88%。为了减少基因型间竞争所产生的不良后果，可在某一个分离世代针对遗传力较高的性状进行一次个体选择，在此基础上再按混合法进行。

3. 混合法与系谱法的比较

根据两种方法的理论依据和育种实践效果，现将二者的优缺点概括如下。

① 对质量性状或遗传力较高的数量性状，用系谱法在早代选株可起到定向选择的作用，可以及早地集中精力用于少数优良株系，及时地组织力量对优良新品系进行试验、示范和繁殖，这是系谱法的优点。混合法花费的年限较长，选择难度大，选择数量大，既增加了工作量，又增大了系统评定取舍的难度，这是混合法一大缺点。

② 系谱法对家系记载清楚，针对历史表现评定取舍。混合法无法考证历史，评定取舍比较困难。

③ 系谱法从 F_2 起进行严格选择，中选率低，特别是对多基因控制的性状，选择效果差。此法不仅淘汰大量的有利基因和优良变异类型，而且使育成的新品种遗传基础比较狭窄。混合法在较高世代才开始选择，可保留更多的多样化类型和具高产潜力的个体，有更多的机会选到高产和性状优良的系统。

④ 混合法与系谱法相比，在相同土地面积上能种植更多杂交组合和保存更多类型植株，种、管、收简单。系谱法从播种、观察记载到收获考种，工作细致、繁重。

为了利用系谱法和混合法的优点，克服其缺点，在这两种方法的基础上，又可派生出许多方法，主要依育种家的育种目的、技术才能做具体安排。在各方法中，主要介绍衍生系统法和单籽传法。

三、衍生系统法

1. 衍生系统法的工作要点

衍生系统法又称派生系统法。所谓衍生或派生系统是指由 F_2 或 F_3 的一个单株所繁衍的后代群体。该方法是在杂种分离早代（F_2 或 F_3）进行一次个体选择，以后各代分别按衍生系统混合种植而不加选择。但对衍生系统的产量和品质要进行测定，作为选拔优良衍生系统和淘汰明显不良系统的参考。直到产量及其他有关性状趋于稳定的世代（F_5~F_8），再从优良衍生系统内选择单株（穗、铃），翌年种成株（穗、铃）系，并从中选优系进行鉴定或比较试验，直至育成品种。

2. 衍生系统法的理论依据及优缺点

衍生系统法实际上是系谱法和混合法相结合的一种方法，它兼具两种方法的优点，又在不同程度上消除了两种方法的缺点。

与系谱法相比，衍生系统法在杂种第一、第二次分离世代针对遗传力较高、选择效果较好的性状进行选株（穗、铃），分系种植，具有系谱法能较早掌握优良材料的优点；并且衍生系统法所处理的材料在若干世代内不会增加太多，又可在系统内保存大量的变异，弥补了系谱法的缺点。

与混合法相比，衍生系统法在早代经过一次选株后即按衍生系统混合种植，既简便省事，又保存大量的变异类型，具有混合法的优点。此外，它比混合法能集中精力于少数有苗头的优系，可减轻在选择世代大量选株的繁重工作量，且能提早选择世代，缩短育种年限；并且减轻了在连续混播条件下群体在自然选择过程中某些性状被削弱的缺点，这是混合法所不及的。

四、单籽传法

1. 单籽传法的工作要点

单籽传法简称 SSD 法，是杂交育种处理杂种后代的方法之一。自 F_2 开始，每代都保持同样规模的群体，一般为 200~400 株。从每一株上随机取一粒种子混合组成下一代（F_3）群体，如此进行数代，直到纯合化达到要求时（F_5 或 F_6）再按株（穗、铃）收获，下年种成株（穗、铃）行，从中选择优良株（穗、铃）行混收，进行产量比较试验，直至育成品种。

2. 单籽传法的理论依据及优缺点

杂种 F_2 代群体的遗传变异最大，由于单籽传法能保留所有或绝大部分 F_2 代单株的后代，因而在杂种的后期世代能最大限度地保留该组合的遗传变异。即通过单籽传法，从 F_2 进行到 F_6 的过程中，系内的加性遗传方差急剧下降，变异性随之变小，而系间的加性遗传方差显著增加，变异性增大，这就大大增强了最后一次进行株（穗、铃）行选择的可靠性。

单籽传法的优点：一是早代可以在温室或异地加代繁殖，每年能繁殖 2~3 代，两年内就可达到 F_5 或 F_6，育种进程快，可缩短育种年限。二是由于早代不进行选择，可以大大缩小株行距，节约土地和人力。但是可以尽可能保持杂种群体的遗传变异多样性，可保证每个 F_2 个体都有同样的机会繁殖后代，即 F_2 有多少单株，F_5 仍有多少单株，保存了该组合的所有变异类型。这是其他方法所缺乏的。

单籽传法的缺点是缺乏系内选择，使 F_2 单株后代难以进一步提高，所以要求杂交组合的性状水平要高，否则难以收到预期效果。它的另一缺点是 F_3、F_4 和 F_5 代缺少株系的田间评定，不利于某些性状的选择，如在温室或加代繁殖时对抗逆性的选择就有一定困难。另外，在实际工作中，难以保证每一粒种子播种后都能正常生长发育直至结出种子，从而亦可能导致某些优良基因型的丢失。

但是单籽传法可与系谱法相结合，灵活运用。例如可在 F_2 及 F_3 代对某些遗传力高的性状进行选择（如淘汰感病株），或多取几粒加代以弥补系内遗传变异少的不足，也可提早结束单籽传法进程，从 F_4 起改用系谱法。

应用单籽传法应具备两个条件，一是有温室或冬季加代的条件，二是育种材料的群体性状比较好。如果不具备上述条件，育种群体又优劣不齐，分离较大，则不如用系谱法或其他方法。

综上所述，对于杂种后代所采用的处理与选择方法，各育种单位应根据育种目标、杂交组合特点和本单位实际情况综合考虑，加以选用。为了提高杂交育种选择和育种的效率，对不同的处理方法都应注意以下问题。

其一，杂种后代所处生长发育条件必须与育种目标相一致。如抗旱育种必须在干旱条件下进行，高产育种必须在高肥水条件下进行，抗病育种必须在病地上进行等。

其二，同一育种试验地的基础、地力、管理水平等必须一致，使杂种在环境条件一致的情况下生长发育，将环境条件对表型的影响作用而导致的个体间差异减少到最小，以便通过性状而实现对基因型的选择。

其三，在杂种的分离世代，必须保证每一杂种个体有足够的营养面积，使其遗传潜力得以充分发挥，为基因型的选优淘劣提供条件。

其四，根据杂交组合的遗传基础及育种目标的要求，在杂种的分离世代必须有足够大的群体，保证变异的完整性以供选择。

其五，根据育种目标，创造对选择性状能客观和快捷鉴定的条件与手段，以便将性状选择建立在客观鉴定的基础上进行。

其六，在杂种的分离世代采取加代措施或于多种生态条件下培育选择，以加速和提高育种效率。

第四节 杂交育种程序和加速育种进程的方法

一、杂交育种的程序

根据杂交育种各阶段种植材料来源、性质、工作内容、试验技术和选育上的要求，杂交育种形成以下几个试验圃，并形成一定工作程序，即杂交育种程序（图6-1）。

1. 原始材料圃和亲本圃

原始材料圃种植从国内外搜集来的原始材料，按类型归类种植，每份种几十株。在整个生育期间对所有原始材料进行全面系统的观察记载，包括主要形态特征、株高、生育期、抗病虫性、抗逆性、丰产性、品质等，根据育种目标选出若干材料进行重点研究，以备选作杂交亲本。有些材料还要在诱发条件下鉴定其抗性，分析其品质。育种工作中，应不断引入新种质，充实原始材料圃，丰富育种材料的基因库。原始材料圃要严防机械混杂和生物学混杂，保持其纯度和典型性。

亲本圃种植原始材料圃中选出的或在育种工作中积累形成的、合乎育种目标要求、有可能作为亲本利用的材料，按亲本材料主要性状特点（如生育期、抗性、株高、品质等）归类种植。对于中心亲本或骨干亲本，可多种植一些，以便配制各种杂交组合。过早或过晚的亲本可分期播种或采用温室等措施调节生育进程，促使花期相遇。亲本圃采用点播方式，行距可稍宽，使植株生长健壮，这样既便于杂交操作，又可多配制杂交组合和多收杂交种子。

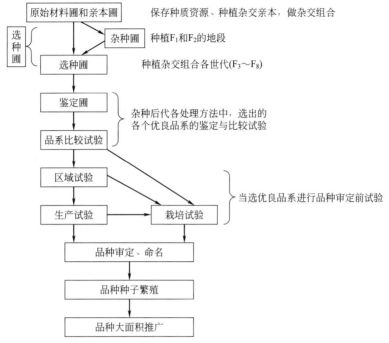

图6-1 杂交育种程序

2. 选种圃

种植杂种及其分离世代材料的地段称选种圃,有时也将种植 F_1、F_2 的地段称杂种圃。选种圃一般都不设置重复。采用系谱法时,在选种圃内连续选择单株,直到选出优良一致的品系升级为止。F_1、F_2 按组合混种,点播稀植,肥力宜高。从 F_2 开始,当选单株种成株行,种植行长和行距则依不同作物而异,小株作物每10~20行、中株作物每5~10行种一行对照,作为选择的标准。必要时,可在每一组合的前后种植亲本。杂种株行或株系在选种圃的年限,因性状稳定所需的世代而不同。对性状表现较整齐一致的株系,除目测鉴定其主要性状外,还要实收实测,并与对照品种比较。最后根据田间目测、比较和室内考种结果,淘汰较差的株系,选留优良的株系升入鉴定圃,进行高一级的鉴定试验。

3. 鉴定圃

种植由选种圃升级的新品系。其任务是对各品系进行初步的比较试验,以及对性状的优劣做进一步的观察评定。鉴定圃试验鉴定的材料数目较多,一般常用顺序排列法,每材料为一小区,一般重复2~3次,每个4区或9区种一对照区。每一品系试验一般进行1~2年,将超过或接近对照种或有突出特点的品系升级至品种比较试验,其中拔尖的品系可越级参加区域试验,少数品系可留级一年,其余淘汰。

4. 品种(系)比较试验

种植由鉴定圃升级的新品系,是育种程序的最后环节,也是最高阶段的产量比较试验,要求从中最后确定一至几个优良品种(系),送交区域试验。

品种(系)比较试验参试品种数目较少,通常10~15个,采用随机区组设计,重复4~5次,设对照。一般试验2~3年。根据田间农艺性状、抗性和产量表现及品质鉴定结果,将丰产性好、抗性强、品质优良或某些特性上确能超过对照种的品种(系),送交省(自治区、直辖市)或全国组织的区域试验。在参加品种比较试验的同时,有希望的新品系必须设种子区和繁殖田，迅速繁殖生产原种，为区域试验、生产试验和栽培试验提供纯正、优良种子。

5. 区域试验

6. 生产试验和栽培试验

7. 品种的审定、定名、推广

区域试验、生产试验、栽培试验、品种审定、繁殖与推广的具体叙述，前面系统育种程序中已作详细说明。

以上是杂交育种程序的主要环节、工作内容和试验技术。就一般情况而言，可依据植物种类、育种材料和方法、地区特点、育种目标，以及从事育种的人力、物力、土地和设备条件等具体情况，灵活运用。

二、加速育种进程的方法

杂种后代的遗传性状要经过一定世代才能逐步稳定，按照常规的杂交育种程序，一年一代则需要 5~6 年时间才能进入鉴定圃。从杂交开始到育成一个优良品种用于生产，一般需要 10 年以上的时间，因此缩短育种年限，加速育种进程，力争早出、快出优良新品种，对促进农业生产的发展具有十分重要的意义。

1. 加速世代繁育进程的方法

加速世代繁育进程的方法很多，归纳起来有以下三种。

（1）异地加代　利用异地自然条件，进行北种南繁、南种北育。例如我国利用低纬度的广东、海南和云南等地温暖的冬季冬繁棉花、玉米、水稻等作物；利用青海、黑龙江等地早春能使冬小麦通过春化阶段的特点，春繁冬小麦；利用云贵高原高海拔山区凉爽的夏季夏繁小麦、大麦、油菜和马铃薯等作物。

（2）就地加代　利用当地自然条件，进行异季就地加代。例如江西利用庐山、山东利用泰山异季夏繁小麦、大麦。

（3）室内加代　利用温室或人工气候箱加代。如利用人工气候箱，一年可繁育冬小麦 4~5 代，春小麦 6 代，水稻 3~4 代。

2. 加速作物个体生长发育进程的主要技术

加速作物个体生长发育进程的技术常涉及种子处理、春化处理、光照处理等。

（1）种子处理　具有休眠或后熟特性的种子，特别是刚收获或提早收获未成熟种子，必须打破休眠或待后熟之后方能进行加代。

（2）春化处理　有些作物必须经过春化处理才能正常生长发育。一般常采用种子春化。多数作物的春化可在 0~15℃ 的温度范围内完成，处理天数一般为 10~60 天。

（3）光照处理　在温室或人工气候箱加代，应根据不同作物和品种对光照条件反应不同的特性，调节光照长短，以达到提早开花成熟的目的。例如对光照反应敏感型小麦品种在每天 12h 以上光照条件下能促进抽穗。

3. 加速试验进程的方法

在加速世代繁育进程的同时，还应根据具体情况，灵活运用育种程序和方法，加速试验进程，缩短育种年限。其具体做法如下。

（1）提早测产　在 F_3 代提早测产，对各株系可边选株边测定产量。

（2）越级试验　对在选种圃中表现特殊优异的株系，可不经鉴定圃试验而越级升入品种比较试验。

（3）多点试验　对在品种比较试验或鉴定圃中表现优异的品系，可尽早安排多点试验，提早进行区域试验和栽培试验。为此，必须采取有力措施，加速繁殖种子。

思考题

1. 名词解释

杂交育种　组合育种　超亲育种　中心亲本　骨干系　单交　复交　系统　多父本授粉　株系　系统群　系谱法　混合法　衍生系　双交　回交

2. 杂交育种按其指导思想可分为哪两种类型？它们各自的遗传机制是什么？
3. 亲本选择的原则是什么？
4. 杂交的方式有哪些？
5. 为什么在三交或四交中，把农艺性状最好的亲本用于最后一次杂交？
6. 杂种后代处理的主要方法有哪些？
7. 何谓系谱法？其工作要点是什么？有何优缺点？
8. 何谓混合法？其工作要点是什么？有何优缺点？
9. 在杂种后代处理中，为提高选择和育种效率应注意哪些问题？
10. 加速育种进程的方法主要有哪些？

技能实训6-1　小麦有性杂交技术

小麦有性杂交技术

一、目的

掌握小麦有性杂交技术。

二、材料与用具

小麦亲本品种，镊子、小剪刀、酒精棉、隔离袋、纸标牌、HB铅笔、花粉保存瓶或纸袋、大头针、小板凳。

三、春小麦开花的生物学特性

小麦是自花授粉作物，天然异交率一般为3%以下，通常在抽穗3~5天就开始开花。开花顺序是先主穗开花，然后各个分蘖按先后顺序陆续开花，高温干旱条件下，开花稍有提前，晚播或迟生分蘖穗，常在抽穗的当天或第二天就能开花，但在阴雨天或低温情况下则开花延迟。

从一朵小花上看，开放时间10~15分钟，柱头比花药略为早熟，花药在成熟前为绿色，成熟时转为黄色，柱头在成熟前，两个羽状花柱密集在一起，成熟时两个花柱分离，柱头展开，呈羽毛状。

春小麦昼夜都能开花，但白天开花多，在一天之中有两个开花高峰，分别为6:00~10:00和16:00~18:00。小麦开花盛期，柱头的授粉能力强，花粉也易于取得，此时受粉结实率高，授粉效果好，小麦柱头授粉后1~2小时内，花粉管可伸入胚囊，经30~40小时即可完成受精过程，在温度适宜的情况下，经24~36小时就能完成受精过程。

四、有性杂交操作

1. 选穗、整穗

选择生长发育好的主茎穗子做母本,当麦穗抽出剑叶 3/4 以后,花粉尚未成熟之前,首先去掉上部和下部发育不好的小穗,并将留下准备去雄小穗中间的小花去掉,只留基部两朵花,有芒品种将芒剪掉,以便操作。

2. 去雄

左手大拇指和中指捏住麦穗,用食指轻轻压住小花外颖顶端,外颖、内颖易分开形成小裂口。右手拿镊子,以压紧状态从裂口插入,再少张开,将每朵小花内的三枚雄蕊取出,切勿碰伤母本雌蕊。取出的雄蕊应放在手上检查一下,是否为完整的三枚,以免去雄不净。每朵小花的去雄应按顺序进行,从下部小花起,依次自下而上,先去掉一面,再去掉另一面。去雄时发现有的小花花药变为黄色时,说明已有授粉能力,可能造成花药破裂而自花授粉,故应摘掉此朵小花不用,同时应用酒精将镊子消毒。

全穗去雄后,立即套上纸袋,下部用大头针别住,以防异花授粉。在去雄穗上应挂上纸牌,用铅笔记上母本名称、去雄的时间和去雄者名字。

3. 授粉

母本成熟时,柱头呈羽毛状展开,此时即可授粉。一般在去雄后 2~3 天授粉效果最好,如遇阴雨或潮湿天气,授粉与去雄间隔时间可多 1~2 天。在一日之中的小麦开花盛期时授粉,此时花粉易收集,工作效率高,并且温湿条件对花粉发芽和受精均有利。

授粉前,用干净的镊子收集盛花期父本的成熟花药,放入事先准备好的干净的纸袋或培养皿中,授粉时先将去雄母本穗的隔离纸袋拿掉,用镊子夹住父本花粉的一个花药的低端略微压破,轻轻抖动,将花粉抖在花柱上。授粉工作亦应自上而下或自下而上按一定的顺序进行,以免漏掉。全穗授粉后,立即套上隔离袋,在纸牌上注明父本名称或代号、授粉日期。在改变父本品种时,一定要用酒精消毒授粉器具。

五、作业

1. 每位同学实际进行小麦母本的去雄工作,每人去雄 10 个穗。

2. 根据亲本选配原则,以去雄小麦品种为母本,自选父本亲本后做杂交组合 5 个,每个杂交组合做 2 个穗。

大豆有性杂交技术

大豆有性杂交技术

一、目的

了解大豆花器构造和开花习性,初步掌握大豆的杂交技术。

二、材料与工具

大豆亲本品种若干,镊子、纸牌、铅笔等。

三、方法与步骤

（一）大豆花器构造和开花习性

大豆为总状花序,几朵或十几朵花簇生在叶腋或植株的顶端。每朵花有 5 个萼片,萼片下部联合成筒状,萼片内有 5 片花瓣;外面最大的一片叫旗瓣,旗瓣内有 2 片翼瓣,再往里是 2 片连接在一起的龙骨瓣;龙骨瓣包着 10 个雄蕊,其中 9 个联系在一起成管状,叫管状雄蕊，单独的一个叫单体雄蕊。雄蕊的中央有 1 个雌蕊，雌蕊由子房、花柱和柱头三部分组成，子房一室，内含胚珠 1～5 个。

大豆的开花顺序因结荚习性而不同。无限结荚习性的基部的花簇开花最早，然后逐渐向上依次开放，一株大豆从开始开花到开花终了，一般要经 30～40 天；有限结荚习性的由上中部先开始开花，然后向上下依次开放，花期较短，一般为 20 天左右。大豆每天上午 6 时开始开花，8～10 时开花最多，下午很少开花，每朵花开放的时间因品种及气候条件而异，一般为 2 小时左右。雄蕊在花瓣开放前便已成熟，雌蕊成熟得更早。由于雄蕊的花药包围了雌蕊的柱头，当花药成熟散发出花粉时，便给雌蕊授粉，并完成受精过程，也就是所谓的自花授粉。由于大豆是自花授粉作物，天然杂交率低，不超过 1%，一般为 0.4%。

（二）杂交技术

1. 母本植株和去雄花蕾的选择

选择具有品种典型性状、生育良好和健壮的植株进行杂交，无限结荚习性的挑选基部 1～2 个花簇已经开花的植株，选取中下部 5～6 节的花蕾去雄；有限结荚的可取上中部或顶部的花蕾，因为这些部位的花朵结荚良好。适于去雄的花蕾必须是花冠已经露出花萼的萼间隙 1～2mm，但还没有伸出花萼的萼尖的，这样的花蕾雌蕊已经成熟，雄蕊还没有散粉。

2. 去雄

可在上午 7 时以后进行。首先把适于去雄的花蕾旁边其他花蕾全部摘除，然后用左手的拇指和食指扶花，右手拿镊子将萼片夹住，向下一一撕去萼片上部，这时花冠大都露出，在用镊子斜夹花冠，以免碰到柱头，将镊子轻轻向上一提，5 个花瓣有时连带 10 个花药全部拔出。如果还有少数花药没去净，可用镊子一一挑出，注意不要碰伤柱头。如果不去萼瓣，则用镊子将旗瓣和翼瓣分开，使龙骨瓣露出，再用镊子尖沿龙骨瓣的突起部位，将龙骨瓣剖开，用手指压住，使雌、雄蕊外露，用镊子将雄蕊夹出。

3. 授粉

大豆去雄后可立即授粉，但也可每天下午去雄，次日上午授粉。授粉时，应该选择父本植株上花冠已充分伸长将要开花的花朵，用镊子摘掉萼片和花瓣，露出花药，这时可将花药在指甲上轻轻碰撞，如果见有鲜黄色花粉，便可将花药在柱头上涂抹，进行授粉。

授粉后，取靠近杂交花没有摘下的叶片，将授完粉的花包好，用大头针或叶柄别住，以免风吹日晒。在杂交花的下一节间，挂上纸牌，用铅笔写明父母本名称、杂交日期和杂交者姓名。

4. 杂交后的管理和收获

授粉后 4～5 天，应打开包覆的叶片进行检查。如杂交花已发育成幼荚，要摘除新生的花蕾，以免混杂；如果杂交花已经干枯脱落，应将纸牌摘掉，以后每隔 4～5 天再检查几次。成熟时，将同一杂交组合的豆荚连同纸牌放在一个纸袋内，按组合混合脱粒。

四、作业

每人杂交 5～10 朵花，将杂交的结果记载下来（表 6-6），并总结杂交的经验。

表6-6 大豆杂交结果记载表

母本品种	父本品种	杂交花朵数	成功花多数	成功率/%	杂交者姓名

技能实训6-3 水稻有性杂交技术

水稻有性杂交技术

一、目的

了解水稻花器构造和开花习性；通过实训练习，初步掌握水稻杂交技术。

二、内容说明

1. 花器构造

水稻属禾本科稻属，自花授粉作物。稻穗为复总状花序，由主轴、枝梗、小枝梗和小穗组成。每个小穗由基部的两片退化颖片（通常称为副护颖）、小穗轴和3朵小花构成。3朵小花中，顶端一朵为完全花，其下两朵均退化，仅见两片不孕外稃（通称为护颖）。可育小花有外稃（通称外颖）、内稃（通称内颖）、2个浆片（鳞被）、6枚雄蕊和1枚雌蕊。花药有4个花粉囊，柱头两裂羽毛状。

2. 开花习性

早、中稻抽穗时，气温较高，在稻穗抽出叶鞘的当天或其后1~2天即陆续开花，开花较快且集中，以开花后的第2~3天为盛花期；晚稻开花较慢且分散，以开花后的第4~5天为盛花期。一个稻穗的颖花全部开放完毕需5~7天。一个稻穗的开花顺序是上部枝梗的颖花先开，而后依次向下；同一枝梗上往往是顶端颖最先开，而后再由下向上，一朵颖花从开放到闭合需1~2小时。水稻开花的快慢和多少因天气条件和品种不同而异。如夏季天气晴朗、气温适宜，籼稻开花通常从上午8时到中午，以9~11时为开花盛期；粳稻一般要比籼稻推迟2~3小时开花。水稻开花授粉的最适温度为30℃左右，最适相对湿度为70%~80%。如遇阴雨连绵、气温偏低则开花推迟，甚至不开花而闭颖授粉。水稻天然异交率一般为1%。

在自然条件下，水稻花粉生活力只能维持5分钟左右，雌蕊接受花粉受精能力可维持3~4天，但以开花当天或次日受精结实率最高。

三、材料、用具与试剂

1. 材料

不同水稻品种，最好用糯性和非糯性品种，并以非糯性品种作父本。

2. 用具

盛有47℃左右热水的热水瓶、0~100℃的温度计、剪刀、镊子、牛皮纸袋（7cm×20cm）、回形针、塑料牌、铅笔。

3. 药品试剂

70%酒精、1% I-KI 溶液。

四、方法与步骤

（一）确定组合，种植亲本

① 根据育种目标确定杂交组合。

② 决定杂交穗数。根据所需种子数，并按40%的杂交结实率估算，一般单交2穗，三交或回交7穗，双交11穗。

③ 根据父母本生育期长短分期播种。生育期短的迟播，生育期长的早播。如双亲生育期不甚清楚，可每隔10~15天为一期，分2~3期播种，以确保花期相遇。

④ 早、晚稻杂交。在春季需对晚稻品种在5叶期进行10~12小时短日照处理，30天左右即可明显提早抽穗。或推迟早稻的播种期，使早、晚稻花期相遇。

凡是短日照作物为了使各品种花期相遇，通常都采用分期播种、短日照处理等措施，以下实验不再重复叙述。

（二）杂交技术

1. 选株

① 选择母本植株应是具有该品种典型性状、生长健壮、无病虫害的植株。

② 选取已抽出叶鞘3/4或全部抽出、先一天已开过几朵颖花的稻穗去雄。

2. 去雄

水稻的杂交去雄方法一般有温汤去雄、剪颖去雄和真空去雄法，其中以第一种方法应用较为普遍。温汤去雄是利用雄蕊比雌蕊对高温更敏感的特性，控制一定水温和处理时间，使全穗能在当天开花的雄蕊丧失生活力而雌蕊仍保持较好的生活力，从而简化去雄手续。

温汤去雄：

① 在自然开花1～1.5h前，将已盛有47℃热水的热水瓶用冷水调节到43～45℃，一般籼稻用43～44℃，粳稻用44～45℃。切勿提高水温以免烫死雌蕊。

② 小心地将母本穗倾斜浸入热水瓶中，持续3～5min，注意不要延长处理时间，切忌将稻穗折断。

③ 取出稻穗，抖去穗上积水。

④ 待5～10min，只有当天开花的颖花其雄蕊已烫死，这一点应特别注意。因此用剪刀先剪去处理后未开放的颖花，然后将已开放的颖花逐一斜剪去上端1/3的颖壳。

剪颖去雄：

① 整穗。在杂交先一天下午3时后或当天水稻开花之前1～2h，用剪刀将穗部已开过的颖花和2～3天内不会开放的幼嫩颖花剪去。

② 剪颖。将保留的颖花用剪刀逐一斜剪，剪去其上端1/3左右的颖壳。

③ 去雄。用镊子轻轻地将每一颖花内尚未成熟、带黄绿色的6枚花药全部完整地取出。如去雄时花药破裂或已有成熟花药散粉，则应去除该小穗，并将镊子放入酒精里杀死所沾花粉。这种去雄方法虽然工作效率很低，但有些粳稻品种用温汤去雄不易促使开花杀雄，这时就不得不用这种去雄方法。

真空去雄法就是用配有特殊装置的真空泵吸取花药代替人工取出花药。

3. 套袋隔离

将去雄后的稻穗套上牛皮纸袋（用牛皮纸袋要比用玻璃纸袋好，所结种子明显较重），下端斜折，用回形针固定，以待授粉，但绝不能将回形针夹住茎秆。

4. 授粉

授粉在去雄后当天开花盛期进行。

① 选具有该品种典型性状、生长健壮的父本植株。

② 将正处于盛花的父本穗小心地剪下，或在去雄工作之后立即选择当天可开较多花的父本穗逐一剪去每个颖花1/2的颖壳，剪下稻穗插在母本植株附近田里，待花药伸出开始散粉时即可进行授粉。

③ 打开已去雄稻穗上端折叠的纸袋口，将正在开花的父本穗插入纸袋的上方，凌空轻轻抖动和捻转几次，使花粉散落在母本柱头上。

5. 套袋和挂牌

授粉后将纸袋口重新折叠好，并在纸袋或穗颈基部所挂的塑料牌上用铅笔写明组合代号或名称、杂交日期及操作者姓名，并在工作本上做好记录。

（三）收获

一般杂交后 17~25 天即可收获，不要提早或推迟收获。

五、作业

1. 用糯性品种作母本、非糯性品种作父本，每人分别用剪颖去雄各作杂交 2 穗。

2. 一周后，检查 2 个穗的杂交结实率，3 周后另 2 个穗用 I-KI 溶液检查杂交种子胚乳的染色反应，检查杂交效果，并按杂交方式、杂交颖花数、结实率（%）、I-KI 染色反应逐项写出实验结果。

第七章 回交育种

第一节 回交育种的特点及遗传效应

一、回交育种的概念与意义

回交育种法是育种者改进品种个别性状的一种方法。当 A 品种有许多优良性状，而个别性状有欠缺时，可选择具 A 所缺性状的 B 品种和 A 杂交，F_1 及以后各代又用 A 进行一系列回交和选择，准备改进的性状依靠选择来保持，A 品种原有的优良性状通过回交而恢复。因此，回交育种是指两品种杂交后，通过用杂种与亲本之一连续多代重复回交，把亲本的某些特定性状导入另一亲本来选育新品种的育种方法。其表达方式为 [（A×B）×A]×A… 或 A^n×B 或 A^n/B 等。由于 A 是综合性状优良，尚有一两个性状有待改进且多次被用作亲本，又是特定有利性状的接受者，故称轮回亲本或受体亲本。B 代表特定有利性状的提供者，只在开始作杂交时应用一次，故称非轮回亲本或供体亲本。A^{n+1}×B 表示回交 n 次，记作 BC_n。BC_1 表示回交一次；BC_1F_1 表示杂种一代（F_1）与亲本回交一次的后代，称为回交一代；BC_1F_2 则表示由 BC_1F_1 自交一次的后代，其他依此类推。每一回交子代与轮回亲本杂交的个体，必须是回交子代群体内具有非轮回亲本那一两个突出优良性状的个体。一般情况下，经过 4~6 次回交，并结合严格选择，即可达到预期的结果。回交育种步骤见图 7-1。

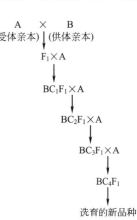

图7-1 回交育种步骤

回交育种是杂交育种的一种特殊形式，它为育种家提供了一种较为精确的控制杂种群体、选育改良品种的方法。1920~1922 年美国 Harland & Pope 将大麦的光芒性导入优良大麦品种 Manchuria。1922 年加利福尼亚大学 Briggs 用此法于小麦抗腥黑穗和抗秆锈病育种，育成了 Bartt 35、Bartt 38 等一系列抗病品种。日本应用回交育种在抗稻瘟病方面已获成功。20 世纪 60 年代美国用此法育成抗苗腐病大豆品种哈罗索 63（Harosoy 63），严重发病条件下产量为原轮回亲本哈罗索的 3 倍。

回交法不仅对抗病虫育种具有重要意义，而且随着育种技术的发展，已被广泛地采用作为改良现有良种的个别缺点或改造某些不符合要求的性状的有效手段。近年来，在应用回交法克服远缘杂交的不育性、选育近等位基因系合成多系品种、给父本品种导入某些标志性状、细胞质雄性不育系及核不育系的转育，以及单缺体等非整倍体材料的转育等方面，都取得了可喜进展。例如 20 世纪 70 年代，加拿大用回交法育成双低（低芥酸、低硫代葡萄糖甙）

油菜品种 Tower 等。在玉米育种中，回交常用于抗大斑病、抗小斑病基因的转育。

二、回交育种的优缺点

回交育种法是具有独特作用的育种技术，是有效替换基因成分的一种育种手段。

1. 回交育种的优点

与其他育种方法相比，回交育种法的主要优点如下。

① 遗传变异易控制　应用回交法选育品种，能对杂种群体的遗传变异进行较大程度的控制，可保持轮回亲本的基本性状，又增添了非轮回亲本特定的目标性状，使其向确定的育种目标方向发展，可提高育种工作的预见性和准确性，是改良品种的有效方法。

② 目标性状选择易操作　回交育种法需要的育种群体远比杂交育种所需要的群体小，在回交后代中，只需针对被转移的目标性状进行选择，所以只要目标性状得以显现，在任何环境条件下均可进行，这就为利用温室、异地或异季加代培育，以缩短育种年限，加速育种进程提供了有利条件。

③ 基因重组频率易增加　由于回交育种采取杂交和个体选择的多次循环过程，有利于打破目标基因与不利基因间的连锁，增加基因重组频率，从而提高优良重组类型出现的概率。

④ 所育品种与原品种相似，易推广　回交育成的品种其形态特征、丰产性能、适应范围，以及所需要的栽培条件等与原品种（轮回亲本）相似，所以不一定要进行严格的产量试验和鉴定就可以推广，且易于为农民所接受。

2. 回交育种的缺点

回交育种法也有其缺点和局限性。

① 回交育种的最终结果只改进原品种的个别缺点，除了非轮回亲本的目标性状外，其他性状难以超越轮回亲本，不能选育具有多种新性状的品种。因此，回交对品种的改良不可能获得多方面的重大改进，除非与杂交育种相结合。尤其是在生产上品种更换频繁时，若轮回亲本选择不当，往往有可能在回交新品种育成之时也就是它的淘汰之日，这是回交育种法的最大弱点。

② 非轮回亲本不利性状基因的影响。从非轮回亲本转移某一目标性状的同时，由于与不利基因连锁或一因多效的缘故，可能将某些不利的非目标性状基因也一并带给轮回亲本。在这种情况下，必须进行多次回交，打破连锁。

③ 回交改良品种的目标性状多限于少数主基因控制的性状，其遗传力高，又便于鉴别，易于取得成功。若用来改良的是数量性状，则难以奏效。

④ 回交群体回复为轮回亲本基因型经常出现一些偏离。育种家期望回交群体逐渐回复为轮回亲本基因型，回交结果和理论上所期望的常常发生偏差。而且不同性状回复的速度也不同。

⑤ 回交的每一世代都需要进行较大数量的杂交，工作量较大。

三、回交育种的遗传规律

1. 回交群体纯合基因型比率

在杂合基因群体中，回交与自交的作用一样，可使杂合基因型逐代减少，纯合基因型相应增加。其纯合基因型的变化频率都是 $(1-1/2^m)^n$（n 为杂种的杂合基因对数，m 为自交或回交的次数）。但两种群体中的纯合基因型并不一样。在回交后代群体中，个体的基因型都必然要朝着轮回亲本的基因型方向纯合。所以，回交子代基因型的纯合是定向的，在选定轮回亲本的同时，就已经为回交子代确定了逐代趋向纯合的基因型。而自交子代基因型的纯合是多向的，根据基因的分离和组合而纯合为多个基因型。以一对杂合基因 Aa 为例，由自交所形成的是两种纯合基因型分别为 AA 和 aa。让杂种 Aa 自交及同 aa 回交，自交后代所形成的纯合基因型是 AA 和 aa 两种，而回交后代的纯合基因型只是 aa 一种，即恢复为轮回亲本的基因型。

这说明在相同育种进程内，就一种纯合基因型的纯合进度来说，回交纯合的速度显然大于自交。例如自交3次，AA 和 aa 两种纯合基因型个体的频率各为43.75%，而回交3次，aa 一种纯合基因型个体的频率则达到87.5%（表7-1）。如有 n 对杂合基因，自交后代群体将分离成 2^n 种不同的纯合型，而回交后代只聚合成一种纯合基因型。由此可见，在基因型纯合的进度上，回交快于自交。

表7-1　一对基因自交和回交群体内 aa 型个体的比率　　　　　　　　　　%

世代数	1	2	3	4	5	6	7	8
$Aa \times Aa$	25.0	37.5	43.75	46.88	48.44	49.22	49.61	趋近50
$Aa \times aa$	50.0	75	87.5	93.75	96.88	98.44	99.22	趋近100

2. 回交过程中，亲本基因频率

轮回亲本和非轮回亲本杂交后，双亲的基因频率在 F_1 中各占50%。轮回亲本与杂种每回交一次，其基因频率在原有基础上增加1/2，而非轮回亲本的基因频率相应地有所递减，直至轮回亲本的基因型接近恢复。轮回亲本基因恢复的频率可用 $1-(1/2)^{n+1}$（n 为回交次数）公式推算，而非轮回亲本基因递减的频率则用 $(1/2)^{n+1}$ 公式推算（n 为回交次数），各世代变化见表7-2。

表7-2　轮回亲本和非轮回亲本在回交后代中基因频率的变化

世代	亲本基因频率		世代	亲本基因频率	
	轮回亲本	非轮回亲本		轮回亲本	非轮回亲本
F_1	50	50	BC_4F_1	96.875	3.125
BC_1F_1	75	25	BC_5F_1	98.4375	1.5625
BC_2F_1	87.5	12.5	⋮	⋮	⋮
BC_3F_1	93.75	6.25	BC_nF_1	$1-(1/2)^{n+1}$	$(1/2)^{n+1}$

引自：潘家驹. 作物育种学总论. 1994.

由上述公式及表7-2可知，回交过程中，轮回亲本的基因频率逐渐增加，非轮回亲本的基因频率相应地有所减少，而关键在于选择带有供体目标性状个体来回交，以便实现回交育种的目的。

3. 回交消除与不利基因连锁的概率

如果非轮回亲本的目标性状基因与不良性状基因相连锁，则轮回亲本优良基因置换非轮回亲本不良基因的进程将会受到影响。例如，欲想把非轮回亲本中抗病基因 R 转移到一个优良的轮回亲本品种中去，而 R 与不良基因 b 连锁，其基因型为 $Rb//Rb$，轮回亲本的基因型 $rB//rB$，则 F_1 的基因型为 $Rb//rB$。用轮回亲本与 F_1 回交，则在回交后代中选到 $B-R$ 个体的概率比独立遗传少，回交群体基因型纯合的进程必将减慢，其快慢程度取决于这两对连锁基因间交换值的大小，交换值越小则越慢。

在不施加选择的情况下，轮回亲本的相对基因置换非轮回亲本连锁的不良基因，获得希望的重组型概率的公式为 $1-(1-C)^r$，r 表示回交次数，C 表示连锁基因的交换值。在不同交换值下，经不同次数的回交后出现重组类型的频率见表 7-3。如果两个基因紧密连锁，交换值在 0.01 时，尽管进行连续的 5 次回交，也只能得到 $1-(1-0.01)^5=0.049$ 的重组类型。所以，在目标性状基因和不利基因连锁的情况下，必须增加回交次数。两基因连锁的越密切，回交次数就越多。

表 7-3　不同交换值下经不同次数的回交后出现重组类型的频率　　　　　　　%

回交次数	交换值（cM）					
	0.5	0.2	0.1	0.02	0.01	0.001
1	50.0	20.0	10.0	2.0	1.0	0.1
2	75.0	36.0	19.0	4.0	2.0	0.2
3	87.5	48.8	27.1	5.9	3.0	0.3
4	93.8	59.0	34.4	7.8	3.9	0.4
5	97.9	67.2	40.9	9.2	4.9	0.5
6	98.4	73.8	46.9	11.4	5.9	0.6
7	99.2	79.0	52.2	13.2	6.8	0.7

引自：张天真.作物育种学总论.2007.

第二节　回交育种技术

一、亲本的选择

回交育种中亲本的选择包括轮回亲本的选择和非轮回亲本的选择两方面。

1. 轮回亲本的选择

轮回亲本是回交育种改良的对象和基础，必须是具有良好的综合性状、产量高、适应性强、经数年回交改良后仍有发展前途的品种，且推广使用时间较长。例如可选用当地推广的优良品种，或新育成的存有个别缺点但最有希望推广的优良品系。

2. 非轮回亲本的选择

非轮回亲本是目标性状的提供者，必须具有轮回亲本所缺少的优良性状，而且控制该性状的基因具有足够强的遗传传递力，最好是显性和简单遗传的，这样便于识别选择。此外，非轮回亲本应尽可能没有严重的缺点，而目标性状最好不与某一不利性状的基因连锁。否则，要打破这种不利连锁，实现有利基因的重组和转育，必然会增加回交次数，延长回交世代。再者，还应注意非轮回亲本的其他性状尽可能和轮回亲本相类似，以便减少恢复轮回亲本理想性状所需的回交次数。

二、回交的次数

回交育种中，回交的次数取决于回交育种的目的及其他许多因素。回交次数的多少关系到轮回亲本优良农艺性状的恢复和非轮回亲本目标性状的导入程度。在大多数情况下，经过4~6次回交并结合早代严格的选择，便可达到预期的目标。一般双亲差异小，回交次数可少；相反，亲本差异大或者需要转移的基因与不良基因之间存在连锁关系等情况时，应适当增加回交次数。

1. 回交次数与对轮回亲本性状要求恢复的程度有关

若要求回交育成的品种除含有非轮回亲本的目标性状外，其他性状必须和轮回亲本相一致，那么通常需回交4~6次。如果非轮回亲本除目标性状之外尚具备其他一些优良性状，而回交育成的新品种并不要求除目标性状外所有性状都和轮回亲本相一致时，则回交1~2次就有可能得到综合性状良好的材料，经自交选育后，虽与轮回亲本有些差异，但却综合了双亲的优良性状，丰富了育成品种的遗传基础。

2. 回交次数与非轮回亲本的目标性状基因和不利性状基因连锁的程度有关

如果非轮回亲本的目标性状基因与不良性状基因存在连锁时，必须进行更多次的回交，以打破其连锁，获得理想的重组基因型。增加回交次数可以打破连锁关系，提高排除不利基因的概率。所进行回交的次数与基因连锁的紧密程度（即交换值）有关。连锁程度强，即交换值小，回交次数多；反之，回交次数少。

3. 回交次数与回交转育的性状属性有关

一般而言，回交转育的性状多是质量性状或受寡基因控制的数量性状，而对于回交转育受多基因控制的数量性状时，回交转育的次数不能过多，因为通过多次回交转育，非轮回亲本的目标性状是难以保持原样的。所以在回交转育数量性状的过程中，只要出现既具有非轮回亲本目标性状、又有轮回亲本性状的个体时，不论已经回交了多少次，都可以停止。回交改良数量性状之所以尽早停止回交，是为了保持超越亲本分离的可能性，使回交育成的新品种既有非轮回亲本的性状，又可能出现超越轮回亲本的优良性状。

三、用于回交所需植株数

回交育种种植的杂种群体较杂交育种小得多，但为了确保回交的植株带有需要转移的基因，每一回交世代必须种植足够的植株数以供选择。关于回交所需植株数可用下列公式计算。

$$m \geq \frac{\lg(1-a)}{\lg(1-p)}$$

式中，m 为所需植株数；p 为在杂种群体中合乎需要的基因型的期望比率；a 为概率水平。

按照上式，可以计算出在无连锁情况下，几种不同基因对数每回交世代所需要的最少植株数（表7-4）。

表7-4 回交所需要的植株数

需要转移的基因数		1	2	3	4	5	6
带有转移的优良基因植株的预期比例		1/2	1/4	1/8	1/16	1/32	1/64
概率水平	0.95	4.3	10.4	22.4	46.3	95	191
	0.99	6.6	16.0	34.5	71.2	146	296

引自：西北农业大学.作物育种学.1979.

如果在回交育种中，需要从非轮回亲本转移的优良性状受一对显性基因 AA 所支配，则回交一代（BC_1F_1）的植株中就有两种基因型 Aa 和 aa，其预期比例为 1:1，即带有优良基因 A 的植株（Aa）是 1/2，每两株中就有一株是带有需要转移 A 基因的个体。在这种比例下，要使 100 次中有 99 次机会（即 99% 的可靠性）在回交一代中有一株带有 A 基因，则 BC_1F_1 的株数应不少于 7 株；如可靠性为 95%，则 BC_1F_1 的株数不能少于 5 株。在继续回交时，同样要保证每个回交世代有不少于这个数目的植株数。如果需要转移的是一对隐性基因 aa，则在 BC_1F_1 群体中 AA 和 Aa 两种基因型的预期比例也是 1:1，即带有需要转移的隐性基因 a 的植株的预期比例同样为 1/2。但由于带有 AA 和 Aa 两种基因型的植株无法在表现型上加以区别，因此，在采用连续回交的方式下，每代回交植株数不应少于 7 株，并且要保证每个回交株能产生不少于 7 株的后代。以后每个回交世代也应如此。

如果需要转移的目标基因为两对，不管这两对基因的显隐性如何，即两对基因均为显性（AABB）或均为隐性（aabb）或一对为显性另一对为隐性（AAbb 或 aaBB），F_1 的基因型都为 AaBb，BC_1F_1 中带有两个目标基因的植株数占群体的预期比率为 1/4。按照概率水平为 95%，则 BC_1F_1 的植株数不应少于 11。如 99% 的概率水平，BC_1F_1 的植株不应少于 16 株。如在连续回交的每个世代都要保证不少于上述植株数。其他类型回交所需植株数的计算，可按同样方法。

如果要求测算的株数超过上表的范围，Sedcole（1977）提出的下列公式可作为推算所需植株数的一种方法：

$$n = \frac{[2(r-0.5) + Z^2(1-q)] + Z[Z^2(1-q)^2 + 4(1-q)(r-0.5)]^2}{2q}$$

式中，n 为所需植株总数；r 为所具有目标性状基因的植株数；q 为获得具有目标性状基因植株的概率；Z 为概率 P 的函数值，当 P=0.95 时，Z=1.645；当 P=0.99 时，Z=2.326。

例如有一回交材料，r=15，q=1/64，P=0.95（Z=1.645）。BC_1F_1 群体所需总株数 n 为：

$$n = \frac{\left[2(15-0.5) + 1.645^2\left(1-\frac{1}{64}\right)\right] + 1.645\left[1.645^2\left(1-\frac{1}{64}\right)^2 + 4\left(1-\frac{1}{64}\right)(15-0.5)\right]^2}{2 \times \frac{1}{64}}$$

计算得出 n≈1420，即在 BC_1F_1 群体中至少要有 1420 株，才能出现 15 株目标性状基因杂合的植株，且成功的概率为 95%。由此可以看出，在实际回交育种工作中，必须超过估算的理论值，特别是在目标性状基因为隐性或与不良基因连锁时。因而，育种工作者在回交育种过程中，应当加大回交群体，至少要超过这一估测数。

四、回交育种程序

回交育种程序由杂交亲本圃、回交选择圃、自交选种圃、鉴定比较试验、区域试验、生产试验与栽培试验、品种的审定（认定）与推广等内容不同的步骤组成（图 7-2）。

（一）杂交亲本圃

根据回交育种的育种目标和亲本选配原则，首先选择轮回亲本 A 与非轮回亲本 B，种植于杂交亲本圃，并做 A/B 的杂交，产生杂种 F_1。

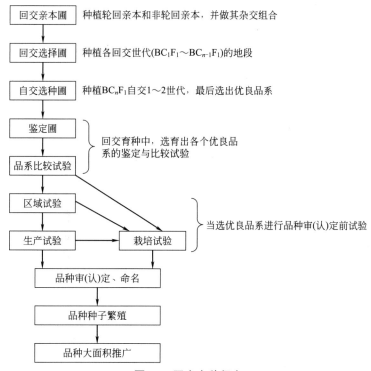

图7-2 回交育种程序

（二）回交选择圃

种植回交亲本 A/B 所获得的杂种 F_1，并同轮回亲本 A 回交，产生回交一代（BC_1F_1）。BC_1F_1 及其以后各个回交世代（BC_1F_1~$BC_{n-1}F_1$）的材料均种植于此圃。在具体回交技术和选择方法上，根据所转育的目标性状不同而不一样，具体情况如下所述。

1. 质量性状基因的回交转育

如果回交转移的性状（如抗病性）由显性单基因所控制，性状容易在杂种植株中识别，在回交一代中应严格选择具有该性状（抗病）的植株，将其再同 A 回交，产生回交二代（BC_2F_1）。以后依同样的方法继续进行回交。例如，想通过回交，把品种 B 中含抗锈病基因（RR）转移到一个具有适应性但不抗病（rr）的小麦 A 品种中去。在这一杂交中，可将品种 A 作为母本与非轮回亲本 B 杂交，再以 A 为轮回亲本进行回交育种，A 含有育种家希望能在新品种恢复的适应性和高产性状的基因。在 F_1 中锈病基因是杂合的（Rr）。当杂种回交于 A 品种（rr）时，后代将分离为两种基因型（Rr 和 rr）。抗病（Rr）的小麦植株和感病（rr）的植株在锈菌接种条件下很容易区别，只要选择抗病植株（Rr）与轮回亲本回交，如此连续进行多次，直到获得抗锈而其他性状和轮回亲本 A 品种接近的世代。这时，抗病性状上仍是杂合的（Rr），它们必须自交一代到两代，才能获得繁殖稳定的纯合基因型抗病植株（RR）。本实例所说明的回交方法是比较容易实行的，因为抗锈性是由显性单基因所控制，而且每一回交后代中，抗病植株容易借助人工接种加以鉴定，育种过程见图 7-3。

如果回交要导入的性状（如抗病性）是隐性的，每次回交后代将要分离为两种基因型（RR）和（Rr）。在回交后代中将无法把含有这种隐性基因（抗病基因）的杂合体（Rr）植株在表型上鉴定出来，在此种情况下可采用两种方法处理。一种方法是让每次回交的后代

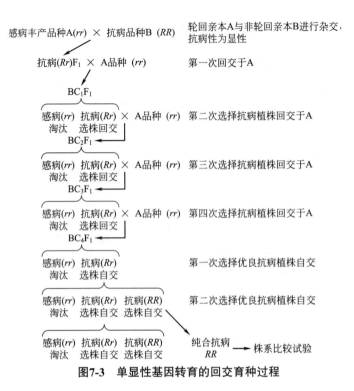

图7-3 单显性基因转育的回交育种过程

自交一次，然后从其分离的后代中选择具有回交转移性状（抗病）的优良植株与A回交。另一种方法是不管植株是纯合（RR）或杂合（Rr）都进行回交，但回交的株数要多一些，并且在每一回交植株上留1~2个自交穗。在下一代中，凡是自交后代在转移性状上发生分离的，其相应的回交后代就可以用来继续回交。而自交后代在转移性状上未发生分离的，说明该性状未转移到回交后代中，应予以淘汰（图7-4）。

2. 数量性状基因的回交转育

数量性状基因导入的回交育种工作的成功与否，以及回交工作进展的难易，受两种因素的影响，一是控制某一数量性状基因的数目，二是环境对基因表现的作用。

当控制某一性状的基因数目增加时，回交后代出现目标性状基因型的比例势必减低。为了导入目标性状基因，必须增加种植的植株数。数量性状转育的第一个问题是回交后代必须有相当大的群体。数量性状基因的转育尤其要注意非轮回亲本的选择。只要可能，要尽量选择比预期要求更加理想的性状。例如，育种目标要通过回交培育成熟期比轮回亲本提早10天的品种。如果选择一个只比轮回亲本成熟期提早10天的非轮回亲本，很可能只获得成熟期比轮回亲本只提早7~8天的品系。所以必须选择比轮回亲本更加早熟的，例如早15~20天的品种作为非轮回亲本。育种家在选择非轮回亲本时，必须考虑到这一点，才能达到理想的回交育种的目标。

数量性状进行回交转育的第二个困难是环境条件的影响。回交能否成功决定于每一世代对目标性状基因型的鉴定。当环境条件对性状表现有影响时，鉴定比较困难。这时最好每回交一次，接着就进行自交一次，并在BC_1F_2群体进行选择。因为要转育的目标性状基因有的已处于纯合状态，比完全呈杂合状态的BC_1F_1个体更容易鉴别。鉴于上述情况，在转育受环境影响很大的数量性状时，很少用回交方法。

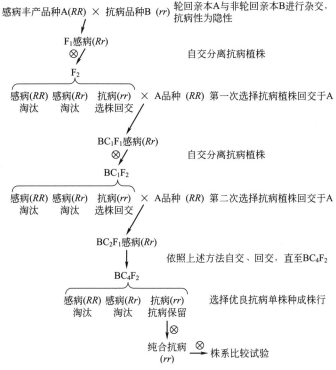

图7-4 单隐性基因转育的回交育种过程

3. 多个目标性状基因的回交转育

想通过回交同时改进一个栽培品种的若干性状是十分困难的。例如要培育具有多个不同抗病性基因的品种,或要改进一个高产品种的抗病性和品质性状等。转移多个性状可以用下列不同方式。

(1) 逐步回交法　逐步回交法是指对同一轮回亲本逐步分次进行转育不同基因的方法,即在同一回交方案中选几个分别具有不同目标性状基因的供体亲本,先以一个供体亲本与受体亲本进行杂交和回交,导入一种目标性状,然后再以它作为轮回亲本进行第二个性状的转移,如此进行,最后把分散在不同供体亲本上的优良目标性状基因逐步转移到一个改良的品种上。

(2) 聚合回交法　逐步回交法是分次逐步回交转育不同基因的,育种时间长,而且要想通过回交同时改良某一品种的多个性状几乎是不可能的,因为回交转育的每个性状的表现都需要具备一定条件,而在同一时间内是难以鉴定多个性状的。为了克服上述不足,Allard 提出聚合回交法,即利用单个性状基因分别回交转育,然后再进行相互杂交,将多个性状聚合的方法,这比逐步回交法表现较高的选择效率。聚合回交法的具体做法见图7-5。图中 A 假设为综合性状良好的轮回亲本,但不抗条锈病、白粉病和蚜虫,且成熟较晚;B、C、D、E 假设分别为抗条锈病、抗白粉

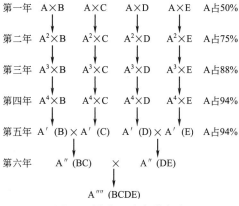

图7-5 聚合回交育种方法

病、抗蚜虫和早熟的非轮回亲本，A 分别与 B、C、D、E 进行杂交和回交，然后再由不同回交组合所获得的品系进行相互杂交，并通过选择就有可能获得综合 5 个亲本的优良性状于一体的新品种。例如南京农业大学以岱字棉 16 号为轮回亲本，以耐黄枯萎病的安通 SP-21、早熟的晋中 200 为非轮回亲本，采用聚合回交法育成了优质、耐病、中早熟的陆地棉品系南农 83-8264。

（3）回交系谱法　回交系谱法是将回交和杂种后代处理的系谱法结合应用的一种方法，又称不完全回交法。例如在一项杂交育种中，当亲本之一在大多数性状上优于另一亲本时，可将杂种后代与较好的亲本进行一两次回交，使其增加优良亲本的遗传基础，而后选取优良植株自交，用系谱法继续进行选育。这样既可让较好亲本的遗传性在杂种后代中占有较大的比例，同时又使其仍然具有较大的异质性，从而提高出现超亲分离和育成更优异品种的可能性。

（三）自交选种圃

经过必需次数的回交以后，回交后代群体的遗传型在大多数性状上已聚合成和轮回亲本相同的纯合体，但对于回交转移的目标性状来说仍然是杂合的。因此，对末次回交子代还必须让其进行 1～2 次自交，将轮回亲本的转换基因排除掉，育成含有非轮回亲本纯合目标基因所控制的优良性状及与轮回亲本性状极相似的新品系。

（四）品系比较鉴定

将综合了双亲优良性状、基因型纯合的系统混合，经过适当的比较鉴定，达到育种目标要求后，有希望的新品系必须设种子区和繁殖田，迅速繁殖生产原种，为区域试验、生产试验和栽培试验提供纯正、优良种子。

（五）区域试验

（六）生产试验和栽培试验

（七）品种的审定、定名、推广

区域试验、生产试验、栽培试验、品种审定、繁殖与推广的具体叙述，前面系统育种程序中已作详细说明。

思考题

1. 名词解释

　回交　回交育种　轮回亲本　供体亲本　逐步回交法　回交系谱法

2. 回交育种法的主要优缺点都有哪些？
3. 在回交育种中，如何选择轮回亲本与非轮回亲本？
4. 在回交育种中，如何进行一对显性性状的导入？
5. 在回交育种中，如何进行一对隐性性状的导入？
6. 在回交育种中，如何掌握合适的回交次数？回交株数又是怎样确定的？
7. 为什么在转育受环境影响很大的数量性状时很少用回交方法？
8. 试述回交育种的育种程序。

第八章　杂种优势利用

思政与职业素养案例

中国利用杂种优势理论选育玉米品种的开拓者——李竞雄

李竞雄（1913—1997），男，江苏苏州人，著名玉米遗传育种学家。1936年毕业于浙江大学农学院，1948年获得美国康奈尔大学博士学位。1980年当选为中国科学院学部委员（院士）。

李竞雄长期从事细胞遗传和玉米育种研究。他在北京农业大学工作期间，带领助手们培育出农大4号、农大7号等几个玉米杂交种。这些杂交种刚一问世，就表现出生长整齐、抗倒、抗旱和显著增产的优势。为了推广杂交玉米，李竞雄多次深入到山西、山东、河北和京郊农村，向农民兄弟传授技术，讲解杂交玉米的知识，还应邀为原《红旗》杂志写了《积极推广玉米杂交种》的文章，使人们真正认识到玉米杂交的好处。仅以山西而言，从1960年开始试种，短短5年内就发展到33万公顷，占全省玉米面积的一半以上。从此，玉米杂交种在中国的土地上生根发芽，也可以说，我国玉米生产从此进入杂交种的时代。

李竞雄

70年代初，严重的病害威胁着玉米生产。据对北方8个省区的调查，玉米大、小斑病在一般发病年份，危害玉米面积在1亿亩左右，玉米减产15亿～18亿千克。还有一些地区玉米遭受丝黑穗病、青枯病、矮化病毒病的危害。培育抗病高产玉米品种是一项迫不及待的任务。1972年，李竞雄从山西大寨的劳动场所调回北京在中国农业科学院从事抗病育种工作。李竞雄和助手从全国各地征集了2000多个自交系，经过几年的观察、比较、杂交，从中选育出7个中单号玉米单交种，其中以自330与Mo17杂交组合表现最好，植株矮健，抗多种病害，在北京郊区多点示范，亩产均在400kg以上。李竞雄给它命名为中单2号。1977年开始在全国推广，很快遍及我国南北20多个省（区）。1982年至1992年中单2号每年种植面积都在2000万亩以上，种植面积最多年份达5000多万亩，位居全国所有品种的首位和第二位。

> 中单2号玉米的育成和推广，标志着我国玉米杂交育种工作达到了一个新水平，即实现丰产、多抗、适应性广的综合性目标。理论上一般认为，一个玉米杂交种在生产上的鼎盛时期可持续5至8年，而中单2号如松柏常青，常年不衰，为我国玉米生产贡献卓著。
>
> 1978年，李竞雄被任命为中国农业科学院作物育种栽培研究所副所长，玉米研究室主任，研究员。1979年春，李竞雄当选为中国科学院生物学部委员（1994年称为院士），这是中国科学领域具有最崇高荣誉和学术权威性的称号。同年，李竞雄当选为农业部科学技术委员会委员。1981年3月，李竞雄实现了他的夙愿，光荣地加入了中国共产党。1984年，李竞雄主持培育的多抗性丰产玉米杂交种中单2号荣获国家发明一等奖。1987年被选为农业部和中央国家机关工委党员代表，1989年获全国先进工作者称号。2009年被授予新中国成立60周年"三农"模范人物荣誉称号。
>
> 他深知科学的永恒就在于坚持不懈的追求之中。科学，就其容量而言，是永远不会枯竭的；就其目标而言，是永远不可企及的；科学是一个永无止境的前沿，科学事业要求一个科学家献出他的一生和全部才能。

第一节　杂种优势利用的概况及其表现特性

一、杂种优势利用的简史与现状

杂种优势（heterosis）是指两个性状不同的亲本杂交产生的杂种，在生长势、生活力、繁殖力、适应性，以及产量、品质等性状方面超过其双亲的现象。杂种优势是生物界一种普遍现象。1400多年前，后魏贾思勰的《齐民要术》中就记载了马和驴杂交生骡的事例。1637年出版的《天工开物》也记载了蚕的杂交事例。欧洲在产业革命之后才开始作物杂种优势利用的研究。

杂种优势一词最先由 Shull 于 1908 年提出的。但早在 1763 年法国学者 Kolreuter 就研究了烟草的杂种优势。于 1761~1766 年 Kolreuter 育成早熟烟草杂交种。遗传学家 Mendel 1865 年通过豌豆杂交试验中杂种一代的优势现象，首先提出了杂种活力。

真正给农业生产带来震撼的应是玉米杂种优势的利用。Beal 大约在 1876 年开始进行玉米品种间杂交研究。Morrow 和 Cardner（1893）制订了生产杂交种子的程序，Richey（1922）进行了大量的品种间杂交种的产量比较试验。Shamel（1898~1902）、Shull（1905~1909）、East（1908）和 Collins（1910）等先后进行了玉米自交系选育与杂种优势的研究。Shull 并首次提出了"杂种优势"这一术语和选育单交种的基本程序，从遗传理论上和育种模式上为玉米自交系间的杂种优势利用奠定了基础。但因当时自交系的产量低，生产杂交种子成本高，致使玉米单交种未能投入生产。直到 1918 年 Jones 提出了利用双交种，才实现了玉米自交系间杂种优势的利用。

我国玉米杂种优势育种的研究起步于 20 世纪的 30 年代，直到 60 年代才推广双交种。随着改革开放和科技投入加强，目前玉米杂交种在生产上的普及率达 100%，另外，杂种优势利用也广泛应用于高粱、水稻、油菜和棉花等各种作物，许多方面的成果在世界上处于领先水平。我国杂交高粱的研究始于 20 世纪 50 年代后期,到 60 年代后期,育成并推广了一批高粱杂交种,现在高粱杂交种也已普及,约占高粱总面积的 80%。中国杂交水稻的研究始于 1964 年,70 年代前期完成了籼型和粳型水稻三系配套,70 年代中期开始推广种植杂交水稻,到 1990 年杂交水稻种植面积达 1600 万公顷,占全国水稻面积的 50%。中国杂交水稻的大面积推广,开创了自花授粉作物杂种优势利用的先例,处于国际领先地位。杂交小麦的研究始于 1965 年,现已选育出一批强优势组合,正在进行区试或试种。油菜杂种优势的研究始于 60 年代中期,经过 20 多年的研究,已育成秦油 2 号、华杂 2 号等几个杂交组合。中国的棉花杂种优势利用,也进行了大量的研究,但尚未取得重大进展。四川省利用核不育系配制的棉花杂交种,已在生产中利用,每年的推广面积占该省棉田的 25%~30%。

目前世界上已经利用和即将利用杂种优势的植物有以下几类。

大田作物——玉米、水稻、高粱、黑麦、向日葵、棉花、谷子、烟草、小麦、大麦、燕麦、珍珠粟、大豆、油菜、甜菜以及苜蓿等牧草。

蔬菜作物——甜玉米、番茄、洋葱、茄子、黄瓜、西葫芦、南瓜、甘蓝、西瓜、笋瓜、食荚菜豆、花椰菜、白菜、萝卜、胡萝卜、菠菜、石刁柏、莴苣、辣椒、葱、菜豆、豌豆、马铃薯。

还有椰子等果树植物,桉树等林木植物以及秋海棠等观赏植物。

利用杂种优势可大幅度提高作物产量和改良作物品质,具有巨大的社会和经济效益,是现代农业科学技术的突出成就之一。随着研究的深入,将会取得更大进展。

二、杂种优势的类型与度量

根据杂种优势性状表现的性质,可以把杂种优势划分为三种基本类型:①体质型,杂种的营养器官发育良好,如茎、叶生长发育旺盛,生物学产量高;②生殖型,杂种的生殖器官发育较强,如结实器官增大,结实性增强,种子和果实产量高;③适应型,杂种具有较高的生活力、适应性和生长竞争能力。

为了便于研究和利用杂种优势,通常采用下列方法度量杂种优势的强弱。

1. 中亲优势

中亲优势指杂交种(F_1)的产量或某一数量性状的平均值与双亲(P_1 或 P_2)同一性状平均值差数的比率。计算公式为:

$$\text{中亲优势} = \frac{F_1 - (P_1 + P_2)/2}{(P_1 + P_2)/2} \times 100\%$$

2. 超亲优势

超亲优势指杂交种(F_1)的产量或某一数量性状的平均值与高值亲本(HP)同一性状平均值差数的比率。计算公式为:

$$\text{超亲优势} = \frac{F_1 - HP}{HP} \times 100\%$$

有些性状在 F_1 可能表现出超低值亲本(LP)的现象,如这些性状也是杂种优势育种的目标时,可称为负向的超亲优势。计算公式为:

$$\text{负向超亲优势} = \frac{F_1 - LP}{LP} \times 100\%$$

3. 超标优势

超标优势指杂交种（F_1）的产量或某一数量性状的平均值与当地推广品种（CK）同一性状的平均值差数的比率。也有称为竞争优势的。计算公式为：

$$超标优势 = \frac{F_1 - CK}{CK} \times 100\%$$

4. 杂种优势指数

杂种优势指数是杂交种某一数量性状的平均值与双亲同一性状的平均值的比值，也用百分率表示。公式如下：

$$杂种优势指数 = \frac{F_1}{(P_1 + P_2)/2} \times 100\%$$

经过上述公式计算后，当 F_1 值大于 HP 值时，称为超亲优势；当 F_1 值小于 HP 值而大于双亲平均值（MP）时，称为中亲优势或部分优势；当 F_1 值小于 LP 值时，称为负向超亲优势或负向完全优势。

三、杂种优势的表现特性

凡是能进行正常有性繁殖的生物，都能见到杂种优势这种现象。由于受双亲基因互作和环境条件互作的影响，杂种优势的表现是普遍的，复杂的，同时也是有条件的。归纳起来有以下特点。

1. 复杂多样性

杂种优势的表现因组合不同、性状不同、环境条件不同而呈现复杂多样性。从基因型看，自交系之间的杂种优势往往强于自由授粉品种间的杂种优势；不同自交系组合间的杂种优势，也有很大差异。从性状看也是不一致的，在一些综合性状上往往表现为较强的杂种优势，而在一些单一性状上，有时并无优势。据王振华（1991）试验，从玉米单株籽粒产量看所有 42 个杂交组合都表现为超亲优势，超亲优势率为 75.9%～253.5%；而一些产量因素性状的杂种优势则较低。如百粒重，只有 37 个杂交组合表现为超亲优势，超亲优势率为 1.1%～41.4%，4 个杂交组合表现为中亲优势，中亲优势率为 0.1%～10.5%，还有一个杂交组合表现负向中亲优势，中亲优势率为 −2.1%。

植株营养体的杂种优势也有类似情况。根据潘家驹的《作物育种学总论》，菜豆杂种一代的叶片数只有较低的超亲优势，超亲优势率为 4.3%～7.0%；叶片的大小则接近中亲值，中亲优势率为 −0.8%～0；而单株叶面积则表现较强的超亲优势，超亲优势率为 81.4%～95.7%。

杂种一代的品质性状表现更为复杂，不同性状和不同组合都有较大的差异。如玉米籽粒的淀粉含量和油分含量，绝大多数杂交组合都表现不同程度的杂种优势。玉米籽粒的蛋白质含量则相反，绝大多数杂交组合都表现不同程度的负向优势，甚至低于低值亲本。而玉米籽粒中赖氨酸含量的变幅更大，多数杂交组合呈中间性，接近中亲值。Sernyk 和 Stefansson（1983）的研究指出：大多数甘蓝型油菜杂交组合含油量表现为超亲优势或中亲优势，中亲优势率为 −1.6%～11.4%。多数杂交组合的蛋白质含量表现为负向中亲优势和负向超亲优势，中亲优势率为 −13.4%～2.2%。

2. 杂种优势强弱与亲本性状的差异及纯度密切相关

当亲本在自然杂交亲和前提下，亲本间的亲缘关系、生态类型、地理距离及性状上差异大且性状具有互补性时，其 F_1 优势往往较强。反之，则较弱。例如，同一生态类型的高粱品种之间的杂交种的杂种优势都不强。而不同生态型的品种间的杂交高粱之间的杂交种都表现较强的杂种优势。双亲性状之间的互补对杂种优势表现的影响也很明显。再如用穗长而粒行数较少的玉米自交系与穗粗而粒行较多的玉米自交系杂交得到的 F_1，常能表现出大穗、多行、多粒优势。

在双亲的亲缘关系和性状有一定差异的前提下，基因型的纯度越高，则杂种优势越强。因为纯度高的亲本，产生的配子都是同质的，杂交后的 F_1 是高度一致的杂合基因型，每一个体都能表现较强的杂种优势，而群体又是整齐一致的。如玉米品种间杂交种的杂种优势明显低于自交系间杂交种。即使同一杂交组合，用纯度高的亲本配制的 F_1，其优势也明显高于用纯度低的亲本配制的 F_1。因此，异花授粉作物和常异花授粉作物利用杂种优势时，要首先选育自交系和纯合的品种，在亲本繁殖和制种时，必须采取严格的隔离保纯措施。

3. F_2 及以后世代杂种优势的衰退

F_1 群体间基因型的高度杂合及表现型的整齐一致性是构成强杂种优势的基本条件。而 F_2 及以后世代的基因分离重组则破坏了这个基本条件。基因的分离也导致了表现型的不一致，以一对等位基因为例，P_1（aa）×P_2（AA）→F_1（Aa），F_1 全部个体的基因型都是 Aa，杂种优势强而且整齐一致。F_2 的基因型分离为三种：$1/4AA：1/2Aa：1/4aa$，纯合基因型和杂合基因型各占一半，只有杂合基因型个体表现杂种优势，另一半纯合基因型个体的性状趋向双亲，不表现杂种优势。因此，F_2 群体的杂种优势和整齐度比 F_1 明显下降，生产上一般只利用 F_1 的杂种优势，F_2 不宜继续利用。如果 F_1 的基因型具有两对杂合位点 $AaBb$，则 F_2 具有 9 种基因型，其中有 4 种纯合基因型 $AABB$，$aaBB$，$AAbb$ 和 $aabb$，各占 1/16，即共有 1/4 双纯合体。其余的基因型均为杂合体，其中双杂合体占 1/4，单杂合体占 2/4。由此可见，F_1 基因型的杂合位点越多，则 F_2 群体中的纯合体越少，杂种优势的下降就较缓和。

F_2 以后世代杂种优势的变化，则因作物授粉方式而有区别。一般异花授粉作物，F_2 群体内自由授粉，如不经过选择和不发生遗传漂移，其基因和基因型频率不变，则 F_3 基本保持 F_2 的优势水平（哈德-魏伯格定律）。但如进行自交或自花授粉作物，则后代基因型中的纯合体将逐代增加，杂合体将逐代减少，杂种优势将随自交代数的增加而不断下降，直到分离出许多纯合体为止。F_2 杂种优势较 F_1 降低的程度因亲本性质、数目和具体杂交组合而不同。一般来讲，F_1 优势越大，F_2 杂种优势降低的也越大。如杂交玉米中，单交种 F_2 的代产量仅为 F_1 的 65.3%；双交种次之，为 F_1 的 81.5%；顶交种和品种间杂交种杂优的降低幅度小，分别为 F_1 的 86.1% 和 89.6%。因为两个自交系配制的单交种由于其遗传基础相对于其他的比较简单，F_2 后代出现纯合个体的比率高，因而 F_2 减产幅度大。杂种 F_2 的理论产量可以由下式进行理论推算：

$$F_2 \text{的理论产量} = F_1 - \frac{F_1 - P}{n}$$

式中，P 表示亲本的平均产量，n 代表亲本个数。

那么 F_2 优势的降低为：

$$F_2的优势降低率 = \frac{F_1 - F_2}{F_1} \times 100\%$$

四、杂种优势的固定

杂种优势衰退的主要原因是随着杂交一代进一步自交繁殖，破坏原有高度杂合一致的基因，出现了基因分离重组，使一些不良的隐性基因得以纯合，造成群体间差异显著，降低了生产水平。据此，可采取相应的方法固定杂种优势。

1. 染色体加倍法

以一对基因 Aa 为例，根据显性假说，F_2 之所以优势下降是因为 F_2 中出现了 25% 的 aa 基因型。如果将 F_1（Aa）加倍成四倍体 $AAaa$，这种四倍体自交留种，下一代 $aaaa$ 基因型的个体只占 1/16（6.5%）。用此法可以部分固定杂种优势，但随着留种代数的增加，基因型为纯合隐性的个体会逐渐增加。因此，此法的实用价值不大。

2. 无性繁殖

这是固定杂种优势的最好办法。实际上无性繁殖植物一直在用此法固定杂种优势。主要问题在于多数有性繁殖植物不容易实行无性繁殖，或是成本过高，甚至比每年制种所需的费用还大。因此在多数作物生产上一时还难以实现。

3. 无融合生殖法

无融合生殖则是由未经减数分裂的珠心、珠被的体细胞发育成的种子，实际上是无性繁殖的一种特殊形式。柑橘类、葱属、苹果属、树莓属、无花果属及多种花卉常存在无融合生殖。无融合生殖也可以通过选择、诱变、远缘杂交等方法获得。通过选择可使无融合生殖率提高，成为一个可以遗传的稳定性状，可以转育到杂种优势高的 F_1 的植株中，用于杂种优势的固定。

4. 平衡致死法

有些染色体片段处于杂合状态时表现为正常的性状，处于纯合状态时，表现为植株致死，使存活下来的个体都有杂种优势。因此，利用该法可以固定杂种优势。

五、杂种优势利用与常规杂交育种的比较

杂种优势育种与杂交育种的相同点是都需要选择选配亲本，进行有性杂交。不同点是杂交育种是先进行亲本的杂交，获得杂种 F_1，然后使杂种 F_1 后代纯化成为定型的（重要性状基本上不再分离的）品种（品系）或系统用于生产；杂种优势育种则先使亲本逐代自交纯化，最终成为自交系，然后使纯化的自交系杂交，获得杂种 F_1 用于生产。简单讲，杂交育种是"先杂交后纯化"，杂种优势育种是"先纯化后杂交"（图 8-1）。

由于杂种优势育种供生产上播种的每年都用一代杂种，不能用 F_1 留种，因而需要专设亲本繁殖区和制种田，每年生产 F_1 种子供生产播种用。而在杂交育种选育出定型品种中，这些制种手续在应用于定型品种生产时都可以省略，通常每年从生产田或种子田内植株上收获的种子，即可供下一年生产播种之用。生产上应用一代杂种，虽增加了制种的麻烦和提高了种子生产成本，但只要增产显著，经济合算就行。

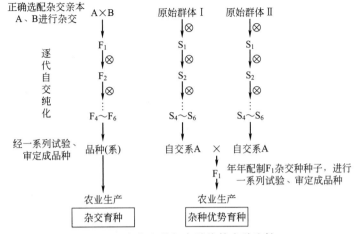

图8-1 杂交育种与杂种优势育种比较

第二节 杂种优势的遗传基础

杂种优势利用已扩大到许多作物,是当今获得作物大面积增产的育种手段之一。但由于其遗传机理的复杂性,对杂种优势遗传理论的解释基本停留在假说的水平。

1. 显性假说

显性假说又称为"有利显性基因假说",该假说最先是由 Davenport(1908)提出的,其后经 Bruce(1910)及 Jones(1971)的发展而成为显性假说。其基本论点是:杂种 F_1 集中了控制双亲有利性状的显性基因,每个基因都能产生完全显性或部分显性效应,由于双亲显性基因的互补作用,从而产生杂种优势。如两个具有不同基因型的亲本自交系杂交 $AABBccdd \times aabbCCDD$,其 F_1 的基因型为 $AaBbCcDd$,假设纯合的显性等位基因 A 对某一数量性状的贡献为 12,B 贡献为 10,C 贡献为 8,D 贡献为 6,相应隐性等位基因的贡献分别为 6、5、4、3,则亲本 $AABBccdd$ 该性状值为 12+10+4+3=29,另一亲本 $aabbCCDD$ 为 6+5+8+6=25,F_1 该性状表现要根据基因的效应而定。如果没有显性效应,则杂合的等位基因 Aa、Bb、Cc、Dd 的贡献值都等于相应的等位显性基因和隐性基因的平均值,即 $F_1 AaBbCcDd=(12+6+10+5+8+4+6+3)/2=27$,恰恰是双亲的平均值,没有杂种优势。如果具有部分显性效应,则 F_1 性状的值大于中亲值偏向高值亲本,表现出部分杂种优势,即 $F_1 AaBbCcDd > (12+6+10+5+8+4+6+3)/2=27$。如具有完全显性效应时,$Aa=AA=12$,$Bb=BB=10$,$Cc=CC=8$,$Dd=DD=6$,因此,杂种 $F_1 AaBbCcDd=12+10+8+6=36$,由于双亲显性基因的互补作用而表现出超亲优势。

2. 超显性假说

超显性假说是 Shull 1908 年提出的,经 East(1936)用基因理论将此观点具体化,并受到 Hull 在内的一批育种学家支持。这一假说的基本论点是:杂合等位基因的互作胜过纯合等位基因的作用。杂种优势是由于双亲杂交的 F_1 基因型的异质结合所引起的,即由杂合性的等位基因间互作的结果。按照这一假说,杂合等位基因的贡献可能大于纯合显性基因和纯合隐性基因的贡献,即 $Aa>AA$ 或 aa,$Bb>BB$ 或 bb,所以称为超显性假说,又称等位基因异质结合假说。这一假说认为杂合等位基因之间以及非等位基因之间,是复杂的互作关系，而不是显性、隐性关系。由于这种复杂的互作效应，才可能超过纯合基因型的效应。这种效应可能是由于等位基因各有本身的功能，分别控制不同的酶和不同的代谢过程，产生不同的产物，从而使杂合体同时产生双亲的功能。例如某些作物两个等位基因分别控制对同一种病菌的不同生理小种的抗性，纯合体只能抵抗其中一个生理小种的危害，而杂合体能同时抵抗两个甚至多个生理小种的危害。近年来一些同工酶谱的分析也表明，杂种 F_1 除具有双亲的酶带之外，还具有新的酶带，都表明不仅是显性基因互补的效应，还有杂合性的等位基因间的互作效应。

3. 显性假说和超显性假说的评论

显性假说和超显性假说都有大量的实验依据，都在一定程度上解释了杂种优势产生的原理。显性假说部分地解释了各类作物杂种优势的强弱，在一定程度上受有利显性基因的互补效应，即显性基因的加性效应所决定，对主要利用有利基因加性效应的一些育种方法作出了解释。超显性假说也在一定程度上解释了各类作物杂种优势的强弱取决于等位基因间与非等位基因间复杂的互作效应。对双亲亲缘关系的远近和杂种优势的强弱有相关性、一些亲本自交系的产量和单交种的产量没有相关性、自交衰退以及杂种一代优势难以固定等现象，作出了较好的解释。两种假说的共同点是都承认杂种优势的产生是来源于杂交种 F_1 等位基因和非等位基因间的互作，都认为互作效应的大小和方向是不相同的，从而表现出正向或负向的中亲优势或超亲优势。但认为基因互作的方式是不同的。显性假说认为杂合的等位基因间是显隐性关系，非等位基因间也是显性基因的互补或累加关系，就一对杂合等位基因讲，只能表现出完全显性和部分显性效应，而不能出现超亲优势。超显性假说则认为杂合性本身就是产生杂种优势的原因，一对杂合性等位基因不是显性、隐性关系，而是各自产生效应并互作，因此也可能产生超亲优势。如再考虑到非等位基因间互作，即上位性效应。出现超亲优势的可能性就更大了。由此可见，两种假说是互相补充的，而不是对立的，等位基因间和非等位基因间的互作效应是复杂的，既有显性、加性效应，也有上位性效应。大量数量性状的分析表明，一些性状的遗传以加性效应为主，非加性效应的作用较小；另一些性状的遗传，则以显性或上位性效应为主。而最终产量性状，如单株籽粒产量，是各个产量因素的综合体现，必然是多种基因互作效应的结果。两种假说都忽视了细胞质基因和核质互作对杂种优势的作用。而叶绿体遗传、细胞质雄性不育性遗传以及某些性状表现的正反交差异等事例，都证实了细胞质和核质互作的效应，显然是两种假说的不足之处。

4. 染色体组-胞质基因互作模式

染色体组-胞质基因互作模式假说是由 Srivastava（1981）提出，又称为基因组互作模式。她认为基因组间互补可能包括细胞核与叶绿体、线粒体基因组的互作与互补，杂种优势就是由这些互作或互补所致。在小麦族中发现的不同来源核质结合的质核杂种表现有优势的事实支持这一假说。

此外，对杂种优势的解释还有一些其他假说，在此不一一列举说明。

事实上，以上三种假说都在一定程度上揭示了杂种优势产生的原理，但都具有一些局限性。随着分子生物学技术及构建高密度遗传图谱的发展，为阐明杂种优势遗传基础提供了有力的工具，研究者从不同角度在分子水平上验证杂种优势假说，但真正的杂种优势遗传理论的完全建立仍需要科学家的不断努力。

第三节 杂交种品种的选育

一、利用杂种优势的基本原则

由于作物自身开花结实特点或现存杂交技术上的难点,并非任何作物都适合利用杂交育种这种育种方式,应结合生产 F_1 经济效益来考虑,真正将某种作物的 F_1 应用于生产,必须具备下列基本条件。

1. 有纯度高的优良亲本品种或自交系

优良的亲本品种或自交系是组配强优势杂交种的基础材料。要求亲本系都具有良好的和整齐一致的农艺性状、高配合力和抗病性等,同时要求具有不同的亲缘关系而且性状互补,才能配制成强优势的杂交种。亲本的一切优良性状都是受基因控制的,因此,基因型的纯合程度直接影响亲本系优良性状的遗传与表现。保持亲本品种和自交系的纯度,保持其遗传稳定性,是持续利用杂种优势的首要条件。

2. 有强优势的杂交组合

所谓的强优势既包括产量优势,也包括其他性状的优势,诸如抗性优势,表现抗主要病害、抗倒伏等;品质优势,表现营养成分高或适口性良好等;适应性优势,表现适应地区广或适应间套作等;生育期优势,表现早熟性或适应某种茬口种植等;株型优势,表现耐密植或适于间套作等。凡只是产量方面具有强优势而其他性状不具优势的杂交组合,往往不能稳产高产,风险性较大,不宜推广利用。除产量优势外,必须具有优良的综合农艺性状,具有较好稳产性和适应性的杂交组合出现概率很低。必须在育种过程中经过大量组合筛选,经过多年、多点试验比较和生产示范,才能选出优良的杂交种品种。

3. 繁殖与制种工序简单易行,种子生产成本低

在生产上大面积种植杂交种时,必须建立相应的种子生产体系。这一体系包括亲本种子的繁殖和 F_1 种子的制种两个方面,以保证每年有足够的亲本种子用来制种,有足够的 F_1 商品种子供生产使用,所以必须具备以下条件。

① 有简单易行的亲本品种(系)的自交授粉繁殖方法,以保持亲本纯度,提高亲本种子产量。

② 有简单易行的配制大量杂交种子的方法,保证杂交种子质量,提高制种产量,降低生产成本。

③ 有健全的体系和制度,如亲本繁殖与制种的种子生产体系与管理制度,杂交种子推广销售网络等。

二、不同繁殖方式作物利用杂种优势的特点

1. 自花授粉和常异花授粉作物

这两类作物由于长期自花授粉,品种内各植物间的性状一致,其遗传基础一般是纯合的,两个品种杂交得到的杂种一代整齐一致。因此利用杂种优势的主要方式是,选配两个优良品种进行杂交,获得品种间杂交种。常异花授粉的高粱和棉花等,为了防止天然杂交,保持和提高品种纯度,可结合人工自交,以提高杂种一代的整齐一致性。自花授粉作物和

常异花授粉作物都是雌雄同花，去雄不易，如果雄蕊拔除不净，便会自交结实，降低制种质量。所以能否利用 F_1 的杂种优势，关键是要解决去雄问题。

2. 异花授粉作物

玉米、甜菜、白菜型油菜等异花授粉作物，天然杂交率高，品种的遗传基础复杂，不但株间遗传组成不同、性状差异大，每一植株也是个杂合体。因此，虽然也可以利用品种间杂种，但 F_1 生长不整齐，杂种优势不够强，产量不够高。

为了克服异花授粉作物的杂合状态，利用杂种优势的一个重要特点是：人工控制授粉，强迫进行自交，提高杂交亲本的纯合性。自交是提高选择效果的一种手段，通过自交，使杂合体迅速趋向纯合化，分离出多种多样的纯合体，称为自交系，以丰富选择材料，然后再选配两个或几个优良自交系进行杂交，获得自交系间杂交种。

3. 无性繁殖作物

甘薯、马铃薯等无性繁殖作物进行有性杂交以后，从杂种一代中选择优良单株进行无性繁殖，使杂种后代能在较长时期内维持像 F_1 那样的优势水平，而不必年年生产 F_1 种子，这是这类作物利用杂种优势的主要特点。

三、自交系的选育与改良

为了充分发挥杂交种的优势，制种所用的亲本必须是高度纯合的。双亲的遗传纯合度越高，杂种的一致性越好，优势就越大。杂交种品种选育包括优良亲本的选育和按一定杂交方式组配杂交种两个方面。自交系就是经过多年、多代连续的人工强制自交和单株选择所形成的、基因型纯合的、性状整齐一致的自交后代。它主要为杂交制种提供亲本。

（一）对自交系的基本要求

选育自交系是异花授粉作物和常异花授粉作物利用杂种优势的第一步工作。一般应具备以下条件。

① 基因型纯合，表型整齐一致　经过多代自交和严格选择，使基因型达到育种要求的纯合程度。

② 具有较高的一般配合力　自交系的一般配合力高，才能组配成强优势的杂交种。一般配合力受加性遗传效应控制，是可遗传的特性。一般配合力高，表明自交系具有较多的有利基因位点，是产生强优势杂交种的遗传基础。

③ 具有优良的农艺性状　自交系农艺性状的优劣直接影响杂交种的相应性状。优良农艺性状是适合育种目标的多种性状，包括植株性状，如株高、株型、生长势和叶片持绿性等；产量性状，如穗大小、籽粒数和粒重等；以及抗病性和抗逆性等。

（二）选育自交系的原始材料

选育自交系的原始材料类型多种多样，总体上可划分为三大类型。

1. 地方品种和推广的常规品种

地方品种的地区适应性强，还有一些优良的性状，如品质好或对某种病害的抗性，可以从中选育出对当地适应性强和品质好的自交系，但地方品种往往产量不高。玉米的大多数地方品种还有不适应人工自交、自交衰退严重的现象，较难选育出农艺性状好和高产的优良自交系。推广品种是经过选择改良的优良品种，具有较高生产力和更多优良农艺性状，是产生优良自交系的好材料。从上述品种群体和品种间杂交种中选育出的自交系,统称为一环系。

2. 自交系间杂交种

该类基本材料往往集中了几个优良亲本自交系的许多有益基因,具有较高的配合力和良好的农艺性状,其遗传基础也较简单。因此,从该类基本材料中选育自交系,往往稳定、快,育成的自交系具有综合性状好、配合力高等优点,但适应性往往较差。自交系间杂交种是当前选育自交系最常用的基本材料,从该类基本材料中选出的自交系称为二环系。

3. 综合品种和人工合成群体

综合品种和人工合成群体是为不同的育种目的而专门组配的。其基本特点是遗传基础复杂和遗传变异广泛,能适应较长期的育种要求。如 Sprague(1917)用 14 个自交系组配的爱阿华硬秆综合种(BSSS);我国利用太谷核不育小麦与多个小麦品种(系)合成的抗赤霉病综合群体;以及利用水稻的 4 个湖北光敏核不育系(HPGMR)为母本,分别与 12 个具有多穗或大穗的粳型和爪哇型品种组建成的育种基础群体,都具有广阔的遗传基础、丰富的遗传变异,是分离自交系的好材料,可以选育出优异的自交系。但利用这类遗传基础复杂的群体筛选自交系,首先要求群体进行多代的自由授粉,打破基因连锁,达到充分重组和遗传平衡;其次,要求进行大量的单株选择。因此,育种需要时间长、工作量大。

(三) 自交系的选育方法

在自交系的选育过程中,始终要按照农艺性状优良、一般配合力高和遗传纯合三点基本要求进行选择。从各种原始材料中选育自交系的主要方法,是连续多代套袋自交结合农艺性状选择和配合力测定。即采用系谱法和配合力测交试验相结合的方法,选育过程中形成系谱,最终育成符合要求的自交系。

1. 人工套袋自交技术

无论异花授粉作物或常异花授粉作物,在选育自交系时,都要进行人工套袋自交。人工套袋自交的基本方法是,在开花散粉之前,用适合花序大小的硫酸纸袋(或羊皮纸袋)将当选植株的花序套上,起隔离保护作用,防止异品种(系)花粉干扰。如属雌雄异花的作物,应将雌花序与雄花序分别套袋隔离,套袋后的第 2 或第 3 天散粉时,收集套袋雄花序的花粉,授于同株套袋雌花序的柱头上,再迅速套袋隔离,系上标签,注明区号或品种名称、自交符号与授粉日期,即完成了自交过程。如属雌雄同花的作物,只要用一个大小适合的硫酸纸袋将全花序或主花序套袋隔离,系上标签,同上注明有关项目,任其在套袋内自花授粉结实。从套袋中收获的种子就是自交种子。各主要作物的人工套袋、自交授粉技术详见作物育种实验。

2. 选育自交系的具体步骤

(1) 选择优良的原始材料 并非任何选育自交系的基础材料都能分离出优良的自交系,也并非任何自交系都能配组出优良的一代杂种,而且许多自交系在自交分离过程中会被淘汰,因而要获得优良一代杂种必须在开始时有大量的自交系。一般从不是很优良的品种内获得的自交系大多是不适用的。因此,为了增加成功的机会和节约人力、物力和时间,应该选用优良的原始材料作为分离自交系的基础材料。

(2) 选择优良的单株进行自交 在选定的基础材料内选择优良的单株分别进行自交。

每一基础材料内应选供自交的株数和每一自交系应种植的后代株数，是随试材的具体情况而不同的，通常约数株至数十株。一般而言，基础材料是品种的应多选一些单株进行自交，而每一自交株的后代可种植相对较少的株数；基础材料是杂种的则可相对少选一些植株自交，但每一自交株的后代应种植相对较多的株数。对于株间一致性较强的品种可以相对少选一些单株自交，对于株间一致性较差的品种应该对各种有价值类型都选有代表株。通常每一个 S_1 株系种植 50~200 株，S_1 的株系数大多在几十个到几百个之间。

（3）逐代系间淘汰选择和选株自交　根据选育目标性状比较鉴定各 S_1 的不稳定自交系，先淘汰一部分不良的。所谓不良不稳定自交系即系内植株普遍表现生长衰弱、没有经济性状可取的植株。在剩余的各 S_1 自交系内分别选取几株到几十株继续进行自交。应该注意在 S_1 选供继续自交的植株，不宜过分集中在少数几个 S_1 株系内，以免将来育成的自交系大多亲缘较近，配组后的杂种优势强度不高。S_1 选供继续自交的株数根据具体情况和工作条件，约在几百到几千株之间；下一代每一 S_2 株系的种植株数 20~100 株。以后各代继续进行系间比较淘汰和选株自交，但选留的自交系数逐步减少到最后剩几十个，每一自交系的种植株数可随着株系数的减少而稍稍增多。自交一般进行 4~6 代，直至获得纯度很高、主要性状不再分离、生活力不再明显衰退的自交系为止。

在整个自交系选育过程中，为了避免错乱和便于考查系谱，一般采取下列方式编号。例如 B6-23-7-2 代表基础材料 B 的 S_0 代第 6 株，S_1 代第 23 株，S_2 代第 7 株，S_3 代第 2 株的自交系。

（四）自交系的改良

1. 改良的目的

选出一个优良的、有突破性自交系的概率是很低的。然而在育种中，即使是很优良的自交系，也难免存在个别缺点，如苗期生长势较弱，或对某些病虫害抗性不强等。这些缺点将影响优系的利用。通过遗传改良，可以提高优系的利用价值。因此，自交系改良的目的是在保留优系的全部或大部分优良性状，保持它的高配合力特性的前提下，改良它的个别不良性状，以便更有效地利用。

2. 改良的基本方法

回交改良法是自交系改良的基本方法。回交改良法的育种程序是〔(A×B)×$A^{1~5}$〕⊗2~5 → A′。A 代表需要改良的优系，B 指具有某些优良性状的供体系。$A^{1~5}$ 表示用 A 系作轮回亲本回交次数，⊗2~5 表示自交次数，A′ 表示 A 的改良系。回交改良的具体方法详见本书前述的回交育种，经过回交改良后选出的纯合稳定系就是原优系的改良系。

（1）供体系的选择　进行回交改良时，选择供体系是个关键。供体系必须具备两个基本条件：第一，具备明显的、可以弥补被改良系某些缺点的优良性状，并了解这些性状的遗传特点。第二，具有较高的配合力，较多的优良性状，没有严重的、难以克服的缺点。否则，由于基因的连锁即使经过多次回交和严格选择，在进行性状改良的同时，还可能降低改良系的配合力或出现新的不良性状而前功尽弃。

（2）适宜的回交次数　进行回交改良时，因改良的目标不同，需要改良性状的遗传特点不同，以及轮回亲本与供体系间的遗传背景差异等因素，用轮回亲本回交的次数是灵活的，不是固定的，主要根据回交后代具体的性状表现决定。如果育种者根据性状鉴定，认为已经符合改良的要求，就可停止继续回交，并通过自交使基因型达到纯合稳定。一般情况，只在转育近等基因系时，如建立各种主效抗病基因的近等基因系、各种胚乳突变体的近等基因系，需要进行至少5代以上的回交，使轮回亲本的遗传比重占绝对优势，达到98%以上，使轮回亲本的性状充分表现出来。

四、配合力及其测定

（一）配合力的种类

配合力是自交系的一种内在属性，受多种基因效应支配，农艺性状好的自交系不一定就是配合力高，只有配合力高的自交系才能产生强优势的杂交种，所以可把配合力理解为自交系组配杂交种的一种潜在能力。不是由自交系自身的性状表现出来的，而是通过由自交系组配的杂交种的产量（或其他数量性状）的平均值估算出来的。具体地说，配合力就是指一个亲本与另外亲本杂交后杂种一代的生产力或其他性状指标的大小。配合力有两种，即一般配合力（GCA）和特殊配合力（SCA）。在自交系的选育中，不仅要对自交系的农艺性状进行直观选择，还必须测定自交系的配合力，以选育出农艺性状优良、配合力又高的自交系作为杂交亲本。测定配合力是自交系选育中一个不可缺少的重要程序。

1. 一般配合力（GCA）

一般配合力是指一个被测自交系和其他若干自交系组配的一系列杂交组合的产量（或其他数量性状）的平均表现。一般配合力是由基因的加性效应决定的，是可以遗传的部分。因此，一般配合力的高低是由自交系所含的有利基因位点的多少决定的，一个自交系所含的有利基因位点越多，其一般配合力越高，否则，一般配合力越低。一般配合力的度量方法，通常是在一组专门设计的试验中，用某一自交系组配的一系列杂交组合的平均产量与试验中全部杂交组合的平均产量的差值来表示。如用5个母本系和7个父本系组配的35个F_1格子方试验，计算出各个自交系组成的5个杂交组合的平均产量与35个杂交组合的总平均产量的差值，即是相应自交系的一般配合力。A系为0.49，F系为0.31，L系为0.71，N系为0.27；表明这些系的一般配合力较高，G系为-0.63，M系为-0.37，O系为-0.77，表明这些系的一般配合力较低（表8-1）。

表8-1　5×7格子方试验35个F_1的平均产量以及一般配合力与特殊配合力

自交系	A	B	C	D	E	F	G	平均	GCA
K	10.3 (-0.03)	9.9 (0.07)	10.4 (0.45)	9.4 (-0.27)	9.4 (-0.41)	9.7 (-0.45)	9.8 (0.59)	9.84	0.17
L	10.8 (-0.07)	10.7 (0.33)	10.7 (0.21)	10.9 (0.69)	9.6 (-0.75)	11.5 (0.81)	8.5 (-1.25)	10.38	0.71
M	9.5 (-0.29)	9.0 (-0.29)	8.8 (-0.61)	9.3 (0.17)	9.6 (0.33)	9.6 (-0.01)	9.3 (0.63)	9.3	-0.37
N	10.9 (0.47)	8.8 (-1.13)	10.3 (0.25)	9.6 (-0.17)	10.1 (0.19)	10.3 (0.05)	9.6 (0.29)	9.94	0.27
O	9.3 (-0.09)	9.7 (0.81)	8.7 (-0.31)	8.3 (-0.43)	9.5 (0.63)	8.8 (-0.41)	8.0 (-0.27)	8.90	-0.77
平均	10.16	9.66	9.78	9.50	9.64	9.98	9.04	9.67	
GCA	0.49	-0.01	0.11	-0.17	-0.03	0.31	-0.63		

注：表中无括号数字为组合F_1的平均产量，括号内数字为特殊配合力（华中农学院玉米课题，1978）。

2. 特殊配合力（SCA）

特殊配合力是指两个特定亲本系所组配的杂交种的产量水平。特殊配合力是由基因的非加性效应决定，即受基因间的显性、超显性和上位性效应所控制，只能在特定的组合中由双亲的等位基因间或非等位基因间的互作而反映出来，是不能遗传的部分。特殊配合力是在特定组合中 F_1 的产量数值与双亲的一般配合力平均数值的偏差，它的度量方法是特定组合的实际产量与按双亲的一般配合力换算的理论产量的差值。某一特定组合 F_1 的理论产量 = 全部组合的总平均产量 + 双亲的 GCA 值。按表 8-1 的数据就可计算某一特定组合产量的特殊配合力。例如杂交组合 L×F 的特殊配合力 = 本组合的实际产量 - 本组合的理论产量 =11.5-（9.67+0.71+0.31）=0.81。

从表 8-1 的数据可以明显看出，大多数高产的杂交组合的两个亲本系都具有较高的一般配合力，双亲间又具有较高的特殊配合力；大多数低产的杂交组合的双亲或双亲之一是低配合力的，在这种情况下，即使具有较高的特殊配合力，也很少出现高产的杂交组合。因而，选育高配合力的自交系是产生强优势杂交种的基础。必须在高一般配合力的基础上再筛选高特殊配合力，才可能获得最优良的杂交组合。

（二）配合力的测定

1. 测定配合力的时期

配合力的测定时期常分为：早代测定、中代测定和晚代测定。

（1）早代测定　是在自交系分离的早期世代，即 $S_1 \sim S_2$ 代时测定自交系的配合力，早代测定的依据是一般配合力受基因加性效应控制，是可遗传的，早代配合力与晚代配合力呈正相关。但自交早代处在分离状态，性状不稳定，早代测定的结果只能反映该组合的配合力趋势，并不能代替晚代测定。一般只在以提高一般配合力为主的、用轮回选择法改良品种群体时采用，选育自交系一般很少采用。

（2）中代测定　是在自交系选育的中期世代，即 $S_3 \sim S_4$ 代时测定自交系的配合力。此时是自交系从分离向稳定过渡的世代，系内的特性基本形成，测出的配合力比早代测定更为可靠，并且，配合力的测定过程与自交系的稳定过程同步进行，当完成测定时，自交系也已稳定，即可用于繁殖、制种，缩短了育种时间。据调查，国内外绝大多数玉米育种者在选育自交系时，都采用中代测定配合力。

（3）晚代测定　是在自交系选育的后期，即 $S_5 \sim S_6$ 代时测定自交系的配合力。此时自交系已稳定，基因型已基本纯合，所以测出的配合力是可靠的。但其缺点是不但延缓了自交系选育利用的时间，而且一些低配合力的品系不能及时淘汰，增加了自交系选育的工作量。

2. 测验种的选择

测定自交系配合力所进行的杂交，称为测交；测交所用的共同亲本称为测验种或测验亲本；测交所得后代称为测交种。被测系和同一测验种杂交后，其测交种在产量和其他数量性状上表现的数值差异，即为这些被测系间的配合力差异。所以，测验种是否选择得当，直接关系到配合力测定的准确性。

如用普通品种、品种间杂交种或综合杂交种作测验种与被测系杂交后，由于基因的显性、上位性和互作效应所导致的非加性变量的差异，一般不易区分，其所出现的差别主要反映了基因加性效应，故能测出被测系的一般配合力。如用单交种和自交系作测验种时，因其遗传基础比较简单，基因的纯合性高，测交后，较易反映出基因的显性、上位性和互作所致的非加性效应，因而可测出被测系的特殊配合力。

另外，测验种本身的配合力以及测验种与被测系间的亲缘关系也影响测交结果。当测验种本身的配合力低或与被测系的亲缘关系近时，所测配合力往往偏低；反之，其测定结果往往偏高，难以准确反映自交系的优劣。因此，在测定具有两种类型的被测系时，以采用中间型的测验种为好。

3. 测定配合力的方法

（1）顶交法　选育一个遗传基础广泛的品种群体作为测验种用来测定自交系的配合力。最初是用地方品种群体作测验种，现在一般选用综合品种群体作测验种。由于选用了具有广泛遗传基础的测验种，可以把它看成包含着多个纯系的基因成分，因而测出的配合力类似于该系和多个自交系测交的平均值，即一般配合力。具体的测交方法是以 A 群体为共同测验种，1、2、3、4、5、……、n 个自交系为被测系。用套袋杂交方法或在隔离区中组配 1×A、2×A、3×A、……、n×A 等正交组合或相应的 A×1、A×2、A×3、……、A×n 等反交组合，下一季作测交组合的产量或其他性状比较试验，根据产量或其他性状结果计算出各被测系的一般配合力。

（2）双列杂交法　双列杂交法也称轮交法，是用一组待测自交系相互轮交，配成可能的杂交组合，进行后代测定。为了减少试验工作量，通常采用部分双列杂交法，例如有 n 个自交系待测，可配成 $n(n-1)$ 个杂交组合（含正交和反交），或配成 $n(n-1)/2$ 个杂交组合（只含正交），下一季将测交组合按随机区组设计进行田间产量比较试验，取得各测交组合产量（或其他数量性状）的平均值后，可按照 Griffing 设计的方法和数学模式计算出一般配合力和特殊配合力。配合力的分析计算方法，可参考马育华（1982）著的《植物育种的数量遗传学基础》，刘来福等（1984）著的《作物数量遗传学》和高之仁（1986）著的《数量遗传学》的相关章节。

轮交法的优点是能同时测定一般配合力和特殊配合力，缺点是当被测系数多时，杂交组合数过多，试验不易安排。因此，只适于育种后期阶段，在精选出少数优良自交系和骨干系时采用。以确定最优亲本系和最优杂交组合，或用于遗传研究。

（3）系 × 测验种法　此法可测定待测系、测验种的一般配合力和特殊配合力，实际上包含了多系测交法和共同测验种法（测验种 1～3 个）。多系测交法是用几个优系或骨干系作测验种，与一系列被测系测交，例如用 A、B、C、D 四个系作测验种，分别和 200 份被测系测交，可配成 800 个单交组合，下一季按顺序排列、间比法设计进行比较试验，取得各组合的平均产量，也可计算出一般配合力和特殊配合力。系 × 测验种法是一种测定配合力和选择优良杂交种相结合的方法，选出的优良杂交种可及时作为商品杂交种投入生产利用。如玉米以利用单交种为主，选用几个优系作为测验种，在测定待测系配合力的同时可获得强优势的杂交组合；利用雄性不育系制种的作物，如水稻、高粱、甘蓝型油菜和玉米等，就可选用几个优良的雄性不育系作测验种；一方面测定配合力，同时选出优良的组合作为商品杂交种利用。所以多系测交法是当前国内外作物育种者经常采用的一种方法。

五、杂交种品种的亲本选配原则

优良的亲本是选配优良杂种的基础，但是有了优良的亲本并不等于就能组配出优良的杂交组合。双亲性状的搭配、互补以及性状的显隐性和遗传传递力等都影响杂种目标性状的表现，选配亲本的原则概括起来就是配合力高、差异适当、性状好、制种方便、制种产量高。

这些原则对增加选育优势杂种的预见性、降低杂种生产成本、提高育种效率有重要作用。此外，配制的杂种还必须在不同条件下进行多点、多年的比较试验、区域试验、生产试验和栽培试验等，测定其丰产性和适应性，确定其利用价值、适应区域以及适宜的栽培方法。因而，选配杂交种亲本同时要注意"选"和"配"两个方面，具体来说应掌握如下四条原则。

1. 配合力高

选择一般配合力高的材料作亲本。最好两个亲本的配合力都高，这样容易得到强优势的杂种。若受其他性状的限制，至少应有一个亲本是高配合力的，另一个亲本的配合力也应是较高的。不能用两个配合力低的亲本进行杂交。

2. 亲本间要有一定差异

所组配杂交种的亲本间要有一定差异，即选择亲缘关系较远、性状差异较大的亲本进行杂交，常能提高杂种异质结合程度和丰富遗传基础，表现出强大的杂种优势。如果两个亲本有相近的亲缘关系，尽管它们的农艺性状和配合力都好，也很少能表现强大的杂种优势。

① 地理和起源较远　用国内材料和国外材料、本地材料和外地材料进行组配，由于亲本来自不同的自然区域，可增大杂种内部的矛盾性，因而优势强大，杂交玉米垦玉6（合344×南5）和杂交水稻威优6号（V20A×IR26）等，都是地理或起源较远的亲本间杂交种。

② 血缘较远　如选育杂交棉花，岱字棉系统和斯字棉系统进行组配，由于双亲来源于不同的基本材料，优势表现强大。若亲本血缘近，实际上是系内姊妹交，则异质性不大，优势不明显。

③ 类型和性状差异较大　如玉米的硬粒型和马齿型，南非类型高粱和中国类型高粱，水稻的籼型与粳型和爪哇型杂交，F_1具有强大的杂种优势。

3. 性状良好并互补

两亲应具有较好的丰产因素和较广的适应性，通过杂交使优良性状在杂种中累加和加强，特别是杂种优势不明显的性状，如成熟期、抗病性以及一些产量因素等；杂种的表现多倾向于中间型，只有亲本性状优良，才能组配符合育种目标的杂种。按照性状选配亲本，必须根据育种目标确定主攻方向，双亲的主攻性状应都是理想的或比较理想的，同时其他性状也不能有严重缺点。

4. 亲本自身产量高，两亲花期相近

亲本产量高可提高繁殖亲本和杂交制种的产种量，有利于降低杂交种种子的生产成本。若不受其他因素限制，应以两亲中产量较高的一个亲本作母本。两亲花期相近并以偏早的作母本，可避免调节播种期的麻烦，保证花期相遇。父本植株最好略高于母本以便授粉，另外，父本植株的花粉量要大，且花期相对较长，确保母本有足够的父本花粉。

六、杂交种品种的类型

经过表型选择和配合力测验选得优良自交系后，还需要进一步确定各自交系的最优组合方式，以期获得生产力高的杂种。在配制杂交种时，根据配制一代杂种所用亲本类型不同，可以把杂交种分为以下几种类别。

（一）品种间杂交种

品种间杂交种是用两个亲本品种组配的杂交种，如品种甲×品种乙，在生产中利用

F_1。中国在 20 世纪 50 年代中期曾广泛利用玉米的品种间杂交种，比一般自由授粉品种增产 5%~10%。品种间杂交种增产有限，性状不整齐，现在已不再利用。在自花授粉作物中，利用杂种优势时仍以品种间杂交种为主，因自花授粉作物的品种实际上是自交的后代，遗传是纯合的，和异花授粉作物的品种本质上是不同的。

（二）品种-自交系间杂交种

品种-自交系间杂交种是用自由授粉品种和自交系组配的杂交种，又称顶交种。如品种甲×自交系 A。品种-自交系间杂交种比一般自由授粉品种增产 10% 左右，增产幅度不大，性状不整齐。现在中国西南部高寒山区，仍有少数玉米顶交种种植。

（三）自交系间杂交种

自交系间杂交种是用自交系作亲本组配的杂交种。根据组配方式的不同，又可分为下列几种。

1. 单交种

单交种是用两个自交系组配而成的一代杂种，例如 A×B。单交种的优点是杂种优势强，增产幅度大，株间性状整齐一致，制种程序简单。从现在的发展趋势看来，单交种是当前和今后利用玉米杂种优势的主要类型。缺点是单交种的制种产量低，种子生产成本较高，有时对环境条件的适应力较弱。但为解决这一问题，可用近亲姊妹系配制改良单交种，如 $(A_1×A_2)×B$，既可保持原单交种 A×B 的增产能力和农艺性状，又能相对提高制种产量，降低种子成本。

通过配合力测验确定单交组合后，除利用雄性不育性制种外，还要确定两个亲本自交系的父母本关系。虽然在多数情况下，正反交后代的性状表现和优势强度相差不大，但有时也可能有较大的差别。为了简化育种过程，一般可以根据下列原则确定单交种的父母本。

① 双亲本身生产力差异大时，以高产者作母本；
② 双亲经济性状差异大时，以优良性状多者为母本，一般用当地丰产品种育成的自交系作母本，而以需要引入特殊性状的外地品种的自交系作父本；
③ 选繁殖力强的自交系作母本，因其种子生产能力高，可降低种子生产成本；
④ 父本应具有产生大量花粉的能力；
⑤ 父本的开花期要较母本长，并且开花较早，以保证母本的充分授粉；
⑥ 选择具有苗期隐性性状的自交系作母本，以便在苗期间苗时淘汰非杂交株。

2. 三交种

三交种是用三个自交系组配的杂交种，即用一个单交种和一个自交系组配而成。通常用单交种作母本，另一自交系作父本。组合方式为 A/B//C。三交种增产幅度较大，产量接近或稍低于单交种。但制种产量比单交种高，降低种子生产成本。

3. 双交种

双交种是由四个自交系先配成两个单交种，再由两个单交种配成用于生产的一代杂种，组合方式为 A/B//C/D。双交种的优点是可使亲本自交系的用种量显著节省，生产杂种种子的产量显著提高，从而降低制种成本。同时双交种的遗传组成不像单交种那样单纯，所以适应性较强。缺点是制种程序比较复杂，杂种的增产率和整齐一致性不如单交种。

双交种的配组方式除父母本关系外，还有交配顺序问题。上述单交种的父母本选配原则一般也适用于双交种。双交种在组合配制上主要应考虑的是四个亲本的亲缘关系的合理组合，让最大优势出现在第二次杂交上。

4. 综合杂交种

综合杂交种用多个自交系组配而成。亲本自交系一般不少于 8 个，多至 10 余个不等。组配方式如下。

① 用亲本自交系直接组配，具体方法是从各亲本系中取等量种子混合均匀，种在隔离区内，任其自由授粉，后代继续种在隔离区中自由授粉 3～5 代，达到形成遗传平衡的群体。

② 先将亲本自交系按部分双列杂交法套袋杂交，组配成 $n(n-1)/2$ 个单交种，从所有单交种中各取等量种子混合均匀后，种在隔离区中，任其自由授粉，连续 3～5 代，达到充分重组遗传平衡。

综合杂交种是人工合成的、遗传基础广泛的群体，F_2 后的杂种优势衰退不显著，一次制种后可在生产中连续使用多代，不需每年制种，适应性较强，并有一定的生产能力，在一些发展中国家和我国西南部山区，都种植有较大面积玉米综合杂交种。

七、利用杂种优势的途径

选育出优良组合后，就应采用最佳制种方法，多、快、好、省地生产 F_1 供应生产。以下几种方法是根据不同作物授粉习性而选用的不同制种途径。

（一）人工去雄杂交制种

人工去雄杂交制种是杂种优势利用的常用途径之一，应用此方法杂交制种的作物应具备三个条件：一是此类作物花器较大，易于人工去雄。二是人工杂交一朵花能够得到数量较多的种子。三是生产上种植杂交种时的用种量小。例如雌雄同株异花作物玉米，花器较大的作物如棉花、瓜类，种子繁殖系数大而用种量少的作物烟草、番茄等都可以采用人工去雄、授粉的方法生产大量杂交种子。

玉米的花器大，雌雄异花，又是风媒花，繁殖系数较大。由于上述特点，可以设置制种隔离区，将父、母本调好播期，按比例种植，当母本授粉之前，把母本株上的雄花序全部拔除，母本雌花自然接受父本花粉受精结实，获得大量杂交种子。至于烟草、棉花和瓜类作物等，则可采取人工去雄、人工授粉方法，获得大量杂交种子。这类作物虽然人工去雄、授粉难度较大，成本较高，但因种植 F_1 时种子用量不大，收益较高，因此是可行的。如烟草花为聚伞花序，花也相对较大，且繁殖系数高，用种量小，一亩地能制种 2.5kg 杂交种子，但是可供 100 亩地的生产田用种。据报道，1990 年印度已种植杂交棉达 213 万公顷，已占该国种植棉面积的 28.3%，基本上都是人工授粉配制的杂交种子。

（二）利用理化因素杀雄制种

1. 化学杀雄

化学杀雄是在作物花粉形成以前或花粉发育过程中，选用内吸性化学杀雄剂，用适当浓度和适宜时期喷洒在作物的植株上，经过一系列的生理生化反应，破坏作物雄性配子形成过程中的细胞结构及正常生理机能，使花粉失去受精能力，但不损害雌性配子的形成，以达去雄的目的。能用作杂交制种的良好化学杀雄剂应具备以下条件。

① 杀雄效果的选择性强。就是指化学杀雄剂处理母本后仅能杀伤雄蕊使花粉不育，而不影响雌蕊的正常生长发育，雌蕊经过授粉后仍能正常结实。

② 对植株的副作用小。用化学杀雄剂处理后不会引起植株畸形或遗传性变异。
③ 喷施药剂的适宜期要长，杀雄彻底稳定，重演性好。
④ 药源广泛，价格低廉，使用方便。
⑤ 对人畜无害，无环境污染。

目前，我国筛选出的化学杀雄剂的种类很多，比较有效的主要有2,3-二氯异丁酸钠（Fw450），三碘苯甲酸（TIBA），2-氯乙基磷酸（乙烯利），二氯异丙醚，γ-苯醋酸，二氯乙酸，二氯丙酸，三氯丙酸，d-丙酸，赤霉素，核酸钠，2,4-D，萘乙酸（NAA），顺丁烯二酸联胺（MH），4-氟苯酚羟基乙酸钠盐，以及雌性酮类物质数十种。一般使用时期是在花粉母细胞形成前或减数分裂或更早期进行喷洒，各种药剂对不同作物的反应不同，气候条件对杀雄剂的效果也有影响。有的杀雄剂还会损伤雌性器官或影响植株的正常生长发育，因此使用尚不普遍，大多数还处于研究阶段。试验表明，乙烯利（2-氯乙基膦酸）、232（二氯异丁酸钠盐）、氟乙酰胺及杀雄剂一号（甲基砷酸锌，也叫稻脚青），分别对小麦、棉花、水稻和油菜有较高的杀雄效果。但化学杀雄还存在一些问题，如各种作物植株间和不同部位的花朵间小孢子发育的不同步性，各种气候因素对花期发育和施药效果的影响等，难以保证杀雄效果的稳定性。

2. 物理杀雄

物理杀雄是在作物花粉形成以前或花粉发育过程中，利用控制作物生长的物理因素（如温度、水分、光照等），破坏作物雄性配子形成过程中的细胞结构及正常生理机能，诱导雄性不育。目前研究最多的是高温物理杀雄技术。高温物理杀雄技术的基本原理是作物雄蕊的耐高温能力较雌蕊差，如小麦，当气温达38℃以上时雄蕊的死亡较快，气温达45℃以上时仅持续1小时，雄蕊可全部死亡，而雌蕊所受影响不大。赵明等（1985）利用高温物理杀雄技术在小麦育种田间搭塑料棚，控制温度、水分和CO_2的浓度，来创造一个高温、高湿、低CO_2的小气候，诱导小麦雄性不育的不育度可达100%，进行人工辅助授粉，异交结实率可达90%~95%。目前，物理杀雄方法受环境条件制约，要真正用于生产还有待于进一步探讨研究。

（三）利用苗期标志性状制种

利用双亲和一代杂种苗期表现的某些植物学性状的差异，在苗期可以较准确地鉴别出杂种苗或亲本苗，这种容易目测的植物学性状称为"标志性状"或"指示性状"。标志性状应具备两个条件：一是这种植物学性状必须在苗期就表现明显差异，而且容易目测识别；二是这个性状的遗传表现必须稳定。

利用苗期标志性状的制种法，就是选用具有苗期隐性性状的品系（自交系）作母本（如水稻的紫色叶枕、小麦的红色芽鞘、棉花的红叶和鸡脚叶等隐性性状），与具有相对应的显性性状的父本进行不去雄的人工杂交或自然杂交，在杂种幼苗中通过间苗淘汰那些表现隐性性状的假杂种。例如水稻的紫色叶枕和正常绿色叶枕是一对质量性状，绿色叶枕是显性，紫色叶枕是隐性，F_1全部绿色叶枕。用紫色叶枕品种作母本时，F_1中有绿色叶枕是杂种，紫色叶枕是假杂种或母本苗，应予淘汰，留下具有显性性状绿色叶枕的幼苗插秧。

（四）利用自交不亲和系制种

自交不亲和系杂交种是用自交不亲和系做母本，与其他自交不亲和系、自交系或正常品种（系）杂交而成，如十字花科蔬菜（甘蓝、大白菜和萝卜等）和甘蓝型油菜的自交不亲和系杂交种。

自交不亲和系的植株雌雄花器在形态功能和发育上都完全正常,当花期强迫自交时表现严重结实不良的现象,称为"自交不亲和性"。自交不亲和性是一个可以遗传的性状,因此能够通过连续自交选择,育成系内植株间花期相互授粉、结籽很少,甚至几乎不能结籽的系统,称为"自交不亲和系"。自交不亲和性是作物进化中保证异花授粉的一种习性,在多数十字花科蔬菜中都存在这种习性。利用自交不亲和系作亲本进行杂交制种时,所得正反交种子几乎是100%的杂种。现在我国许多单位育成了不少甘蓝、大白菜的自交不亲和系,并且已经广泛应用于配制一代杂种。

对自交不亲和系的繁殖,必须克服自交不亲和性。实践证明,自交不亲和系植株蕾期自交可以结实,有的结实几乎接近正常。由于自交不亲和性在多数十字花科蔬菜中广泛存在,故育成不亲和系比较容易,而且不需保持系,但要防止多代自交的生活力衰退问题。

(五)利用雄性不育系制种

雄性不育是生物界普遍存在的现象,且大多数是可以稳定遗传的。采用雄性不育系为母本配制 F_1 种子,既可省去人工去雄的用工,又可获得高品质 F_1 种子。现已在许多农作物上得到广泛应用,如水稻、棉花、大白菜、甘蓝型油菜、萝卜、番茄和辣椒等。

(六)杂种优势利用的其他途径

除上述五种杂种优势利用途径外,在园艺植物育种上有些植物还采用雌株系制种、雄株系制种和雌性系制种等。

1. 利用雌株系制种

主要是利用高度雌花性的雌雄同株系统的系统内杂交 F_1 代为母本,与另一父本系统杂交生产杂种种子。即在甲雌雄同株品种中选择雌两性株(同一株上有大量♀花少量♂花),将它与纯雌性株交配,下代即可得100%的纯雌性株,然后再用甲品系100%的纯雌性株与乙品系(父本)隔行种植,利用天然杂交以生产 F_1 代杂种(图8-2)。

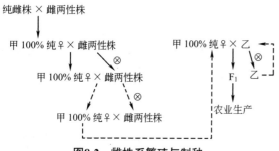

图8-2 雌株系繁殖与制种

2. 利用雄株系制种

雌雄异株的石刁柏,一般雄株的产量较高,因此选育全是雄株的一代杂种是很有利的。石刁柏的雌株具有 XX 性染色体,雄株有 XY 性染色体。近年来国外在大量石刁柏幼苗中筛选出 X 和 Y 的单倍体或用石刁柏的花药培养法获得了 X 和 Y 的单倍体,再经过染色体的加倍而得到纯合体的雌株(XX)和超雄株(YY),利用它们进行杂交,即可获得具有相同基因型、性状很一致的全雄株(XY)的 F_1 杂种。

3. 利用雌性系制种

雌雄同株异花植物中有只生雌花而无雄花的,通过选育获得这种稳定遗传性能的品系称为"雌性系",在黄瓜、南瓜和甜瓜中已有发现与利用。利用雌性系作为母本生产杂种种子,可使摘除雄花的工作减至最低限度,因而降低了制种的成本。

八、杂种优势利用的育种程序

经上述过程选出优良组合并确定配组方式后,采用适宜的杂种优势利用途径,配制出所选优良杂交组合杂种 F_1 种子,以后年年繁殖亲本并配制杂种 F_1 种子,按育种程序进行品种鉴定试验、比较试验、区域试验、生产试验和栽培试验、品种审定、命名、繁殖与推广（图 8-3）。其每一环节在系统育种程序中都已详细说明。

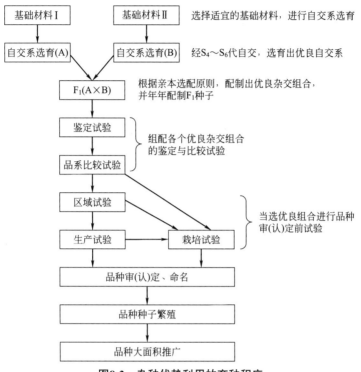

图8-3 杂种优势利用的育种程序

第四节 雄性不育性在杂种优势利用中的应用

一、利用雄性不育系制种的意义

杂种优势利用上,自花授粉的水稻、小麦等禾谷类作物去雄问题成为其杂种优势利用的关键之一。利用雄性不育系生产一代杂种,对于异花授粉作物和自花授粉作物都能省去人工去雄的大量人力和时间,简化制种手续,降低杂种种子生产成本,还可避免人工去雄由于操作创伤而降低结实率,以及由于去雄不及时、不彻底或天然杂交率不高而混有部分假杂种的弊病,大大提高杂种种子产量和质量。

二、雄性不育的遗传类型

关于雄性不育可分为可遗传的和不可遗传的,本书只论述可遗传的雄性不育。在可遗传的雄性不育类型划分上,育种学家之间一直存在分歧。以 Sears 为代表的学派认为,雄性不育应分成三种类型,即核不育、质不育和质核互作不育。但也有人将其分成核不育和质核互作不育两大类。

（一）细胞质雄性不育性

细胞质雄性不育性完全由细胞质基因控制，所有可育系给其授粉均可保持其不育性，找不到相应的恢复系。山东农业大学园艺学院（吴淑芸，1991）育成的韭菜雄性不育 78-1A 就属此类型。

（二）细胞核雄性不育性

细胞核雄性不育性完全由细胞核基因控制，细胞核雄性不育性基因有显性的，也有隐性的；基因对数有一对的，也有多对的；有的除了主效基因外，还可能存在修饰基因。该类型复杂多样，仅介绍几种常见的类型。

1. 一对隐性基因控制的不育性

这种类型是已有报道中最多见的。大白菜、甘蓝、番茄、棉花和甘蓝型油菜等作物均发现此类型。通常将不育的隐性基因标记为"ms"，可育基因标记为"MS"。不育基因型为"$msms$"，而可育基因型则有两种："$MSMS$"和"$MSms$"。实际上，可育基因型"$MSms$"又是不育基因型的保持基因型，在育种实践中，多通过测交，选育出不育株稳定在 50% 左右的雄性不育两用系（又称为 AB 系或甲型两用系）。

不育株（$msms$）× 可育株（$MSms$）→ 1 不育株（$msms$）：1 可育株（$MSms$）

因此，在不育系繁殖过程中，用自身可育株给不育株授粉，得到不育株为 50% 左右的 AB 系。有一些作物已利用单隐性雄性不育基因纯合体作为母本配制商品杂交种，如四川省农科院棉花研究所育成的棉花杂交种川杂 3 号、4 号和甘蓝型油菜杂交种蜀杂 1 号等的母本，都是单隐性基因雄性不育系。

2. 双隐性基因控制的雄性不育性

研究结果表明，从农垦 58 中发现的湖北光敏不育水稻的雄性不育性与恢复性受两对隐性主效基因控制，还有微效基因影响。湖北光敏核不育的基因型为 $ms_1phms_1phms_2phms_2ph$。光敏核不育系具有光敏感性，它的不育性与抽穗期间日照长短高度相关，可以转变，在长日照条件下生长表现雄性不育，短日照下则转为雄性可育。因而可利用这种育性转变的特性，春播可以作为母本不育系配制杂交种，夏秋播种可以自身繁殖保存，不需要另外的保持系。

测试结果表明，多数粳稻品种都具有与光敏核不育相对应的育性显性基因，可以作为恢复系。有的基因型为 $Ms_1phMs_1phMs_2phMs_2ph$，有的基因型为 $Ms_1phMs_1phms_2phms_2ph$，用它们给光敏核不育系授粉后，F_1 表现正常可育。

3. 一对显性基因控制的雄性不育性

通常将显性不育基因标记为"MS"，可育基因标记为"ms"，其不育基因型应有"$MSms$"和"$MSMS$"两种，但实际上"$MSMS$"无法获得，可育基因型为"$msms$"。因可育与不育均只有一种基因型，且交配后育性分离为 1：1，在育种实践中也只能通过测交选育出不育株率稳定在 50% 左右的雄性不育两用系（又称乙型两用系）。

不育株（$MSms$）× 可育株（$msms$）→ 1 不育株（$MSms$）：1 可育株（$msms$）

4. 双显性基因控制的雄性不育性

据报道，上海市农业科学院作物育种栽培研究所李树林等（1990）已育成育性受两对显性基因控制的甘蓝型油菜核雄性不育系 23A，并采取二系制种法配制杂种一代组合

23A×4190，已在生产上开始利用。

甘蓝型油菜 23A 核不育系的育性受两对显性基因 Ms 和 Rf 互作控制，Ms 为显性不育基因，Rf 为显性上位基因，能抑制 Ms 基因不育性的表达，从而恢复可育。不育株的基因型为 Ms_rfrf，可育株的基因型为 $Ms\_Rf\_$、$msmsRf\_$ 和 $msmsrfrf$ 三种，而且有纯合的 $RfRf$ 基因的可育株可作为恢复系。显性核不育株有两种基因型，即纯合型 $MsMsrfrf$ 和杂合型 $Msmsrfrf$ 不育株，它们相应的保持株的基因型分别为 $MsMsRfrf$ 和 $msmsffrf$。采用系内兄妹交，其后代育性保持 1∶1 的分离，即不育株和可育株各占一半，所以称为两型系，前者为纯合两型系，后者为杂合两型系。两型系都用系内兄妹交授粉保持。

用两型核不育系做母本，用具有 $RfRf$ 纯合显性基因的恢复系做父本，按一定行比把父母本分行种在隔离区内，即可配制杂交种。制种时必须在开花前对两型核不育系母本行逐株剥蕾检查花药，把约占 50% 的可育株拔掉，再加人工辅助授粉，成熟时从母本不育株上收获的种子就是商品杂交种子，F_1 表现全部可育。

（三）核质互作雄性不育类型

不育性由核不育基因和细胞质内的不育因子互作控制，只有核不育基因与细胞质不育因子共同存在时，才能引起雄性不育。这种类型的不育性既能筛选到保持系，又能找到恢复系，可以实现"三系"配套，是以种子或果实为产品的农作物较理想的不育类型。小麦 T 型雄性不育亦属于质核互作雄性不育类型。柯桂兰等（1992）采用远缘杂交法育成的具有甘蓝型油菜波里马（Polima）不育胞质的结球白菜雄性不育系"CMS3411-7"即属于这种类型。

三、质核互作雄性不育性的应用

（一）"三系"的概念

1. 雄性不育系

（1）雄性不育性与雄性不育系。雄性不育性是指两性花植物中，雌性器官功能正常而雄性器官表现退化、畸形，丧失授粉功能的现象。雄性不育系就是由可遗传的雄性不育株选育而成的不育性稳定，即具有雄性不育特征的品种（品系）或自交系，简称为不育系。其遗传组成为 S（$msms$）。

（2）雄性不育按雄器官形态、功能分为以下几种。

① 雄蕊退化或变形。雄蕊退化只留痕迹，花丝缩短，花药弯曲畸形。

② 花药异常。花药小，白色或褐色等非正常色泽；不正常开裂或不开裂；花药内无花粉、有少量或败育花粉。

③ 柱头高、雄蕊低。西红柿即是这样，不能自花授粉（雌雄蕊异长）。

④ 只发育雌花，雄花不发育。雌雄同株异花作物如瓜类只长雌花，不生雄花。

2. 雄性不育保持系

用来给不育系授粉，能保持其不育性的品种（品系）或自交系称为雄性不育保持系，简称保持系，遗传组成为 F（$msms$）。与特定不育系有共同亲缘关系，即有共同基因背景者，称为该不育系的同型保持系。而有些保持系有保持不育性的能力，但与特定不育系没有亲缘关系，称为该不育系的异型保持系。玉米双交种利用不育性制种就需要有一个异型保持系。

3. 雄性不育恢复系

用来给不育系授粉，能使不育系正常结实，并恢复 F_1 正常生育能力的品种（品系）或自交系称为雄性不育恢复系，简称恢复系，其遗传组成为 $F(MsMs)$ 和 $S(MsMs)$ 两种。用恢复系作父本与不育系母本杂交，制种区不去雄，便可得到杂种种子。

4. 优良不育系和恢复系必须具备的三个条件

① 不育系的不育度要高，达到或几乎接近100%，恢复系的恢复度要高，并恢复性稳定。
② 配合力高。
③ 综合性状好，符合育种目标要求。

（二）利用"三系"制种的程序和方法

质核互作雄性不育是通过三系法来利用杂种优势的，这是目前在水稻、小麦、高粱、玉米等作物上应用杂种优势的主要途径。利用"三系"制种的方法是"三系两区"种植法制杂交种，即配制杂交种除"三系"外，还要设置两个隔离区，一个为不育系繁殖区，另一个为杂交制种区。在两个隔离区内分别种植"三系"，在不育系繁殖区内种植不育系和保持系，目的是扩大繁殖不育系种子，为制种区提供制种的母本；不育系繁殖区同时也是不育系和保持系的保存繁殖区，即从不育系行上所收种子除大量供播种下一年制种区之用外，少量供播种下一年不育系繁殖之用，而从保持系上收获的种子仍为保持系，可供播种下一年不育系繁殖区内保持系行使用。在杂交制种区内种植不育系和父本恢复系，从不育系行上收获的种子为一代杂种，从父本系行上收获的种子仍为父本恢复系，可供播种下一年制种区内父本恢复系行使用，故制种区同时也是父本恢复系的繁殖保存区。这样就可免去人工去雄，配制可育的杂交种，同时繁殖"三系"的种子，其制种程序与方法见图8-4。

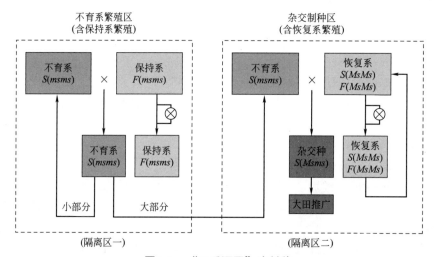

图8-4 "三系两区"法制种

应注意不育系繁殖区的隔离距离应按繁殖超级原种或原种的距离，制种区应按照繁殖一级良种的距离。制种区和不育系繁殖区都要严格去杂去劣，尤其不育系繁殖区和制种区内的父本系，在生长期间至少应进行2~3次。为了提高种子产量，父母本应花期相同，可根据父母本生育期长短，调节花期，开花期如天气不好或昆虫少，可人工辅助授粉，方法是在一根绳子上按株行距挂缚鸡毛簇，两人在花序上从围地一端向另一端移动，每天上午来回两三次，对萝卜、洋葱等较为适用。

(三)"三系"的选育

1. 不育系及相应保持系的选育

(1) **自然不育株的转育** 自然条件下植物群体中可通过突变产生不育源,在采种田或生产田中可以搜寻到不育株。自然雄性不育株出现后,就应寻找可育细胞质,制成保持系。如水稻野败型不育系的育成。

(2) **核代换法** 即种间或类型间杂交,以获得不育系。用一个具有不育细胞质和可育核基因 $S(MsMs)$ 的物种作母本,与具有可育细胞质和不育核基因 $F(msms)$ 的物种作父本杂交后,再与原父本连续回交,这样,便可用父本的不育核基因逐步取代原母本的可育核基因,将不育细胞质和不育核基因结合而获得雄性不育系 $S(msms)$。如小麦 T 型不育系 Bison、高粱不育系 3197A、水稻的野败型不育系等。此不育系除雄性不育外,其他特征、特性与原父本一样,所以,原父本就是保持系。

(3) **回交转育法** 利用现有不育系 $S(msms)$ 和欲转育的优良品种或自交系杂交后,再连续多次回交。这样,在保持母本不育系不育细胞质的同时,用父本控制农艺性状的核基因代换母本的核基因,转育成新的不育系。实质上也是进行核代换。这是目前选育新不育系常用方法,适用范围广,程序简便,易收良好效果。

(4) **测交筛选法** 选用一批优良品种或材料作父本,分别与雄性不育系测交。分别采收和种植每个测交组合及其父本的单株种子,在 F_1 开花时,选择具有雄性不育特征而且套袋自交不育的植株。从 F_1 雄性不育测交组合的父本品系内,再选一些单株分别给它们的 F_1 不育株授粉。种子成熟后,分别采收,然后对杂种及其父本按系谱配对编号、种植,并继续选择和回交 4~6 次后,便可转育成与新的保持系各种性状相似的新不育系,其父本便是其保持系。

(5) **人工合成保持系** 此法是根据"核胞质"型遗传理论制订的选育方法。即用不育株(系)与不同品种、不同单株进行杂交,然后通过测交、自交等一系列环节,人工合成 $F(msms)$ 基因型,即为理想的保持系。具体步骤如下。

第一代用不育株作母本,用品种甲、乙、丙等的几株能育株作父本进行杂交,同时父本进行自交。所用父本应该是经济性状和配合力都符合要求的。

第二代淘汰自交后代有育性分离的自交系和这些植株所配的杂交组合。在自交后代无育性分离的父本所配的杂交组合内可能有两种情况,有些组合的 F_1 全部能育,有些组合的 F_1 有育性分离。如果出现后一种情况,则可按上述筛选法进行回交筛选。如果是前一种情况,则从 F_1 中选株作父本,用该组合的相应父本的自交后代去雄母本进行反向回交。

第三代 BC_1 应该全部是能育株,从中选至少 4~5 株作父本,用不育株作母本,分别进行测交和自交。

第四代选测交后代有育性分离的组合,从相应父本的自交后代内至少选 10 株,再分别进行测交和自交。

第五代在各测交组合中如果出现后代全部为不育株的即为不育系,组合的父本自交后代即为保持系。

2. 恢复系的选育

(1) **测交筛选法** 用一批优良品种或材料作父本,分别与雄性不育系测交。分别采收和种植每个测交组合及其父本的单株种子。各测交后代中,在 F_1 开花时,凡育性恢复正常,并具有强大优势组合的父本品种,便是该不育系的优良恢复系。如玉米 T 型恢复系武 105,高粱 3197A 的恢复系等都是用此法选育出来的。

（2）回交转育法　如用任一不育系 $S(msms)$ 作母本和任一恢复系 $F(MsMs)$ 作父本杂交后，在后代中选散粉特性好的植株，连续用父本回交4~5次，便可使不育细胞质和核恢复基因结合在同一杂种中，最后将回交后代自交两次，以纯化、巩固其恢复能力。这样，便可得到育性恢复性能好、农艺性状和被转育品种几乎相同的恢复系。如农大015小麦恢复系就是用此法合成的。

（3）杂交选育法　按照一般杂交育种的程序，采用恢复系×恢复系，恢复系×品种和不育系×恢复系等组配方式进行杂交，从 F_1 开始，根据恢复力和育种目标，进行多代单株选择，并在适当世代与不育系测交，从中选出恢复力强、配合力高、性状优良的恢复系。辽宁省农业科学院从（IR8×科情3号）F_1×京引35中育成的C57等恢复系，分别对野败籼型不育系和粳稻黎明A、丰锦A具有较强的恢复力。

此外，通过人工诱变、非配子融合转移基因技术等也可选育出三系。如农原201高粱雄性不育系、晋幅1号高粱恢复系等都是人工辐射诱变而成的。据报道：中国科学院遗传所、山西省农科院棉花所采用非配子融合转移基因的方法，把恢复系的恢复基因导入优良的不育系材料中，分别在高粱、小麦中获得了优良的恢复系。

四、核基因不育系的应用

根据不同作物的繁殖特点和核不育的遗传特点，可采用一些特殊的方式和技术配制杂交种，如两系法制种。油菜、棉花、水稻、向日葵等作物在两系法制种上，可利用不育系和恢复系配制杂交种，不育系可一系两用，以其中的可育株给不育株授粉，以繁殖种子并保持其不育性。但制种区的母本和大田种植的杂交种，应分别根据其形态特征和育性，拔除可育株和假杂种，见图8-5。

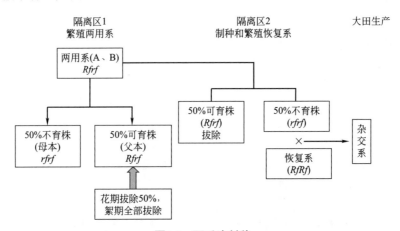

图8-5　两系法制种

第五节　自交不亲和系的选育和利用

一、作物的自交不亲和性

1. 自交不亲和性

同一植株上机能正常的雌、雄两性器官和配子，因受自交不亲和基因的控制，不能进行正常交配的特性,称为自交不亲和性。这种特性是在长期进化过程中形成的。自交不亲和性广泛存在于十字花科、禾本科、豆科、茄科等许多作物,而在十字花科中自交不亲和性尤为普遍。自交不亲和性可能受单一位点或多位点的自交不亲和基因 S 控制。

2. 自交不亲和性的类型

自交不亲和性可分两类:一类是配子体自交不亲和性,受配子体的基因型控制,表现在雌雄配子间的相互抑制作用。配子体不亲和花粉能正常发芽,并能进入柱头,但花粉进入花柱组织或胚囊后,遇到卵细胞产生的某些物质,才表现相互抑制作用,如禾本科植株发现的自交不亲和性都属于配子体自交不亲和性。另一类是孢子体自交不亲和性,受花粉亲本的基因型控制,表现在花粉粒及花粉壁成分与雌蕊柱头上的柱头毛或乳突细胞之间,即雌雄二倍体细胞之间的相互抑制作用,因而花粉壁不能进入柱头,如十字花科植物的自交不亲和性都属于孢子体自交不亲和性。研究发现:十字花科的油菜在开花前 1~4 天,柱头表面形成一层由特异蛋白质构成的隔离层,能阻止自花花粉管进入柱头而表现不亲和。

二、自交不亲和性在杂种优势中的利用

自交不亲和性作为利用杂种优势的一种途径,现在只在十字花科作物中获得成功。早在 20 世纪 40 年代末已在十字花科的蔬菜作物(如甘蓝萝卜等)中利用自交不亲和系配制杂交种,60 年代以后在同属十字花科的各种类型的油菜中研究利用自交不亲和系杂交种。国内一些育种单位曾育成一批甘蓝型油菜自交不亲和系,并配制出杂交种进行生产试验,取得一定的生产效果,但未能推广。因人工剥蕾自交繁殖任务重,及自交不亲和基因间互作效应引起结实率下降,均待研究解决。

1. 自交不亲和系的选育

甘蓝型油菜是生产中种植的主要类型,白菜型油菜中常具有自交不亲和性,直接用甘蓝型油菜选系,出现自交不亲和性的概率低,用甘蓝型和白菜型油菜的种间杂交种作选系材料,将白菜型油菜自交不亲和性转移到甘蓝型油菜中去,容易选出甘蓝型油菜自交不亲和系。华中农业大学傅廷栋等采用甘蓝型油菜与白菜型油菜种间杂种 F_2~F_6 作为选系材料,连续多代自交分离,定向选择,从"华油 1 号 × 浠水油菜白"种间杂种后代中,育成了 74-211、75-271 等稳定的甘蓝型油菜自交不亲和系。

选育自交不亲和系的具体方法如下。

第一步,大量套袋自交。在选系用的亲本杂交种或品种中,大量选择单株,在开花前将主花序用硫酸纸袋套上,进行隔离,以免异花传粉。当袋内开花 10~20 朵时,从中摘取 2~3 朵花,对其他花朵的雌蕊进行人工辅助自交,授粉后仍套袋隔离,系上标签。待 15 天左右,初步检查自交结实率,选结实率很低的植株,在下部分枝套袋剥蕾自交,注明授粉花朵数。

第二步,定向选择,即按自交亲和指数选择单株。种子成熟后,把所有单株套袋自交的种子分株收下,分别按下式计算自交亲和指数:

$$自交亲和指数 = \frac{收获种子数}{辅助自交花朵数}$$

凡自交亲和指数小于 1.0 的,就是自交不亲和株,可以当选。选出的单株以后种成株系,继续套袋自交和定向选择 3~5 代,使性状稳定,便育成了自交不亲和系。在继续套袋自交的同时,要在同株的分枝上进行剥蕾自交。繁殖甘蓝型油菜自交不亲和系的常用方法

是剥蕾自交。即在开花前2~3天，雌蕊柱头未形成特异蛋白质隔离层时，剥去花蕾，进行人工自交授粉，再将自交花朵套袋，成熟时收取自交种子。

对自交不亲和系的选择，除按自交亲和指数选择外，要注意对农艺性状和配合力的选择，只有农艺性状优良和配合力高的自交不亲和系才有利用价值。

2. 自交不亲和系的繁殖方法

为了破除自交不亲和性，保存和繁殖自交不亲和系，近些年来，国内外试验了各种方法，如热助授粉法、电助授粉法、钢刷授粉法、CO_2处理法、各种化学试剂处理法等，经过比较，以下列几种方法效果较好。

① 蕾期授粉法。在开花前1~3天，用镊子把花蕾剥开，并进行人工授粉自交，此时因雌蕊柱头表面尚未形成特异蛋白质隔离层，可以获得一定数量的自交种子。但蕾期授粉法费工费时，成本较高，技术要求也较严格。

② 花期盐水喷雾法。研究表明，在花期用3%~8%浓度的盐水喷雾，可以提高自交结实率，效果与蕾期授粉相当，方法简便，成本低，可普遍采用。

③ 钢丝刷授粉法。花期用特制钢丝刷刷柱头，以破坏柱头蜡质层，可提高花期自交结实率。

④ 化学药剂处理法。花期用乙醚等溶液处理花柱也可提高自交结实率。

⑤ 利用保持系繁殖自交不亲和系。华中农学院（1976）和湖北荆州地区农科所采用测交的方法，从甘蓝型油菜普通品种中和自交不亲和系中筛选出自交不亲和系的保持系，例如74-211和75-271两个同源自交不亲和系可以互为保持系，保持两个系的自交不亲和性，两个自交不亲和系正反交的保持效果是一致的，试验表明：亲和指数都小于1。从用自交不亲和系测配的38个组合中，有13个组合F_1的亲和指数都在1以下，说明从常规品种中有可能筛选出自交不亲和系的保持系。

3. 利用自交不亲和系配制杂交种的方式

当前较广泛利用的主要有两类杂交种。

① 单交种，即用自交不亲和系×自交亲和系。单交种杂种优势强，亲本繁殖和制种比较简便。

② 三交种，即（自交不亲和系A×自交不亲和系B）×自交亲和系C。其中自交不亲和系A与B的S等位基因位于不同染色体组，互为保持系，A×B的F_1为自交不亲和杂种种子，自交亲和系C具有显性自交亲和基因，组配成可以正常自交结实的三交种，用三交种作为商品杂交种，可以提高杂交种子产量，降低种子成本。也可利用自交不亲和系及其保持系、恢复系实现三系配套制种，配制方式见图8-6。

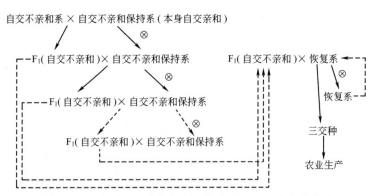

图8-6 自交不亲和系、保持系、恢复系三系配套杂交制种

第六节 作物杂交制种技术

育种者通过杂种优势利用途径选育出的杂交组合,经过审定、命名后,就可以进行杂交品种种子的制种工作。杂交制种是环节多、技术性强的工作,其中任何一个环节做得好坏,都能影响到最后所繁育出杂交种品种种子质量,关系到杂交制种工作的成败,所以应该掌握制种技术,力争生产出质量高、数量多的杂交品种种子。

一、选地与隔离

1. 选地内容和要求

首先应根据市场预测某杂交种品种的市场需求量,准确地确定出杂交制种生产体系的亲本繁殖田和制种田的块数和面积。其面积计算如下:

$$亲本繁殖田面积（hm^2）= \frac{下年制种田面积（hm^2）\times 母本或父本播种量（kg/hm^2）\times 亲本行比}{亲本单位面积计划产量（kg/hm^2）\times 种子合格率（\%）}$$

$$杂交制种田面积（hm^2）= \frac{大田计划播种面积（hm^2）\times 播种量（kg/hm^2）}{制种田预计单产（kg/hm^2）\times 母本行比例 \times 种子合格率（\%）}$$

制种基地选择要求:应选地势平坦、土壤肥沃、排灌方便、旱涝保收、病虫等危害轻且无检疫性病虫、便于隔离、交通方便、生产水平较高、技术条件较好、制种成本低、相对集中连片的地块。

2. 隔离方式和要求

除小面积采用人工套袋、网室以外,应根据当地实际情况灵活采用以下方法。

（1）空间隔离:要求在亲本繁殖和杂交制种区周围一定距离内,不种植非父本品种。有的作物如十字花科作物属间也应有一定的隔离。不同繁殖方式作物及不同繁殖区的隔离距离大小一般为:自花授粉作物 < 异花与常异花授粉作物;风力传粉的作物 < 昆虫传粉的作物;亲本繁殖区 > 制种区,详见表8-2。

表8-2 亲本繁殖和杂交制种的最小隔离要求　　　　　　　　　　　　　　　　单位:m

作物	水稻	玉米	高粱	向日葵、油菜
原种繁殖田	600	1000	1000	—
亲本繁殖田	300	500	500	2500
杂交制种田	100	300	300	1000

（2）时间隔离:通过调节播种期,使制种田或亲本繁殖田的花期与周围同类作物的生产田花期错开,从而达到隔离目的。隔离时间的长短,主要由该作物花期长短决定。一般春播玉米播期错开35天以上,夏播玉米25天以上,水稻错开20～30天。

（3）自然屏障隔离:利用山岭、村庄、房屋、成片树林等自然障碍物进行隔离。把制种区与非制种区隔开,防止其他品种的花粉飞入。

（4）高秆作物隔离:在制种区周围一定范围内种植糜子、玉米、高粱、麻类等高秆作物。具体要求:第一,高秆作物应提前播种20天以上,以保证制种田花期到来时有足够的高度;第二,高秆作物隔离带应有一定宽度。

二、制种田的规格播种

1. 确定父母的播种期

为了获得足够的杂交种子，必须保证父母本花期相遇，正常受精结实，尤其是花期较短的作物，花期相遇显得更加重要，否则，就会严重影响制种产量甚至绝收，这是杂交制种成败的关键。播种时应掌握父本、母本的生长特性，适期播种，保证花期相遇。不同种作物父母本花期相遇的指标不一，例如玉米母本吐丝，父本散粉；水稻和小麦是母本开花，父本散粉。确定制种田父母本播期应掌握"宁可母等父，不可父等母"的原则，若父、母本花期相同或母本比父本早花2～3天，父母本可同期播种；若母本开花过早，或父本开花过早，则应通过先播晚花亲本来调节花期。确定播期应考虑双亲的生物学特性、外界环境条件、生产条件与管理技术等可能影响的因素，事先做好调整分期播种相隔的时间，应以双亲花期相差的天数为基础，根据实际情况和以往经验来确定。如果把握不大时，可把父本分两期播种，保证制种的正常化。若父、母本播期相差不超过3天，可把需早播亲本温汤浸种、催芽后与另一亲本同期播种。秋播作物分期播种的时间不易控制，早播天数与花期提前的天数差异较大，应根据具体情况确定播期。

确定播种差期的方法有叶龄法、生育期法、有效积温法、镜检法等多种，它们的准确度大小依次为：叶龄法＞有效积温法＞生育期法。

2. 确定父母本行比

父母本行比是制种田中父本行与母本行的比例。行比大小决定着母本占制种田面积的比例大小和结实率，进而影响制种产量。确定原则是：在保证父本花粉充足供应前提下，尽量增加母本的行数，以获得尽可能多的杂交种子。在确定具体行比时，应根据制种作物种类、不同组合及组合中父本的株高、花粉量、花期长短等因素灵活掌握。一般同一作物，制种区水肥条件较好，母本行数可多一些；有采粉行时，可适当扩大母本比例。一般作物父、母本行比大致范围是：玉米是2∶(6～10)；高粱是2∶(8～18)；水稻是2∶(4～6)；油菜是1∶(2～3)；棉花是1∶(4～5)。

3. 提高播种质量

杂交制种田播种时一定要认真、细致、准确，力争做到一播全苗，这样既便于去雄、授粉等各项管理，又可提高制种产量和质量。播种时必须严格按照预先计划把父本行、母本行分开，不得出现错行、漏行、并行等错播现象。为便于区分父母本行，可在父本行的两端和中间隔一定距离种上一穴其他作物作为标志。同时，为保证花粉供应，可在制种区近旁或保护行、零星地块种上父本品种，作为采粉区。

三、精细管理

制种田应采取先进栽培管理措施，要满足水肥要求，及时浇水、施肥、中耕除草和防治病虫害，争取高产；同时，田间要经常检查，应根据两亲生长发育状况判断父母本花期能否正常相遇。根据预测结果，采取一定的栽培方法进行管理。如果预测花期不能很好相遇，通常采用"促慢控快法"来调节，对生长慢的亲本可采用早间苗、定苗，留大苗或偏肥、偏水等，促进生长发育；对生长快的亲本可采用晚间苗、定苗，留小苗，控制肥水，深中耕等方法，抑制生长，来保证花期相遇。

四、花期预测方法

1. 叶片检查法

根据双亲叶片出现多少,预测其雌、雄穗发育进程,判断花期能否相遇。例如玉米、高粱父母本总叶片数相同的组合,父本已出现叶片数比母本少 1~2 叶为相遇良好标志;父母本总叶片数不同的组合,以母本未抽出叶片数比父本数少 1~2 叶为宜。提高准确预测花期技术如下。

① 先对制种组合的双亲进行叶龄观察。
② 选取代表性的父母本植株→定点、定株检查父母本叶片数→判断。
③ 建立花期相遇时双亲展开叶龄的对应关系。
④ 制成对应关系图、表,或建立回归方程;据此在制种时准确预测花期。

2. 镜检雄幼穗法

高粱、玉米在双亲拔节后幼穗分化随即开始,通过父母本幼穗分化进程的比较可以更准确地预测花期。具体步骤如下。

① 选有代表性父、母本植株。
② 剥去未长出来的全部叶片。
③ 观察雄穗原始体的分化时期和大小。
④ 判断花期是否相遇。

花期相遇标准是母本的幼穗发育早于父本一个时期;具体是在小穗分化期以前,母本幼穗大于父本幼穗 1/3~1/2。

五、去杂去劣

在亲本繁殖区严格去杂的基础上,对制种区内父母本也要认真、及时、从严、彻底地去杂去劣,特别对于异花授粉作物,一株杂株将影响一大片制种田内的种子质量。不论父本行杂株还是母本行杂株,都应一律除掉。去杂时间应在苗期、拔节期、抽雄开花前期和收获时四次进行,重点在苗期和花前期。

1. 苗期

苗期去杂一般结合间苗和定苗进行,不但可以剔除杂劣株,还可以保证田间留苗数和制种产量。根据幼苗叶(芽)鞘颜色、叶片颜色、宽窄、形状、波曲与否、上冲或者下披,幼苗长势长相等特征综合鉴定,去掉杂株、劣株和可疑株。不需要间苗、定苗的作物应专门进行田间观察,去杂去劣。

2. 拔节期

根据拔节后的表现判断,去掉明显的优势株,也可以结合叶形、株型进行除杂。

3. 抽穗开花前期

是去杂去劣、保证种子纯度的最重要最关键的时期。此时,植株形态展现最充分,生产上应在这个时期把好去杂去劣关。保证在杂株散粉之前干净、彻底、及时完成去杂去劣工作,避免杂株散粉造成生物学混杂。

4. 成熟期

对于前三个时期残留下来的杂株,可在成熟收获前后,根据株型、叶形、穗形、粒形和粒色等特征除掉。玉米还可观察穗轴颜色；水稻可参照鞘颜色、叶片形状、大小及幼苗长相、结实率等特征。凡不符合原亲本典型性状的杂株全部去掉。

六、去雄和人工辅助授粉

1. 及时去雄

除利用雄性不育系、自交不亲和性、标志性状来配制杂交种外，对于采用人工去雄、人工或天然授粉的方式进行杂交制种时，均要求在母本雄蕊（穗）散粉之前将母本雄蕊（穗）及时、干净、彻底地拔除。所谓及时，就是指母本雄穗抽出散粉之前拔除；所谓彻底，就是全田母本雄蕊（穗）一个不留、一株不漏；所谓干净指拔除母本的整个雄穗，雄蕊（穗）上无残留分枝。

从母本开始抽雄，应天天下地检查、去雄，最好一天一遍甚至二遍，直至最后只剩约5%的植株雄穗尚未抽出时，一次拔完，以免遗漏和拖延去雄时间。每次拔下的雄穗要集中深埋或做其他处理，切勿丢在制种田内。对以两系法来配制杂交种的，应及时拔除母本行内的可育株。

2. 人工辅助授粉

人工辅助授粉是提高父本花粉利用率、母本结实率及制种产量的重要措施，一般可增产10%以上。尤其是在花期不能良好相遇、父本严重缺苗或因气候反常等造成花粉不足时，辅助授粉效果更好。进行人工辅助授粉时要考虑父本散粉的高峰期、花粉的生活力和雌蕊柱头接受花粉的能力。人工授粉时间一般在上午9~11时，无露水和散粉盛时进行，可以进行多次（2~3次）授粉。

3. 促进授粉的其他方法

人工辅助授粉方法因作物种类和制种方式不同而不同。有些作物如玉米还可以通过剪花丝或剪苞叶方法帮助授粉；水稻的割叶或人工赶花粉等方法也能提高杂交制种田母本的结实率。

七、分收分藏

成熟的制种田应及时收获，防止雨淋烂穗、发芽或籽粒散落地里。收获时，父母本应分别收获、分别运输、分别晾晒、分别脱粒、分别贮藏，严防人为混杂，影响种子质量。一般是先收母本上的杂交种子，再收父本。对于不能鉴别的已落地的株、穗，不能作种子收获，按杂穗处理。

贮藏时不仅不能混杂，而且应严格控制贮藏的指标，保证安全贮藏。一般地说，父本做商品粮处理。

 思考题

1. 名词解释

杂种优势　中亲优势　超亲优势　超标优势　杂种优势指数　标志性状　自交系　配合力　一般配合力　特殊配合力　测验种　顶交种　单交种　三交种　双交种　综合杂交种　品种间杂交种　不育系　保持系　恢复系　自交不亲和系　测交　测交种

2. 杂种优势的度量方法都有哪些？
3. 杂种优势表现的特点如何？
4. 为什么说有的作物 F_1 虽然有优势，但很难广泛用于生产推广？
5. 配合力的种类都有哪些？每种都是如何度量的？测定配合力的方法有哪些？
6. 测定配合力时如何正确地选用测验种？
7. 杂种优势利用的基本条件有哪些？
8. 简述杂种品种的亲本选配原则。
9. 选育优良的自交系的基本要求有哪些？
10. 利用杂种优势的途径有哪些？
11. "三系"和自交不亲和系在杂交制种上分别是如何应用的？
12. 作物杂种品种都有哪些类别？
13. 优良的化学杀雄剂应具备哪些条件？
14. 试述杂种优势利用的育种程序。
15. 试述杂交制种的技术环节。

技能实训8-1　玉米的自交和杂交技术

玉米的自交和杂交技术

一、目的

了解玉米花器构造和开花习性；通过实训练习，初步掌握玉米自交和杂交技术。

二、内容说明

1. 花器构造

玉米属禾本科玉米属，雌雄同株异花授粉作物。雄穗由植株顶端的生长锥分化而成，为圆锥花序，由主轴和侧枝组成。主轴上着生 4~11 行成对排列的小穗，侧枝仅有 2 行成对小穗。每对小穗中，有柄小穗位于上方，无柄小穗位于下方。每个小穗有 2 枚护颖，护颖间着生 2 朵雄花，每朵雄花含有内外颖、鳞被各 2 枚，雄蕊 3 枚，雌蕊退化。雌穗一般由从上向下的第 6~7 节的腋芽发育而成，为肉状花序。雌穗外被苞叶，中部为一肉质穗轴，在穗轴上着生成对的无柄雌小穗，一般有 14~18 行，每小穗有 2 枚颖片，颖片内有 2 朵雌花，基部的 1 朵不育；另 1 朵含雌蕊 1 枚，花柱丝状细长，伸出苞叶之外，先端二裂，整条花柱长满茸毛，有接受花粉的能力。

2. 开花习性

玉米雄穗一般抽出后 5~7 天便开花散粉。每天 8~11 时开花，以 9~10 时开花最盛。其开花顺序是先主轴后侧枝，主轴由中上部开始向上向下延伸，侧枝则由上而下开放。开始开花后 2~4 天为盛花期，一株雄穗花期 7~8 天。开花的最适温度为 25~28℃，最适相对湿度为 70%~90%。温度低于 18℃或高于 38℃时雄花不开放。花粉生活力在温度为 28.6~30℃和相对湿度为 65%~81% 的田间条件下，一般能保持 6 小时，以后生活力下降，大约可维持 8 小时左右。

雄穗散粉后 2~4 天，同株雌穗花丝开始外露。雌穗中下部花丝先抽出，然后向上向下延伸，顶部花丝抽出最晚，一般花丝从苞叶中全部伸出约需 2~5 天，花丝生活力可维持 10~15 天，但以抽出后 2~5 天授粉结实最好。未受精花丝色泽新鲜，剪短后还可继续生长，但一经受精便凋萎变褐。花粉借风传播距离一般在植株周围 2~3m 内，远的可达

250m。花粉落到花丝上后约经 6 小时开始发芽，24~36 小时即可受精。

三、材料、用具与试剂

1. 材料：不同的玉米品种或自交系。

2. 用具：牛皮纸袋（35cm×20cm）、硫酸纸袋（6cm×12cm）、剪刀、回形针、棉纱线、塑料牌、铅笔。

3. 试剂：70% 酒精。

四、方法与步骤

（一）自交技术

1. 选株

当雌穗膨大从叶腋中露出尚未吐丝时，选择具有亲本典型性状、健壮无病虫害的优良单株。

2. 雌穗套袋

先将雌穗苞叶顶端剪去 2~3cm，然后用硫酸纸袋套上雌穗，稍用力下拉，让茎秆穗叶将纸袋夹住。

3. 剪花丝

如套袋的雌穗已有花丝伸出，则在下午取下雌穗上所套的纸袋，用经酒精擦过的剪刀将雌穗已吐出的花丝剪齐，留下长约 2cm，再套回纸袋，待第 2 天上午授粉。

4. 雄穗套袋

在剪花丝的当天下午，用牛皮纸袋将同株的雄穗套住，并使雄穗在纸袋内自然平展，然后将袋口对称折叠，用回形针卡住穗轴基部固定。

5. 授粉

雄穗套袋后的第 2 天上午，在露水干后的盛花期进行。每次去雄和授粉前用酒精擦剪刀和手，以杀死所沾花粉。

（1）采粉。用左手轻轻弯下套袋的雄穗，右手轻拍纸袋，使花粉抖落于纸袋内，小心取下纸袋，折紧袋口略作向下倾斜，轻拍纸袋，使花粉集中在袋口一角。

（2）授粉。取下套在雌蕊上的纸袋，将采集的花粉均匀地散在花丝上，随即套上雌穗纸袋，用同样方法使纸袋夹紧。授粉时动作要快，切忌触动周围植株和用手接触花丝。如果花丝过长，可用浸过酒精的剪刀剪成 5cm 左右即可。

6. 挂牌登记

授粉后在果穗所在节位挂上塑料牌，用铅笔注明材料代号或名称、自交符号、授粉日期和操作者姓名，并在工作本上做好记录。

7. 管理

在授粉后一周内，花丝未全部枯萎前，要经常检查雌穗上的纸袋有无破裂或掉落，凡是花丝枯萎前纸袋已破裂或掉落的果穗应予以淘汰。

8. 收获保存

自交果穗成熟后及时收获。将塑料牌与果穗系在一起，晒干后分别脱粒装入种子袋中，塑料牌装入袋内，袋外写明材料代号或名称，并妥善保存，以供下季种植。

（二）杂交技术

玉米杂交育种中有关杂交工作中的套袋、授粉、管理等步骤与自交技术基本相同，所不同的是自交是同株雌雄穗套袋授粉，而杂交所套的雌穗是母本，雄穗则取自父本的另一个自交系。授粉后，塑料牌上则应写明杂交组合代号或名称。

五、作业
每人用套袋法做自交和杂交各 10 个果穗，收获后综合评述。

技能实训8-2　育种试验田的小区收获

一、目的
熟悉育种试验田小区收获与测产过程，掌握不同作物、不同试验圃的收获方法。

二、材料与用具
自交作物和异交作物育种试验地各一块，镰刀、标牌、网兜、铅笔等。

三、内容与方法
收获关键是防止混杂，避免收错，因此要每行或一个小区一捆（一袋），挂上标牌，写上行号；如果捆较大时，应挂两个牌。为减少田间落粒，不同熟期材料可分期收获。

1. 自交作物（水稻、小麦等）

（1）原始材料圃。按行收，剔除杂株，混脱。

（2）杂交圃。按组合收，杂种与亲本分收，分脱。

（3）选种圃。F_1 按组合收，混脱，F_2 代及以后各代收获方法依据选择方法不同而采取不同的收获方法。

a. 系谱法。只收入选组合中的入选单株，每个组合或植系以后按单株考种脱粒编号，高代已经稳定的材料可以混合脱粒，升级。

b. 混合法。只收入选组合中的入选单株，混脱，已基本稳定的材料可按单株考种脱粒编号，转入系圃法或升级。

c. 一粒传法。从入选组合中的无重大缺陷的单株上每株选几粒，每组合一袋，已经基本稳定的材料可转入其他方法或升级。

d. 鉴定圃、品比圃和区试圃。以小区为单位，去掉两头各半米（密植小麦还要去两边行），再留若干株考种，其余的混收脱粒，计产。根据试验需要，鉴定圃、品比圃和区试圃所收籽粒都可留种。

2. 异花授粉作物（玉米等）

（1）原始材料圃。只收入选套袋挂牌的自交果穗，每行一袋。

（2）杂交圃。只收套袋挂牌的杂交果穗，每行或每组合一袋。

（3）自交系选圃。只收入选组合或套袋挂牌的自交果穗，每行一袋，以后按穗编号脱粒。

（4）鉴定圃、品等圃和区试圃。以小区为单位，每行去两头各一株，混合脱粒计产。小区如有缺株，作如下处理：

a. 缺株不过 5%，忽略不计。

b. 缺株 5%～10%，不收缺株前后相邻株，然后据实收产量和株数计算每株平均产量和小区应收产量。另一方法是先根据实际收的产量和株数计算每株平均产量，然后用每株平均产量乘以缺株数，乘 0.7，估计缺株产量，加在实收产量上作为小区应收产量。

c. 缺株多于 10%，小区报废。

四、作业

1. 参加自花授粉作物和异花授粉作物各一个育种试验田的收获工作。
2. 玉米自交系的选育能否用混合法或一粒传法？具体应该怎样做？

技能实训8-3 育种试验地的场圃观摩

一、目的

了解作物常规育种程序，各试验场圃的内容和意义。

二、材料

自交作物和异交作物育种试验地各一块。

三、内容与方法

听取老师介绍每个育种圃的作用、材料来源和特点、田间设计方法及对土壤肥力均匀程度的要求等，然后参观各试验场圃。

（一）自交作物

1. 原始材料圃

观察和保存各种基本材料，包括本地和外来品种，及有特殊意义的育种材料，如抗病、野生等材料，一般用顺序排列，逢0设对照，不重复，每小区一行或数行。

2. 杂交圃

种杂交亲本，排列顺序应便于杂交授粉，常将父母本相邻种植，不设对照和重复。

3. 选种圃

种 $F_1 \sim F_5$ 的各种杂交后代，顺序排列，逢0设对照，不重复。小区面积或行数，通常为早代材料分离广，变异类型多，面积应该大些；而高代材料趋于稳定，面积应相对小一些。

4. 鉴定圃

对选种圃选出的材料的主要农艺性状进行全面鉴定，同时继续稳定和扩大种子量。常用间比法或逢0设对照的顺序排列设计，重复2~3次。如材料较少，也可材料采用随机区组设计。鉴定试验可进行1~2年。

5. 品种比较圃

进一步鉴定和比较从鉴定圃选出的优良品系，常用随机区组设计，重复2~4次。小区面积较鉴定圃大。品比试验一般要进行两年。

6. 区域试验圃

全面审查各育种单位提供的新品系的产量和其他农艺性状，明确它们的适应区域，提供品种是统一的，用随机区组设计，重复3~5次。区域试验要进行2~3年。

7. 生产试验圃

材料是通过区域试验但尚未正式命名的品种，可以少量试种新品种。目的是进一步审查产量等性状，并配合适当的栽培设施。一般采用大区对比设计，不设重复。

8. 原始繁殖圃

繁殖正式命名推广品种的原原种和原种，或对已推广的品种进行提纯复壮。

（二）异交作物

1. 原始材料圃

有两类，一是各种来源的自交系，需人工保存，田间设计同自交作物；二是多种来源的品种或群体，需在隔离区内自由授粉或人工混合授粉保存。小区面积较大。

2. 杂交圃

同自交作物。

3. 自交系选择圃

种各种来源的自交后代，中选材料需自交保存，同时进行测交。

4. 鉴定圃

分两类，一是测交鉴定材料，测验自交系选育圃入选材料的配合力；二是杂交鉴定材料，鉴定各类杂交种的产量和其他农艺性状。田间设计同自交作物鉴定圃。

5. 品种比较圃

进一步鉴定和比较通过鉴定试验的各种杂交种，各项要求同自交作物。

6. 区域试验圃、生产试验圃

同自交作物。

7. 自交系繁殖圃

提纯和繁殖已推广杂交种或拟定参加区域以上的新杂交品种的亲本自交系，也包括三交或双交种的亲本单交种的配制。小面积人工授粉，大面积在隔离区内进行。

四、作业

每位同学根据实际参观的具体情况，认真仔细地写自己参观后的心得体会。

第九章 诱变育种

思政与职业素养案例

送种子上太空——揭秘中国空间诱变育种研究新突破

农以种为先。优良品种是农业发展的决定性因素,对提高农作物产量、改善农作物品质具有不可替代的作用。我国是农业大国,但品种的丰富性还远远落后于生产需求,振兴民族种业需要有更多更高效的育种技术。诱变育种的特点在于突破原有基因库的限制,用各种物理和化学的方法,诱发和利用新的基因,以丰富种质资源和创造新品种。可以创造自然界没有的全新类型,改变单一性状将一些带有优良性状和不良性状的连锁现象在后代进行分离等。

植物空间诱变是诱变育种中的一个重要分支。植物空间诱变是近几十年发展起来的一种新型育种技术,是航天技术、现代农业技术和生物技术相结合的产物。与传统育种技术相比,它能在较短的时间内大大提高农产品的品质,创造出许多新品种,在现代农业的快速发展中发挥重要作用,很好地解决了粮食短缺问题。植物空间诱变并不神秘,其与常规的辐射诱变原理一样,植物空间诱变应当属于物理诱变中的辐射诱变,只是常规的辐射诱变是在地面上进行,辐射源一般为 ^{60}Co(钴60)照射,而空间诱变是在太空中微重力的条件下,辐射源是太空中的高能粒子。所以说,空间诱变育种并不神秘,它是辐射诱变育种的特殊形式,是常规辐射育种的一个补充。

中国是世界上能发射返地卫星和飞船的三个国家之一,发射成功率很高,因此,完全有条件进行空间条件下植物生长发育规律的研究。据悉,美国、苏联是最早发现空中植物、微生物变异的,但他们只考虑这种变异对航天员的影响,而忽视了另一个重要课题——空间诱变育种的应用,中国恰恰在这点上捷足先登。

中国空间诱变育种研究始于1986年的"国家863高科技计划"。当时,科学家们对于太空能否引起植物的遗传性变异尚不清楚。

1987年8月5日,在我国发射第九颗返回式卫星时,科研人员首次将大麦、青椒、萝卜等纯系种子和大蒜无性系种子放入卫星中搭载。当这些种子返回地面后,有关人员立即进行了种植实验。不久,奇迹真的发生了。经空间搭载的萝卜种子幼苗茁壮,叶片上没有一个虫眼。有人甚至将害虫捉来放到叶片上,虫子掉头就跑。而地面对照组的幼苗,则是虫眼密布。看来,"太空旅行"后的萝卜种子有抗虫特征。更为奇妙的是,经空间处理后的大蒜种子生长时假茎丛生,一个蒜头竟重达150克。

至今为止，我国先后在10多颗返回式卫星和多艘飞船上进行了数千个微生物菌种、农作物及植物种子的搭载试验，取得了一系列开创性的研究成果。空间诱变育种已成为中国在空间生命科学研究方面的一大特色，不仅开创了我国航天育种的新途径，而且吸引了美国、俄罗斯、保加利亚、菲律宾等国家与我们合作。

中国农业大学草业科学与技术学院教授张蕴薇说，"我国自1987年首次开展水稻等农作物种子返回式卫星空间搭载至今已有34年，研究实践反复证明，航天搭载的空间诱变技术是创制农作物新种质，创建新基因和培育新品种的有效技术途径。利用航天诱变育种技术育出了42个省级和国家水稻品种。其中，2006年的实践八号育种卫星是最大规模的搭载，包含了粮、棉、油、蔬菜、林果花卉等9大类2000余份约215公斤农作物种子和菌种。航天育种已培育出省级以上审定的优异种质新品种近200个，例如，实践八号、嫦娥五号等多次航天器发射均搭载了水稻种子，后创制了一批水稻优质三系及矮秆等种质。"

诱变育种（induced mutation breeding）是利用理化因素诱发生物体发生变异，再通过人工选择、鉴定、培育成新品种的方法。诱变育种始于1927年，Stadler在玉米和大麦上首次证明X射线能导致生物发生突变。1942年德国的Freisieben和Lein首先利用诱变的方法在大麦抗白粉病育种中取得突破。20世纪40年代后期进入原子时代，原子能的和平利用推动了诱变育种的发展，在美国、意大利、法国、苏联、荷兰和日本先后建立了 ^{60}Co、γ 射线或中子的核研究中心，研究了射线处理条件，射线处理前后的水分和氧气对诱变效果的影响。在农业上培训了许多原子能利用人员，推动了育种研究工作，尤其是在亚洲育成和推广了一些水稻新品种。

中国于 1956 年就开始开展诱变育种工作，诱变育种工作发展很快。目前，几乎每个省、市、自治区都开展了这方面的工作，已形成了"核农业"的新行业。近年来我国利用诱变或诱变与其他方法相结合的手段培育成了玉米、棉花、水稻、小麦、谷子、大豆、油菜和绿肥等数百个新品种，占世界总数的 1/4 左右，其中以水稻和小麦品种最多。据到 1996 年为止的不完全统计，已在 40 多种不同植物中育成了 513 个推广品种，总推广面积 900 万公顷，年增产粮、棉、油在 300 万～400 万吨。在大田作物中，原丰早水稻、山农辐 63 小麦、鲁棉一号棉花等在我国自育品种中占相当重要位置。许多育种中间材料和其他育种手段结合，成为育种工作的重要资源。此外，给动物喂食经辐射加工的饲料，可以提高其繁殖效率和战胜疾病的免疫能力。在防治柑橘大食蝇方面，辐照昆虫不育技术也起了相当大的作用。

第一节　诱变育种的依据、特点和意义

一、诱变育种的依据

育种工作者之所以能育成新品种，主要利用了作物在生长和繁殖过程中的变异，无论是自然变异，还是人工变异，只要是有益的且可以遗传，就能通过选择培育成新品种。变异的产生，归根结底是遗传物质的改变。无论是自然或人工诱变的原因，只要提供一定的理化因素，都可使 DNA 发生结构变化，而导致基因变异。人工诱变有时还会造成"核外突变"，即细胞质控制的遗传突变，如雄性不育、性分化、叶绿素合成等方面的改变。因此，在其他育种手段中，与诱变育种结合，有时能起到意想不到的作用，如辐射育种可诱发雄性不育株产生，从而更好地为杂种优势育种服务。

二、诱变育种的特点

1. 提高变异率，扩大变异谱

自然突变频率极低，是完全不能满足人类需要的。研究指出，一般诱变效率在 0.1% 左右，但利用多种诱变因素可使突变率提高到 3%，比自然突变高出 100 倍以上，甚至达 1000 倍。不仅突变的频次增加，而且变异范围较大，变异谱有了很大的差异，并可将数量性状推向更高的水平。杂交基本上是原有基因的重组，从本质上说并无"创造性"可言，而诱变则可诱发自然界本来没有的全新类型，这样便可迅速丰富作物的"基因库"，从而扩大了选择范围，并提高了选择效果。国内外用诱变的方法创造了许多矮秆、抗倒伏、极早熟、高蛋白质含量及赖氨酸、色氨酸含量特高的突变类型，为解决现代农业发展对品种提出的新要求做出了突出贡献。

2. 适于进行个别单一性状的改良

人工诱变有产生某种"点突变"的特点，一般点突变都是使某一个基因发生改变，它可以只改变品种的某一缺点，而不至损害或改变该品种的其他优良性状，所以可以改良推广品种的个别缺点。当进行杂交时，除了得到所希望的性状以外，同时有些不良性状也伴随而来。如采用多次回交进行改进，则需时很长。因此诱变育种适于用来进行"品种修缮"工作，尤其是在加速育成抗病性品种方面有特殊的价值。实践证明，诱变育种可以有效改

良品种早熟、矮秆、抗病和优质等单一性状。

3. 打破旧连锁及进行染色体片断的移置

当品种的某一优良性状和不良性状呈紧密连锁时，对育种工作很不利，很难使其分离，而今可用电离辐射使染色体断裂，把紧靠在一起的两个连锁基因拆开，通过染色体交换，使之达成新的结合，这是辐射育种一个出色的功能。例如在远缘杂交育种中，射线可把一个亲本的某一优良性状转移给另一亲本，而不带入该亲本的其他不良性状，用此法可以创造染色体"结构杂种"。

4. 诱发突变的性状稳定快，育种程序简单，年限短

诱发的变异大多是一个主基因的改变，因此稳定较快，一般经3～4代即可基本稳定，有利于较短时间育成新品种。如山东农业大学用γ射线处理蚰包×欧柔组合F_4的一个株系，经4代选育，育成山农辐63小麦品种。

因为所有生物的各种性状的变异都由突变和随后的重组而产生的。所见到的基因突变都是DNA上碱基序列改变，导致多肽链改变，进而产生表型效应。这种点突变往往较少影响其他性状，所以可以改变品种某一性状而仍保持原品种的其他特点。如印度将红粒的墨西哥小麦Sonora64，经诱变育成为当地喜爱的琥珀色籽粒小麦Sharba Ti Sonora。诱变可提供一批新的杂交育种应用的种质资源，如小麦、水稻等作物经诱变产生了许多矮秆突变体，美国的Calrose76水稻突变体是随后美国许多水稻品种矮秆化的重要亲本。

5. 诱发突变的方向和性质不定

杂交育种只要充分了解双亲的性状遗传，就能大致估计杂交后代群体中可能出现重组的类型；但诱变育种很难预见变异的类型及突变频率。虽然早熟、矮秆、抗病、优质等性状比较有把握在后代中获得，但毕竟只有这些个别性状。一般诱发有益的变异很少，必须扩大诱变后代群体，增加选择机会，因此须要大量人力和物力。随着诱变育种技术的发展，目前已有人把人工合成低聚核苷酸片段引入基因组中，以一定方式改变某一基因，进行定向诱变。

6. 一般难以在同一次处理中，在同一突变体中出现多个理想性状的变异

例如对抗病品种的选育，期望从诱发处理感病品种的后代中，选得明显高度抗两种以上病害类型还有一定的困难。所产生的突变体大部分是不理想的，必须花很大精力进行筛选。有时选到的理想突变体还很可能带有不理想的附带效应（如其他突变性状、易位和不育等）。由于突变体在M_2群体中始终是少数，除了如生育期、株高、抗性等易发现的性状外，其他性状必须依靠精确、快速的筛选技术。诱变育种对二倍体的自花授粉作物较为有利，如果是多倍体或无性繁殖作物，则收效慎微。

三、诱变育种的意义

和常规育种比较，诱变育种除了具有上述特点外，还可解决一些常规育种很难或无法解决的问题，用于更广泛的领域。

1. 创造新的雄性不育源

有些作物自然雄性不育的发生率极低，不易被人类发现，而诱变产生不育的比例能提高30多倍，极易被选出利用。从而使一些不易进行杂优育种的作物变为可能。

2. 克服远缘杂交不亲和性及改变作物的授粉、受精习性

电离射线照射花粉可以克服某些远缘杂交的不亲和性，国内外均有不少研究报告。西北农学院在桃×杏以及番茄×葡萄的远缘杂交中，曾用 ^{60}Co 射线照射花粉取得了一定的效果。电离辐射还可使异花授粉作物的自交不亲和变为自交亲和，例如欧洲甜樱桃经辐射处理可由自交不实变为自交可实（Lewis 等）。

3. 其他独特用途

诱变可以促进孤雌生殖，以加速获得纯系或用以固定杂种优势；诱发染色体结构变异，以获得无籽果实新类型，例如日本用染色体易位法创造无籽西瓜。诱发染色体易位发生"平衡致死"效应，以获得"稳定的"杂种；诱发非整倍性的染色体数目变异，以获得单体、缺体、三体等对遗传育种研究具有特殊用途的整套宝贵材料；诱发体细胞突变，以创造无性繁殖作物的新品种等。

第二节　诱变因素

在诱发突变中，一般有两大类诱变因素，一类是物理诱变因素，另一类是化学诱变因素。另外，随着诱变育种技术的不断发展与完善，目前空间诱变也是生物体诱发突变的重要因素之一，并且越来越受到国内外育种者的高度重视。

一、物理诱变

（一）物理诱变剂的种类

典型的物理诱变剂是不同种类的射线，育种工作者常用的是 X 射线、γ 射线和中子。X 射线和 γ 射线都是能量较高的电磁波，能引起物质电离。当生物体的某些较易受辐射敏感的部位受到射线的撞击而离子化，引起 DNA 的链断裂。当修复时如不能回复到原状就会出现突变。如果射线击中染色体可能导致断裂，在修复时也可能造成交换、倒置、易位等现象，引起染色体畸变。中子虽不带电，但与生物体内的原子核撞击后，使原子核变换产生 γ 射线等能量交换，这些射线就影响 DNA 或染色体的改变。用于诱变的射线种类及这些射线育成的品种数见图 9-1 和表 9-1。

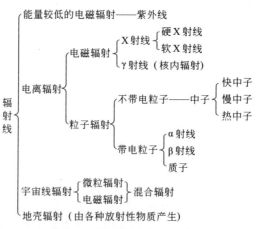

图9-1　物理诱变射线种类

表9-1 应用不同诱变剂所育成的品种数

诱变剂	种子繁殖植物			无性繁殖植物				总计
	禾谷类	其他	共计	观赏植物	果树	其他	共计	
γ射线	224	122	366	166	24	14	204	570
X射线	29	36	65	213	4	10	227	292
中子	26	10	36	9	2	2	13	49
其他射线	8	7	15	7			7	22

X射线是一种核外电磁辐射，它不带电核，是一种中性射线，波长为0.005~1nm。波长为0.1~1nm的X射线为软X射线，波长较短的（0.005~0.01nm）为硬X射线，X射线是最早应用于诱变的射线。X射线的反应在有氧时会加强。

γ射线是一种不带电荷的中性射线。是一种波长更短的电离辐射线，其波长为0.01~0.1nm。^{60}Co和^{137}Cs（铯）是目前应用最广的γ放射线源。应用于植物育种的γ射线照射装置有γ照射室和γ圃场，前者用于急性照射，后者用于慢性照射。

中子是不带电的粒子。在核反应堆、加速器或中子发生器中能得到能量范围极广的中子，根据中子能量大小分为超快中子、快中子、中能中子、慢中子、热中子。能量为0.5~2.0MeV（兆电子伏特）为快中子，经减速器使能量降至小于100eV（电子伏物）称为慢中子，0.025eV称为热中子，^{252}Cf（锎）自发裂变中子源可应用于诱发突变。育种实践证明，中子照射的有益突变率较高。

紫外线是波长为200~390nm的非电离辐射线。其能量较低，穿透力不够，多用于照射花粉或微生物。育种上应用波长250~290nm，以低压石英水银灯发出紫外线照射效果较好。虽然紫外线穿透力较弱，但易被核酸吸收，能产生较强变异效果。

β射线是电子或正电子射线束，由^{32}P或^{35}S等放射性同位素直接发生，透过组织能力弱，电离密度大。同位素溶液进入组织和细胞后作为内照射而产生诱变作用。

另外，近年来激光、电子束、微波等新的诱变剂也开始在作物育种上应用。尤其是离子辐射，诱变频率在6.8%~12.0%，高于γ射线，且能诱导几个以上的性状同时突变，应用前景广阔。

激光和普通光相比，具有高方向性、高单色性和高亮度等基本特征。因此，一旦某种激光的频率和生物体内某种物质分子振动频率相等，就会产生很强的共振，使该物质分子对这种激光产生吸收高峰。能量的积累引起分子内化学键断裂。处理材料可以是作物的干种子或剥去种皮的裸胚、幼苗、根尖，也可以是未成熟的花器官、花粉及离体花药等。常用的激光器有CO_2激光、He-Ne激光、N_2激光、红宝石激光等，照射剂量一般采用1~50J/cm^2，时间可以短到1秒，长至数小时不等。激光微束具有方向性好、光色单一、高亮度和高能量密度等特点，能准确地照射到事先选择好的细胞的某一特定部位或某一细胞器，使其产生选择性损伤，或进行显微手术，且不损伤邻近部位的细胞器或组织，从而达到某一特定研究目的。

1986年中科院等离子体研究所在我国率先将离子注入技术应用于作物育种。能量为几十至几百keV的核能离子通过发生器注入生物体内，在其到达终位前，使同靶材料中的分子、原子发生一系列的碰撞。通过碰撞、级联和反冲碰撞，导致靶原子移位，留下断链或缺陷。目前，离子注入作物品种改良已涉及几乎所有主要的粮食和经济作物。由于离子注入具有刻蚀作用，可以引起细胞膜透性和跨膜电场的改变，因此离子束介导的作物转基因技术一经建立，便初获成功。

空间诱变是利用宇宙空间的环境来诱发作物可遗传的变异。空间环境的显著特点是高真空、微重力和强辐射。作物种子由卫星、高空气球搭载，经空间飞行后会发生遗传性变异，而且这种诱变作用具有普遍性。我国自1987年以来多次利用返回式卫星搭载作物种子，从中获得了大量的变异类型，涉及主要粮食及蔬菜作物，并已培育出一些新的突变类型和具有优良农艺性状的新品系。利用高空气球搭载植物种子在海拔30～40km高空滞留，同样可以获得优良的种质。

以上几种新的诱变手段的研究与应用时间不长，能否最终成为新的诱变因素或诱变源，需要进一步验证，而且更需要从作物育种实践中进行鉴定，尤其是看能否高效率诱变出使用传统因素难以获得的突变体，或者迄今自然界罕见的种质材料。

（二）辐射处理的剂量单位和剂量率

1. 强度

放射性强度以毫居里（mCi）或微居里（μCi）表示，分别相当于10^{-3}Ci和10^{-6}Ci。现在为了统一标准，便于国际上互相比较，采用了新的照射剂量单位。但是迄今发表的试验报告仍习惯用一般常用的剂量单位。新的照射单位为贝可（Bq），即1Bq/s≈2.703×10^{-11}Ci。

2. 剂量强度

剂量强度是指受照射的物质每单位质量所吸收的能量，即物质所吸收的能量/物质的质量。照射的剂量单位有以下几种。

（1）照射剂量：以伦琴（R）表示，是X射线和γ射线的剂量单位，新的照射剂量单位为"库伦/千克"（C/kg），1R=2.58×10^{-4} C/kg。

（2）吸收剂量：以"拉特"（rad）或"戈瑞"（Gy）表示，1rad=10mGy，1Gy=1J/kg。

（3）中子流量：以单位平方厘米的中子数（个/cm^2）表示。也可用"rad"来表示。

3. 吸收剂量率

在照射处理时，处理材料在单位时间内所受到的剂量过大，可以显著影响幼苗成活率和生长速度。所以用吸收剂量率作为单位来衡量，即单位时间内所吸收的剂量。一般情况突变与吸收剂量率关系不是很大。通常干种子吸收剂量率为60～100R/min，花粉为10R/min左右，吸收剂量率不应超过160R/min。

（三）作物的辐射敏感性和诱变剂量

1. 测定辐射敏感性的指标

作物对辐射的敏感性是指作物体对电离辐射作用的敏感程度，用以衡量敏感性的指标，因作物种类、照射方法及研究目的不同而不同。最常用的指标有出苗率、存活率、生长受抑制程度、结实率、细胞状态、染色体畸变率等。

2. 作物辐射的敏感性差异

（1）不同作物辐射敏感性不同 一般作物之间在分类上的差异越大，敏感性差异也越大，如不同科间差异很大。大豆、豌豆和蚕豆等豆科作物以及玉米和黑麦最敏感；水稻、大麦、小麦等禾本科作物和棉花次之；油菜等十字花科作物和红麻、亚麻、烟草则最不敏感。科内属间的敏感性也有差异，以豆科为例：种子粒大的属比粒小的属要敏感。同属内的不同种间也有差异，如籼稻比粳稻的敏感性差。不同科、属、种间敏感性的差异主要来自遗传物质的不同和生理生化特性的差异。通常是染色体大的，DNA含量高的作物辐射敏感性高。十字花科作物不敏感，主要是种子内含有对辐射有屏障作用的丙烯芥子油造成的。

（2）不同品种的敏感性也有一定差异　此差异比科、属、种间差异要小。高粱等作物耐辐射（不敏感）程度依次为：杂交种＞常规品种＞自交系。不同类型大麦对γ射线的敏感程度也有差异，裸大麦比皮大麦敏感，其敏感性的次序为四棱裸大麦＞六棱裸大麦＞二棱裸大麦＞四棱皮大麦＞六棱皮大麦＞二棱皮大麦，这表明可能原始类型的抗性较大，具有较大的损伤修复能力。

（3）同种作物的不同发育期对辐射敏感性有差异　休眠种子和枝条不敏感，而萌动种子和发育中的枝条则敏感。幼苗较成株敏感，分蘖前期特别敏感，其次是减数分裂和抽穗期。在种子发育过程中，未成熟种子较成熟的敏感，即乳熟期最敏感，蜡熟期次之，完熟期则不敏感。

（4）不同组织和器官的敏感性有差异　核分裂时较静止期敏感，尤其是细胞分裂前期较敏感；细胞核较细胞质敏感，性细胞较体细胞敏感，卵细胞较花粉敏感。分化成的细胞不敏感，而正在分生中的细胞则敏感，分生组织较其他组织敏感。

（5）处理前后的环境条件也影响诱变效果　种子含水量是影响诱变效果的主要因素之一，水稻种子含水量高于17%或低于10%时，则照射敏感，种子含水量在11%～14%的，一般不敏感。在较高水平的氧气条件下照射，会增加幼苗损伤和提高染色体畸变频率，以致相对地提高了突变率。所以可将干种子（含水量为12%～14%）放在充氮或未尽真空的密封玻璃容器内照射；或提高种子的含水量，以减少氧气的效应。氧气对中子的密集电离的辐射所引起的生物学效应较少，所以用中子处理种子，一般没有必要调节含水量和氧气；而用γ射线和X射线等电离密度小的处理时，就要调节种子含水量到13%～14%。另外，照射后种子贮存时间长短会影响种子的生活力，一般都在处理后尽早播种。如小麦可以在室温下贮存半个月。贮存期间最好减少氧气，或贮存在真空的容器中，在0℃以下可较长期贮存。

3. 作物的诱变剂量

确定合适的诱变剂量是育种成败的关键环节。不同作物都有一定范围的适宜剂量，在适宜剂量范围内，能更多地产生新的变异，保持原有的优良性状。一般在适宜范围内随剂量提高，突变率也上升，剂量过大会造成严重伤害或致死。在诱变育种实践中，一方面参考前人的育种经验，另一方面通过试验摸索。通常用M_1代的辐射效应来衡量所选剂量是否恰当。常以半致死剂量（LD_{50}，即照射处理后，植株能开花、结实，存活一半的剂量）、半致矮剂量（D_{50}，即照射处理后植株生长受到抑制，苗高降低，根长缩短，苗高降低到对照的一半所需的剂量）和临界剂量（即照射处理后植株成活率约40%的剂量）来确定各处理品种的最适剂量。一般常用的剂量是临界剂量。常见主要作物适宜诱变剂量见表9-2。

表9-2　几种作物γ射线和快中子处理适宜剂量

作物种类	处理状态	适宜γ射线/krad	处理状态	应用较多的中子流量/(n/cm^2)
水稻	干种子（粳）	20～40	干种子	4×10^{11}～6×10^{12}
	干种子（籼）	25～45	催芽种子	1×10^{11}～1×10^{12}
	浸种48小时萌动种子	15～20		
小麦	干种子	20～30	干种子	1×10^{11}～1×10^{12}
	花粉	2～4	萌动种子	1×10^{10}～5×10^{10}

续表

作物种类	处理状态	适宜γ射线/krad	处理状态	应用较多的中子流量/(n/cm^2)
玉米	干种子（杂交种）	20～35	干种子	$5×10^{11}～1×10^{12}$
	干种子（自交种）	15～25		—
	花粉	1.5～3		—
高粱	干种子（杂交种）	20～30	干种子	$1×10^{10}～5×10^{11}$
	干种子（品种）	15～24		
粟	干种子	30～35		$1×10^{11}～1×10^{12}$
大豆	干种子	15～25	干种子	$1×10^{11}～1×10^{12}$
棉花	干种子（陆地棉）	15～25	干种子	$1×10^{11}～1×10^{12}$
	花粉	0.5～0.8		
油菜	干种子（甘蓝型）	120～130	干种子	$5×10^{11}～5×10^{12}$
甘蔗	干种子（杂种）	10～15	茎芽	$1×10^{10}～1×10^{11}$
	干种子（自交系）	20～25		
甘薯	块根	10～30		—
	幼苗	5～15		—
马铃薯	休眠块茎	3～4		—
	萌动块茎	0.6～3		—

引自：蔡旭．植物遗传育种学．1988．

（四）辐射处理的主要方法

1. 外照射

辐射源在被处理材料外部的照射称为外照射。此法常需要有射线发生的专门装置（如X光机、核反应堆、电子加速器、紫外灯、钴照射源等），并需专门处理场所和保护设施。由于这种照射方法一旦具备条件后，就具有操作方便、一次能集中处理大量试材、很少放射污染、安全可靠的特点，故成为最常用的辐射方法。

外照射根据照射时间的长短，分为急性照射和慢性照射。急性照射指在较短的时间内，几分钟或几小时照射完全部剂量。慢性照射指在较长的时间内，几天或几个月照射完全部剂量。慢性照射一般在田间辐射场，用一定剂量率在作物的某一个生长期内进行长时间连续照射。慢照射比急照射对材料的损伤轻，形态畸变少，而且诱变效果稳定。

外照射也可根据处理试材不同，又将其分为以下几种。

（1）种子照射　这是最为常用的照射方法。可用于干种子、湿种子或萌动种子处理，一次可照射大量试材。

（2）植株照射　当植株生长发育到一定阶段后（如幼苗期、营养生长盛期和生殖生长期等），移栽到设有照射装置的场所（如钴植物园）进行处理，一般采用盆栽。

（3）营养器官照射　此法多用于适于无性繁殖的作物作为播种、扦插、嫁接材料的处理。如大田作物的地瓜、马铃薯块茎、洋葱鳞茎、山药块根等。

（4）花粉、子房照射　花粉照射后，授以特定花柱产生杂合后代，并对后代进行多代自交分离，选择出符合要求的变异类型；或将试材直接进行花粉培养，育成没有突变嵌合现象的纯合突变体，再进行人工染色体加倍，育成纯合突变二倍体。同理也可进行雌性器官的子房照射。应区别子房先照射后授粉，还是先授粉后照射。

（5）其他作物器官组织的照射　作物离体培养试材（如幼叶、胚状体、愈伤组织、胚和原生质等）在接种培养前进行辐射处理，再进行离体培养得到突变再生株。

2. 内照射

将辐射源引入到试材内部的照射叫内照射。优点是不需建造成本很高的设施；不足是需要防护条件，易造成环境污染，处理剂量不易掌握，处理过的样本在一定时间内带有放射性不能食用或饲用。因此，内照射受一定限制，一般常用方法有以下几种。

（1）浸种法　将放射性同位素配制成一定放射强度的溶液进行浸种处理，使试剂浸入种子内部。实践中通常先用等量试材进行吸水试验，测出种子吸胀后所需水量，再决定配制的溶液用量，一般剂量范围是 $3.7 \times 10^3 \sim 3.7 \times 10^5$ Bq/每粒种子。

（2）涂抹法　将放射性同位素溶于黏性剂中（如羊毛脂、凡士林和琼脂等），取适量涂抹于处理部位（如生长点、腋芽、花蕾和芽眼等处）。

（3）注射法　用微量注射器将适宜浓度的试剂溶液注入处理部位进行诱变，多用于花蕾、芽、块茎、鳞茎等试材的处理。

（4）施入法　将放射同位素的化合物以无机肥（如 ^{32}P、^{35}S、^{45}Ca 的化合物磷酸二氢钾、硫酸铵、硝酸钙等），通过作物根部施肥引入植株体内进行处理；或将 ^{14}C 的化合物 ^{14}CO$_2$ 进行光合部位的施喂，通过光合作用引入植株体内，达到诱变的目的。

3. 间接照射

利用辐射存在间接诱变的原理，对试材的培养环境（如培养基、培养液）进行辐射，使培养基或培养液中的水分子发生电离，产生强活性基因（HO·、O⁻、H$_2$O$_2$ 等），再将试材引入进行培养。此法在微生物诱变育种中应用效果更佳。

4. 重复照射（累代照射）

在几个世代中连续地对照射材料有机体进行照射。

（五）作物空间育种技术

1. 作物空间育种技术的概念和特点

作物空间育种技术是利用返回式卫星或高空气球等所能达到的空间环境对作物（种子）的诱变作用产生有益变异，在地面选育新种质、新材料，培育新品种的作物育种新技术，亦称太空育种或航天育种。据不完全统计，1957～1998 年间，全球共发射了 118 颗空间生命科学卫星，搭载作物材料 42 次，其中俄罗斯 18 次、美国 16 次、中国 8 次。其主要目的是：探索空间条件下作物生长发育规律，以改善空间人员生存的小环境；解决宇航员的食品；利用空间条件下引起的遗传变异，开创作物育种新途径。利用空间诱变技术，我国已育成了一批高产、优质、多抗的作物新品种和有重要价值的种质资源、有价值的研究资料。

同常规育种相比，空间育种技术具有变异广，变异易稳定的特点。大粒、优质、高产、抗病等有利突变率高，能为选育优良种质提供丰富的遗传资源。SP$_2$（空间诱变第二代）还常出现多个优良性状结合的单株，如大穗多粒型、高产抗倒型、抗病早熟型等。同时还发现自然界和地面诱变未曾见过的超绿小麦植株、玉米叶片嵌有很宽的黄色条斑等变异类型。SP$_2$ 或 SP$_3$ 所选单株及其后代在重要经济性状上多呈高度相关，变异稳定快，育种时间短。

2. 空间诱变的生物学效应

空间环境的主要特征为微重力、空间辐射、超真空和超洁净等。空间辐射的主要来源有地球磁场捕获高能粒子产生的俘获带辐射、太阳系外突发性事件产生的银河宇宙射线及太阳爆发产生的太阳粒子辐射。在空间辐射所包括的多种高能带电粒子中，质子的比例最大，其次是电子、氦核及更重的离子等。

大量的实验研究表明，空间环境条件影响作物种子的萌发与生长。不同作物或同一作物不同品种对空间飞行的敏感性存在差异。由于作物遗传背景、空间飞行高度和飞行时间不同等因素，不同研究的结果不尽相同，但总体上具有以下基本生物学效应：① SP_1 许多表型变异属环境引起的生物学适应，随世代增加而逐渐消失；②空间环境对多数作物种子有促进效应，这种效应表现在生长和发育过程的加快及产量提高上；③空间飞行对作物基本生物过程没有影响，但对作物生命活动及生长具有多方面及重要的影响；④ SP_2 绝大多数变异性状，包括双向超亲和一些对育种有利的特殊变异类型，都能得到充分表现，群体出现强烈广谱分离，单株间差异明显，因而是选择的关键世代。

作物种子经空间飞行后，其幼苗根尖细胞分裂会受到不同程度的抑制，有丝分裂指数明显降低，染色体畸变类型和频率比地面对照组有较大幅度的增加，且这种诱变作用在许多作物上具有普遍性。

3. 空间诱发作物突变的作用机制

空间环境诱发作物种子基因突变的机理目前尚未完全清楚。正如前述，空间辐射是原因之一。当作物种子被宇宙射线中的高能重粒子击中后，会出现更多的多重染色体畸变，植株异常发育率增加，而且高能重粒子击中的部位不同，畸变情况亦不同，其中根尖分生组织和胚轴细胞被击中时畸变率最高。微重力是诱发作物种子基因突变的另一个原因。许多实验结果表明，经空间飞行的种子即使没有被宇宙粒子击中，发芽后也能观察到染色体畸变现象，而且飞行时间越长，畸变率越高，这些都说明微重力对种子亦具有诱变作用。当外界微重力信号被细胞膜表面受体分子识别并通过传递转化系统传递给细胞内贮存的钙体，使细胞质内 Ca^{2+} 浓度发生改变，从而影响与一些钙受体蛋白的结合，调节作物体内蛋白质的磷酸化和脱磷酸化作用，进而影响细胞分裂、细胞运动、细胞间信息传递、光合作用和生长发育等生理生化过程。应该说，空间条件引起作物遗传性发生变异的主要因素在于空间辐射与微重力等的综合作用。

当然，从众多的经过空间诱变的作物种子中筛选鉴定出有希望的真正的"太空种子"，亦是一项艰苦复杂的工作。育种家往往要经历3~5年的时间，经过选择、淘汰和试种，最终选育出优质高产的品种，再进行推广。空间诱变材料的处理选择程序与其他诱变育种技术相似，不再细述。

4. 空间技术育成品种的安全性问题

专家认为，用空间技术育成的新品种不存在安全性问题。

① 太空种子的基因还是地面原来种子本身基因变异的产物，并没有导入其他对人类有害的新基因。

② 在自然环境中作物也发生变异，只是变异过程极其缓慢，变异频率很低，人们称为自然变异。空间育种是人们有意识地利用空间环境条件加速生物体的变异过程，这种变异

人们称其为人工变异，这两种变异在本质上是没有区别的。

③ 即使是太空飞行回来的当代种子（非直接食用），经严格检测也没有增加任何放射性。因此，食用太空种子生产出来的粮食、蔬菜等不会存在不良反应。

目前作物空间育种技术尚处在起步阶段，研究工作侧重于直观描述，且多为大田突变体的直接筛选，应用基础理论研究甚少。今后应深入探讨主要诱变因素及其作用的生化和分子生物学机理，加强各类变异发生频率和遗传规律的研究，提高品种选育的预见性及空间诱变的利用价值，使空间育种技术成为作物育种学科新的生长点，并不断发展壮大，成为推动我国农业发展的主要科技手段之一。

二、化学诱变

（一）化学诱变剂的种类及其作用方式

能与生物体的遗传物质发生作用，并能改变其结构，使其后代产生变异的化学物质称为化学诱变剂。能引起生物体遗传物质产生变异的化学物质很多，从简单的无机物到复杂的高分子有机物中均有能产生诱变作用的试剂。主要有以下几大类。

1. 烷化剂类

烷化剂是诱发突变最重要的一类突变剂。这类试剂的共同特点是携带一至多个活跃的烷基，通过"烷化作用"的方式将 DNA 或 RNA 分子结构中的 H 原子置换，在鸟嘌呤上最容易发生于 N_7 位上置换，腺嘌呤则在 N_3 位上置换，从而引起突变。也可能通过丢失嘌呤或更长的断片，在 DNA 模板上就留下一个缺位，从而导致"复制"或"转录"过程中"遗传密码"的改变，进而导致性状突变。这类试剂主要包括硫酸二乙酯（DES）、乙烯亚胺（EI）、芥子气类、环氧乙烷、次乙亚胺、环氧丙烷、甲基磺酸乙酯（EMS）、异丙基甲烷磺酸酯等烷基磺酸盐及甲基磺酸甲酯（MMS）等烷基硫酸盐类、亚硝基乙基脲（NEH）等亚硝基烷基化合物类。但是有些化学诱变剂有毒，应用危险，是潜在致癌物质。

2. 碱基类似物

碱基类似物主要因化学结构上与 DNA 碱基（A、G、C、T）中的某一种相似，在 DNA 复制的正常过程中以"原料"的身份"冒名顶替"进入 DNA 结构中充当碱基，从而形成异种 DNA，进而导致碱基配对差错，引起点突变，其生物学效应与辐射诱变相似，故这类化学试剂又称为"拟辐射物质"。常用的有 5-溴尿嘧啶（BU）、5-溴去氧尿核苷（BUdR）、马来酰肼（MH）等。

3. 简单有机化合物

常见的有叠氮化钠（NaN_3）、乙酸、甲醛、乳酸、氨基甲酸乙酯、重氮甲烷等。这类有机化合物对不同生物个体、组织或细胞有一定专一性。例如叠氮化钠是一种动植物的呼吸抑制剂，可使复制中的 DNA 碱基发生替换，是目前诱变率高且安全的一种诱变剂。可诱导大麦基因突变而不出现染色体断裂。对大麦、豆类和二倍体小麦的诱变有一定的效果，但对多倍体小麦或燕麦则无效。

4. 简单的无机化合物

此类物质常见的有氨、双氧水、硫酸铜、氯化锰、亚硝酸等。从诱变效果来看，亚硝酸更为有效,其强烈的"脱氨作用"可脱去 A、C 及 G 等碱基上的氨基,使其发生结构变化,从而造成 DNA 复制的紊乱。

5. 抗生素

常用的有丝裂霉素 C 和重氮丝氨酸等。其主要诱变机理是抗生素对 DNA 核酸酶的破坏作用,影响了 DNA 合成及分解的有序性,造成染色体断裂。

6. 生物碱

有些中草药及观赏植物的种子或组织中发现的诱变物质,如秋水仙素、高级酚类、石蒜碱、喜树碱、长春碱等,其作用主要影响细胞有丝分裂过程,阻止纺锤丝和赤道板形成,使细胞分裂中期异常停止,抑制 rRNA 合成及导致染色体畸变等。

(二)化学诱变剂作用的特点

虽然辐射诱变与化学诱变均具有导致 DNA 结构上的改变和基因的点突变的共同之处,但与物理诱变剂相比,化学诱变剂的特点有以下几点。

① 诱发点突变率较高,而染色体畸变较少。诱变剂的某些碱基类似物与 DNA 结合而诱发产生较多的基因点突变,对染色体损伤轻而不引起染色体断裂产生畸变。

② 诱变有一定专一性,对处理材料损伤轻。某些试剂只能在某种作物、某个生长发育时期、某些 DNA 的某些特定部位片段,甚至某种碱基位点上才起诱变作用。

③ 大部分有效的化学诱变剂与物理诱变剂相比,容易引起生活力和可育性下降。

④ 使用方便,成本较低。

⑤ 诱变剂只有渗透到植物组织内部才能起作用。对一些组织致密、有鳞片和茸毛包裹、高度蜡质化、角质化的器官效果不理想。

(三)化学诱变处理方法

1. 药剂配制

由于各种诱变剂的理化性质不同,使用浓度范围不同,配制溶液时应区别对待。易溶于水者可直接按所需浓度稀释配制,而不易溶于水者(如硫酸二乙酯等)一般应先用少量酒精溶解后加水配制成所需浓度。

应注意许多试剂的水溶液极不稳定,易产生水解生成酸性或碱性物质而变性。因此,选用适宜 pH 的磷酸缓冲液是确保诱变效果的重要条件。几种常用诱变剂采用的 0.01mol/L 磷酸缓冲液的 pH 分别是:亚硝基乙基脲(NEH)为 8、甲基磺酸乙酯(EMS)和硫酸二乙酯均为 7。亚硝酸溶液也不稳定,配制时常用亚硝酸钠加入 pH 为 4.5 的醋酸缓冲液生成亚硝酸的方法。

2. 化学诱变处理的常见方法

因作物种类不同、处理时期不同、处理部位不同、选取器官不同等,应选用合适的处理方法,一般有以下几种。

(1)浸渍法 先按浓度要求配制成溶液,然后将试材浸渍于溶液中,经一定时间处理后,用清水冲洗。此法常用于种子、接穗、插条、块茎和块根等试材的处理,也可用于幼苗浸根。

(2)注入法 将试剂配制好后,用微量注射器将药液注入处理部位,常用于生长点、腋芽、鳞茎及其他有机械组织包裹的部位。

（3）涂抹法和滴液法　将试剂溶于羊毛脂、凡士林、琼脂等黏性物质中，取适量涂于试材处理部位；或将脱脂棉球放于处理部位后，用滴管定期滴加药液。此法多用于生长点、芽、腋芽等试材处理。

（4）熏蒸法　先制作一密闭潮湿的小室，放入待处理试材，通入药剂产生的蒸气进行处理，常用于花粉、花药、子房、花序、幼苗等试材的处理。选用的试剂一般是沸点较低的液体或易升华的固体，或用专门装置发生气态诱变剂（如芥子气类）。

（5）施入法　选用合适剂量，通过培养基加入法或在相对隔绝的栽培环境中，以施肥方式施于植株根部。前者常用于组织、器官、花粉、花药、子房培养阶段的处理，后者则多用于植株栽培过程中做阶段性诱变。

三、理化诱变剂的特异性和复合处理

1. 理化诱变剂的特异性

射线易引起染色体断裂，其断裂往往在异质染色质的区域，因此突变也在这些区域邻近的基因中。目前已发现一些诱变剂对突变性质有一定的特异性。例如大麦直立型突变体（密穗、坚韧和矮秆）位点（ert-a、ert-e、ert-d），因不同诱变剂所引起的突变也不同（表9-3）。ert-a 对于密度较低射线（X 射线和 γ 射线）出现的频率高于密度较高中子或 α 射线。ert-e 对于中子处理诱变频率较高。这些基因对化学诱变剂的反应也不同，化学诱变剂对 ert-e 诱变频率较低，而对 ert-a 和 ert-d 诱变频率则高。

表9-3　不同诱变剂对大麦直立型基因（ert）的诱变差异（G.Persson，1969）

诱变剂	大麦直立型基因突变率 /%		
	ert-a	ert-e	ert-d
X 射线和 γ 射线	14	11	9
中子	1	16	6
化学诱变剂	17	7	11
合计	32	34	26

在大麦和水稻的突变谱方面，以射线诱发白化苗和染色体畸变较多，而化学诱变剂诱发不育性及淡绿苗、黄化苗较高。

另外，不同品种对各种诱变剂的效果也有差异。这些因素都造成诱变育种工作的困难。虽然衡量各种诱变剂所产生有用突变体的能力是比较困难的，但是一般诱变效率顺序为热中子 >EMS> 快中子 >γ 射线 =X 射线 >DES>EI。如果能够很好地了解诱变剂的特异性，将为定向诱变开辟广阔的道路。

2. 诱变剂的复合处理

突变率随着诱变剂剂量的增大或处理时间的延长而增加，且几种诱变剂复合处理比单独处理可提高突变率。如用 EI 处理后再用 EMS 处理，其效果较好，主要是一个诱变剂的预作用，可使另一个诱变剂更易影响染色体的位点。在射线处理后再化学诱变处理，由于射线处理改变了生物膜的完整性和渗透性，可促进化学诱变剂吸收。如 Gupta 等用 γ 射线处理粟后再用 EMS 或 DES 处理，其穗部突变率比单独处理的总和还好（表9-4）。在射线处理后用 NaN_3 再进行处理，能够减少生理损伤的程度。

表9-4　各种诱变剂复合处理对粟穗部可见突变的效果（品种MU-1）

诱变处理	M₂突变率/%	诱变处理	M₂突变率/%
γ射线　10kR	3.10	γ射线　20kR+0.1% EMS	7.43
γ射线　20kR	5.83	γ射线　30kR+0.1% EMS	9.48
γ射线　30kR	5.10	γ射线　40kR+0.1% EMS	16.91
γ射线　40kR	7.86	γ射线　10kR+0.1% DES	6.17
0.1% EMS 12h	3.84	γ射线　20kR+0.1% DES	7.84
0.1% DES 12h	1.98	γ射线　30kR+0.1% DES	11.32
γ射线　10kR+0.1% EMS	6.42	γ射线　40kR+0.1% DES	15.95

第三节　诱变育种的方法和程序

一、处理材料的选择

（一）材料的选择

不是任何材料经诱变处理后都可得到理想结果的，因此，要正确选择诱变处理的亲本材料。诱变材料的选择是诱变育种是否获得成功的关键，对此应考虑以下原则。

① 首先根据育种目标来选择亲本材料。为了实现不同的育种目标，应选用不同特点的亲本材料进行诱变处理。例如为了选育抗病毒病（TMV）的马铃薯优良品种，则亲本材料应该是丰产、优质、成熟期适宜，能抵抗除病毒以外的其他病害的品种。

② 亲本必须是综合性状优良而只具有一两个需要改进的缺点的材料。因为诱变育种的主要特点之一是它最适于改善某一品种的个别不利特性。通常可选用当地生产上推广的良种或育种中的高世代品系作诱变材料。此外，也有人主张选用具有强优势的、综合性优良的杂交一代（F_1）或有希望的杂种后代作诱变材料。

③ 为增加诱变育种成功的机会，选用的处理材料应避免单一化。不同品种或类型，其内在的遗传基础有差异，它们对辐射的敏感性不同，诱变的突变频率、突变类型、优良变异出现机会有很大差别，应在条件许可的情况下适当多选几个亲本材料。

④ 适当选用单倍体、原生质体和多倍体等作诱变材料。用单倍体作诱变材料，发生突变后易于识别和选择。

（二）处理部位的选择

处理部位的选择应有利于物理或化学诱变剂最大限度地发挥诱变作用。一般来说，应选择敏感性强的部位，如种子、芽、生长点、花粉、花药、子房和分生组织等。

二、诱变剂量的确定

除根据育种目标和育种工作具体条件选择物理或化学诱变剂外，还必须考虑处理的剂量。一般参考过去研究的结果，在温室内采用X射线或γ射线等低密度射线的几种剂量来测定幼苗高度，以降低30%～50%苗高为较适宜的剂量；至于高密度电离辐射的中子，只要降低15%～30%苗高即可；化学诱变剂要求降低10%～30%苗高为适宜剂量。一般在改良个别性状时,为减少多发性突变,处理剂量要求稍低些;如果期望产生多类型突变体作育种材料,则应采取较高剂量,使产生中等以上损伤。

三、处理群体大小的确定

一般是根据突变率和 M_2 群体大小来确定处理试材群体大小。禾谷类及蔬菜作物的小粒作物,群体应在 10000 株以上。

突变率的高低与处理当代（M_1）所见到的损伤有关,但要求 M_2 获得特定的有益性状突变体,其频率是很低的,可能只有万分之一到百万分之一。如果后代（M_2）中未能选得理想突变体,则可能处理的剂量不当或是群体过小,应在重复试验时加以调整。如果以半致死剂量（LD_{50}）为准,则处理 5000 粒种子,可得到 2500 存活（M_1）株。如果每株产生 20 粒种子,则第二代（M_2）有 50000 株可加以选择。

四、诱变处理后代的选择

（一）M_1 的种植和选择

诱变育种的第一个步骤是确定适合于处理的材料（品种等）和诱变剂的选择及其处理方法。进行处理是比较容易的,困难工作几乎都在以后的选择过程。经过诱变处理的种子、营养器官所长成的植株或直接处理的植株均称为诱变一代（M_1）,因诱变剂的不同,也有用 γ_1、X_1、n_1 表示的。

以种子为试材的诱变处理为例,将诱变处理的种子按不同的剂量分别播种称为 M_1,由于突变多属隐性,可遗传的变异在 M_1 通常并不显现,M_1 所表现的变异,这些变异不论优劣,一般并不遗传,因此 M_1 不必进行选择淘汰,而应全部留种。并应对 M_1 植株实行隔离,使其自花授粉,以免有利突变因杂交而混杂。

（二）M_2 及其以后世代的种植和选择

M_2 所产生的突变是否能遗传到后代,还取决于:①发生突变的细胞应参与形成生殖器官的过程中,使产生的种子也带有突变的性状;②所产生的种子必须收获并种植获得 M_2 植株;③隐性突变必须经纯合后而显示出来。

M_2 植株出现的分离现象是分离范围最大的一个世代,但其中大部分是叶绿素突变,这种突变因诱变剂种类和剂量的不同,其出现的情况有所不同。M_1 的叶绿素突变只出现在叶片局部地方。一般可根据叶绿素突变率判断适当的诱变剂和剂量。

由于 M_2 出现叶绿素突变等无益突变较多,所以必须种植足够的 M_2 群体。作物经 X 射线照射,其出现矮秆类型仅仅是千分之一的概率。一般诱导的性状 99% 为隐性突变,少数为显性突变。在目前还不能大幅度地提高突变率的情况下,扩大种植足够的 M_2 群体是十分必要的。但现有资料表明,诱变育种所选育的品种中以改良株型尤其是降低株高、提高产量、早熟性、抗性和种子性状的数量还是相当的高,说明诱变这些性状的变异频率较高,而且容易获得和育成新品种。一些研究结果认为:从略低于适宜剂量处理的后代中较易获得早熟类型;矮秆突变在略高于适宜剂量的后代中较易获得。

M_2 及其后代的种植方式因选择方法不同而异,现简单介绍常用的两种方法。

1. 系谱法

一般 M_1 不加选择,但必须收获主穗（种子量不够,收获 1～2 分蘖穗）。

从 M_1 收获的每个单穗（M_2）像一般育种中的系谱法一样种成穗行，如小麦则采取稀条播或点播，每行 20~100 粒，每隔 20 行播 3 行没有照射处理的亲本作对照。这种方式观察比较方便，易于发现突变体。因为相同的突变体都集中在同一穗行内，即使微小的突变也容易鉴别出来。这种微突变往往是一些数量性状的变异，如果能够正确鉴别和进一步鉴定，往往可以育成新品种。目前诱变育种工作中都注意一些肉眼或适当的筛选技术易发觉的突变体，如叶绿素、种皮色、蛋白质含量等突变体，或矮秆、抗病等属单基因控制的突变体。虽然这种突变容易察觉和鉴定，但这种突变大部分是不符合育种目标的。

M_3 仍以穗行种植，观察突变体的性状是否重现和整齐一致，是否符合育种目标。如已整齐一致，可以混收。如果穗行内性状尚不整齐一致，则选择单株或单穗。某些突变性状尤其是微突变性状不一定都在 M_2 中出现，而随着世代的提高，其他性状已整齐一致的情况能够鉴别出来某些突变类型。所以 M_3 是选择微突变的关键世代。

M_4 和以后世代，除了鉴定株系内是否整齐一致外，在有重复的试验区中进行品系间的产量等鉴定。

诱变育种后代用系谱法处理的特点是建成穗行，根据穗行的表现较易察觉变异植株，再通过后代的鉴定、选择，因此工作量较大。

2. 混合法

从 M_1 每株主穗上收获几粒种子，混合种植成 M_2；或将 M_1 全部混收后随机选择部分种子，混合种植成 M_2 群体，从中再选择单株和进行产量鉴定。这种方法较省工，所以采用比较普遍，只是选择突变体较困难，不易注意到一些微突变。一般以明显易见的性状（如早熟、矮秆）作为诱变育种目标较易见效。例如浙江农业大学所选育的辐早 2 号水稻品种。

此外，还可以选用改良混合选择法、单籽粒传法等杂交后代的选择方法，有所不同的是辐射育种中的 M_4 代性状已经稳定，即可以进行产量鉴定。

（三）以营养器官为试材的种植与选择处理

由于同一营养器官的不同芽对诱变的敏感性及反应不同，可产生不同变异，故诱变后同一枝条上的芽要分别编号，分别繁殖，以后分别观察其变异的情况，如果发现了有利突变，便可用无性繁殖使之固定成为新品种。因为在无性繁殖下不会产生分离，故薯类、果树等无性繁殖作物诱变育种的程序较为简单。

五、不同繁殖方式的作物诱变处理的特点

① 以有性繁殖为主的作物在诱变时，通常用种子作试材一次可获得较大的群体，且后代选择时也容易划分不同世代，变异的嵌合现象也较少，但为获得稳定的遗传类型，需选择的年限也相应地较长。

② 无性繁殖作物在诱变时多以诱变敏感的器官或组织作诱变材料（如芽、生长点、枝条等）。特点是处理群体小，存在嵌合体的干扰，但如果采取合理的分离繁殖法和不定芽技术，结合组织培养和嫁接处理，较短时间内就可获得突变体。

六、诱变育种的育种程序

在诱变育种后代的选择过程中，如果出现变异性状的"株系"内各植株的性状表现相当一致，便可将该系的优良单株混合播种为一个小区，成为品系，以后进行品系鉴定试验、

品系比较试验、区域试验、生产示范试验和栽培试验、品种的审定命名，最后选出优良品种进行推广种植。其上述所有程序与杂交育种相同（图9-2）。

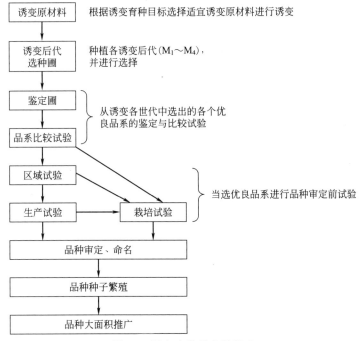

图9-2 诱变育种的育种程序

第四节　提高诱变育种效率的方法

一、根据影响诱变效果的因素，采取相应措施，提高诱变育种效率

1. 诱变试材选择

诱变试材选择包括适宜诱变处理材料、选材部位合理、群体大小适中、处理时期得当等。

2. 诱变剂的种类和剂量

目前在高等植物中最有效的诱变剂以γ射线、中子和X射线为最好，化学试剂中以甲基磺酸乙酯（EMS）、硫酸二乙酯（DES）、乙烯亚胺（EI）为好。不同作物对诱变剂的种类敏感性也有差异，在小麦上，热中子＞EMS＞快中子＞γ射线=X射线＞DES＞EI。

3. 处理的温度

药剂溶液的温度对药剂水解速度影响很大。由于在低温下药剂水解速度减慢，所以诱变剂能保持一定稳定性，但对细胞有效作用却减弱；在高温条件下，固然能保证药剂具有充分活泼的化学活性以与处理材料发生反应，但同时也加速了它在溶液中的变性过程。这是一个矛盾，解决的办法是：先将材料在低温（0~10℃）条件下浸在药剂中达足够长时间，使药剂充分浸透处理材料，然后再将处理材料移入高温（40℃）新鲜诱变剂溶液中进行处理，以提高诱变剂在作物体内的反应速度。

4. 处理时间长短

对辐射育种来说，时间长短受剂量和剂量率影响。在方法上也称快照射和慢照射，这些因素在不同作物上带来的诱变结果是不同的。对化学诱变育种来说，处理时间的差异更大，处理时间是以受处理的组织完成水合作用并保证完全被诱变剂浸透为准。对处理材料进行预先浸泡可使处理时间缩短。用 EMS 和 DES 作诱变剂时，在 25℃ 左右对预先浸泡的种子一般处理 0.5～2 小时。

5. 诱变剂溶液的 pH 及缓冲液的使用

有些诱变剂在一定的 pH 条件下才能溶解或者才有诱变作用。而另一些诱变剂如烷基磺酸酯及烷基硫酸酯水解后产生强酸，这种强酸产物能显著地提高生理损伤，因而降低了 M_1 的存活率，减少了有益突变产生的机会，水解副产物的生理损伤也可用缓冲液而大大减轻。还有一些诱变剂在不同的 pH 条件下其分解产物不同，因而诱变效果也不一样。例如亚硝基甲基脲在低 pH 条件下分解产生亚硝酸，而在碱性条件下则产生重氮甲烷。故采用不同 pH 的溶液进行处理是重要的。

6. 后处理问题

进入植物体内的药剂，待达到预定处理时间后，如不采取适当的排除措施，则还会继续起作用而产生"后效应"。此外，过度的处理还会造成更大的生理损伤，使实际突变率降低。产生"后效应"的原因，一方面是残留药物的继续作用，另一方面是由于再"烷化作用"，即烷基从 DNA 的磷酸上改变到其他的分子受体上。后效应时间的长短，取决于诱变剂的理化特性、水解速度以及后处理的条件。

所谓"后处理"主要是使药剂中止处理的措施，最常用的方法是用流水冲洗。冲洗时间的长短除取决于上述因素外，还与处理作物的类型有关，一般需冲洗 10～30 分钟。如需贮藏种子应该干燥处理后贮于低温条件下。干燥到含水质量分数为 10%～11% 的种子，可在 0℃ 或更低温度下贮藏；含水质量分数达 5% 时，可在室温下贮藏。

为了更好地中止药物的"后效应"，也可根据药剂的化学特性应用一些化学"清除剂"，如甘氨酸可解除氮芥的作用等。几种诱变剂中止反应的方法可参照表 9-5。

表 9-5　几种诱变剂中止反应的方法

诱变剂	中止反应方法	诱变剂	中止反应方法
HNO_2	$NaHSO_4$ 溶液，pH 8.6，0.07mol/L	乙烯亚胺	稀释
MMS	硫代硫酸钠或大量稀释	羟胺	稀释
DES	硫代硫酸钠或大量稀释	氯化锂	稀释
MNNT	大量稀释	秋水仙素	稀释
NMU	大量稀释	氮芥	甘氨酸或稀释

引自：胡延吉.植物育种学. 2003.

二、提高诱变育种效率的其他方法

期望诱变育种能取得成效，除上述选择亲本（即遗传背景）要恰当，多倍体出现突变体的频率较低；改良隐性性状较显性性状容易得多；选择适当的诱变剂，并非任何诱变剂对处理材料都最有效，有条件应采用几种诱变剂；选择的群体应尽可能大，主要是因为有益突变频率低；在试验过程中注意避免异花授粉，避免一些发生并非诱变产生的变异和提高选择强度等因素外，还可以通过育种方法上的改进来提高诱变育种效率。

1. 诱变育种与其他育种方法相结合

如与杂交育种相结合，可将突变体作为杂交亲本，或者先进行杂交后再诱变。诱变还可为杂种优势利用解决新的不育源。同时，诱变育种与远缘杂交育种相结合，实现外源基因向作物转移。

2. 将离体培养技术应用于诱变育种

突变嵌合体取出的突变细胞可直接进行再生培养。花粉、子房等性细胞诱发突变不会产生嵌合现象，可直接培养成单倍体，经染色体加倍，培育出纯合突变二倍体。

另外，为了提高诱变育种的效率，人们在开拓新的诱变源、改进诱变方法和采用新的诱变技术方面亦进行了一系列的研究工作，前面介绍的空间育种技术，即是一条卓有成效的途径。

 思考题

1. 名词解释

   诱变育种　　物理诱变　　化学诱变　　剂量强度　　吸收剂量率　　空间育种
2. 诱变育种的特点和意义有哪些？
3. 主要物理诱变剂的种类和主要特性是什么？
4. 主要化学诱变剂种类、性质和诱变原理是什么？使用中应注意哪些问题？
5. 物理诱变的处理方法都有哪些？
6. 化学诱变的处理方法都有哪些？
7. 作物辐射的敏感性差异表现在哪些方面？
8. 如何确定最适宜的辐射剂量？
9. 如何确定使用化学诱变剂的种类、剂量、处理浓度、处理时间？
10. 诱变育种的 M_1 为何要密植？
11. 怎样提高诱变效率？
12. 作物诱变处理的一般程序是怎样的？
13. 为什么说用空间育种技术育成的品种不存在安全性的问题？

第十章　远缘杂交育种

思政与职业素养案例

中国小麦远缘杂交之父——李振声

如果说袁隆平是"杂交水稻之父",那么李振声称得上"中国小麦远缘杂交之父"。"南袁北李",一个研究水稻,一个研究小麦,都用数十年的心血和智慧培育出了丰硕的果实,他们让广大农民受益,让中国人乃至全世界受益。

李振声开创中国远缘杂交育种的先河。1951年,李振声从山东农学院毕业后被分配到北京中国科学院北京遗传选种实验馆工作。1956年,响应国家支援大西北的号召,李振声放弃北京优越的工作和生活条件,背起行李,从中国科学院北京遗传选种实验馆奔赴西部一个名不见经传的小镇——陕西杨凌,在中国科学院西北农业生物研究所开始了小麦育种的研究。从此,李振声开始了在大西北31年的科研生涯。

这一年,我国经历了历史上最严重的小麦条锈病大流行。小麦条锈病是小麦生产上典型的气流传播大区域流行性病害,具有发生区域广、流行频率高、危害损失重的特点,有"小麦癌症"之称,严重威胁着小麦粮食生产。

当时只有25岁的李振声忧心忡忡。他决定从事小麦改良研究,为农民培育出优良抗病的小麦。"引起小麦条锈病大流行的原因是,病菌变异的速度快,育种的速度慢,即8年才能育成一个小麦新品种,而据25个国家统计,条锈病平均5.5年就能产生一个新的生理小种,成为当时一个世界性难题。"李振声说。

李振声通过多年对牧草的研究,发现长穗偃麦草等具有非常好的抗病性。于是,萌发了通过牧草与小麦杂交把草的抗病基因转移给小麦的想法。这个设想,得到了植物学家闻洪汉和植物病理学家李振岐的支持。经过20年的努力,李振声带领课题组克服了小麦远缘杂交不亲和、杂种后代不育、疯狂分离等困难,将偃麦草的抗病和抗逆基因转移到小麦当中,育成小偃麦八倍体、异附加系、异代换系、易位系和小偃4号、5号、6号、54号、81号等小偃系列小麦新品种,其中仅小偃6号就累计推广1.5亿亩,增产小麦40亿公斤。小偃系统衍生良种70多个,累计推广面积大概在3亿亩以上,增产小麦超过75亿公斤。

由于小偃麦的抗病性强、产量高、品质好,在黄淮流域冬麦区广泛种植,于是农村流传开了这样一句民谣:"要吃面,种小偃。"

李振声不止一次地说过:"我是农民的儿子,和农民打了几十年的交道,深知粮食来之不易!"的确,迄今为止李振声为粮食问题已经苦苦奋斗了半个多世纪。在这半个多世纪里他的心始终贴着土地、贴着农民，想农民所想、急农民所急，为了自己的那份梦想，像一个守望者一样数十年如一日地默默坚守在麦田。在陕西蹲点的几年中，他曾经吃过120家农户的饭，所以他知道农民想什么、要什么。比如，在稳产与增产问题上，农民总是把稳产放在第一，增产搁在第二。为什么呢？因为农民最关心的是吃饱而不是吃好的问题，只有稳产了，才能填饱肚子；如果一味地追求增产、高产，就很难保证农民不饿肚子。所以作为一名科学家，李振声的小麦育种方向总是根据农民的实际需求和客观规律来确定的。因为培育一个新品种一般需要8年时间，方向一旦错了，农民很可能就要饿肚子了。李振声院士毕生奉献于小麦远缘杂交遗传与育种研究，为我国粮食安全、农业科技进步和农业可持续发展做出了杰出贡献，培养了一大批学术带头人和科技骨干，现仍活跃在农业科研第一线，继续为我国农业的可持续发展作贡献。

第一节　远缘杂交的概念和作用

一、远缘杂交的概念

通常将植物分类学上属于不同种、属或亲缘关系更远的植物类型间所进行的杂交，称为远缘杂交。所产生的杂种称远缘杂种。

远缘杂交又可区分为种间杂交、属间杂交、种内不同类型间杂交等。种间杂交如普通小麦 × 硬粒小麦，栽培大豆 × 野生大豆，普通燕麦 × 野生燕麦，陆地棉 × 海岛棉，甘蓝型油菜 × 白菜型油菜，栽培花生 × 野生花生等；属间杂交如玉米 × 高粱，玉米 × 摩擦禾，普通小麦 × 山羊草或偃麦草等。种内不同类型或亚种间的杂交，如春小麦 × 春大麦、籼稻 × 粳稻等，称为亚远缘杂交。

近年来有人把远缘杂种分为精卵结合型和非精卵结合型两类。认为精卵结合的远缘杂种是通过受精过程，结合子继承了精核和卵的全部遗传信息的杂种；非精卵结合的远缘杂种是由获得远缘父本部分遗传信息的卵发育成的，这部分遗传信息可能源自父本配子细胞质内的 DNA 或 mRNA 等。目前所报道的所谓非精卵结合远缘杂种都还缺乏可靠的论据，还有待于进一步研究。

二、远缘杂交在育种工作中的重要作用

1. 将异种（属）植物的有利性状引入栽培品种，培育新品种和种质系

远缘杂交在一定程度上打破了物种间的界限，促进不同物种的基因渐渗和交流，把不同生物类型各自所具有的特征、特性，程度不同地结合于一个共同的杂种个体中，创造出新的品种，是农作物品种改良的重要途径之一。1761年Koelreuter进行了烟草种间杂交（*N.rustica*×*N.paniculata*），并应用于品种改良的实践。19世纪中叶，欧洲利用含有抗晚疫病基因的野生马铃薯 *S.demisum* 与栽培种 *S.tuberosum* 杂交，将抗病基因转育到栽培品种中后，解决了爱尔兰因马铃薯晚疫病大流行而遭受的饥荒。Mc-Fadden用普通小麦品种 Marquis 与苏联二粒小麦（*T.dicoccum*）品种亚罗斯拉夫 Yaroslav 杂交，获得了兼抗秆锈和叶锈的著名品种 Hope 和 H_{44}，使美国在1938年后的十多年间免遭小麦锈病的危害。

当一个种内各品种间存在不可弥补的缺点或现有品种资源无法满足日新月异的育种目标要求时，引入异属、异种的有利基因，可培育出具有优异性状的新品种，尤其是在培育高产、优质、早熟和高度抗逆等突破性品种时，更具有重要作用。1956年李振声等利用长穗偃麦草与小麦杂交，先后育成了一大批抗病的八倍体异附加系、异置换系和易位系，为小麦育种提供了重要的亲本材料，同时培育出了小偃4号、5号、6号品种，并在生产上大面积推广。

2. 创造作物新类型

通过导入不同种、属的染色体组，可以创造新作物类型和新的物种。人类最早利用远缘杂交创造新物种的例子是用野生的心叶烟草（*N.glutinosa*，$2n=24$，GG）与普通烟草（*N.tabacum*，$2n=48$，$TTSS$）杂交，F_1加倍后，创造了具两个亲本染色体组的异源六倍体新种（*N.digluta*，$2n=72$，$TTSSGG$）。利用远缘杂交创造出具有生产意义的新物种的范例是小黑麦的育成。此外，还有小麦与偃麦草合成的小偃麦、小麦与山羊草合成的小山麦、小麦与簇毛麦合成的小簇麦等。

新合成物种，按其染色体组成可分两类。一类是完全异源双二倍体新物种，由双亲不同性质的染色体组相结合而成的，其染色体数目为双亲染色体数之和，如六倍体、八倍体小黑麦等，它们既有小麦的高产性，又有黑麦的抗逆性和适应性，已在不少国家推广。另一类是不完全异源双二倍体新物种，是由双亲的一部分染色体组结合而成。如八倍体小偃麦就是利用六倍体的普通小麦（$2n=AABBDD=42$）和十倍体的长穗偃麦草（$2n=BBEEEEFFFF=70$）杂交后，经多次回交，将长穗偃麦草中与普通小麦的非同源染色体组分离出来，只一个组与普通小麦的三组染色体结合而成（$2n=AABBDDEE$ 或 $AABBDDFF=56$）。如小偃68、333、693等。

3. 创造异染色体体系

通过远缘杂交，导入异源染色体或其片段，可创造出异附加系、异替换系和易位系，用以改良现有品种。目前，已在小麦、黑麦、燕麦、烟草等的远缘杂交中，获得了异附加系、异替换系和易位系。用这些材料把人们所需要的野生种个别染色体或片段所控制的优良性状转育到栽培种中，避免异种（属）其他不良性状的影响。

异附加系是指在某物种染色体组型的基础上，增加一对或二对其他物种的染色体，从

而形成一个具有另一物种特性的新类型。如普通小麦与黑麦杂交后，通过回交与细胞学筛选，获得了具有个别黑麦染色体 $1R$、$2R$、$3R$……$7R$ 的 7 个异附加系的普通小麦。目前，国外已建立起了小麦 - 黑麦、小麦 - 大麦、小麦 - 中间偃麦草、小麦 - 长穗偃麦草、小麦 - 小伞山羊草等的异附加系。中国也培育出了小麦 - 黑麦、小麦 - 中间偃麦草、小麦 - 长穗偃麦草等异附加系。

异附加系的染色体数目不稳定，育性减退；同时由于异源染色体可能伴随不良遗传性状，在缺乏严格选择情况下，几代后，往往会恢复到二倍体。所以，一般不直接用于生产。但它是创造异替换系和易位系的桥梁，是选育新品种的宝贵材料。

异替换系是指某物种的一对或几对染色体被另一物种的一对或几对染色体所取代而成的新类型。如中国科学院西北植物所创制的蓝粒小麦就是因为普通小麦的 $4D$ 染色体被长穗偃麦草的 $4E$ 染色体所替换而构成的异替换系。它的染色体数目及外形与普通小麦相同，但它具有长穗偃麦草 $4E$ 所具有的种子胚乳细胞的糊粉层呈蓝色的标志性状。研究表明：黑麦、中间偃麦草、长穗偃麦草与小麦杂交时，它们的某些染色体容易替换小麦的相应染色体。如黑麦的 $1R$ 染色体易代换小麦的 $1B$ 染色体，增强小麦对白粉病和三种锈病的抗性。长穗偃麦草、中间偃麦草和山羊草中的某些携带抗叶锈、秆锈基因的染色体常易代换普通小麦中的 $6A$、$6D$、$3D$ 和 $7D$ 染色体，从而较易获得抗叶锈、秆锈的普通小麦异替换系等。

易位系是指某物种的一段染色体和另一物种的相应染色体节段发生交换后，基因连锁群也随之发生改变而产生的新类型。如 Sears 以山羊草（$2n=14$）和二粒小麦（$2n=28$）杂交，获得双二倍体后，之后与原产四川"中国春"小麦回交两次，并在发病条件下选择抗叶锈植株，得到了异附加系（21Ⅰ+1Ⅱ），又通过 X 射线照射花粉授粉、选择等育种手段，获得了带有抗叶锈显性纯合基因的山羊草染色体节段易位于普通小麦染色体的 T-47 等易位系，被广泛用作抗锈的种质资源。中国科学院西北植物所培育的小僵 6 号，也是一个易位系。

4. 创造雄性不育新类型

利用雄性不育系是简化杂种优势利用中制种手续的重要手段。但是一些作物尚未发现雄性不育类型，有些作物虽发现了不育类型，但还没有找到保持全不育的保持系。现代作物育种学利用远缘杂交的手段导入胞质不育基因或破坏原来的质核协调关系育成质核不育的不育型，从而获得雄性不育系和保持全不育的保持系。将一个具有不育细胞质 S（$MsMs$）的物种和一个具有核不育基因 F（$msms$）的物种杂交，并连续回交，进行核置换，便可将不育的细胞质和不育核基因结合一起，获得雄性不育系 S（$msms$），为在生产上利用杂种优势创造了极为有利的条件。如高粱不育系 3197A，小麦 T 型不育系，水稻的"野败"、二九南 1 号 A、红莲不育系等。

5. 提高作物的抗病性和抗逆性

在长期自然选择下，作物的野生类型形成了高度的抗病性以至免疫力，形成了对恶劣气候条件的抵抗能力。许多栽培品种是经长期的人工选择形成的，在人类长期栽培下，许多作物对不良条件的抗性削弱了，通过与其野生的祖先进行远缘杂交是大幅度提高现有品种的抗病性、抗逆性的有效途径之一。例如用提莫菲维小麦与普通小麦杂交育成了对锈病和黑穗病高度抵抗的普通小麦品种。在欧洲，育种者将黑麦抗条锈、叶锈和秆锈病的基因转移到普通小麦品种中，育成了"洛夫林 10 号"等一批优良小麦新品种。另外，马铃薯野生种具有抗晚疫病、抗某种病毒病、抗低温、抗线虫等优良性状，有的野生种没有休眠期。许多国家马铃薯抗病、抗退化育种大量引用野生种作杂交亲本，并已卓见成效。

6. 改良作物品质

作物的野生种往往干物质含量高，某些营养物质的含量显著高于现有的栽培品种。例如不同棉种经济性状差异很大，利用种间杂交就可以综合两亲经济上有价值的性状。美国 Pee Dee 试验站用亚洲棉 × 瑟伯氏棉 × 陆地棉的三交种，再和陆地棉品种、品系多次杂交和回交，培育出了一系列的具有高纤维强度的 PD 品系。

7. 诱导单倍体

虽然远缘花粉在异种母本上常不能正常受精，但有时能刺激母本的卵细胞自行分裂，诱导孤雌生殖，产生母本单倍体。如 Kasha 和 Kao 用普通大麦 × 球茎大麦，获得了大麦单倍体。Barcley 用"中国春"小麦 × 球茎大麦，胡道芬等用普通大麦 × 球茎大麦，都获得了小麦单倍体。Gupta 等用香味烟草 × 心叶烟草，也获得了烟草单倍体等。目前通过远缘杂交已在 21 个物种中成功地诱导出孤雌生殖的单倍体。

8. 利用杂种优势

由于不同物种间遗传差异大，核质之间有一定分化，因此，某些物种间的远缘杂种具有强大的杂种优势，如水稻的籼稻与粳稻杂交、棉花陆海种间杂交等都是直接利用杂种优势的一种有效形式。远缘杂交优势利用在蔬菜作物上也有着广阔的前途，尤其是无性繁殖蔬菜作物，即使远缘杂种不稔，仍可以用无性繁殖方式来繁殖具有优势的杂种，并长期使用，无需年年制种。另外，远缘杂交所产生的核质杂种，不仅核基因之间的互作可产生一定的优势，而且核质之间的互作也可产生一定的优势。这种"双重杂种优势"可能是获得高产、优质新品种的一种新途径。

9. 用于研究生物的进化

自然界各种生物的起源、演化途径和历程虽极其复杂，但现已查明，很多物种都是通过天然的远缘杂交演化而来的，如普通小麦、陆地棉、普通烟草、甘蔗、甘蓝型油菜和芥菜型油菜等。所以，远缘杂交是生物进化的一个重要因素，是物种形成的重要途径。人类通过远缘杂交的方法并结合细胞遗传学等方面的研究，可使物种在进化过程中所出现的一系列中间类型重现，这样就可为研究物种的进化历史和确定物种间的亲缘关系提供理论依据，有助于进一步阐明某些物种或类型形成与演变的规律。所以，远缘杂交是研究生物进化的重要实验手段。

第二节　远缘杂交不亲和的原因及克服方法

一、远缘杂交不亲和性及其原因

植物的受精作用是一个复杂的生理生化过程。花粉粒的萌发、花粉管的生长和雌雄配子结合，常受到内外因素影响。远缘杂交时，因亲缘关系较远，遗传差异大，染色体数目或结构也不同，生理上也常不协调，这都会影响受精过程。常见现象有：花粉不能在异种柱头上萌发；花粉虽能萌发，但花粉管不能伸入柱头；或花粉管进入柱头后，生长缓慢，甚至破裂；或花粉管虽生长正常，但长度不够等原因而不能达到子房；花粉管即使达到了子房，雌、雄配子不能结合、受精而形成合子。这种由于双亲的亲缘关系较远，遗传差异较大,生理上也不协调等影响受精过程,使雌、雄配子不能结合而形成合子的,就是远缘杂交的不亲和性或不可交配性。

自然界的各种生物类型,尤其是各物种为保持各自的独立性,一般存在种间生殖隔离,是远缘杂交不亲和性的关键。其具体不亲和的原因主要有以下几个方面。

1. 亲缘关系较远的两亲,由于在结构上、生理上等受精因素的差异,不能完成正常的受精

由于双亲遗传差异大而引起柱头呼吸酶的活性、pH、柱头分泌的生理活性物质、花粉和柱头渗透压的差异等生理、生化状况的不同,阻止外来花粉的萌发、花粉管的生长和受精。如当母本柱头的 pH 较高时,不利于花粉粒中水解酶的活动;柱头的呼吸酶活性弱时,花粉粒中的不饱和脂肪酸不易被氧化;柱头上的生长素、维生素等数量少或存在异质性;柱头的渗透压大于花粉的渗透压,均会影响花粉在异种柱头上的萌发或花粉管的生长。Meister 等研究指出:普通小麦 × 黑麦时,结实率在 60% 以上;反交时,仅为 2.5%。这主要是因柱头和花粉的渗透压不同所致。

双亲花柱异长,也是受精的障碍。Govil 报道:亚洲棉 × 雷蒙德氏棉时,花粉萌发,花粉管的伸长和受精作用均较正常;但反交时,父本花粉虽能在母本柱头上萌发,但花粉管很难达到子房,这主要是雷蒙德氏棉的花柱比亚洲棉长 1 倍以上。所以,亚洲棉的花粉管在雷蒙德氏棉的花柱中,由于生长缓慢、"旅途"太长,等不到进入子房,花柱便已枯萎,因而无法受精。在雷蒙德氏棉 × 瑟伯氏棉、玉米 × 摩擦禾时,也因母本的花柱比父本过长,父本花粉管难以达到母本子房而受精。此外,有的花粉管虽能进入胚囊,但由于亲缘关系太远,因雌、雄配子的膜具有高度的专一性而不能发生相互作用,也无法融合受精。

2. 远缘杂交的亲和性与双亲的基因组成有关

有研究表明:大多数小麦品种在 5B 和 5A 染色体上,都分别载有显性的 Kr_1 和 Kr_2 基因(Riley 等,1976),阻止小麦与黑麦(Lein,1943)、小麦与球茎大麦的可交配性。但"中国春"小麦的这两个位点上,分别载有隐性的等位基因是 kr_1 和 kr_2,因而易于与黑麦和球茎大麦杂交。鲍文奎等遗传分析指出:小麦与黑麦杂交的可交配性与一系列复等位基因 S、S^S、S^A、S^N 和 S^Q 有关。它们与黑麦杂交的难易顺序为:$S^Q > S^N > S^A > S^S > S$。因碧玉麦含有 S^Q 基因,所以很难与黑麦杂交,结实率在 1% 以下。而"中国春"之所以容易与黑麦杂交,是因为它含有 S 基因,结实率可达 70% 以上。另外,Flak 和 Kasha 认为控制交配性的基因也存在于其他种中,如黑麦有一个控制可交配性的单显性基因,球茎大麦至少有两对降低可交配性的显性基因等。

在棉花上发现有致死基因,如双亲的致死基因配套时,便使杂交不能成功。如二倍体的戴维逊氏棉与所有异源四倍体(如陆地棉、海岛棉)杂交时,即使应用组织培养技术也未成功。其主要原因是戴维逊氏棉具有 Le_2^{dav} 致死基因,而其他异源四倍体种具有 Le_1、Le_2 基因,所有的 Le 等位基因与 Le_2^{dav} 互补时,都是配套致死基因。现已查明:其致死的时间,随与 Le_2^{dav} 互补的 Le_1、Le_2 等位基因数目的增加而缩短。因此,它们之间的任何杂交组合都不能成功。

二、克服远缘杂交不亲和性的方法

1. 亲本的选择与组配

同种作物不同的变种或品种,因其细胞、遗传、生理等的差异,会影响其接受另一种花粉进行受精的能力，即配子间的亲和力有很大差异。所以，为了提高远缘杂交的成功率，必须注意亲本选配。实践研究表明：在亲本选配上应注意以下几点。

（1）以栽培种作母本　如中国科学院西北植物所在小麦 × 长穗偃麦草时，以小麦作母本的结实率最高达 70%；而以长穗偃麦草作母本的最高结实率 10% 左右。

（2）以染色体数目多的作母本　如在小麦 × 黑麦中，米景九用小麦作母本的 52 个组合测定，其平均结实率为 30.6%，最高的达 90%；而以黑麦作母本的 8 个组合平均结实率为 7.1%，最高的也只有 14.4%。在用普通小麦（$2n=42$）× 圆锥小麦或硬粒小麦（$2n=28$）作母本时，效果较好；反交时，则效果差。

（3）以杂种作母本的效果好　中国科学院西北植物所以 302 小麦 × 天蓝冰草作母本时，结实率为 2.5%；以碧玉麦 × 天蓝冰草作母本时，结实率为 19.28%；而以（302 × 碧玉麦）F_1 × 天蓝冰草作母本时，结实事可达 38.76%。

（4）广泛测交，选择适当亲本组配，并注意细胞质的作用　在远缘杂交中，常因所用亲本不同或正反交的差异，其成功率不同。如在小麦和长穗偃麦草的杂交中，以西农 6028 作母本结实率可达 76.39%；而以乌克兰 0246 作母本者，结实率仅为 0.35% 等。另外，正、反交效果也不同。如南京农学院用水稻胜利籼 × 北京粳作母本时，结实率为 56.2%；反交为 29.8% 等。这种正、反交的差异是由细胞质不同而引起的。

2. 染色体预先加倍法

在用染色体数目不同的亲本杂交时，先将染色体数目少的亲本人工加倍后再杂交，可提高杂交结实率。如卵穗山羊草（$2n=28$）与黑麦（$2n=14$）杂交不易成功。如先将黑麦人工加倍，再和卵穗山羊草杂交，显著地提高了结实率。为了提高玉米和鸭毛状摩擦禾属间杂交的结实率，也可先将玉米加倍成四倍体，再和摩擦禾杂交。孙济中等用亚洲棉 × 陆地棉时，结实率仅为 0～0.2%，几乎得不到种子；而用 $4x$ 的亚洲棉 × 陆地棉时，其平均成铃率在 30% 以上。此法又称直接双二倍体合成法。其优点是染色体加倍在亲本上进行，可供加倍的种子量多，而且杂交结实率也较高。

3. 桥梁（媒介）法

当两个种的亲缘关系过远不能杂交成功时，可以选用亲缘关系与这两个种都较近的第三个种先与某一个种杂交产生杂种，然而用这个杂种再与另一个亲本种杂交，这个"第三者"起到远缘有性杂交的媒介作用。普通小麦和小伞山羊草难以直接杂交，先用二粒小麦作为媒介与小伞山羊草杂交，将其 F_1 加倍后再与"中国春"品种杂交，并经回交、射线处理和选择，培育出了具有小伞山羊草抗叶锈基因的"中国春"品种。Brown 等用陆地棉 × 草棉或陆地棉 × 亚洲棉的杂种，再与哈克尼西棉杂交，得到了四倍体的三元杂种。

4. 采用特殊的授粉方法

（1）用混合花粉授粉　异种花粉中加入母本花粉（或死花粉），不仅可以解除母本柱头上分泌的、抑制异种花粉发芽的某些物质，创造有利的生理环境；而且，由于多种花粉的混合，使雌性器官难以识别不同花粉中的蛋白质而接受原属于不亲和的花粉而受精。贵州农学院用小麦中农 28 为母本与黑麦杂交时，其结实率只有 1.2%；而在黑麦花粉中加入小麦品种五一麦和黔农 199 的花粉时，结实率达 16.6%。中国科学院西北植物所以长穗偃麦草为母本，用小麦 6028、中农 28、阿尔巴尼亚丰收和碧蚂 1 号等品种的混合花粉后而育成了小偃 759。

(2) 重复授粉　不同发育时期的同一母本柱头，其成熟度和生理状况都有差异。所以，在不同发育时期进行重复授粉，可能遇到最有利的受精条件，而提高受精结实率。中国科学院西北植物所在用 302 小麦和长穗偃麦草、天蓝偃麦草杂交时，授粉一次的结实率分别为 0.13% 和 30.2%；授粉二次结实率分别提高到 7.4% 和 51.4%。

　　(3) 提前或延迟授粉　未成熟和过熟时的母本柱头对花粉的识别或选择能力最低。所以，提早在开花前 1~5 天或延迟到开花后数天授粉，可提高结实率。如在小麦 × 黑麦中，给嫩龄柱头授粉的结实率（44.06%）明显地高于给适龄柱头授粉的结实率（30.06%）。此外，在烟草、甘蓝、红三叶草上也有相似实例。

　　(4) 射线处理法　在小麦与燕麦杂交时，先用紫外线照射已去雄的开颖麦穗后，再用燕麦的新鲜花粉授粉，获得了杂交种子。再如山川邦夫用 γ 射线辐照花粉或柱头，有效地克服番茄的栽培种和野生种间杂交的不亲和性。如用处理花粉进行授粉杂交，可获得 1.8% 的杂种；而用未经处理的花粉进行授粉，只获得 0.19% 的杂种。

5. 植物激素处理

　　雌、雄性器官中某些生长素、维生素等生理活性物质含量的多少常会影响受精过程。因此，在花器上补施某些植物激素如赤霉素（GA_3）、萘乙酸（NAA）、吲哚乙酸（IAA）等，可促进异种花粉的受精过程及杂种胚的分化和发育。胡启德等用"中国春"和 Fortunato 小麦品种与球茎大麦杂交时，从授粉后第二天开始，连续 3 天，每天 3 次对授粉穗喷 75mg/ml 的 GA_3 溶液，其平均结实率分别比不喷的提高 20.75% 和 28.28%。梁正兰等在棉花种间杂交时，在杂交花朵上喷 50mg/ml 的 GA_3，使 70 个杂交组合的结铃率均达 80% 以上，如加喷 50mg/kg 的 NAA，可提高棉铃中分化正常的小胚数和种子数，有助于克服远缘杂交的不亲和性。

6. 植物组织培养

　　用组织培养等生物技术已创造出一些可用来克服远缘杂交不亲和性的方法。

　　(1) 柱头手术　柱头手术就是把母本花柱切短，使花粉管经历较短的"旅途"便可达到胚囊；或切取已由父本花粉授粉、花粉刚发芽前父本柱头的上端部分，移植到母本柱头上，帮助精核进入胚囊。

　　(2) 子房受精　子房受精是将花柱切除后，把父本花粉直接撒在子房顶端切面上；或将花粉悬浮液注入子房，可使花粉管不需要通过柱头和花柱直接使胚珠受精。

　　(3) 雌蕊离体培养　为避免受精后的子房早期脱落，可进行雌蕊离体培养受精。即在母本花药未开裂前切取花蕾，剥去花冠、花萼和雄蕊，消毒后，在无菌条件下，将雌蕊接种在人工培养基上，进行人工授粉和培养。

　　(4) 试管受精　先将未受精的胚珠从子房中剥出，在试管内进行培养，成熟后授以父本花粉或已萌发伸长的花粉管。该技术已经在烟草属等植物远缘杂交中获得成功。

　　(5) 体细胞融合　当有性的远缘杂交不能进行时，可利用体细胞杂交法来获得种、属间杂种。Tour 通过粉蓝烟草和朗氏烟草原生质体融合，获得了种间杂种。黄美娟将普通烟草和矮牵牛叶肉原生质体，经聚乙二醇（PEG）融合剂处理后，进行人工培养，获得了属间体细胞杂种。

　　在上述克服远缘杂交不亲和性的方法中，根据远缘杂交不亲和性的具体原因，可以单一地或综合地灵活应用，以促进远缘杂交的成功。

第三节　远缘杂种夭亡、不育及其克服方法

一、远缘杂种的夭亡与不育性

1. 远缘杂种夭亡与不育现象

在远缘杂交中，应用克服杂交不亲和的方法产生了受精卵，但这种受精卵由于与母本的生理机能不协调，以致不能发育成健全的种子；有时种子健全但不能发芽或发芽后不能发育成正常的植株；或虽能长成植株，但不能受精结实获得杂种后代。总之，从受精卵开始，在个体发育中表现一系列不正常的发育，以致不能长成正常植株或虽能长成植株但不能受精结实的现象叫做杂种夭亡和不育性。具体表现通常有：受精后幼胚不发育或中途停止发育；能形成幼胚，但幼胚畸形、不完整；幼胚完整，但精核不能与极核结合，以至于没有胚乳或有极少胚乳；胚和胚乳虽发育正常，但胚和胚乳间形成糊粉层似的细胞层，妨碍了营养物质从胚乳进入胚；由于胚、胚乳和母体组织间不协调，虽能形成皱缩的种子，但不能发芽或发芽后死亡；F_1植株在不同发育时期出现生育停滞或死亡；由于生育失调，营养体虽生长繁茂，但不能形成结实器官；虽能形成结实器官，但其构造、功能不正常，不能产生有生活力的雌、雄配子；或双亲染色体数目不同，或缺少同源染色体，在减数分裂时，染色体不能正常配对与平衡分配，形成大量不育配子等。

2. 远缘杂种夭亡与不育的原因

远缘杂种夭亡与不育的根本原因是遗传系统的破坏。主要表现在以下几方面。

（1）质核互作不平衡　这是因为将亲缘关系很远的两个亲本中的一个物种的核物质导入到另一物种的细胞质中后，在细胞核与细胞质强行建立的互作关系之下必然要产生生长发育的不协调性。由于核质不协调，可能引起雄性不育或影响杂种后代生长发育所需物质合成和供应，影响其生长发育，导致远缘杂种的夭亡和不育。

（2）染色体不平衡　由于双亲的染色体组、染色体数目、结构、性质等的差异，在减数分裂时不能进行同源染色体的配对、分离，因而不能形成有正常功能的配子而出现不育。如普通小麦（$AABBDD$，$n=21$）和二粒系小麦（$AABB$，$n=14$）杂交时，F_1为具有35个染色体的5倍体。减数分裂无法正常进行，很少形成有正常功能的配子，因减数分裂时，属于A、B染色体组28个染色体能联会，出现14个二价体；而来自普通小麦的D染色体组，只能形成7个单价体，7个单价体随机分配到子细胞中或落入细胞质中，有时走向同一极，形成含有21个和14个染色体的四分子细胞核；如若干个分别进入两极而形成14~21个染色体的各类型配子，其中除含有14和21个染色体的配子可育外，其他配子染色体不完全，因而无受精能力。

（3）基因不平衡　不同亲本染色体上所携带的基因或基因剂量与控制性状是不同的，对生长发育及代谢的调节功能也不相同，进而影响个体生长发育所需物质的合成。不同物种的DNA分子大小、核苷酸的排列顺序和结构、DNA分子所携带的遗传信息所反映的代谢及其调控功能等的差异，彼此间很难协调地共处于一个细胞中。当异源DNA进入后，往往被细胞中各种内切酶所裂解或排斥，导致遗传功能紊乱，不能合成适量的物质和形成有正常功能的配子，因而使杂种夭亡和不育。

（4）组织不协调　胚、胚乳及母体组织间的生理代谢失调或发育不良，会导致胚乳败育及杂种幼胚夭亡。胚和胚乳在发育上有极敏感的平衡关系，胚的正常发育必须由胚乳供

应所需营养,如没有胚乳或胚乳发育不全,幼胚发育便中途停顿或解体。如灰鼠大麦 × 黑麦时,受精 24 小时后,其新生胚乳核的有丝分裂不规则,虽然杂种胚的分裂和分化是正常的,但从受精后 6～13 天起,随胚乳的停止分裂而受到饥饿败育。因此,胚乳的早期解体是杂种种子败育的主要原因。

二、克服远缘杂种夭亡和不育的方法

1. 杂种胚的离体培养

当受精卵只发育成胚而无胚乳,或胚与胚乳的发育不适应时,将杂种幼胚进行人工离体培养(幼胚培养法),以调整杂种胚发育的外界条件,改善杂种胚、胚乳和母体组织间的生理不协调性,可获得杂种并大大提高结实率。一般做法是,在杂交后 14～21 天取下果实,取出幼胚,接种于三角瓶或试管内的培养基上。其过程均按无菌操作法进行。接种后放入 25℃±2℃ 温箱内,幼胚在培养基上生长发育成幼苗,再将幼苗移植到消过毒的培养土里,最好盆栽于温室内。培养基主要成分是琼脂、蔗糖、多种无机盐等。培养基的配方种类甚多,可依据前人经验或通过试验选用适宜的配方,或对某一较适宜配方成分做些调整,使之更有利于杂交的幼胚发育。采用幼胚培养法已在大麦 × 小麦、玉米 × 甘蔗、甘蓝型油菜 × 芥菜型油菜、甘蓝型油菜 × 埃塞俄比亚油菜等 50 多种植物的远缘杂交中获得成功。

杂种幼胚培养的另一方法是将杂种幼胚移植到另一发育正常的胚乳中进行"保姆法"培养。Kruse 将正常大麦种子幼胚从胚乳中取出后,将胚乳放在培养基上,然后剥取授粉后 9～12 天小麦 × 大麦的杂种幼胚,接种在胚乳中原来胚的位置上,继续培养,结果有 70% 杂种胚发了芽,长成植株。采用传统幼胚培养法,只有 1% 的成活率。

2. 杂种染色体加倍法

远缘杂交的双亲染色体组或染色体数目不同,致使 F_1 在减数分裂时,染色体不能联会或很少联会,不能形成足够数量的具有生活力的配子体而导致不育时,用杂种株染色体加倍获得双二倍体,便可有效地恢复其育性。目前已在小麦 × 黑麦或冰草,烟草四倍体栽培种 × 二倍体野生种等的杂交中,用此法获得了可育的后代。

3. 回交法

染色体数目不同的两亲杂交所得的杂种,其产生的雌、雄配子并不都是完全无效的。其中有些雌配子可接受正常花粉受精结实;或能产生有生活力的少数花粉。所以,用亲本之一对杂种回交,可获得少量杂种种子。如小麦 × 冰草,F_1 全不育,用普通小麦回交后,其结实率可达 65.4%。当栽培种与野生种杂交时,一般以栽培种作回交亲本的效果较好。

4. 延长杂种的生育期

远缘杂种的育性有时也受外界条件的影响,延长杂种生育期,可促使其生理机能逐步趋向协调,生殖机能及育性得到一定程度的恢复。如黑龙江省农科院在小麦 × 天蓝偃麦草、中国科学院西北植物所在小麦 × 长穗偃麦草的杂交研究中,均发现杂种结实率随栽培年限的延长而提高。可用某些作物的多年生习性,采用无性繁殖法或人工控制温、光条件等来延长杂种的生育期,逐步恢复杂种的育性。

5. 嫁接法

幼苗出土后由于根系发育不良而引起的夭亡,可将杂种幼苗嫁接在母本幼苗上,使杂种正常生长发育。如将不育的马铃薯杂种嫁接在可育株上，能提高其可育性。

6. 改善远缘杂种的发芽和生长条件

当远缘杂交种子种皮过厚时，可刺破种皮以利吸水和促进呼吸。如种子秕小，可用腐殖质含量高的消过毒的土壤在温室内盆播，为种子发芽创造良好的条件。出苗后，加强栽培管理，使幼苗和植株生长健壮。

除上述克服远缘杂种夭亡或不育方法外，还可用特殊基因等方法。如在小麦远缘杂交中当 $5B$ 染色体存在时，部分同源染色体不能配对；当 $5B$ 染色体不存在时，染色体配对频率提高。可见 $5B$ 缺体可诱导染色体配对，提高小麦远缘杂种可育性。

第四节 远缘杂种后代的分离与选择

一、远缘杂种后代性状分离和遗传的特点

1. 分离的无规律性

远缘杂种与品种间杂种一样，从 F_2 起发生分离。有所不同的是：来自双亲的异源染色体缺乏同源性，导致减数分裂过程紊乱，形成具有不同染色体数目和质量的各种配子。因此，其后代具有极复杂的遗传性，性状分离的范围广、复杂且不规律，上下代之间的性状关系也难于预测和估计。

2. 分离类型丰富、中间类型不稳定，并有向两亲分化的倾向

远缘杂种后代，不仅分离出各种中间类型，还出现大量亲本类型、亲本祖先类型、超亲类型以及某些特殊类型等，变异极其丰富。如普通小麦 × 天兰偃麦草时，后代分离出偃麦草类型、偃小类型、小偃类型、小麦类型等；各个性状变异也很大，如出现极早熟到极晚熟、白壳到褐壳、高株到矮株、纺锤穗型到棍棒穗型诸多类型。

随杂种世代的演进，后代还有向双亲类型分化的倾向。因为在杂种后代中，生长健壮的个体往往是与亲本性状相似的；而中间类型不易稳定，容易在后代中消失，故有恢复亲本的趋势。如普通小麦（$AABBDD$）× 二粒系小麦（$AABB$）时，其 F_1 为 $AABBD$。F_2 以后，D 染色体组不是趋于全部消失，便是趋向于二倍化（DD）；中间类型常因遗传上不稳定，生长不良或不育性高而被淘汰，只有接近亲本染色体数（$2n=42$ 或 $2n=28$）的个体，才能保留下来。

3. 分离世代长、稳定慢

远缘杂种性状分离不只在 F_2，有的在 F_3 或以后世代才有明显分离。某些远缘杂交中，因染色体消失、自然加倍、无融合生殖等原因，常出现父母本单倍体、二倍体或多倍体；整倍体杂种中，会出现非整倍体等。性状分离会延续多代而不易稳定。

二、远缘杂种后代分离的控制

1. 回交

回交既可克服杂种的不育性，也可控制其性状分离。如在栽培种 × 野生种时，F_1 往往

是野生种的性状占优势，后代分离强烈。如果用不同的栽培品种与 F_1 连续回交和自交，便可克服野生种的某些不利性状，分离出具有野生种的某些优良性状和较稳定的栽培类型。如盖钧镒以大豆栽培种 × 野生种后，用栽培种回交 2 次，便克服了野生种的蔓生性、落叶性和落粒性。

2. F_1 染色体加倍

用秋水仙素对 F_1 染色体加倍，形成双二倍体，不仅可提高杂种的可育性，而且也可获得不分离的纯合材料。再经加工，可选育出双二倍体的新类型。但加倍后所获得的稳定性是相对的，因为这些双二倍体外部性状虽比较稳定一致，而非完全稳定，可分离出非整倍体。用这些非整倍体可育成异染色体体系，作育种原始材料。

染色体加倍法有时会大大缩短育种年限。虽然回交可有效改善远缘杂种后代的剧烈分离和"返祖"现象，但往往要经 4~6 代"饱和回交"才见成效，而用染色体加倍法加倍后就可使远缘杂种的分离稳定下来。

3. 诱导单倍体

远缘杂种 F_1 的花粉虽大多数是不育的，但也有少数花粉是有生活力的，如将 F_1 花粉进行离体培养产生单倍体，再人工加倍为纯合二倍体后，便可获得性状稳定的新类型。诱导单倍体具有缩短育种年限、育成的材料基因组合一致性好等优点。

4. 诱导染色体易位

利用理化因素处理远缘杂种，诱导双亲的染色体发生易位，把仅仅带有目标基因的染色体节段相互转移，这样既可避免杂种向两亲分化，又可获得兼具双亲性状的杂种。如在小麦与小伞山羊草、冰草、黑麦等的杂交中，应用此法已获得了性状稳定的新类型或新品种，其中典型的实例就是小伞山羊草抗叶锈基因的转育。

三、远缘杂种后代处理的育种技术

1. 远缘杂种早代应有较大的群体

由于远缘杂种后代性状分离的时间长，出现的变异类型多，且不育性高，后代中常出现畸形株（如黄苗、矮株等），种子出苗力低，甚至植株还会中途夭折，所以杂种早代（F_2、F_3）应有较大的群体，这样才有可能选出那些基因频率很低的优良组合个体。对于一些繁殖系数较小的自花作物远缘杂种后代选择时，可采用前期 3~4 代自然繁殖，混合采种而不加选，在群体达到一定规模的第 5~6 代才开始选择。

2. 降低早代选择的标准

虽然对远缘杂种经过某些特殊处理，但后代自交的早期世代中，仍表现一定程度的结实不良和生育期延长等特征，这些现象往往随世代增加而逐渐减少。如杨守仁在做水稻远缘杂交时，南特号 × 嘉笠籼粳杂交中，F_1 结实率只有 13.5%，经连续选择到 F_4 代时，结实率提高到 51.5%~79.9%。早期标准过高，可能会淘汰优良材料。由于远缘杂种后代明显分离不局限于 F_2，所以在 F_2 中也不要轻易淘汰组合。

3. 灵活选用适当的选择方法

育种时，对杂交后代选择采用最多的是系谱选择法。系谱法虽然有很多优点，但选择的高世代群体过于庞大，往往使工作量增加很多，由于远缘杂交种需要选择的世代过多，往往不宜机械地采用单一的选择方法。育种实践中，可以采用改良选择法，如改良混合选择法、集团选择法等。如果要将不同种或亚种的一些优良性状和适应性组合起来，培育出生产力和适应性都较好的品系时，可采用混合种植法。如要改进某一推广品种的个别性状，而该性状是受显性基因控制、遗传力高时，就可采用回交法。Frey认为要改进栽培品种的某一缺点，利用栽培品种与具有该目标性状的野生种杂交，然后从其杂种后代中选择带有该性状的中间类型个体与栽培品种回交是行之有效的方法。若要把野生种的若干有利性状与栽培品种有利性状相结合，便可采用歧化选择，即选择群体中两极端类型互交后再选择的方法。这样可增加两亲本间基因交换的机会，有利于打破有利性状和不利性状间连锁，使控制有利性状的基因发生充分的重组，获得所期望的新类型或新品种。远缘杂交后代育性恢复要有一个过程。如甘蓝型油菜×白菜型油菜中，虽F_1结实率很低，但到F_3以后，不少植株的育性逐步恢复，通过2~3代连续选择后，便可达到自然结实的水平。

4. 远缘杂交育种的育种程序

在远缘杂种后代的选择过程中，如果出现稳定优异变异的性状，即"株系"内各植株的性状表现整齐一致，便可将该系的优良单株混合播种在一个小区，成为品系，以后进行品系鉴定试验、品系比较试验、区域试验、生产示范试验和栽培试验、品种的审定命名，最后选出优良品种进行推广种植。其所有程序与杂交育种相同。

思考题

1. 名词解释

   远缘杂交　亚远缘杂交　异附加系　异替换系　易位系　歧化选择　试管受精
2. 远缘杂交在作物育种中有哪些重要作用？
3. 远缘杂交不易交配的原因有哪些？如何克服？
4. 远缘杂种夭亡及不育的原因主要有哪些？实践中有效的克服方法有哪些？
5. 远缘杂种后代性状的分离和遗传特点有哪些？
6. 试述远缘杂种后代处理的育种技术。

第十一章　倍性育种

思政与职业素养案例

中国植物多倍体遗传育种创始人——鲍文奎

鲍文奎（1916—1995），作物遗传育种学家，生于浙江宁波。1939年毕业于中央大学农学院农艺系。1950年获美国加州理工学院博士学位。1979年鲍文奎被评为全国劳模，1980年当选为中国科学院学部委员（院士）。

1956年10月，鲍文奎到北京农业大学农学系开展稻、麦多倍体研究工作。进展最快的是四倍体水稻的工作。最初两个组合的四倍体籼粳杂种后代通过系统选择，结实率和种子饱满度得到明显的改进。在稻、麦的人工多倍体中，不论同源或异源，其结实率和种子饱满度都有共同的难题。既然四倍体水稻可以通过杂交和基因重组而得到改善，这就表明在多倍体水平上进行杂交育种应该是有效的。水稻工作的进展大大增强了鲍文奎对多倍体育种的信心，并认为大量制造人工多倍体，充实人工资源应是多倍体育种的关键所在。

20世纪70年代后期，鲍文奎提出用试管苗无性繁殖的方法使优良选株繁殖成无性系。优良无性系的整齐度很好，单产也更接近二倍体的推广品种。此项工作如能与四倍体育种密切配合起来，不但会促进四倍体水稻早日用于生产，而且也有可能对水稻育种工作诱发深刻的变化。

中国起步搞八倍体小黑麦的时候，国外已做了近20年的工作，积累了一些经验和教训，但始终未能进入生产领域。到20世纪50年代初，国外正在考虑将此项研究转向六倍体类型。一些学者认为，八倍体小黑麦的结实率和种子饱满度问题难以解决，可能是由于它的染色体数目过多，已超过了最适水平所致。但鲍文奎认为，禾本科的小麦族并不存在结实率和种子饱满度问题。他提出用中国春（小麦的一个地方品种）作为桥梁品种，与国内外优良品种杂交，其杂种F1再与黑麦进行测交。结实率高于20%以上的F1，所有麦穗都去雄与黑麦杂交，低于20%的F2植株全部留种繁殖成F2代，每株取2穗与黑麦杂交。这样有效地利用了中国春与黑麦易杂交的基因作为桥梁，就可得到遗传性极为丰富的小麦即黑麦杂种。每粒杂种种子或其幼苗经染色体数加倍后，都是一个原种。再加之秋水仙素处理技术的改进，他带领小组成员从1957～1966年共制种9次，获得了八倍体小黑麦原品系4695个、副系551个。这一阶段工作为小麦、黑麦属间杂种提出了高效率的制种方法。此外，制种工作与杂交育种是同步进行的，在1966年制种工作告一段时，以解决结实率与种子饱满度为中心目标的第一阶段杂交育种也开始选育出可用于生产的选系，即结实率达80%左右、种子饱满度达到农民可以接受的三级水平。

他潜心从事同源四倍体水稻和异源八倍体小黑麦的遗传育种研究。坚信"新物种可以通过多倍体途径飞跃产生"的理论，采用染色体加倍技术培育新作物，改良现有作物的特征，取得了重要成就。在世界上首次将异源八倍体小黑麦应用于生产，育成的"小黑麦2号"、"小黑麦3号"以及中矮秆的八倍体小黑麦品种"劲松5号"和"黔中1号"在贵州高寒山区和丘陵地区推广。

　　鲍文奎数十年如一日，为我国植物多倍体遗传育种工作解决了结实率、饱满度等一个又一个世界性难题，使四倍体水稻和八倍体小黑麦的科研工作获得了突破性进展，取得了出色成就。由鲍文奎和严育瑞积累四十年心血所撰写的总结性文章《中国八倍体小黑麦》记录了八倍体小黑麦在我国初期发展史的实况，对后来的小黑麦育种工作产生了深远影响。

　　染色体是遗传物质载体，染色体数目的变化常导致作物形态、解剖、生理等诸多遗传特性的变异。作物的染色体数是相对稳定的，但在人工诱导或自然条件下也会发生改变。倍性育种就是研究作物染色体倍性变异的规律并利用倍性变异选育新品种的方法。作物的倍性育种主要包括单倍体育种和多倍体育种。

第一节　多倍体育种

一、植物多倍体的种类、起源及其意义

（一）多倍体的概念

　　任何物种体细胞内的染色体数目（$2n$）都是相当稳定的。如大麦是14、玉米是20、水稻是24、普通小麦是42、烟草是48、陆地棉是52、甘薯是90等。一个属内各个种所特有的、维持其生活机能的最低限度数目的一组染色体，叫染色体组。一个染色体组是用以描述一个个体的染色体组成的基本单位，常用英文大写字母（如 A、B）等表示。就其染色体

组的类型而言，既有二倍体如水稻、玉米、高粱、谷子、大麦、亚洲棉、白菜型油菜、芝麻、向日葵、黄麻、甜菜等；也有多倍体如小麦、甘薯、马铃薯、海岛棉、花生、甘蓝型油菜等。各个染色体组所含有的染色体数目称染色体基数 x。多数植物属内物种染色体含有共同的基数，如小麦属为 7，玉米属为 10，稻属为 12，棉属为 13，甘薯属为 15 等。同一属的种或变种，不仅染色体基数相同；而且彼此间在染色体数目上常与基数存在倍数关系。如小麦属 x 为 7，一粒系小麦（AA）$2n=2x=14$，二粒系小麦（$AABB$）$2n=4x=28$，普通小麦（$AABBDD$）$2n=6x=42$，为基数 7 的 2、4、6 倍，故称为二倍体、四倍体和六倍体小麦等。

亲缘相近的属，其染色体基数有相同的，如小麦属、黑麦属、大麦属的基数均为 7。有的同一属内存在几个染色体基数不同的种，如芸薹属有 8 对染色体的黑芥，9 对染色体的洋白菜和 10 对染色体的普通油菜，其染色体组基数分别为 8、9、10。此外，同一科或同一属内种或变种染色体数目上表现出倍性变异，如茄属的马铃薯有二倍体（$2x=24$），三倍体（$3x=36$），四倍体（$4x=48$）与五倍体（$5x=60$）等。

凡是体细胞中具有三个或三个以上染色体组的植物个体便称为多倍体。如三倍体 $3x$，四倍体 $4x$、五倍体 $5x$、六倍体 $6x$ 等。

（二）多倍体的种类

根据染色体的来源，多倍体一般可分为两大类。

1. 同源多倍体

同源多倍体指植物体细胞内含有两组以上同一染色体组的个体。同源多倍体大多是由二倍体直接加倍而来，是原个体染色体组的倍增。如四倍体小麦（$2n=4x=28$，$RRRR$）、四倍体水稻（$2n=4x=48$，$AAAA$）、黑麦（$2n=4x=28$，$RRRR$）。马铃薯是同源四倍体，甘薯是同源六倍体。与二倍体相比同源多倍体具有下列特征。

① 大多数同源多倍体是无性繁殖的、多年生的。

② 器官的巨型性。同源多倍体具有植株、器官和细胞的"巨大型"和细胞内含物明显增加。如荞麦的 $4x$ 与 $2x$ 相比，叶片保卫细胞的长度和宽度分别增加 50.9% 和 22.8%；平均株高增加 19.5cm；单株粒重增加 30% 等。

③ 同源多倍体的基因型种类比二倍体多。一对等位基因 $A-a$ 为例，二倍体基因型只有 AA、Aa 和 aa 三种；同源多倍体的等位基因的基因型就较多。如四倍体等位基因有 4 个，其基因型有纯显性（$AAAA$）、三显性（$AAAa$）、双显性（$AAaa$）、单显性（$Aaaa$）和无显性（$aaaa$）五种。

④ 同源多倍体的育性差，结实率低。因染色体数量增多，细胞核与质比例关系变化；在减数分裂时，染色体联会和分离不规则；基因剂量效应和基因互作等原因，破坏了原有的遗传和生理代谢平衡，常表现出育性差、结实率低。

⑤ 同源多倍体达到遗传平衡的时间长。二倍体在一定条件下只需经过一代随机交配，后代便可达到遗传平衡；而多倍体则需经若干代才能达到遗传平衡。

2. 异源多倍体

异源多倍体是由两个或两个以上不同染色体组所形成的多倍体。大多数是由远缘杂交所获得的 F_1 杂种经加倍后形成的可育杂种后代，又称双二倍体。这种多倍体广泛存在，如异源四倍体的陆地棉和海岛棉等。遗传学上的特点是：在减数分裂时不会出现多价体，染色体配对正常，自交亲和性强，结实率较高。

多倍体除上述二种主要类型外，由于染色体组的分化，还有区段异源多倍体、同源异源多倍体、倍半二倍体等一系列的过渡类型（图11-1）。

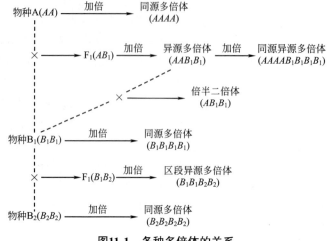

图11-1　各种多倍体的关系

（三）多倍体的来源

自然界广泛存在着多倍体植物。被子植物中大约有一半的物种是多倍体，其中以蓼科、景天科、五茄科、禾本科最多，常见的是四倍体和六倍体。禾本科里约四分之三的物种是多倍体，异源多倍体比同源多倍体更为普遍。杂合性是多倍体的基本特征，多倍体比二倍体具有更多的杂合位点和更多的互作效应。

多倍体的发生可通过二倍体的染色体数目加倍形成，也可经不同种属间杂交，而后经染色体数目加倍形成。植物形成染色体数目加倍的多倍体的细胞学机制是由于合子染色体数目的加倍和细胞分裂时染色体不分离而引起。大体有三种情况。

① 合子染色体数目的加倍。一般是二倍体产生少数四倍体细胞或四倍体组织。

② 不减数配子的受精结合。配子形成过程中，由于减数分裂异常，全组或部分染色体没有减数，仍停留在一个细胞核里，从而形成二倍性的生殖细胞，这种未减数的 $2n$ 雄配子与带有 $2n$ 的雌配子结合，发育成四倍体；但由于 $2n$ 雄配子在授粉过程中常竞争不过经减数分裂的雄配子（n），因而会出现未减数的雌配子与减数的雄配子相结合，形成天然三倍体植物。

③ 分生组织染色体加倍。体细胞在有丝分裂时，染色体复制了，但细胞没有相应地发生分裂，而使细胞核里包含了比原来多一倍的染色体，产生了二倍体与多倍体的嵌合体，由多倍性细胞育成的个体就是多倍体。

多倍体是由二倍体进化而来的，采用染色体组分析方法，更证明多倍体是由不同的二倍体物种综合进化而来的。图11-2是小麦属物种的阶段进化过程。

另外，染色体自然加倍的外部原因可能与细胞分裂时环境条件的影响有关。在自然条件下，温度剧变、紫外线辐射和恶劣多变的气候条件，是产生多倍性细胞的重要原因。如夏季稻田里往往发现有自然产生的单倍体、三倍体或四倍体。在接近植物分布边缘地区，多倍体百分率较高。多倍体的产生易受环境因素影响，是植物对不利条件的适应，是自然选择的结果，从而进化发展成新变种或物种。

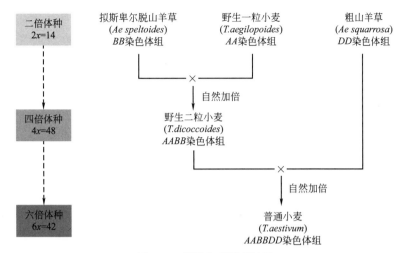

图11-2　普通小麦形成过程

（四）多倍体育种的意义

国内外研究表明：在作物遗传育种中，诱导多倍体主要有以下三方面的作用。

① 通过增加一个现存物种的染色体数目，产生同源多倍体。由于染色体加倍后的剂量效应，可获得植物某些器官"巨大型"的直接效果。据 Moshe Tal 报道：四倍体番茄某些部分及细胞内含物比二倍体增大的倍数是：细胞容积 1.9、细胞表面积 1.6、气孔 1.76；每个细胞中的 DNA 2.0、RNA 1.7、蛋白质 1.6、干物质 1.85 等。

② 通过远缘亲本或种间不育杂种的染色体加倍，克服远缘杂交不育性、不实性的困难。如用普通小麦和节节麦杂交时，正反交均不成功，只有将节节麦加倍成同源四倍体后，杂交才能成功，才可合成新类型、新物种和新品种，如小黑麦等。

③ 诱导多倍体作为不同倍数性间或种间的遗传桥梁，是进行基因转移或渐渗的有效手段。Sears 利用野生二粒小麦 × 小伞山羊草的双二倍体，把后者的抗叶锈基因转移到普通小麦中去。这主要是利用多倍体起基因转移的载体作用，而不是作为最终产物。作为桥梁，诱导多倍体的结果从开始便可预测，因而易在育种中应用。

二、多倍体育种技术

人工诱导多倍体育种是现代品种改良的重要途径之一。其内容包括诱导材料的选择、染色体的加倍、对多倍体材料的鉴定、加工和筛选。

（一）诱导材料的选择

为了有效地获得多倍体，用于诱导的材料最好是以下几种材料。

① 以收获营养器官为目的的植物。由于同源多倍体的结实率低、籽粒不饱满；而营养器官常随染色体数目的倍增而呈现"巨大型"。所以，肉质的根、茎植物，无性繁殖植物和以营养器官为收获目的的植物最适宜于多倍体的诱导。

② 综合性状较好、染色体数目少的材料。多倍体的遗传性是建立在原有低倍性材料的基础上，染色体的倍增，只能使原有性状加强或减弱，而不会产生原来没有的新性状。此外，倍数性较高的植物再加倍，不仅性状得不到改进，而且由于生殖、代谢失调，常会伴随着难以克服的缺点，如生长缓慢、抗逆力下降等。同时由于细胞分裂时染色体的不均

衡分配，易导致不育或结实率低。一般认为超过六倍体水平的多倍体，往往是无益的。刘金兰等指出八倍体陆地棉与四倍体相比，其株高、茎粗和花朵均较小，叶片下表皮单位面积内的气孔密度减少，花粉粒变小。

③ 远缘杂种后代。由于远缘杂交使两个物种的染色体组结合在一起，人工加倍后即可形成异源多倍体。有助于克服杂种的不育性，合成新的类型或新物种。

④ 天然多倍体物种比重较高的科、族植物。在多倍体较多的科、族中进行多倍体育种所遇到的困难，经常比多倍体频率低的物种要少，较易获得成功。

⑤ 杂合性高的材料。杂种后代或异花授粉作物，能促进育种群体中基因型的自由组合，常为杂合基因型，遗传基础丰富，可塑性大，因而易于多倍体化，为选择提供了机会。一般二倍体油菜为异花授粉，是自交不亲和的，但形成双二倍体油菜后为常异花授粉，是自交亲和的，便于得到遗传稳定的后代。

⑥ 选择生育周期短的作物。多倍体育种一般要经过多代杂交和选择，所以多倍体育种的成效与世代多少及筛选群体大小有密切关系，因而一年生物比多年生作物更适于多倍体的诱导。

（二）获得多倍体的途径与方法

人工获得多倍体的途径很多，大体可包括物理因素诱导、化学因素诱导、有性杂交、胚乳培养、体细胞融合、体细胞无性系变异等。

1. 物理因素诱导多倍体

物理因素包括温度剧变、机械创伤、电离射线、非电离射线和离心力等。温度骤变如43～45℃高温处理新形成的玉米合子，得到了四倍体植株。机械创伤与温度骤变能够诱导染色体加倍，但频率低。早期利用创伤与嫁接诱导多倍体，植物组织在创伤的愈合部位的染色体易加倍，其上面的不定芽发展成多倍体。射线在诱导染色体加倍的同时也容易引起基因的突变，用射线诱导多倍体效果不理想。

2. 化学因素诱导多倍体

化学物质有富民农（或称富民隆）、萘嵌戊烷、吲哚乙酸及应用效果最好且最为广泛的秋水仙素。许多育种学家在20世纪30年代开始积极地用秋水仙素诱导多倍体。

（1）秋水仙素诱导多倍体的原理　秋水仙素是由百合科的秋水仙的器官和种子中提取出来的药剂，一般是淡黄色粉末，针状晶体，易溶于冷水、酒精、氯仿或甲醛，性极毒。一般用水溶液，直接溶于冷水中或以少量酒精为溶媒然后再加冷水。先配成高浓度的母液，用时再稀释到需要的浓度，放于棕色瓶内，置于暗处。当它与正在分裂的细胞接触后，可抑制微管的聚合过程，使纺锤丝不能形成，染色体不能排在赤道板上，也不能分向两极，从而产生染色体数加倍的核。当药剂浓度合适时，对细胞的毒性不大，在细胞中扩散后，不致发生严重的毒害，在一定时期内，细胞仍可恢复常态，继续分裂，只是染色体数目已经加倍，成为多倍性细胞，在遗传上很少发生其他不利的变异。将秋水仙素溶液施用到活跃分裂的组织，使某些细胞加倍，一般会形成一个嵌合体。

（2）秋水仙素诱发多倍体的原则

① 处理植株部位的选择。秋水仙素对细胞处于分裂活跃状态的组织，才可能起有效的诱变作用。所以常用萌动或萌发的种子、幼苗或新梢的顶端作为诱变的材料。

种子处理时，对发芽快的种子，可直接将种子放在0.001%～1.6%的秋水仙素溶液中浸种 1~10 天，然后播种。具体的天数和浓度应根据不同的作物进行调整。浸种时，溶液不宜过深地淹没种子，以保证种子有足够的空气进行萌发。对于发芽较慢的种子，应待种子萌动后再进行药液处理。为了克服种子处理的缺点，可先将种子于培养皿内发芽，待长成幼苗后再进行处理。

② 药剂浓度和处理时间。先把秋水仙素配成水溶液、羊毛脂制剂等。常用的水溶液质量分数一般在 0.01%~1.0% 之间，尤以 0.2% 最为常用。处理的有效浓度、时间和方法因植物种类、部位、生育期等而异。一般采用低浓度、长时间或高浓度、短时间的处理方法。处理前最好先用几种不同浓度和时间做预备试验。某些植物加倍时所用溶液的有效浓度、时间、温度等见表 11-1。

表 11-1　秋水仙素诱导植物多倍体一览表

植物种类	处理材料	药剂质量分数 /%	处理时间	温度 /℃	处理方法	成功株占成活株比率
谷类作物	种苗	0.25	30 分钟	—	根向上固定保湿，将芽鞘长 2~4mm 的种苗倒置于溶液中，只使芽鞘浸入	—
小麦亚族的种间或属间杂种	种苗	0.05	24 小时	—	把芽鞘期的种苗浸入溶液，处理后冲洗 6 小时	—
小麦亚族的种间或属间杂种	幼株	0.5	2~5 天	—	将幼株分成几个分株，移栽到盆中，拔节前把分蘖节周围土壤拨开，填上脱脂棉，每天早晚用溶液浸透棉絮，处理后去掉脱脂棉，填上土	—
小黑麦	种苗	0.25	35 分钟	—	将杂种子在沙中催芽，使芽鞘浸入溶液	—
小黑麦杂种一代	幼株	0.05	4 天	10~15	将分蘖期幼株的根颈横割一切口（不能伤害生长锥），连根浸入溶液，淹没切口，处理后移植到 10℃ 左右的温室中	10.8%
黑麦	种苗	0.1	3 小时	27	将芽鞘和幼根长几毫米的种苗浸入浅层溶液中	—
三棱大麦与六棱大麦	种苗	0.25	20~30 分钟	—	高 3~6mm 的种苗浸入溶液	—
水稻（籼、粳）	种苗	0.025，0.05	8~14 天	20	将真叶在 4 片以上的秧苗在根茎处横割一切口（不能伤害生长点），浸入溶液，淹没切口	41.4%~58.8%
水稻杂种	幼株	0.05	10 天	—	将杂种 F_1 秧苗分株栽培后，每一株分成 5~16 个分株，浸渍法处理分株	56.4%
海岛棉	发芽种子	0.025	1~2 天	—	将发芽一天后的种子浸入溶液	12.5%
亚洲棉	发芽种子	0.025	1~2 天	—	将发芽一天后的种子浸入溶液	14.29%
棉花	种苗	0.5 0.3	6 小时 6 小时	23~26 <23	种子浸水 24 小时后，去掉种皮，催芽 4 天后颠倒种苗，将嫩茎浸入溶液中	—
甜菜	种苗	0.1	3 小时	27	将带有芽鞘和数毫米长幼根的种苗浸入浅层溶液中	—
糖用甜菜	种苗	0.3~0.5	5~7 小时	27	颠倒种苗使根向上，将胚茎浸入溶液中	—
糖用甜菜	种苗	2	2 天	—	处理花茎顶端，在重新形成的侧枝上可产生四倍体扇形体	—
马铃薯	种子	0.5	—	—	将种子放在含有 2% 琼脂和秋水仙素的培养基上，发芽后立即洗净并移植	—

引自：胡延吉.植物育种学.2003.

③ 秋水仙素诱导多倍体的方法

a. 浸渍法　可浸渍种子、幼苗、插条、接穗。处理时水溶液要避光。处理插条、接穗一般 1~2 天，处理后用清水洗净。处理幼苗时，为避免根系受害，可将嫩茎生长点倒置或横插于盛有药剂的器具中。因秋水仙素阻碍根系发育，故处理后用清水洗净种子，可用生长素促进根的生长。

b. 涂抹法　将按一定浓度配制好的羊毛脂秋水仙素软膏均匀地涂抹于生长点上。

c. 注射法　诱导禾谷类作物宜用此法，用注射器将秋水仙素溶液注射到分蘖部位，使再生的分蘖成为多倍体。

d. 点滴法　处理较大植株的顶芽、腋芽时，常用质量分数为 0.1%~0.4% 的溶液，每日滴一至数次，并反复处理数日，使溶液透过表皮浸入组织内起作用。也可先用小片脱脂棉包裹幼芽，再往上滴药剂，将棉花浸湿。

e. 涂布法　将秋水仙素按一定浓度配成乳剂，涂抹于幼苗或枝条顶端，适当遮盖处理部位以减少蒸发和避免雨水冲洗。

f. 药剂-培养基法　将秋水仙素溶液加入琼脂培养基中，将幼胚在培养基上培养一段时间，而后再移植到不含秋水仙素的培养基。此法特别适合于远缘杂交胚培养。

g. 套罩法　保留新梢的顶芽，除去顶芽下面的几片叶，套上防水胶囊，内装有一定浓度的药剂和 0.6% 的琼脂，经 24 小时可去掉胶囊。

处理前应使植株生长健壮，处于适宜温度，一般高温对处理不利。处理后植株生长缓慢，应保证植株有良好生长环境。二甲基亚砜能促进秋水仙素浸透，用 1%~4% 的二甲基亚砜与一定浓度秋水仙素混合，能提高染色体加倍的效果。

3. 有性杂交培育多倍体

有性多倍化比体细胞多倍化有更高的杂合性和更高的育性，且与多倍体自然形成的过程有相似之处：一是利用 $2n$ 配子，二是利用多倍体亲本。利用 $2n$ 配子，可由二倍体亲本育成多倍体。例如以结球白菜四倍体为母本与二倍体的父本杂交，从后代中获得的四倍体与四倍体的母本相比，经济性状显著改善。如用高压电场处理花粉、γ射线照射花粉、在第一次减数分裂阶段把秋水仙素引入芽内等方法来诱导 $2n$ 配子的形成，由于 $2n$ 配子的产生，任何杂交组合均可能得到多倍体。不同倍性亲本间杂交成功的可能性与亲本的选择、正交或反交等因素有关，故选择适宜的杂交组合是很重要的。

4. 胚乳培养

被子植物中，胚乳是双受精的产物，在倍性上大多属于三倍体。以猕猴桃胚乳培养为例，取开花后 70~80 天的幼果，表面消毒，剥离胚乳；接种于适宜培养基上，先诱导形成愈伤组织，再转移到分化不定芽或胚状体的培养基上，使愈伤组织分化出绿芽。在获得的胚乳再生植株中，猕猴桃的试管苗大量移栽成活并开花结果。

5. 体细胞融合

体细胞融合也称体细胞杂交，是用人工的方法把分离的不同属或种的原生质体诱导成为融合细胞，然后再经离体培养、诱导分化到再生完整植株的整个过程。其程序为：制备亲本原生质体、原生质体融合、培养、再生植株、杂种鉴定。目前已通过细胞融合技术得到了水稻、白菜等多种作物的体细胞杂种 200 余个。

体细胞融合中首先发生膜融合，而核融合最为关键。由于核融合的情况不同，最后形成的再生植株大致分几种：①亲和的细胞杂种，具有双亲全套染色体。②部分亲和的细胞杂种，两个亲本的染色体中有一个亲本的染色体有少量重建或重组于另一亲本的染色体组中，进入同步分裂。③胞质杂种，一亲本的染色体被全部排斥，但胞质是双亲的。以上三种细胞杂种尽管核的情况不同，但细胞质是双亲的。④异核质杂种，具有一个亲本的细胞核和另一亲本的细胞质。

6. 体细胞无性系变异

体细胞无性系变异是来源于体细胞中自然发生的遗传物质的变异。这种体细胞突变有时也会出现染色体数目的变异，形成多倍性芽变。除了在田间利用体细胞无性系变异，在组织培养中也可利用。原生质体及胚乳培养再生植株中也会出现染色体数目的变异，通过分析再生植株的染色体数目，可分离出多倍性变异。

（三）多倍体的鉴定

多倍体倍性鉴定是多倍体育种的一个重要环节，常用鉴定方法有如下两种。

1. 间接鉴定法

染色体组数量变化后，会引起植株形态、生长发育及育性等的明显质变。因此，间接鉴定就是根据处理材料的育性、形态特征及生理特性等的初步比较，鉴定其倍性，如果是多倍体，则再进行直接鉴定。由这些种子长出的植物基本上都是异源多倍体。同源多倍体植株常呈"巨大型"，花器和气孔保卫细胞等都会变大。一般检测花粉粒和细胞，尤其是气孔保卫细胞的大小，是区分二倍体和多倍体的经典方法。

2. 直接鉴定法

间接鉴定认为有可能是多倍体的材料，可对加倍后代花粉母细胞、根尖细胞或茎尖细胞进行染色体数目的检定，确定具体染色体倍性，凡染色体数目比原始数目倍增了的即为多倍体。这是最可靠的鉴定方法。但是有时材料多时，检查费时费力。

（四）多倍体材料的加工和选育利用

1. 多倍体材料的加工和选育

通过人工加倍后所获得的同源多倍体或异源多倍体，只是为多倍体育种创造了原始材料，是多倍体育种的第一步。还必须对这些材料进行加工、选育。

进行多倍体育种时，诱变的多倍体群体要大，且有丰富的基因型，在这样的群体内才能进行有效的选择。人工诱导的多倍体材料，往往各具有不同的优缺点，如同源四倍体水稻虽具有茎秆粗壮、籽粒大、蛋白质含量高等优点；但分蘖力差、穗数和穗粒数少、丰产性也不如原来的二倍体。故得到的多倍体类型不一定就是优良的新品种。要在众多后代群体中进行选择，淘汰失去育种价值的劣变，选择经济性状优良的类型进一步鉴定培育。必要时要进行多倍体品系间的杂交，对后代群体进行严格选择，克服所存在缺点，培育出具有生产效益的新品种、新作物。

另外，在进行多倍体育种时，应考虑物种染色体最适宜数目的问题，并不是倍性越高越好，而是有其最适的倍性范围。

2. 人工育成多倍体的应用

（1）同源多倍体的应用

① 谷类作物。谷类作物同源四倍体有结实率低、籽粒不饱满及分蘖差等缺点，难以在生产上应用。如同源四倍体高粱已在四倍体水平上完成了三系配套。用秋水仙碱已经诱导出了水稻的四倍体，从中选育出不育株，正在开展三系配套选育。

最早成功投入生产应用的是同源四倍体黑麦。20世纪50年代开始在苏联、德国、芬兰等国家相继育成四倍体黑麦品种并在生产上应用。其优点是籽粒较大、发芽力强、蛋白质含量高、烘烤品质好，缺点是分蘖少、每穗籽粒少、籽粒不饱满。人工诱发的四倍体芝麻和四倍体荞麦是高度可育的。四倍体荞麦生长慢，粒大，蛋白质含量高，抗倒伏，产量高。四倍体芝麻器官及花粉粒较二倍体大，结实率无差别。

② 三倍体西瓜。三倍体西瓜又称三倍体无籽西瓜。20世纪40年代，日本木原均采用秋水仙素诱导出四倍体西瓜，然后再将四倍体西瓜与二倍体西瓜杂交，育出三倍体无籽西瓜（图11-3）。并于1947年发表"利用三倍体的无籽西瓜之研究"，正式宣告三倍体无籽西瓜的育成。日本为世界上第一个育成三倍体无籽西瓜的国家。

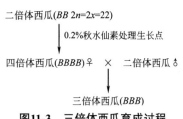

图11-3　三倍体西瓜育成过程

三倍体西瓜是四倍体西瓜与二倍体西瓜的杂交一代西瓜。具有多倍体与杂交一代的双重优势。具体表现为：a. 果实中无种子，只有小、薄而且白嫩的种皮，食用方便、卫生、安全，老少皆宜。b. 含糖量高，糖分均匀，瓢质脆、风味好、品质优。c. 具果实大、一株多果和多次结果习性，丰产稳产性好。d. 植株生长旺盛，分枝力强，易管理。e. 对多种病害有较强的抗性。f. 对不良环境，特别是对较大的土壤湿度有较强的忍耐性，这是我国南方暖湿地区无籽西瓜比有籽西瓜发展快的重要原因。g. 耐贮藏，运输能力强，货架期长。因此，生产上栽培三倍体西瓜的面积较大。

③ 三倍体甜菜。生产上广泛栽培的甜菜是二倍体与四倍体杂交产生的。育性低，但营养生长茂盛，产糖量远高于二倍体与四倍体的亲本，抗褐斑病能力强，有害氮和灰分含量少。

（2）异源多倍体的应用　应用较为成功的是异源多倍体小黑麦。目前栽培的小黑麦有异源六倍体（AABBRR）和异源八倍体（AABBDDRR）两种。国外主要是六倍体小黑麦。我国主要是八倍体小黑麦。六倍体小黑麦的小麦亲本是硬粒小麦或波斯小麦，八倍体小黑麦的小麦亲本是普通小麦。既有小麦亲本的高产性，又有黑麦的抗逆性，适应性强。小黑麦抗秆锈病和各种叶斑病，抗叶锈力不够强。普通小麦不抗白粉病，而小黑麦几乎是免疫的。从品质上，小黑麦结合了小麦高蛋白质含量和黑麦高赖氨酸含量特性。二者共同缺点是原始品系结实率低，饱满度差，成熟晚，秆高，易倒伏。

第二节　单倍体及其在育种中的应用

一、单倍体的起源、类型及特点

（一）植物的单倍体及其起源

植物受精卵发育成一个完整植株是个体发育中孢子体的无性世代，含有来自双亲雌、雄配子两套染色体，为二倍性（2n）。孢子体发育到一定程度后，其孢子囊（胚珠和花药）经减数分裂，使细胞核内染色体数目减半，所产生的大、小孢子，是单倍性的（n）。大、小孢子经有丝分裂而分化成的雌、雄配子体，也都是单倍性的。高等植物单倍体是指含有配子染色体数目的孢子体，即只含有其双亲一套染色体组的类型。一般由不正常受精过程和孤雌生殖、孤雄生殖、无配子生殖等而产生的。

单倍体可自然发生或人工诱导。1921 年以来，先后发现和报道了烟草、小麦、玉米、棉花、水稻、黑麦、亚麻、油菜等许多植物的单倍体。据岳绍先等报道：已在 70 个属、206 种植物中获得了单倍体植株。单倍体自然发生频率是很低的，如孤雌生殖发生的单倍体约为 0.1%，孤雄生殖的单倍体仅为 0.01%；不同物种自然发生单倍体的频率也有很大差别，如棉花一般为 0.00033%～0.0025%，小麦一般为 0.48%，甘蓝型油菜为 0～0.364%，玉米为 0.0005%～1% 等。

（二）单倍体的类型

单倍体是由未受精的配子发育成的含有配子染色体数的体细胞或个体。Kimber 和 Riley 根据染色体的平衡与否，把单倍体分为两大类型。

1. 整倍单倍体

整倍单倍体其染色体是平衡的。根据其物种的倍性水平又可分为一倍体（单元单倍体）和多倍（元）单倍体。一倍体是由二倍体物种产生的，只有一组染色体（1x），叫做一元单倍体，简称一倍体。如玉米、水稻等的单倍体。凡由多倍体物种产生的含有两组或两组以上染色体（≥2x）的单倍体，称为多倍（元）单倍体，如普通小麦、陆地棉等的单倍体。由同源多倍体和异源多倍体产生的多倍（元）单倍体，分别称为同源多倍（元）单倍体和异源多倍（元）单倍体。

2. 非整倍单倍体

其染色体数目可能额外增加或减少，并非染色体数目的精确减半，所以是不平衡的。如额外染色体是该物种配子体的成员时，称二体单倍体（n+1）；如果是从不同物种或属来的，称附加单倍体（n+1 等）；如果比该物种的正常配子体的染色体组少一个染色体的，称缺体单倍体（n−1）；如果是用外来的一条或数条染色体代替单倍体染色体组的一条或数条染色体时，称置换单倍体（n−1+1'）；如果含有一些具端着丝点的染色体或错分裂的产物如等臂染色体，称错分裂单倍体。

（三）单倍体的特点

1. 育性

一倍体和异源多元单倍体中全部染色体在形态、结构和遗传内含上彼此都有差异。在减数分裂时不能联会，所以不形成可育配子。如油菜、黑芥的单倍体植株生长都很瘦弱，不能形成配子，几乎完全没有结籽的可能性。但经过人工处理或自然加倍后就能产生染色体数平衡的可育配子，可正常结籽。

2. 遗传

一倍体每个同源染色体只有一个，每一等位基因也只有一个。因此，通常控制质量性状的主基因不管原来是显性或隐性，都能在发育中得到表达。单倍体经加倍成为全部位点都是同质结合、基因型高度纯合、遗传上稳定的二倍体。

二、诱导产生单倍体的途径和方法

植物自然产生单倍体频率很低,更难以获得育种所需要的各种遗传组成的单倍体。除注意发现和利用自然单倍体外,还应人工诱导单倍体,其主要途径和方法有以下几种。

(一)组织和细胞的离体培养产生单倍体

1. 花药、花粉离体培养

花药中的花粉发育时期是决定花粉能否形成单倍体植株的主要因素。在接种花药前需镜检花粉的发育时期,中央期或靠边期的单核期较易培养成功。培养的基本程序为:取整个花药,按组培接种外植体的消毒程序进行消毒,接种于适宜的培养基上;花粉经脱分化产生愈伤组织;再诱导愈伤组织分化出不定芽或胚状体;不定芽增殖快繁;培养壮苗生根;移植到田间成苗。

花粉培养是将花粉从花药中分离出来,使之成为分散或游离状态,培养成花粉植株。其程序较为烦琐,但排除了花药培养中花丝、花药壁等体细胞的干扰。与花药培养不同的是需制备无菌且具有一定密度的花粉悬浮液,在液体培养基中进行悬浮培养。花粉愈伤组织再生植株频率更低,禾谷类作物出现白化苗的比例更高。

我国花药培养在小麦、水稻、玉米、烟草、油菜、甜菜等作物上获得了单倍体植株,再结合杂交育种选育出水稻、小麦、玉米等作物新品种、品系及优良组合。

2. 未授粉的子房、胚珠培养

用未授粉的子房和胚珠离体培养,诱导大孢子发育成单倍体是组织培养的又一成就。法国的 San Noeum 首次报道用大麦的未传粉子房培养出单倍体。我国成功地在小麦、烟草、水稻上培养出单倍体,如祝仲纯等从未授粉的小麦、烟草子房培养中,诱导出单倍体苗。杨弘远等用 12 个水稻品种的子房培养,愈伤组织诱导率为 $1.1\% \sim 12.0\%$;从水稻子房再生植株中获得了 73.5% 的单倍体。我国还从大麦、玉米等作物未授粉子房离体培养中获得了单倍体。

丹麦胚胎学家 Jonson 认为:来自大孢子的单倍体比来自小孢子的单倍体有更强大的生活力。所以,用未授粉的子房、胚珠培养,开辟了人工获得单倍体又一新途径。尤其为难以用花药培养获得单倍体的植物或雄性不育植物提供了获得单倍体的途径。同时,所获后代白苗率远低于花药培养;后代的性状也比较稳定。

(二)利用植物体上单性生殖获得单倍体

1. 从双生苗中选择

不少植物常出现双胚或多胚现象,从双胚种子中长出来的双生苗,可出现 n/n、$n/2n$、$n/3n$ 和 $2n/2n$ 的各种倍性类型。其中的单倍体(n)可能来自孤雌生殖。川上报道小麦属的双生苗率为 0.034%,其中能产生 $n/2n$ 的双生苗占 4.3%。Sarkar 等指出:玉米的双生苗率为 0.1%(彩图1),其中 n/n 株占 30%,$n/2n$ 株占 4.1%。也有在水稻、大麦、小麦、燕麦、黑麦双生苗中依次出现 0.019%、0.032%、0.034%、0.059%、0.227% 单倍体植株的报道。

2. 利用半配合

半配合也是一种不正常的受精类型。当精核进入卵细胞后,不与雌核结合,雌、雄核各自独立分裂,这样雌雄配子都参与了胚的形成,所形成的胚是由雌、雄核同时各自分裂发育而成,由这种杂合胚形成的种子长成的植株,多为嵌合体的单倍体。美国 Turcotte 等在海岛棉品种 Pimas-1 中发现了单倍体植株,经人工加倍后获得加倍单倍体 57-4,其自交后代可获得 31%～60% 的单倍体；以海岛棉品种 Pimas-1 为母本与爱字棉 44 等杂交时，F_1 出现 5.2% 的嵌合体植株，其中 81% 为单倍体。

3. 利用远缘花粉授粉

用亲缘关系较远的花粉授粉时，远源花粉虽不能与卵受精，但能刺激卵细胞分裂，使之发育成单倍体的胚或经核内复制形成二倍体的胚，远源花粉刺激在烟草属、茄属和小麦属获得的单倍体最多。

4. 利用延迟授粉

去雄后延迟授粉能提高单倍体发生频率。木原均等将一粒小麦去雄后，延迟 7～9 天授粉，虽花粉管到达胚囊，但只有极核能受精，因而形成三倍体的胚乳和单倍体的胚。从这些种子后代中获得了 9.1%～37.5% 的单倍体。再如在水稻的 26 个杂交组合中，去雄 6～7 天，分别授以玉米、高粱、野生稻的花粉诱导单性生殖的诱导率为 3.8%～9.1%，且证明诱导频率的高低与供粉植物有关。另外，Gerrish 在 $Oh_{43} \times A_{240}$ 的玉米单交种中，发现果穗吐丝后第 5、第 9 和第 13 天授粉的后代中，单倍体出现频率依次为 0.074%、0.143% 和 0.533%。

5. 利用诱发（单倍体）基因及核质互作

在某些植物中发现个别突变基因能诱发单倍体，如 Hagberg 在大麦中，发现单基因 *hap* 有促进单倍体形成和生存的效应。凡具有 *hap* 启动基因的，在原突变系中，其后代有 11%～14% 的单倍体。用纯合的 *hap* 为母本，与其他品种杂交时，其 F_1 可产生 8% 的母性单倍体；反交时，不产生单倍体。F_2 出现 2%～3% 的单倍体，F_3 有 30%～40% 是单倍体。在玉米中，Kermicle 发现不定配子体的 *ig* 基因也可产生高频率的单倍体。当用具有 *igig* 基因和显性遗传标志性状的品种作母本和具有 *IgIg* 基因的隐性性状父本杂交时，其后代获得了 2% 的孤雌生殖单倍体，比一般玉米的雄核发育频率提高 100 倍以上。

此外，利用异种、属细胞质和核的异质作用，可获得单倍体。木原均等报道：一个被尾状山羊草的细胞质所替换的小麦品种 Salmon 后代，产生了 30% 的单倍体。

6. 利用理化因素诱变

从开花前到受精的过程中，用射线照射花可以影响受精过程；或将父本花粉经射线处理后再给母本授粉，使花粉的生殖核丧失活力，仅能刺激卵细胞分裂发育，而不能起到受精作用，进而诱发单性生殖的单倍体。木原均、片山义勇用 X 射线辐照一粒小麦的花粉，授在正常的雌蕊上，其后代出现单倍体的频率最高达 30%。中国科学院遗传研究所用 0.5% 的 DMSO 诱导小麦，单性生殖率为 2.5%～2.9%。周世琦用 0.2% 的 DMSO+0.2% 的秋水仙素 +0.04% 的石油助长剂诱导棉花，单性生殖率为 4.16%～13.13%。

（三）利用合子发育过程中体细胞染色体有选择的消失

Von Tschermok 把普通冬小麦与球茎大麦杂交，获得了类似单性生殖的种子。Kao 和 Kasha 用 4n 和 2n 的普通大麦和球茎大麦杂交，出现了 15.5% 的双单倍体和 11.0% 的单倍体。Kasha 等用"中国春"小麦和 4n 球茎大麦杂交，单倍体诱导率 31.3%。研究表明：普通大麦或小麦与球茎大麦杂交时，在受精卵有丝分裂发育成胚和极核受精后的胚乳发育过程中，由于来自球茎大麦的染色体有丝分裂过程不正常，如中期出现不集合染色体、后期变成落后染色体、间期变成微核等原因而逐渐消失，形成的幼胚只含有普通大麦或小麦的染色体而成为单倍体。因这种幼胚的胚乳发育不正常，在授粉后 10 多天，应将幼胚取下进行离体培养后才能获得单倍体植株。

三、单倍体的鉴别与二倍化

根据单倍体植物的结构特点、形态特征，如株形矮小而且不能结实等，可将单倍体与二倍体亲本区分出来，但最终的鉴别仍需用细胞学的方法镜检染色体数目才能确定。单倍体不但株形矮小而且不能结实，在育种上直接应用的价值很小，所以需经染色体加倍。

（一）单倍体的鉴别

1. 形态特征上的区别

单倍体细胞染色质的量为二倍体细胞的一半，其细胞和核变小，由于细胞变小导致营养器官和繁殖器官的变化及植株矮化。如玉米单倍体的成株与基因型相同的二倍体株相比，高度为后者的70%，叶面积为35%。此外，单倍体植物特点是：开花时间较早，延续时间长；花不正常、败育，结的果实少而小；多种子的植物如烟草等，果实中种子数目少（1~2粒）。

2. 生理生化特性的区别

根据形态特征和解剖结构来鉴别单倍体时，有时会产生误差，因为有的单倍体和二倍体的植株差别很小。但单倍体减数分裂不正常，花粉败育率很高，所以通过检查花粉的质量来鉴别单倍体更为准确，不育性是很可靠的标志。对不能无性繁殖而又不能保存植株的一年生种子植物来说，则要等到生育后期，如开花期才能初步鉴定出单倍体，已无法使其二倍化，势必无法得到种子。

3. 遗传标志的应用

许多遗传标志可用来早期识别单倍体，将母本单性生殖单倍体和杂种分开，也能分辨出来源于父本的雄核单倍体。如用遗传标志基因紫色性状的玉米自交系给不具紫色的玉米自交系授粉，杂种后代中无紫色的幼苗可能是母本单性生殖的单倍体。结合细胞学方法鉴别染色体数，确定是否是真正的单倍体。因为无色幼苗中也可能有二倍体，原因有：标志基因上发生突变或染色体缺失；植株染病而抑制紫色表现型发育；开始为单倍体后发生了染色体加倍的母本二倍体。

4. 细胞学鉴定

据形态特征、生化指标、遗传标志初步选出单倍体后，必须经过细胞学鉴定，检查染色体数目才能真正地确定。如检查根尖染色体数目，由于单倍体植株根尖细胞具有二倍化的倾向，因此有必要对植株的幼芽或茎尖生长点也检查染色体的数目。方法与多倍体鉴定中的染色体记数方法相同。

（二）单倍体二倍化

单倍体植株几乎不能结实，需染色体加倍才能恢复育性。单倍体加倍的方法有两种：一是自然加倍，在愈伤组织期间，一些细胞常常发生核内有丝分裂而使染色体数目加倍，自然加倍的植株较少。二是人工加倍，加倍技术必须高效才能保证成功率高。处理时间短、对植株的危害小、大规模应用时易掌握、有效而方便的方法是秋水仙素处理。一般禾本科有须根系的大麦、小麦、玉米等宜用药剂浸分蘖节，直根系双子叶作物棉花宜处理顶部生长点，木本植物宜处理茎尖或侧芽生长点。

四、单倍体在育种上的应用

1. 单倍体在育种上应用的优点

① 克服杂种分离，缩短育种年限，节省人力、物力。将杂种 F_1 或 F_2 的花药离体培养，得

到单倍体植株,经过染色体加倍,可得到纯合的二倍体。它在遗传上是稳定的,不会发生性状分离,相当于同质结合的纯系。利用单倍体育种方法,一般可缩短育种年限 3~4 个世代。玉米等异花授粉植物的单倍体育种可以省去多年的连续自交选择过程,节省了人力、物力。

② 加速育种材料的纯合,提高选择效果。假定两对基因差别的父母本杂交,其 F_2 代出现纯显性个体频率是 1/16,而杂种 F_1 代花药离体培养,并加倍成纯合二倍体后,其纯显性个体出现频率为 1/4,后者比前者获得纯显性个体效率可提高 4 倍。

③ 利用单倍体进行突变体的选择及利用。单倍体的基因没有显隐性关系,可有效地发现、选择它所产生的突变体。由花药、花粉培养得到的单倍体植株可用组织培养技术快繁和保存材料,便于诱导和选择突变体。

2. 单倍体育种的问题与展望

在国外,利用花药离体培养技术成功地培养了烟草、水稻品种,我国在水稻、烟草、小麦作物上培育出若干品系。诱导单倍体植株的最终目的是用来培育优良新品种。单倍体育种法理论上是可行的,遇到的问题主要是技术方面。为此,还有三个先决条件必须解决:要有基因来源广阔的群体材料;获得单倍体的方法必须有效;染色体加倍技术易于操作且效果好,以免丧失优良的基因型。需要解决的主要问题如下。

① 不同杂交组合之间诱导频率有差异。杂交组合不同时,愈伤组织和绿苗诱导频率有差异,有时还很显著。因此在花药离体培养时,较好的组合不一定都能获得足够数量的愈伤组织及绿苗,从而影响了新品种的选育。

② 愈伤组织及绿苗的诱导频率偏低。诱导水稻杂种一代单倍体时,愈伤组织诱导率平均 16.29%,且非全部愈伤组织均能成苗。苗中出现大量白化苗,缺少有效控制方法,使实际绿苗频率还要低。以花药数为基数,诱导绿苗的频率分别是:小麦为 1%~2%,粳稻为 5%,籼稻为 0.4%。很低的诱导率成了单倍体育种技术的瓶颈。

 思考题

1. 名词解释

倍性育种 单倍体 多倍体 倍半二倍体 区段异源多倍体 同源异源多倍体 多元单倍体 同源多倍单倍体 异源多倍单倍体 二体单倍体 附加单倍体 缺体单倍体 置换单倍体 单元单倍体 花药培养 花粉培养

2. 多倍体的类型有几种?各有什么特性?
3. 人工诱导多倍体的主要途径是什么?
4. 多倍体的鉴定方法都有哪些?
5. 秋水仙素诱导多倍体的机理是什么?
6. 单倍体的类型有几种?单倍体有什么特点?
7. 获得单倍体的途径和方法有哪些?
8. 单倍体的鉴定方法有哪些?
9. 单倍体在作物育种中有什么应用价值?
10. 目前在单倍体育种上存在哪些需要解决的主要问题?

第十二章 抗病虫性育种

思政与职业素养案例

中国抗虫棉之父——郭三堆

棉花自宋元以来取代麻成为纺织业的主要原料,进入寻常百姓生活。在棉花的历史坐标中,古人黄道婆公众耳熟能详;今人"中国抗虫棉之父"郭三堆和他的抗虫棉研发项目团队,同样功不可没。

二十世纪九十年代初,棉铃虫持续暴发,国内出现"棉荒",纺织业几乎崩溃,经济社会遭受重大损失。此时,只能从国外进口抗虫棉技术为中国棉"治病",但由于对方条件苛刻导致谈判破裂。之后,对方在中国成立了棉花种业公司,企图抓住机会占领中国的棉种市场。国外种业的紧逼、国内棉农的无助,这些都深深刺痛着郭三堆的心,他说:"中国的事情中国人自己解决",于是他下定决心再难也要研究出中国自己的抗虫棉技术。

1991年,国家科研计划正式启动了棉花抗虫基因工程的育种研究,郭三堆作为项目负责人与同事一起进行抗虫棉研究。耗时4年的时间,研究团队利用我国独创的技术方法,将具有自主知识产权的抗虫基因导入棉花品种,首次培育出中国转基因棉花植株。使中国成为第二个拥有自主知识产权抗虫棉的国家。1997年,双价抗虫棉首次研制成功,并在1999年先后在河北、河南、山西、山东等9省区得到推广,广大棉农在省工、省药的同时,每亩田增收节支了200元以上。

抗虫的问题解决后,郭三堆又开始考虑如何提高产量、降低成本。1998年,他开始了三系杂交抗虫棉生物育种研究。2005年,第一个通过国家审定的三系杂交抗虫棉品种"银棉2号",从品种试验结果来看,比对照品种增产26.4%。这是三系杂交抗虫棉在国际上首次研究成功并应用于生产。经专家鉴定,三系杂交抗虫棉生物育种技术水平整体达到国际领先,是棉花杂交育种的重大突破。

郭三堆说"中国研制的抗虫棉和其他国家的不一样,这样才能打破垄断,保住我国的植棉市场和产业。我国抗虫基因的大小是美国抗虫基因的一半,抗虫棉中的基因数为多拷贝;我国研制的双价抗虫基因以及高抗棉铃虫的双价抗虫棉新品种,与其他国家抗虫棉品种也不同;我国研制的三系杂交抗虫棉品种,其他国家没有。"

我国是世界上最大的棉花生产国和消费国,中国棉拥有了自己的知识产权和种质资源,这成为我国农业发展和产业安全的重要保障,为我国农业高新技术在国际竞争中争得了一席之地。在这非凡的成就背后,郭三堆付出了怎样艰辛的努力?他常常告诫学生:在科学研究方面,一要坚定信念;二要有吃苦精神;三要有奉献的品质。

郭三堆很欣赏那句话："不要问你的祖国为你做了什么，而应当问自己，你究竟为你的祖国贡献了什么？"因此，在任何情况下，个人利益都不能置于国家利益、民族利益之上。他介绍说，转基因工程是新兴生物工程，通过高科技手段，可以按照不同要求进行基因转移，从而有针对性地提高动植物的产量和品质。一个基因就是一项产业，这关系到国家的命脉，是无法用金钱来衡量的。在这一领域的任何一点突破，于国于民都大有裨益。

在制订作物育种目标时，不仅要考虑到育成品种的产量、品质和适应性等目标性状符合生产发展的需要，更要注意所育成的品种在生产上推广时，对可能发生或流行的病虫害有一定的抗（耐）性。在实际育种工作中，无论是杂交育种，还是选择育种，抗病虫品种选育一般是与高产、优质育种同时进行的。具有良好抗病虫害特性的高产、优质品种才能在生产上有推广利用价值。

第一节　抗病虫育种的意义与特点

一、作物抗病性、抗虫性的概念

1. 作物的抗病性

作物的抗病性从广义上讲，就是在一定的地区范围内，如环境适宜而出现某种病害时，作物某品种对该病害不感染或感染程度较轻，生长发育或农艺性状受损害较小，都可认为具有抗病性或耐病性，即品种对病原菌的流行和传播有一定的抑制作用，可避免或减轻其危害。狭义角度的抗病性是指当作物遭受病原菌的侵染后，能产生一种能动的反应，去战胜病原菌的侵染或减轻其危害的能力。

2. 作物的抗虫性

作物的抗虫性与抗病性相似，大多数植食性昆虫的取食过程，都是对作物的侵害，都可以看作是被害作物的害虫。所谓抗虫性是指寄主作物所具有的能抵御或减轻某些害虫的侵袭和危害的能力，即某一作物品种在相同的虫口密度下，比其他品种获得高产、优质的能力。

二、抗病虫育种的意义与作用

人类开始驯化栽培作物以来,病虫害几乎是对农业生产的最大威胁。尽管人们与之进行了不懈的斗争,但病虫害对农作物的危害及损失还是十分严重的。作物育种的历史可以说最初主要是抗病虫育种的历史。如1840~1845年爱尔兰马铃薯晚疫病大流行,引起了全国的大饥荒和民族大迁移。1940年前后,水稻胡麻叶斑病导致了孟加拉国的饥荒。1950年小麦条锈病在中国大流行,使小麦减产15%~20%。1970年,美国玉米带因小斑病流行而减产15%等。全世界的农作物每年因虫害损失达280亿~360亿美元,因病害损失230亿~297亿美元;中国每年因病虫危害的损失,常为农作物总产量的10%~20%,国家和农民投入的防治费常达数亿元。几种作物抗、感病虫害的性状表现见彩图2。

作物抗病虫品种的选育是建立综合防治体系的重要基础,既可以抑制菌源数量和虫口密度,降低病虫危害,提高防治效果,又可减少因化学药剂的滥用而造成的环境污染和人、畜中毒,保持生态平衡,对于农业的可持续发展和农产品安全有极其重要的作用。可从以下几方面来理解抗病虫育种的意义与作用。

1. 主要农作物推广抗病虫品种所起的防病虫保产作用

纵观农业发展的历史,在农业生产上各个阶段时期所发生的各种严重病虫害及其所造成的危害,都是通过抗病虫品种的培育和推广得以解决的。

2. 与其他防治方法相比,经济有效、简单易行、效果稳定

化学和生物制剂可在不同程度上予以防治病虫害,这些方法要求在作物栽培过程中田间操作,防治效果受外界条件影响大,花费大量人力和物力。抗性品种不受条件影响,不增加投资,不会造成食物中农药残留、环境污染和对生态的破坏。

3. 从经济效益上看,投入少,收益高

全世界每年用于病虫害防治的费用达数百亿美元。虽然培育抗病虫品种时要花费一定的人力、物力,但抗病虫品种培育出来以后,其效益将大大超过投资。

三、抗病虫育种的特点

抗病虫育种中,涉及寄主植物、寄生病原物(虫),还涉及生态环境、人为因素等,诸方面中的核心是寄主植物与病原物(虫)之间的关系,因此要了解病原菌的致病性及其变异,以及作物的抗性机制。

随着现代农业对优良品种的要求的不断提高,品种抗病虫性越来越受到重视,不仅要求品种抗病虫性持久,又要求多抗。广义的多抗、即抗多种病虫害;狭义的多抗,即抗同一病原菌的多个生理小种或害虫的不同生物型。作物抗病虫育种与高产、优质育种相比有着明显的特点,不仅与作物本身的遗传特性有关,而且与寄生物或有害生物的遗传、作物与寄生物之间的相互作用以及两者对环境的敏感性等有关。寄主作物的抗病性或抗虫性与作物其他性状不同,其表现型如抗病虫或感病虫并不只

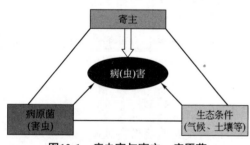

图12-1 病虫害与寄主、病原菌(害虫)和生态条件的关系

是决定于作物本身的基因型,还会受到相应寄生物基因型的影响,是寄主和寄生物双方基因组在一定生态环境条件下相互作用的结果(图12-1)。在自然生态系统中,寄主作物和寄生物(病原菌和害虫)各有其独立的遗传系统,寄主作物与有害生物大多是遗传上具有多样性的异质群体,双方通过相互适应和选择而协同进化。

第二节　作物抗病虫性的类别与机制

作物抗病虫性的类别、机制和遗传特性不仅与作物本身有关,也与病原菌致病性和昆虫的致害性变异有很大的关系。病原物(菌)对一定的植物的属、种或品种的适应性称为专化性或特异性,即各种病原菌均有其固有的寄主范围,对于专化性强的病原物,还会进一步分化,在一定的病原物种之下又分化出若干生理小种。

一、病原菌致病性及其变异

1. 致病性

一个品种能否抗病取决于寄主抗病性基因型和病原菌致病性基因型双方互作的结果。致病性一般是指病原菌危害寄主引起病变的能力。但在抗病育种中,致病性指的是病原菌(小种或菌系)侵染某一特定品种,并在其上生长、繁殖的能力。

致病性包括毒性(毒力)和侵袭力两方面。毒性是指病原菌能克服某一专化抗病基因而侵染该品种的特殊能力,是一种质量性状,因某种毒性只能克服其相应的抗病性,所以又称为专化性致病性。如稻瘟病小种研53-33对水稻品种露明有毒性等。侵袭力是指在能够侵染寄主的前提下,病原菌在寄生生活中的生长繁殖速率和强度(潜育期和产孢能力等),是一种数量性状,没有专化性,即不因品种而异,又称为非专化性致病性。如我国不同地点的棉花黄萎病菌系,都能使岱字棉15号品种感病,但不同菌系接种后的病情指数不同,北京菌系为36.0,锦州菌系为13.0。

2. 生理(毒性)小种

Stakman在研究来源不同小麦秆锈病菌时,发现它们对不同小麦品种致病力不同。同一种病原菌可以分化出许多类型,不同类型之间对某一品种的专化致病性有明显差异,这种根据病原菌致病性差别划分出的类型就是生理小种。因小种划分的主要依据是毒性,故叫毒性小种更为确切。一般病原菌的寄生性水平越高,寄主抗病特异性越强,病原菌生理小种分化越强。如小麦秆锈病菌生理小种有300多个,叶锈病生理小种有230个左右,稻瘟病菌有270个左右。棉花枯黄萎病菌其寄生性水平低,寄主抗性特异性弱,其生理小种分化程度弱,生理小种数目少,棉花枯黄萎病菌鉴定出6个生理小种。玉米小斑病菌目前只发现T、C、O三个生理小种。

按品种以上的致病性范围来划分病原菌的类型时,则称为生理型。如按我国棉花枯萎病系根据其对棉花甚至大豆、烟草等不同种的致病力差异而划分为3个生理型。

生理型Ⅰ:高度感染陆地棉和海岛棉,中度感染亚洲棉;

生理型Ⅱ:高度感染陆地棉和海岛棉,亚洲棉只轻度感染或免疫。

生理型Ⅲ:只高度感染海岛棉,陆地棉不感染或轻度感染,亚洲棉则免疫。

同一病原菌的不同生理小种之间在形态上是相似的,从形态上难以区别,而只能用一套鉴别寄主来进行鉴别。用来对病原菌生理小种进行鉴别的一套品种或寄主称鉴别寄主或品种。鉴别寄主必须是含有不同抗性基因、鉴别力强、病害症状反应稳定、在当前生产或育种工作中具有代表性的品种或纯系材料。用回交的方法选育一套各含有一个不同主效基因（垂直抗病基因）的近等基因系（图 12-2）作为鉴别寄主最为理想。

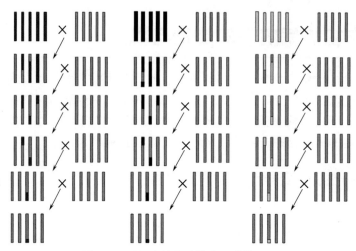

图12-2　用回交的方法培育近等基因系

中国水稻白叶枯病菌生理小种与鉴别寄主体系见表 12-1。根据病原菌生理小种在这些鉴别寄主上的病毒反应，推断生理小种的类别、异同及其致病基因。同理，也可根据病原菌的致病基因来推断某一特定寄主所含有的抗性基因。

表12-1　中国水稻白叶枯病菌生理小种与鉴别寄主体系

生理小种/致病性	鉴别寄主品种及所携带抗病基因				
	金刚 30 （？）*	Tetep (Xa-2)	南粳 15 (Xa-3)	Java14 (Xa-12)	IR26 (Xa-4)
0	R	R	R	R	R
1	S	R	R	R	R
2	S	S	R	R	R
3	S	S	S	R	R
4	S	S	S	R	R
5	S	S	R	R	S
6	S	R	S	R	R
7	S	R	S	S	R

注：R 为抗性反应，S 为感性反应。

*金刚30不携带以下1至7个生理小种的任一抗病基因，但不清楚是否携带除这7个生理小种之外其它致病生理小种的抗病基因。

3. 致病性的遗传

根据一些真菌病害（锈菌、白粉病菌、黑粉病菌等）的遗传研究结果，其毒性为单基因隐性遗传。亚麻锈菌小种间的有性杂交的结果便是例证。

凡寄主群体中已发现并大量使用过哪个专化性抗病基因时，病原菌群体中就会或早或晚迟地出现相应的毒性基因。在全部毒性基因位点上不含任何毒性基因的小种，称为无毒性小种；仅含少数几个毒性基因的小种称为少（寡）毒性小种；含有多个毒性基因的便称为多（复杂）毒性小种。

侵袭力的遗传研究少，其可能是多基因遗传。Hil 等认为玉米小斑病 T 小种侵染效率和产孢量遗传力高，为 21%～58% 和 23%～53%；病斑面积遗传力低，为 0～6%。

二、作物抗病虫性的类别

作物的抗病性可按抗病表现的时期、形式、抗性程度、遗传方式、寄主与病原菌之间的相互关系分成不同的类型。如从抗性机能上分为生物学抗病性、形态与组织结构抗病性等；从抗性的表现时期分为全期抗病性、苗期抗病性和成株期抗病性等；从表现形式上分为避病、耐病、抗病和感病等；从抗性程度上可分为免疫、高抗、中抗、中感和高感等；从抗性遗传上可分为主基因抗性和微效基因抗性；从病原菌小种的专化性或特异性上可分为小种专化性抗性和小种非专化性抗性；从寄主和病原菌小种的关系上讲，可分为垂直抗性和水平抗性。不同类别的抗病性的利用方法不同，其抗病程度、防病保产的效果也不一样，育种的方法也不同。

1. 按抗病虫性的程度分类

（1）免疫　某寄主作物群体在任何已知的条件下，从不受某种特定病原菌侵染危害或某种特定害虫取食危害的特性。

（2）高抗　某寄主作物群体在适合某种病原菌侵染或害虫取食危害的条件下，受该种病菌（害虫）危害很小的特性。

（3）中抗　某寄主作物群体在适合某种病原菌侵染或害虫取食危害的条件下，受该种病菌（害虫）危害低于该作物受害平均值的特性。

（4）中感　某寄主作物群体在适合某种病原菌侵染或害虫取食危害的条件下，受该种病菌（害虫）危害等于或大于该种作物受害平均值的特性。

（5）高感　某寄主作物群体对某一种病菌或害虫表现出高度敏感性，其受害程度远远高于该病菌（害虫）对该种作物的受害平均值的特性。

2. 按寄主－病原菌（害虫）的专化性有无分类

（1）垂直抗性　又称小种特异性抗性或小种专化性抗性。其特点是：寄主对病原菌的某些生理小种是免疫的或高抗的，而对其他生理小种则是高感的，即同一寄主品种对病原菌的不同的生理小种具有特异反应或专化反应。如果将具有这种抗性的品种对某一病原菌代表菌的生理小种的抗性反应绘成方柱图，可以看出各柱顶端的高低相差悬殊（图12-3），所以称为垂直抗性。

在表现形式上，垂直抗性往往是过敏性坏死型的抗病性。特点是抗、感反应表现明显，易于识别。在遗传上往往受单基因或几个主基因的控制，抗病×感病杂交后代的抗性一般按孟德尔遗传规律分离。由于遗传简单，易于

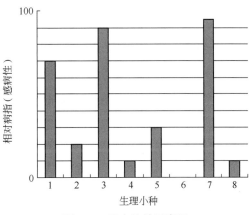

图12-3　垂直抗性示意图

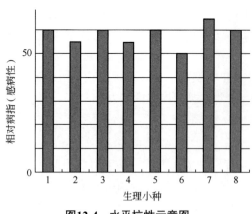

图12-4 水平抗性示意图

识别,所以在育种中受到育种工作者的重视与利用。这种抗病性易随着病原菌的生理小种的变异而丧失,生产上大面积推广该品种时,容易使侵染它的生理小种上升而使抗病性丧失。

（2）水平抗性　又称非小种特异性抗性或非专化性抗性。特点是寄主品种对各个生理小种的抗性反应大体上接近于同一水平上,将具有这种抗性品种对同一病原菌的不同生理小种的反应绘成方柱图,各柱顶端基本处于同一水平上（图12-4）。

水平抗性表现形式上,除过敏性坏死反应外的各种抗性,一般都具有侵染率低、潜育期长、产孢量少等特点,抗性表现通常不突出,如果用垂直抗性的标准衡量,则大多数仅具有中等抗性。水平抗性作用在于减缓病害的发生速度,推迟发病高峰期的来临时期,从而减少损失。在遗传上,水平抗性受多基因或微效多基因控制。抗病 × 感病的杂种后代分离复杂,难以分类。具水平抗性的品种的最大的特点是它对病原菌的生理小种不形成定向选择压力,不至于引起生理小种组成的变化,也不会因生理小种的变化而使品种的抗性丧失。

在寄主作物对害虫的抗性研究中也发现垂直抗性和水平抗性类型。垂直抗虫性指寄主品种对某一害虫的不同生物型存在专化性反应,抗性水平较高,但难以稳定持久。水平抗虫性指寄主品种对某一害虫的各种生物型具有相似的抗性,抗性程度并不高,但对该害虫却有相对稳定持久的抗性。

许多作物品种对某种病原菌或害虫的抗性既有垂直抗性又有水平抗性,称为综合抗性。其抗性遗传复杂,可能涉及多个抗病虫基因以及不同抗性基因之间的互作。

三、抗病虫性的机制

1. 抗病性的机制

作物对病原菌的抗性主要是通过植株表面特殊的形态结构、体内特殊的组织结构及生理生化特征来限制其侵入和建立寄生关系,使其不能繁殖、防止病原菌在寄主体内的扩展。研究比较清楚的抗病性机制有以下几种。

（1）抗侵入　指寄主植物遭受病原菌（寄生物）的侵染前或侵染后,寄主植物凭借原有或诱发的,或组织上或生理生化上的障碍,阻止病原菌侵入或侵入后建立寄生关系。同等条件下等量接种病原菌时,抗侵入品种被感染的点显著少于其他品种。

（2）抗扩展　指当病原菌侵入寄主体内并进一步扩展时,会遇到寄主的一系列组织结构或生理生化特性等方面的抑制而难以进一步扩展。表现在潜育期长、病斑少而小、病斑扩展慢、产孢量低、传染期短。如植物的厚壁细胞组织、木栓化组织、胶质层,限制病原菌生长所需的营养供应、钝化病原菌外酶、中和致病毒素、产生植物保卫素等,均可抑制病原菌的扩展。如茎秆坚硬、木质部细致紧实、根部表皮细胞厚的棉花品种,枯萎病菌不易侵入,即使侵入了,病菌的扩展也慢。

过敏性坏死反应是寄主对病原菌抗扩展反应的重要类型。常用的反应型、侵染型或病斑型就是过敏性坏死反应中不同强度的表现。当病原菌侵入后,受侵染的细胞及其邻近细胞高度感染，迅速坏死，使病原菌被杀死或被封锁于坏死组织内，是一种细胞或组织的高度感染，而植株高度抗病的类型。

（3）避病　感病品种由于种种原因没有受到病原菌的侵染而没发病称为避病。有的因寄主的株型、组织结构、开花习性等阻碍了病原菌与寄主的接触而表现为空间避病，如闭花授粉的大麦品种不易感染黑穗病。有的因寄主避开了病原菌侵染的季节而没有发病，称为时间避病，如早熟的小麦品种在华北地区可避开锈病流行的高峰期而减轻危害；晚熟油菜品种因开花延迟，可避开菌核病的盛发期。

避病不一定具备真正的抗病性，当条件变化时仍然会感病，如大麦过早播种、油菜种子的带菌量大时，也难以避免危害。

（4）耐病　当某一品种被病原菌感染并发生了典型的发病症状后，其产量、品质或其他经济性状不受影响或损失较少，称为耐病。

耐病性可能与作物品种的生长发育和植株体内的生理代谢有关。如小麦对锈病的耐病性可能是品种的生理调节或补偿能力较强。如根系吸水供水能力维持较强，可补偿因锈病失去的大量水分等。耐病性广泛存在于真菌、病毒病所引起的叶、根病等感病品种中，不会因生理小种变异而抗性"丧失"，育种和生产上有一定作用。

2. 抗虫性机制

寄主植物对害虫的抗性主要通过其特殊的形态特征、组织结构或者生理生化特性等机制影响昆虫的取食、生长、消化、发育、交配和产卵，表现出抗虫特性。

（1）不选择性（拒虫性、排趋性、无偏嗜性）　有些作物品种本身具有某些形态和生理等特征特性，表现出对某些害虫具有拒降落、拒取食、拒产卵和栖息等特性。如水稻株高、剑叶大小、茎秆粗细与二化螟的着卵量呈正相关；水稻叶片多毛，叶鞘紧，着卵量较少；棉花茎秆、叶片有毛和多毛能抗叶蝉、棉蚜、棉铃虫、红铃虫等。

（2）抗生性　某些作物体内含有毒素或抑制剂，或缺乏昆虫生长发育所需的一些特定的营养物质（维生素、糖、氨基酸等），致使害虫取食后，其幼虫发育受到有害影响或死亡的特性。如水稻体内硅酸、苯甲酸、水杨酸等，棉花植株体内棉酚等。

（3）耐害性　有些作物品种遭到虫害后，仍能正常生长发育，在个体或群体水平上均表现出一定的再生或补偿能力，不致大幅度减产的特性。

第三节　抗病虫性的遗传与鉴定

一、抗病虫性的遗传

作物抗病虫性类别和机制的表现多种多样，主要是由植物本身遗传基础即抗病基因所决定的，有的由主效基因控制，有的由微效基因控制，也有的由细胞质基因控制。而病原菌对寄主作物的致病性也受到遗传物质的决定。作物抗病基因与病原菌致病基因之间存在着平行进化、一一对应的关系。进行抗病育种时，须了解抗病性遗传机制、规律以及病原菌致病性遗传特点，采用相应育种方法。

1. 主效基因遗传

绝大多数的垂直抗性或过敏性坏死类型抗性是受单基因或少数几个主效基因控制的，抗、感亲本杂交后代的分离基本上符合孟德尔分离比例。抗病虫基因可能是显性或隐性，不同基因之间可能存在连锁、互作或互为复等位基因。

2. 微效基因遗传

作物的水平抗性或中等程度抗性多为微效基因控制的数量性状，属于微效基因遗传。抗、感品种杂交后，F_2 的抗性分离呈连续的正态分布或偏态分布，有明显的超亲遗传现象。抗性易受环境条件的影响，杂交后代群体多呈连续的正态分布或偏态分布。如小麦对赤霉病的抗性、水稻对纹枯病的抗性和许多作物对昆虫的抗性等都是由微效基因控制的。玉米对玉米螟、水稻对二化螟、小麦对叶蝉、棉花对红铃虫等的抗性也都属于多基因控制的数量性状。许多地方品种抗病虫性既有主基因控制的，又有许多微效基因参与，所以地方品种抗病虫性多数表现广谱、持久。

3. 细胞质遗传

细胞质遗传也称非染色体遗传，即控制抗性的遗传物质涉及细胞质中的质体和线粒体，与染色体无关。其抗性特点是：抗、感亲本杂交时，正、反交所得到 F_1 植株抗性表现不一样，抗性表现为母本遗传；或者抗、感亲本杂交后代自交或与亲本回交，抗性不发生分离。Mercado 报道了玉米 T 型雄性不育细胞质控制对玉米小斑病 T 小种的感病性，N 细胞质的玉米都抗 T 小种。1970 年美国种植含有 T 型雄性不育细胞质玉米杂交种而造成玉米小斑病的大爆发，损失惨重。

二、基因对基因学说

寄主植物的抗病性不仅取决于其自身所携带的抗病基因，而且也取决于病原菌的毒性基因，即抗性是寄主与寄生物双方的基因型互作的结果，是由寄主的抗病基因与病原菌的致病（毒性）基因共同决定的。但是，它们又有各自独立的遗传系统。

Flor（1956）在亚麻抗锈病研究中发现，寄主抗病基因与病原菌致病基因之间存在着基因对基因的关系。即针对寄主方面的每一个抗病基因，在病原菌方面迟早要出现一个相对应的毒性基因，毒性基因只能克服相对应的抗性基因而产生毒性（致病）效应。在寄主-寄生物体系中，任何一方的每个基因都只有在对方相应基因的作用下才能被鉴定出来。基因对基因学说是寄主和寄生物关系的基本模式。以两对基因为例说明如下（表 12-2）。

表12-2 基因对基因相互关系的模式（两对基因）

小种	病原菌基因型	寄主品种及基因型			
		甲 $r_1r_1r_2r_2$	乙 $R_1R_1r_2r_2$	丙 $r_1r_1R_2R_2$	丁 $R_1R_1R_2R_2$
0	$A_1A_1A_2A_2$	感	抗	抗	抗
1	$a_1a_1A_2A_2$	感	感	抗	抗
2	$A_1A_1a_2a_2$	感	抗	感	抗
3	$a_1a_1a_2a_2$	感	感	感	感

甲品种因不具备抗病基因而对 4 个生理小种均感病，乙和丙品种分别具有抗病基因 R_1 和 R_2，丁品种同时具有 R_1、R_2 两种抗病基因，它们对 0 号生理小种均抗，表明 0 号生理小种不具备针对 R_1 和 R_2 的毒性基因，其基因型为 $A_1A_1A_2A_2$，A_1 与 A_2 均为无毒性基因。其后，在病原菌中又出现了分别对抗性基因 R_1 和 R_2 具有毒性的基因 a_1、a_2；a_1 能克服 R_1，a_2 能克服 R_2，因而乙品种感染 1 号和 3 号生理小种，丙品种感染 2 号和 3 号生理小种。丁品种

兼具 R_1 和 R_2 基因，所以能抗 1 号和 2 号生理小种。但是在病原菌中又出现了兼具 a_1 和 a_2 基因的 3 号生理小种，因而使 4 个品种均感病。这就是基因对基因学说基本内容的简化模式。

Flor 还发现，在具有一对抗性基因的亚麻品种上，锈菌生理小种的杂种 F_2，也会相应地出现一对基因的分离比例（3∶1）。而在 2 对、3 对或 4 对抗性基因的品种上，小种的杂种 F_2 也会出现相应地出现 2、3 或 4 对基因的分离比例。因此两个生理小种在 2 个位点上的毒性基因不同，它们在寄主上的反应表现为两对基因的分离。反过来，就寄主抗病性而言，对具有 2、3 或 4 个毒性基因的小种，寄主的品种间杂交后代也会相应地出现 2、3 或 4 对基因的分离比例（表 12-3）。

表12-3 亚麻锈菌生理小种22×24的F_2在Ottawa770B和Bombay两品种上的致病性分离（两对基因）

品种及其基因型	亲本小种的基因型		F_2 基因型分离			
	小种 22 $a_La_LA_NA_N$	小种 24 $A_LA_La_Na_N$	$A_L\_A_N\_$	$a_La_LA_N\_$	$A_L\_a_Na_N$	$a_La_La_Na_N$
Ottawa770B（$LLnn$）	感	抗	抗	感	抗	感
Bombay（$llNN$）	抗	感	抗	抗	感	感
观察菌系数（133）			78	27	23	5
理论比例（9∶3∶3∶1）			75	25	25	8

注：L、N 为两对不同的抗性基因，l、n 分别为其隐性等位基因。A_L、A_N 为两对不同的显性无毒性等位基因；a_L、a_N 为两对不同的隐性毒性等位基因。

同样，对杂种 Ottawa770B × Bombay 的 F_2 分别用 22 号 24 号生理小种接种时，后代也出现 9∶3∶3∶1 的分离比例（表 12-4）。

表12-4 Ottawa770B×Bombay的F_2植株对亚麻锈病生理小种的抗病性分离

生理小种及其基因型	寄主品种基因型		F_2 基因型			
	Ottawa770B（$LLnn$）	Bombay（$llNN$）	$L\_N\_$	L_nn	$llN\_$	$llnn$
小种 22（$a_La_LA_NA_N$）	感	抗	抗	感	抗	感
小种 24（$A_LA_La_Na_N$）	抗	感	抗	抗	感	感
观察株数			110	32	43	9
预期株数			109	36	36	12
理论比例			9	3	3	1

注：同表12-3。

Flor 及以后的许多学者做了大量的试验，直接或间接地证明了寄主与寄生物之间的这种关系。在真菌、细菌、病毒、昆虫等中都存在着基因对基因关系。

过去认为基因对基因学说主要是针对主效基因制约的垂直抗性而言，目前在微效基因系统中也可能存在着基因对基因的关系。就每一个微效基因而言，虽然存在着基因对基因的关系，但是其专化性很弱，相对品种对相对小种的定向选择作用也就不大，因而小种的组成变化较慢，所以就总的系统而言，抗病性能稳定持久。

上述概念延伸到寄主-昆虫的关系时也同样存在，即当寄主中每有一个主效抗性基因时，在昆虫方面便迟早会有一个相应的致害基因。当寄主具有抗虫基因而昆虫不具有致害基因时，则表现为抗虫；而当寄主具有抗虫基因，但昆虫具有相应的致害基因时，寄主则是不抗虫。

三、抗病虫性鉴定

作物抗病虫性鉴定是抗病虫性研究和抗病虫育种工作的重要内容。在种质资源的抗病虫性鉴定或进行作物抗病虫性遗传规律研究，以及育种材料的抗性鉴定时，都要对植株群体或个体进行抗病虫性水平的鉴定。为了使鉴定结果更具有客观性和准确性，采用科学合理的鉴定方法是先决条件。

抗病虫性鉴定的方法主要有田间鉴定和室内鉴定两种，室内鉴定又分温室鉴定和离体鉴定。

（一）田间鉴定

1. 抗病性的田间鉴定

自然发病条件下的田间鉴定是鉴定抗病性的最基本方法，尤其在各种病害的常发区，多年、多点联合鉴定是一种有效的方法。田间鉴定时，有时需采用一些调控措施，如喷水、遮阳、调节播种期等，促进自然发病。田间鉴定一般需要专设病圃进行。病圃中要均匀地种植感病材料做诱发行。对病原菌生理分化程度较高的病害，最好用对各生理小种易感的材料混合种植作为诱发行。田间鉴定一般要进行人工接种，接种方法因病菌而异。对玉米丝黑穗病等土传病害，除在重病地设立自然病圃外，在非病地设立人工病圃时必须用事先培养的菌种，在播种或施肥时一起施入，以诱发病害。小麦锈病、玉米大斑病、玉米小斑病，稻瘟病等气传病害，可分别用涂抹、喷粉（液）等方法接种，使具有抗接触、抗侵入等抗病机制的品种得以发病。对于腥黑穗病、线虫病等由种苗侵入病害，可用孢子或虫瘿接种。水稻白叶枯病等由伤口侵入病害，可用剪叶、针刺等接种。对昆虫传播病毒病，用带毒昆虫接种等。

人工接种的诱发强度因鉴定目标而定，但一般是以能区分不同抗、感类型为度。过强会导致鉴定材料的大量淘汰；过弱则达不到诱发的目的。诱发行接种要适时，以保证发病、传病充分为度。在病圃中，还要等距离种植感病品种作为对照，以检查全田发病是否均匀，并作为衡量鉴定材料抗性的参考。

2. 抗虫性的田间鉴定

自然条件下进行抗虫性鉴定是常用的方法。在大面积感虫作物、品种中设置试验；测试材料中套种感虫品种；种植诱虫田，利用引诱作物或诱虫剂把害虫引进鉴定材料试验田；用特殊杀虫剂控制其他害虫或天敌，而不杀害测试昆虫，维持适当的害虫群体。如鉴定水稻品种对飞虱的抗性时，喷苏云金杆菌可排除螟虫干扰等。

作物抗虫性田间鉴定依据指标很多，因植物的受害方式、部位、发育阶段等情况而异。如死苗率、叶片被害率、减产率等。也可用害虫产卵量、虫口密度、死亡率、平均龄期、食物利用等作指标。其中以鉴定害虫群体密度最为常用。方法有绝对法，即估计害虫群体的绝对密度；相对法，即在大体一致的条件下，统计捕获的害虫群体数量。在鉴定时，可用单一指标，也可用复合指标计量几种因素的综合效果。

（二）室内鉴定

为了不受季节和环境条件的限制，加快抗病虫性育种工作的进程，在以田间鉴定为主的前提下，也可利用温室进行活体鉴定或实验室离体鉴定。有利于控制特定小种和防止危害性病原菌、害虫在田间的扩散。

1. 抗病性的室内鉴定

温室鉴定抗病性时,也要人工接种;同时还要注意光照、温度等的调控,使寄主生长发育正常,结果准确。温室鉴定只有一代侵染,不能充分表现出群体抗病性。

(1) 苗期鉴定和成株期鉴定　进行田间或温室鉴定时,均可分别在苗期或成株期进行。成株期和苗期的抗性表现一致的病害,某些苗期病害可进行苗期鉴定,省时省力。但对那些苗期和成株期表现不一致的病害或抗性基因不同时(如小麦抗秆锈的 Sr23、Sr25 只表现苗期抗病;而 Sr2 只表现成株期抗病),二者应同时进行。

(2) 离体鉴定　用植株的部分枝条、叶片、分蘖等进行离体培养,并人工接种,可鉴定那些以组织、细胞或分子水平的抗病机制为主的病害,如马铃薯晚疫病等。离体鉴定速度快,可同时分别鉴定同一材料对不同病原菌或不同小种的抗性,而不影响其正常的生长发育和开花结实。

除上述各法以外,对以病原物的毒素为主要致病因素的病害(如烟草野火病、玉米小斑病 T 小种等),还可利用组织培养、原生质体培养等方法进行鉴定。

2. 抗虫性的室内鉴定

一些害虫在田间不一定年年能达到或保持最适密度,而且同种昆虫不同生物型在田间分布没有规律,因此为保证抗虫性鉴定工作准确,除田间鉴定外还须进行室内鉴定。

抗虫性的室内鉴定工作主要在温室、实验室和生长箱中进行。鉴定环境的选择依植物种类、虫种和研究的具体要求而定。室内鉴定时,可选用寄主受害后的表现;或以昆虫个体或群体增长的速度等作为反应指标。应根据鉴定对象双方的特点寻找既能准确反映实际情况,又快速、简便的方法。但鉴定结果有一定的局限性,所以室内鉴定不能完全取代田间鉴定。

第四节　抗病虫品种的选育及利用

抗病虫品种的选育一般与高产、优质品种选育一起进行。只是在育种过程中,注意育种材料抗病虫性的鉴定,保证在育成高产、优质、广适性品种的同时具有抗病虫特性。

一、抗原的收集和创新

抗病虫种质资源的收集、创新和鉴定是抗病虫育种工作的前提,有了合适的抗原,既可以直接用于生产,又可作为抗病虫性亲本纳入到育种计划中。抗原类型包括了地方品种、原始栽培类型、野生近缘种和育种中间材料等。抗原的收集一般首先从本地区、本国开始,或者去植物与其病原菌和害虫的共同原产地及病虫害常发地区去收集,也可到抗病虫育种工作基础较好的国家或地区去收集。

二、选育抗病虫品种的方法

本书所叙述的各种育种途径和方法都可以用于抗病虫品种选育工作。但是在具体实施时,育种工作中的侧重点在于抗病虫,即要把品种的抗病虫性作为重要的育种目标贯穿于整个育种工作中,从选配亲本到高世代材料的小区试验,都要对当选材料进行抗病虫性鉴定。只有产量高、品质优良、抗病虫性特性达到中抗以上的材料才能进入育种程序中的下一轮试验。

1. 引种

引种是一种简易有效的抗病虫育种方法，从外地或国外引进具有抗性的品种，通过引种试验，确认其产量、品质、抗病虫性优于当地品种时，可直接用于生产。如引自日本抗稻瘟病的品种农垦20等、引自意大利抗锈南大2419等小麦品种。

2. 选择育种方法

对引进种质资源品种进行试种和抗性鉴定过程中，或生产上推广的品种种植在病虫害经常发生、高发的田块中，由于自然突变、生态型变异及育成材料的剩余变异等原因都可产生变异，对于表现抗病虫的优良变异株经过选择育种程序育成抗病虫品种，然后在生产上推广应用。

3. 杂交育种法

杂交育种法是抗病虫性育种最常用的方法。通过对种质资源的抗性鉴定，表现抗病虫的材料可作为亲本纳入到杂交育种程序中，将其与综合性状优良而抗病虫性较差的品种杂交，通过后代分离重组，选育出抗病虫性好、综合农艺性状优良的新品种在生产上推广。抗病虫性杂交育种的亲本选配原则、杂种后代的处理方法等均与杂交育种的内容相似。

为了综合多个不同的主效抗性基因于一体，或积累更多的微效抗性基因，或为了实现多项育种目标的要求，在杂交转育中，常常采用复合杂交法。如国际水稻研究所采用聚合杂交法，培育出能抗三四种病虫害的水稻品种IR_{20}和IR_{42}等。

4. 回交转育法

推广品种的农艺性状优良，但不抗病虫，而另一抗性品种的抗性是由少数基因或主基因控制的，可应用回交法将抗性基因转移到推广品种中去，选育出既能抗病虫害而农艺性状又好的新品种。尤其是对遗传行为简单、遗传率高的垂直抗性，通过回交育种法更为有效。

5. 远缘杂交

利用远缘杂交可以扩大抗原利用范围，将野生种或近缘种抗性基因导入栽培作物中，已获得显著成效。如小麦抗秆锈病基因、抗叶锈病基因、抗条锈病基因、抗白粉病基因大多都来自普通小麦野生种或近缘种；水稻抗白叶枯病基因来自野生稻等。

6. 诱变育种

感病虫害品种经过理化诱变后，可获得抗病虫突变体，可育成抗病虫的新品种。目前通过诱变育种方法，在16种作物中获得了抗17种真菌病害抗性基因突变体。

7. 生物技术的应用

细胞和组织培养、原生质体培养、染色体工程、体细胞杂交（融合）、突变细胞的化学筛选技术、基因工程、外源DNA导入等生物技术在抗病虫性育种工作中有广泛的前景，并已在抗性育种中取得了显著的成就。

8. 多系品种

该方法是用一优良推广品种作轮回亲本，分别与含有不同垂直抗性基因的品种杂交，通过多次回交并结合抗性鉴定和系谱选择，育成既有轮回亲本优良农艺性状、又各具有一个或多个不同抗性基因的一套近等基因系,然后根据病(虫)害的不同生理小种或害虫的生物型的变化,随时将有关的近等基因系按一定的比例混合而成。实际上是一个农艺性状和表现型一致、而抗性基因多样化的混合群体。对病原菌生理小种分化频繁的病害如锈病、稻瘟病等病害的控制特别有效。

9. 轮回选择法

在选育由多基因控制的或抗多种病虫害的品种时,可采用轮回选择法。因为轮回选择法能有效地积累多种抗性基因。

抗病虫育种方法多,实践工作中,可根据不同病虫害种类、抗原品种有无、抗性遗传规律等,综合应用各种方法,快速、高效地培育优良的抗病虫品种。

三、抗性品种的利用策略

育种或生产上可以见到不少抗病虫性品种推广后能在较长的时期内保持其抗性。但也有不少抗性品种在生产上推广数年后,其抗性便会丧失。这种抗性的丧失,实际上是由于病虫害的生理小种或生物型的变异造成的。从育种的角度看,主要是由于抗性基因使用不当,导致病原菌的生理小种或害虫的生物型发生变异的结果,而生理小种的消长主要取决于其哺育品种在生产上的变化情况。当某一生理小种的哺育品种在生产上大面积推广时,则对现有小种的群体形成一定的选择压力,使能感染该品种的生理小种的比重上升而成为优势小种,从而导致哺育品种抗性的丧失,这又反过来导致新的抗性品种的培育和推广,这二者相互影响,互为因果。因此,保持品种的抗性的稳定、持久是抗性育种的重要问题。解决的方法有以下几种。

1. 抗原轮换

即根据各地区病虫害的发生规律和趋势,不断培育出具有新的抗性基因的品种,以代替生产上已丧失或即将丧失抗性的品种。

2. 抗原的聚集

通过复合杂交,把多个新的主效基因或修饰基因逐步聚集到一个品种中去,使其具有多抗性。但是此法育种年限长,杂交工作量大,当把全部抗性基因集中到品种后,该品种一旦丧失抗性,则后果将非常严重。

3. 抗原的合理布局

对流行性强,尤其是在其生活周期中需要做地区间有规律地转移、并有一定的流行途径的气传病害、虫害,可在同一流行区的上、中、下游或越冬或越夏地区及传播桥梁区,分别布置种植具有不同抗性基因的品种,以便从空间上切断病虫害的传播途径,达到防治的目的。如我国的小麦条锈病的流行途径是:甘肃、青海越夏区→关中桥梁传播区→黄淮和华北越冬基地。自 1960 年以后,由于在该流行区的上、中、下游地区分别安排了陕农号、天选号、阿夫及其选系、泰山号、农大 139 等品种,所以抗性能较为持久地保持。

4. 应用多系品种或混合品种

由于多系品种或混合品种群体内抗性基因的多样化,增加对多种病原菌生理小种和害虫生物型的抗性,可控制病原菌和害虫群体的发展和致害性的变异,稳定寄主-小种的相互关系及其组成,延长品种的抗性。

5. 水平抗性应用

在早期的抗性育种工作中，都是利用水平抗性（通过系统育种方法）。实践证明：水平抗性具有不易丧失的优点，在解决抗病虫性的丧失问题上蕴藏着巨大潜力。虽然这类抗性的抗性水平较低，但是当它在生产上占有很大的面积时，对病原菌或害虫也有明显的抑制作用，有利于抗性的稳定和持久。

但是，近几十年来，由于垂直抗性育种的迅速发展，水平抗性在许多品种中已逐步丧失了即所谓 Vertifolia 效应。因为在进行垂直抗性育种工作中，垂直抗性主要表现为过敏性坏死反应，当根据过敏性反应进行选择时，就妨碍了对遗传背景中的水平抗性的选择。一般地讲，垂直抗性选育品种时，其水平抗性往往会降低，这种现象在育种工作中是常见的。对于水平抗性育种而言，因其由多数微效基因控制的，育种工作的难度较大。现代育种工作中，提出将垂直抗性与水平抗性相结合的育种，育成具有复合抗性的品种，使其抗性能稳定、持久。但是，要将垂直抗性和水平抗性结合起来的育种工作是相当困难且复杂的，选育工作中，如何在过敏性坏死反应基础上，对水平抗性进行鉴定和选择还是目前未解决的问题。

思考题

1. 名词解释

   抗病虫育种　毒性　侵袭力　生理小种　垂直抗性　水平抗性　避病　耐病　抗侵入　抗扩展　不选择性　抗生性　耐害性　鉴别寄主

2. 抗病虫性育种在农业生产中的主要作用都有哪些？
3. 何谓基因对基因学说？
4. 怎样进行作物的抗病虫害鉴定？
5. 选育抗病虫品种的方法都有哪些？
6. 如何保持抗病虫品种抗性的稳定、持久？

状尚未充分了解，均需进入选种圃作全面鉴定。选种圃除进行芽变系与原品种间的比较鉴定外，同时也进行芽变系之间的比较鉴定，为繁殖推广提供可靠依据。

选种圃地的土壤地势要力求一致，将选出的多个芽变系及对照的无性繁殖后代，每系不少于 10 株，在圃内采用单行小区，每行 5 株，重复 2 次，株行距可根据各种植物的株型大小而定。

选种圃内应按品系或单株（每系 10 株以内）建立档案，进行连续 3 年以上对比观察记载，对其重要性状进行全面鉴定，将结果记载入档。根据鉴评结果，由负责选种单位写出选种报告，将最优秀的品系进行品种比较试验和区域性栽培试验。

c. 品种比较试验和区域性栽培试验　品种比较试验和区域性试验是芽变选种程序中不可缺少的重要环节，也是确定入选品系有无推广价值及适宜推广地区的过程。

③ 决选阶段　选种单位对复选合格品系提出复选报告后，由主管部门组织有关人员组成植物新品种审定鉴定委员会进行决选评审。经过评审，确认在生产上有前途的品系，可予以命名，由组织决选的主管部门作为新品种予以推广。

2. 实生选种

（1）实生选种的概念及特点　多数无性繁殖作物既可利用其营养器官进行无性繁殖，也可利用种子进行有性繁殖。对实生繁殖群体进行选择，从中选出优良个体并建成营养系品种，或改进继续实生繁殖时对下一代的群体遗传组成，均称为实生选择育种，简称实生选种。

与营养系芽变选种相比，实生群体常具有变异普遍、变异性状多而且变异幅度大的特点，在选育新品种方面有很大潜力。由于其变异类型是在当地条件下形成的，选出的新类型具有较好的适应能力，易于在当地推广，投资少，收效快。

（2）实生选种的程序和方法

① 原有实生群体的实生选种　中国北方核桃、板栗产区，利用实生群体中存在的普遍变异，结合嫁接繁殖法，将选出的优树建成无性系品种，其选种程序如下。

a. 报种和预选　先明确选种的具体方法、要求和标准，在此基础上开展群众性的选种报种。然后组织专业人员对选报的优树到现场调查核实，剔除显著不符合选种要求的单株后，对其余的进行标记、编号和登记记载，作为预选树。

b. 初选　由专业人员对预选采集样品进行室内调查记载及资料整理分析，再经连续 2～3 年对预选样品进行产量、品质、抗性等的复核鉴定，根据选种标准，将其中表现优异而稳定的入选为初选样品。

c. 复选　对选种圃里初选优秀样品嫁接繁殖后代，经连续三年的比较鉴定，会同对母体高接样品和多点生产试验的调查资料，对每一初选优种作出复选鉴评结论。其中表现特别优异的作为复选入选品系，并迅速建立能提供大量接穗的母本园。

② 新建群体的实生选种　无性繁殖作物基因型的杂合性，即使自交后代也会出现复杂分离。利用这一遗传特点，凡能结籽的无性繁殖作物，可对其有性后代通过单株选择法而获得优株，再采用无性繁殖而建成营养系品种。方法是将获得的供选材料的种子播种种植于选种圃，经单株鉴定选择其中若干优良植株，然后采用无性繁殖法将每一入选单株繁殖成一个营养系小区，进行比较鉴定，其中优异者入选为营养系品种。

与有性繁殖作物的单株选择法相比，本法通常只进行一代有性繁殖，入选个体的优良变异即通过无性繁殖在后代固定下来。既不需设置隔离以防止杂交，也不存在自交生活力退化问题。

第十三章 生物技术在作物育种中的应用

思政与职业素养案例

中国转基因抗虫棉——20年领航之路

曾经,抗虫棉在特定的历史背景下,无可奈何地被"千呼万唤始出来"。如今,转抗虫基因三系杂交棉在棉花产业发展的持续较量中,大大方方地被推向产业化最前沿。

20年间,抗虫棉从无到有,从美国品种垄断到独立构建拥有自主知识产权抗虫基因,从单价基因抗虫棉到双价基因抗虫棉再到转抗虫基因三系杂交棉。国产抗虫棉用20年的科研成果转化为先进生产力,引领产业更好更快发展。

国产抗虫棉逆袭而上

经过多年努力,我国育种家利用抗虫棉种质培育国审、省审品种240多个,至今累计推广5.6亿多亩,减少农药9000多万千克,为国家和棉农累计增收900多亿元,国产转基因抗虫棉的种植面积已占全国抗虫棉种植面积的95%以上。

1992年,我国北方棉区棉铃虫连年大暴发,皮棉减产造成严重经济损失,棉农"谈虫色变"。原本种植期喷洒两三次的农药,由于一遍遍打农药产生了抗药性,接连喷洒20余次也不见效果;很多棉区棉农在给棉花喷施农药时中毒身亡;因施药过量土壤受到极大污染,导致稻田无法正常耕种……

与此同时,本可以"救火"的美国孟山都公司企图占领我国植棉市场,提出苛刻条件,以谈判破裂告终。内忧外患之下,我国"863"计划将"转基因抗虫棉研制"列为重大关键技术项目进行攻关。

"抗虫棉纯属是被逼出来的。"中国抗虫棉之父、中国农科院生物技术研究所研究员郭三堆提到此仍心有余悸,"依靠民族自主创新的成果和抗虫棉产业化体系的建立,才是制胜的法宝。"

自此,抗虫棉在郭三堆的心里开始萌芽。他带着他的科研团队开始了一场至今长达20年的国产抗虫棉分子育种革命。

为了让棉花种植强国东山再起,让棉农尽快摆脱噩运,郭三堆24小时不离实验室,潜心研究。1994年,单价抗虫棉(具备Bt杀虫蛋白)诞生;1996年,双价抗虫棉(具备Bt和CpTI两种杀虫蛋白)研制成功;1999年通过安全评价并在河北、河南、山西、山东等9省区得到推广,广大棉农亩均增收节支200元以上;2002年,融合抗虫棉研育成功,次年进入安全评价并获得生产试验;2005年,高产、高效、高纯度、低

成本的转抗虫基因三系杂交棉分子育种体系研制成功,通过转基因技术解决恢复系恢复力不强的问题后,转抗虫基因三系杂交棉问世。

国产抗虫棉的研制成功,不仅打破了抗虫棉主要依赖美国进口的局面,保护了棉农的生命财产安全,更提升了我国农业高新技术的国际竞争力。

转基因技术+三系法实现增产又抗虫

转基因技术与三系杂交法的结合,让"既增产又抗虫"成为可能。转抗虫基因三系杂交棉制种程序简便,制种产量比人工去雄杂交提高20%,效率提高40%,成本降低60%以上,而且纯度可达100%,适合大面积制种。

"自从推广抗虫棉以来,我国再也没有大面积暴发棉铃虫灾害。然而,如何提高土地资源利用率、降低人工投入、增加棉花产量、促进棉花产业稳步发展,引发了我的新思考。"郭三堆的研究从未停止。

郭三堆介绍,三系法包括不育系、保持系和恢复系,不育系实际指的是雄性不育系,也就是说可以用不育系作为母亲,保持系和恢复系分别作为父亲,但保持系和恢复系各司其职,保持系用来保家族,恢复系则用来卫国家。不育系和保持系结合还会生出不育系和保持系,不育系可以继续作为母亲,保持系可以继续保持家族的优良性状,继续传宗接代。不育系和恢复系结合则会生出杂种一代和恢复系,杂种一代用作地里的种子,形象地说就是保生产、卫国家。"与人工去雄杂交、两系杂交方法相比,三系法可以更好地克服前两种技术耗工多、成本高、规模受限、纯度难保证、生产应用风险较大等不足。"郭三堆说。

"但三系杂交法之前一直存在恢复系恢复能力不强的问题。"基于此,郭三堆想到了将转基因技术与三系杂交法相结合,让"既增产又抗虫"成为可能。中国农科院生物技术研究所与邯郸农业科学院科研团队联合攻关,采取基因工程、遗传转育、基因聚合、免疫试纸和分子标记相结合的技术集成及优势互补策略,创造出了陆地棉细胞质雄性不育的转抗虫基因的保持系、不育系和强恢复系;首次在国际上创建了"三系抗虫棉分子育种技术新体系",有效地克服了国内外其他三系杂交棉无抗虫性、不育性不稳、恢复力不强、杂种产量优势缺乏而不能应用于规模生产的世界性难题。

2005年3月,银棉2号通过国家审定,成为我国第一个通过国家审定并应用于生产的优质、高产转抗虫基因三系杂交棉品种,标志着我国抗虫三系杂交棉育种技术体系已经成熟,意味着中国将成为世界上第一个大规模应用抗虫三系杂交棉的国家。

找准突破口快速大面积推广

转抗虫基因三系杂交棉生物育种研究项目推广后,每年新增皮棉80万~100万吨,增收100亿~120亿元,相当于再造一个长江流域棉区。

> **抗虫棉系着种业强国梦，种业盼着抗虫棉产业化迅速崛起**
>
> "三系抗虫棉能够比常规棉增产25%以上，在制种成本上比人工去雄杂交减少约50%，制种产量增加约20%。"郭三堆说，"在如此明显的优势下，以种子产业化为突破口，进一步扩大优质、高产的国产转基因抗虫棉品种的推广面积是当务之急。"
>
> 为把科研成果的潜在生产力转化为现实生产力，中国农科院生物技术研究所、棉花所等与国内有关棉花科研单位和企业联合组建的科技贸易公司等主导型企业，以买断品种权或给予技术股的形式，进行转基因抗虫棉的产业化开发。江苏省农业技术推广中心联合本省优质棉基地县棉花原种场、良棉厂共同组建的江苏科腾棉业有限责任公司，河南省农业厅经作站联合本省优质棉基地县良种棉加工厂组建的豫棉公司等基地主导型企业，以优质棉基地为依托进行转基因抗虫棉良种产业化开发；湖北省优质棉产业协会、河北省河间市欣农研会等协会联合相关棉种企业，走"公司+农户"的产业化之路，通过股份合作、联产联销、特许经营、品种权转让等多种形式，形成了多种转基因抗虫棉种子产业化经营模式。
>
> （来源：《农民日报》）

生物技术（biotechnology）又称生物工程，是以生命科学为基础，利用生物体的特性和功能，设计、构建、培育具有预期性状的新物种、新品种、新品系，以及与遗传工程原理相结合，进行加工生产，并为人类提供商品和服务的综合技术体系。

第一节　细胞和组织培养在作物育种中的应用

组织培养是指在人工控制的环境条件下，利用是适当培养基，对离体的植物体的器官、组织、原生质体、细胞以及幼小植株等进行培养，使其再生细胞并生长发育成完整植株的方法。因此，组织培养也叫离体培养（图13-1）。根据培养所用植物材料不同，一般将组织培养分为植株、器官、组织、细胞以及原生质体培养等。随着植物组织培养技术的发展和完善，组织培养已在作物品种改良、种质资源保存、快速繁殖、脱毒与无毒苗生产、植物体外受精、基因转移等方面得到广泛应用。

一、体细胞变异与突变体的筛选

（一）体细胞变异及其机制

植物组织细胞培养中DNA复制和细胞分裂增生中染色体行为脱离常规是导致体细胞及其再生株特征、特性变异的根本原因（何卓培，1992）。植物组织细胞遗传变异主要分为四类：一是细胞内DNA重复复制；二是三极或多极纺锤体的形成与非整倍体产生；三是染色体断裂和重组；四是类减数分裂现象。其中前三类现象已经在普通遗传学中介绍过，这里重点介绍类减数分裂现象。

在离体培养条件下，植物体细胞除进行有丝分裂外，有些还能发生减数分裂，但减

图13-1 几种植物细胞和组织培养示意图

数分裂过程与大、小孢子形成时发生的减数分裂有所不同,因此称之为类减数分裂或体细胞减数分裂。20世纪40~50年代初有学者发现植物体细胞具有类减数分裂现象。如用1%~4%的核酸钠盐处理洋葱球茎诱导了染色体的减数分裂和分离。在棉花、萝卜、高粱等愈伤组织培养中均观察到类减数分裂现象。类减数分裂导致染色体数目变异和非整倍体的产生。关于类减数分裂发生机制还有待于研究。

(二)体细胞突变体的筛选与利用

1. 植物体细胞突变体的类型

(1)抗性突变体　抗性突变体是指具有突变的细胞或再生株具有抵抗某一物质、药物和不良条件能力的个体。分为:①抗病突变体;②抗除草剂突变体;③抗抗生素药物突变体;④抗氨基酸及其类似物的突变体;⑤抗盐突变体。

(2)雄性不育系突变体　利用体细胞变异产生雄性不育系被证明是一条可行途径。Kaul从花药培养加倍单倍体中获得了水稻雄性不育突变体。Gengenbech及Brettel等从玉米雄性不育系的培养物中获得了雄性可育的突变。

(3)营养缺陷型突变体　营养缺陷型是指培养的细胞由于体内缺乏某一种物质合成的酶,而不能在基本培养基上生长的一种突变型。植物细胞营养缺陷型突变体在确定生理生长的程序和环节以及分子遗传研究上具有特殊的用途。

(4)各种形态特征和生物学特性突变体　体细胞变异在形态特征和生物特性上都有广泛的变异,如马铃薯的早熟、高产变异,小麦、水稻的株型、穗型的变异等。

2. 植物体细胞突变体的诱发和筛选技术

各种生物学形态特征、特性的突变体,可以通过再生株直接观察鉴定。以下重点介绍抗性变异和营养缺陷型变异体的筛选。

(1)材料的选择　应做到:①起始材料要较易再生植株;②选用染色体数稳定的材料,避免采用非整倍体,否则将给遗传和生化分析造成困难;③突变体选择时,应选用生长速度相对较快的细胞系,防止培养基中物质的分解,也防止生长慢的细胞发生染色体数目和结构上的变异。目前用于突变体选择的细胞以悬浮细胞和原生质体较为理想,但原生质体受到一些因素的限制,技术难度较大。

(2) 突变诱发　在细胞培养中,自发突变的频率为 $10^{-8} \sim 10^{-5}$,使用诱变剂可使其突变频率提高到 10^{-3},但不同诱变剂诱变效果不同。常用诱变因素有两类:①物理诱变剂,如紫外线和各种射线。②化学诱变剂,使用化学诱变剂处理后必须将诱变剂充分洗涤,除去诱变剂。化学诱变剂的种类和特性在诱变育种中已经阐述。

(3) 突变体的选择　突变体的选择方法主要有两种。

① 正选择法,也称直接选择法。其原理是把大量的细胞置于有选择剂培养基上,使正常细胞不能生长,而各种抗选择条件的突变细胞能够生长,从而达到直接选择的目的。如抗盐突变体、抗病突变体、抗除草剂突变体的选择等。

② 负选择法,也称富集法。对许多致死突变体,如营养缺陷型,温度敏感突变体等,不能采用直接选择法,可采用某一非允许条件的培养基,使突变的细胞不能生长,而野生型能生长,然后加入负选择剂,它只杀死生长分裂的细胞,而使不能生长的突变细胞保留下来。经常使用的负选择剂有 ^{3}H-dT 和 5-BrdU,生长的细胞吸收了 ^{3}H-dT 后会引起氚自杀,吸收了 5-BrdU 后在光下全部死亡。

(4) 突变体鉴定　诱变的细胞从选择培养基上转到非选择培养基上后快速生长,然后转到分化培养基上再生植株。可以在再生株上检查突变体的表达,也可在后代的组织培养物上检测。

二、离体培养技术在植物育种中的应用

(一) 胚珠和子房培养与离体受精

1. 胚珠和子房培养

胚珠和子房培养是将胚珠和子房在离体条件下进一步发育至形成幼苗的过程。根据胚珠和子房受精与否分为两类:受精子房和胚珠的培养主要是打破种子休眠和挽救胚的发育,未受精子房和胚珠的培养主要是为了获得单倍体和离体受精。

培养胚珠和子房的发育分为两种情况,一种是离体胚珠和子房与在母株上相同,进一步发育后成为种子,继续培养会发芽成为幼苗;另一种是胚珠和子房组织脱分化产生愈伤组织和胚状体,进而发育成植株。再生植株可起源于体细胞,也可起源于性细胞。来源于性细胞的植株,是由胚囊里的未受精的卵细胞、助细胞、极核细胞和反足细胞发育而来的,因此是单倍体。来源于体细胞的为二倍体。若子房或胚珠已受精,由受精的卵细胞经胚状体和愈伤组织途径发育来的植株也为二倍体。

下列因素与诱导子房产生单倍体植株的频率有关:①植物品种之间有差异。在水稻、小麦、烟草和向日葵等未授粉的子房培养中发现不同基因型之间单倍体诱导频率差异较大。②胚囊的发育时期。从对小麦、水稻研究发现,接近成熟期的胚囊最容易诱导出完整植株。水稻处于四核期胚囊到成熟期胚囊的子房培养时其诱导频率较高。③外源激素。水稻子房在不加外源激素时,多数子房不膨大或不产生愈伤组织,若加入 0.125mg/L 2,4-D 可明显促进子房的膨大,产生愈伤组织。

在胚珠培养时应注意:①胚珠的发育时期。一般球形胚以前的胚珠较难培养,球形胚

以后的胚珠较容易发育成成熟种子；②外源激素。培养基中添加激素的种类对胚珠培养的成功与否起着重要作用，如果在培养基内添加激动素（KT）、水解酪蛋白（CH）和酵母提取液（YE），可促进罂粟胚的生长和分化，而添加 IAA 和 GA 则有抑制胚生长的趋势；③胎座组织。胎座组织存在有利于胚珠生长发育，较易形成种子，否则胚珠培养困难；④培养基中的渗透压。胚胎发育早期，胚珠内细胞的中央液泡有较高的渗透压，随着胚的生长，渗透压逐步降低。

2. 离体受精

离体受精，也称植物体外受精，是在人工条件下使卵细胞受精形成合子，再将形成的合子离体培养使之发育成植株的过程。离体受精主要解决远缘杂交不孕和不结实。一般用子房或胚珠直接进行体外受精。

（1）花粉和子房（或胚珠）的收集　子房的收集，通常是把开花前一天的花蕾取下，经表面消毒，剥去花被和雄蕊，保留子房及花萼，花萼的存在有助于提高种子的结实率。也可以剥出胚珠培养。

（2）离体授粉和受精　花粉与卵细胞体外受精的方法有两种。一是共培养法，先将花粉撒于一个适宜于花粉萌发的培养基上，再将胚珠置于撒播的花粉中间。二是人工授精法，将花粉撒在离体的子房或胚珠上，让其受精。

（二）离体胚的培养

胚培养的培养方式主要有两种：一种是以幼胚为外植体（外植体是指用来进行培养的植物体的某一部分组织的统称）诱导愈伤组织细胞，通过器官发生或胚胎发生产生再生植株；另一种是使发育完全的胚直接萌发，获得完整的植株。离体胚培养在作物育种中的应用主要有以下几方面。

1. 使远缘杂种的胚发育成植株，克服了远缘杂种不育性的困难

1925 年 Laibach 首先在亚麻属的种间杂交中采用了这种方法。在番茄种间杂交，大麦和黑麦、玉米和甘蔗等属间杂交中，以及陆地棉与中棉、大麦与球茎大麦、小麦与其野生种等的种间杂交中，采用离体胚培养法都获得了杂种后代植株。甚至在更远的小麦与玉米杂交中，采用幼胚培养技术也可获得杂种植株或单倍体小麦植株。

2. 促进核果类植物胚的后熟作用

核果类早熟品种与晚熟品种的区别是早熟品种种胚发育不健全，生活力弱，以早熟品种为母本进行杂交，很难得到杂交后代。用幼胚离体培养就能得到杂交后代。

3. 打破种子的休眠期

许多作物种子存在休眠期，有些作物的休眠期很长。由于种子结构而存在的休眠可以用常规方法消除，而由于胚乳抑制物质所引起的休眠只能通过胚的离体培养才能获得理想的效果。即使对于休眠期短的植物，利用胚培养技术也可省去种子成熟过程，加速育种进程。

培养基是影响胚培养的重要因素，尤其是以诱导愈伤组织为目的的幼胚培养，对培养基成分的要求较严格。成熟胚培养则较简易，要求也不太严格，对 MS 等基本培养基稍加调整后即可获得满意的效果。以打破种子休眠为目的的胚培养，可以添加赤霉素（1~2mg/L），以消除残余胚乳抑制物质的影响。

发育不完全的低龄胚培养难度较大，胚龄越大胚培养越易成功。在克服远缘杂种不育

时，要在胚乳退化、杂种夭亡之前取胚进行离体培养。

三、细胞和组织培养技术的其他利用途径

1. 快速繁殖

通过分生组织的培养，可以快速繁殖有经济价值的植物，如花卉、药材等。有些植物应用此法，一年可以产生 $10^6 \sim 10^7$ 个植株。由此法产生的植株一般都整齐一致。尤其是对特别宝贵的基因型，用此法扩繁就更有意义。

2. 种质保存

有些作物种质的保存已经正式采用组培方法，荷兰的所有甜菜种质都是用此法保存的。当然这并不意味着不再应用种子。

3. 产生无病毒植株材料

通过组培过程可以淘汰病毒，还可能淘汰某些细菌。这对于一些营养繁殖的作物是非常重要的。目前国内很多作物都是通过这种方法脱毒。

第二节　作物原生质体培养与体细胞杂交

作物原生质体培养是指将作物细胞去壁后，放在无菌条件下，使其进一步生长发育的技术。体细胞杂交是在离体条件下将同一物种或不同物种的原生质体融合、培养并获得杂种细胞的再生植株。

一、原生质体的分离与培养

（一）原生质体的分离

1. 制备原生质体材料的选择

制备原生质体的材料常有以下几种：①自然条件下生长的植株。可以从植株各个组织或器官分离得到原生质体，最常用的仍然是叶肉细胞；②无菌幼苗的子叶、下胚轴和根；③外植体来源的愈伤组织、体细胞胚及悬浮培养细胞。

2. 材料的预处理

材料预处理的目的是提高原生质体产量和代谢活力；逐步降低细胞水势，增强原生质体对培养基高渗透压的适应；使游离原生质体适应新的培养条件。预处理的方法有以下几种。

（1）预培养法　将分离原生质体的材料先在一定配方的培养基上培养，然后再分离原生质体。这样原生质体的获得率虽然较未处理的低，但培养时细胞分裂频率显著提高，并很快形成能生根的愈伤组织。

（2）暗处理法　指将材料放在黑暗条件下培养一段时间后再分离原生质体的方法。如切下的豌豆枝条，置于一定湿度的暗室中培养 1~2 天，所得原生质体存活率较高，并能继续分裂。

（3）药物及添加物处理法　将材料先在药物或添加物中处理后，再进行原生质体的分离。如将燕麦叶置于含亚胺环己酮溶液中预处理后，能提高原生质体产量和活力。在培养

基中加入含硫氨基酸有利于原生质体产量的增加。

（4）萎蔫处理法　将离体叶片置日光或灯光下照射2～3小时，叶片稍萎凋，易于撕去下表皮，有利于酶降解叶肉细胞壁。

（5）更新培养基法　许多培养基成分会影响原生质体的产量。提高生长素浓度特别是NAA的浓度能提高产量。糖的类型和浓度也很重要，若在分离前一天把细胞移至降低蔗糖浓度或以葡萄糖代替蔗糖的培养基上，原生质体产量便提高。

3. 原生质体的分离

作物原生质体分离有机械分离法和酶分离法两种，目前一般采用酶法分离。酶分离法是指在酶的作用下分解细胞壁，获得原生质体的方法。酶法的优点是可在短时间内获得大量原生质体，并能从机械法不能分离的分生组织中获得原生质体，且渗透收缩程度可以很低。

酶法分离原生质体时应注意的问题有：①酶的种类和用量。根据作物材料不同以及细胞壁成分不同，确定酶的种类和用量。常用的酶有纤维素酶、半纤维素酶及果胶酶。②酶液的渗透势。细胞内外的渗透压必须平衡，否则原生质易破裂。在酶处理前常把供体组织置于合适浓度的溶液中，使细胞预质壁分离约1小时后再用酶液处理。③酶液的酸碱度。酶液的pH对原生质体产量和活力有很大影响。pH5.4～6.2是大多数作物组织原生质体分离的最适范围。但不同作物材料对酶液pH要求略有差别。④温度环境。分离时间和温度与不同作物材料、酶活力和作物细胞的特点等有关。⑤通气条件对原生质体的量和质也有明显和影响。通气良好时，原生质体产量高，健康原生质体较多；否则，产量低，健康原生质体较少。

4. 原生质体的纯化

酶分解后的组织是由未消化的细胞和细胞团、破碎细胞及原生质体等组成的混合物，因此需要提纯。

（1）过滤-离心法　此法简便，易收集大量原生质体，是常用的方法。原生质体通过一个孔径40～100μm的滤膜器过滤，除去未消化的细胞、细胞团和维管束组织等。溶液低速离心5分钟，使原生质体下沉，细胞碎片留在上清液中。吸去上清液，将沉淀在管底的原生质体再悬浮于具有同等渗透压的原生质体液体培养基中。

（2）漂浮法　此法是根据原生质体、细胞或细胞碎片的相对密度不同而设计的。漂浮法的优点是可获得较纯净的原生质体，但回收率较低。

5. 原生质体活力的测定

原生质体是否具有活力，是培养成功的关键因素之一。一般对原生质体活力的检查凭形态即可识别。如果把形态上完整、含有饱满的细胞质、颜色新鲜的原生质体放入略为降低渗透浓度的溶液或培养基中，即可见到分离时缩小的原生质体又恢复原态，那些正常膨大的都是有活力的原生质体。

（二）原生质体培养

1. 培养基及培养条件

不同作物的原生质体对营养需求不同，其培养基种类很多，原生质体对营养要求与细胞有差异。效果较好的有KM培养基、KM8P培养基和V-KM培养基等。此外，还应注意植物激素、原生质体密度、光照、温度、氮源种类等问题。

2. 原生质体培养方法

原生质体培养的基本方法可分为固体培养和液体培养两大类，在此基础上又派生出不同形式的培养方法，常见的有以下几种。

（1）**液体浅层静置法**　将含有一定密度的原生质体悬浮培养液放在培养皿中，形成一个液体薄层，封口后放在培养室中静置培养。其优点是通气性好，接触氧气面大，排泄物易扩散，易于补加新鲜培养基，方便用倒置显微镜进行观察和照相。

（2）**固体平板法**　将熔化的45℃琼脂等比混入制备好的含有原生质体的液体培养基中，混匀后，凝固成一薄层琼脂平板，原生质体分布在不同层次中。简便易行，一次能处理大量细胞，又便于观察细胞的生长、分裂情况，因而使用较普遍。缺点是生长较液体培养慢。

（3）**悬滴培养法**　此法是将原生质体悬浮在原生质体培养基中，取0.1mL含原生质体的培养基接种到小培养皿的底部形成小滴，密封后将培养皿翻转，培养基在培养皿内形成倒挂小悬滴，在培养箱中进行培养，这时原生质体集中在悬滴中央。此法便于显微镜观察。待形成小细胞团后及时转移到固体或液体培养基中培养。

（4）**微滴培养法**　将原生质体悬浮液通过稀释，机械地分成单个原生质体，放在有许多小培养池的培养容器中，密封后进行培养。这种方法适合于1~3个原生质体的极低密度原生质体培养。其优点是便于在显微镜下长期追踪单个原生质体发育。但其环境易受蒸发和细胞代谢影响而发生变化，因而成功率较低。

（5）**饲养层培养技术**　植物细胞尤其是原生质体，对于植板密度是非常敏感的。在某一临界密度以下，细胞一般不分裂而容易解体，这就是所谓最低有效密度。密度效应最早发现于动物细胞培养中。人们用经X射线处理的细胞作为饲养层细胞共培养难以生长或生长条件特殊的细胞，从而克服了低密度培养的困难。这就是饲养层培养技术。用X射线照射过的原生质体、分裂很慢或不分裂的具有代谢活性的原生质体也可作为饲养层细胞。饲养层和靶细胞应采取不同材料来源的原生质体。饲养层细胞和靶细胞最好是来自不同种植物，例如，烟草原生质体饲养柑橘类原生质体，胡萝卜细胞培养物可饲养烟草原生质体和细胞等。

3. 原生质体培养过程

如果培养基条件能够满足需求，原生质体首先会形成新的细胞壁，继而进行分裂，形成多细胞团。在促进分化条件下还能分化出芽、茎、根，再生成完整的植株。

（1）**细胞壁再生**　再生壁开始的时间随所用的作物种类及取材来源等而异。如野豌豆需10分钟，多数植物通常要在培养后10小时或更长时间才发生。植物叶肉原生质体在培养中首先增加体积，膨大，叶绿体重排于细胞核周围，在短时间内合成新细胞壁。细胞进而由球形变成长椭圆形，在1~2天内便可形成完整的细胞壁。

（2）**细胞分裂**　第一次细胞分裂依赖于壁的形成。但在少数植物上，细胞分裂早于壁的形成。一般在培养2~3天后，胞质增加，细胞器增生，RNA、蛋白质及多聚核糖体合成增长，不久即可发生核的有丝分裂及胞质分裂。多数情况下，健康原生质体培养2~7天后，发生第一次细胞分裂。随后分裂更快地发生，导致形成多细胞团。原生质体迅速生长时，每隔7~14天应加入新鲜的培养基，以适应不断长大增多的细胞对营养的吸收。培养原生质体14~21天时，细胞开始迅速生长，这时加入新培养基，可慢慢降低渗透压，以维持原生质体的持续分裂。

（3）**植株再生**　当原生质体形成的小细胞团或愈伤组织转移到固体分化培养基上后，就开始形态发生而逐渐长成完整的植株。大多数植物原生质体的形态发生多通过愈伤组织形成不定芽，但是也有由植物原生质体再生细胞在培养中直接诱导类胚体，由类胚体发育成完整植株的。

二、体细胞杂交技术

植物体细胞杂交主要指的是原生质体融合。原生质体能否真正融合，并再生成完整植株，在很大程度上取决于原生质体之间的亲缘关系和生理状态。

（一）体细胞杂交的基本方法

1. 原生质体选择

用于杂交的原生质体应具有以下四个方面的特征：①获得的原生质体的量要多，活力要强，遗传上还要一致；②融合原生质体的双亲中至少有一方应具有诱导原生质体再生成完整植株的成熟技术；③原生质体应带有可供融合后识别异核体的性状，如颜色、核型及染色体差异等；④在异核体发育中有能选择杂种的标记性状，如营养突变体或对药物敏感等，最好是两个亲本在这一方面能互补，这一点是较重要的。

另外，体细胞杂交所用原生质体的亲本选择应遵循原则是：①融合工作前根据培养的目的选择亲本，一般除遗传研究外，亲缘关系过远的亲本融合不利于取得圆满结果，特别是对以育种为目的的融合来说尤为不利。②选择含部分遗传信息或部分染色体的亚原生质体或微质体和正常原生质体融合，可提高融合效果。

2. 原生质体融合的方法

（1）高 pH 高 Ca^{2+} 法　该法是将需融合的原生质体放在高 pH 高 Ca^{2+} 条件下使其融合的方法。用此法诱导烟草两种叶绿素突变型原生质体的融合，并成功地从融合的原生质体中培养再生成烟草体细胞杂种植株。

（2）聚乙二醇法　是目前普遍采用的方法。是通过在培养物中加入聚乙二醇（PEG）以促使原生质体融合的方法（图13-2）。此法要求原生质体具有较高活力。

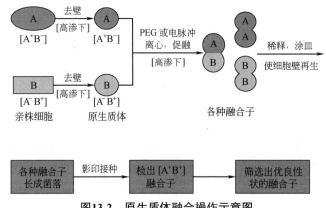

图13-2　原生质体融合操作示意图

PEG 诱导融合法后来又和高 pH 高 Ca^{2+} 法结合使用，被成功地应用于原生质体融合。其融合频率为 15%～20%，最高可达 50%，并且没有种属特异性。PEG 融合的主要影响因素有 PEG 的种类、纯度、浓度、处理时间、原生质体的生理状况、密度及渗透浓度等。Menczel 和 Wolfe 指出，加入 10% 二甲基亚砜（DMSO）有显著提高融合频率的作用。

（3）多聚化合物法　此法是在培养物中加入多聚-L-鸟氨酸、多聚-L-赖氨酸、葡聚糖硫酸盐等多聚化合物,以促进原生质体融合的方法。多聚化合物能改变原生质体表面的物理特性,增强原生质体的内吞饱饮作用,以促使原生质体的相互融合。用15%的聚乙烯醇配合0.05mol/L $CaCl_2$ 和0.3mol/L甘露醇组成融合剂,诱导烟草与大豆、烟草与胡萝卜等组合的原生质体融合,可获得融合的原生质体。

(4)电融合法　用改变电场的方法诱导原生质体的融合称为电融合。现在使用的电融合装置主要有微电极装置和平行多电极装置两类。微电极装置的两个微电极的尖端同时与两个靠近的原生质体表面接触,用5~12μA处理1~5毫秒。在几秒到几十秒的时间内原生质体暂时收缩,从点粘连到面粘连以至融合需10~30分钟。平行多电极融合包括两个步骤:第一步为双向电泳,在电场作用下,原生质体偶极化而沿电场线方向泳动,并相互吸引形成与电场线平行的原生质体链,即所谓的"珠串";第二步是再用一次或多次瞬间高压直流电脉冲(10~50μs,1~3kV/cm),引起质膜可逆性电击穿。互相接触的质膜瞬间被电击穿后,又迅速连接闭合,恢复成嵌合质膜,形成融合体,融合频率很高,范围在10%~60%。

3. 原生质体融合的方式

原生质体融合后除产生双亲两种原生质体一对一融合的异核体外,还能形成某一种原生质体自身融合产生的多核体、同核体以及不同胞质来源的异胞质体。其融合方式可分为对称融合和非对称融合。

(1)对称融合　对称融合一般是指种内或种间完整原生质体的融合,可产生核与核、胞质与胞质间重组的对称杂种,并可发育为遗传稳定的异源双二倍体杂种植株。远缘种、属间经对称融合产生的杂种细胞在发育过程中,常发生一方亲本的全部或部分染色体以及胞质基因组丢失或排斥的现象,形成核基因组不平衡或一部分胞质基因组丢失的不对称杂种。

(2)非对称融合　用理化方法处理亲本原生质体,使一方细胞核失活,或者使另一方胞质基因失活,再进行原生质体融合,即为非对称融合。这样得到融合后代只具有一方亲本细胞核,形成不对称杂种。一般采用X射线、γ射线或紫外线照射原生质体,使其细胞核失活或不能正常分裂,但胞质基因正常,为重组亚原生质体。

(二)原生质融合体的生长发育

作物原生质融合体的发育主要经历三个过程。

1. 异核体的壁再生

融合的原生质体还必须使异核体重新长出新的共同的细胞壁,异核体才能进行分裂,这一过程称原生质体再生。因此,必须将异核体转移到具有一定渗透压的适宜培养基上进行无菌培养,使其进一步生长发育。一般经24小时培养,异核体就可开始形成新的细胞壁,这时可观察到在异核体的表面沉积有大量纤维素微纤丝,几天后便形成有共同壁的异核细胞。

2. 异核体的核融合

一般异核体的核融合是在两亲本的核同步分裂的情况下发生的。所以,异核细胞的进一步生长有两种可能,一种是双亲细胞核在异核细胞中迅速实现同步的有丝分裂,实现了原生质体的真正融合。另一种是双亲之一的染色体可能出现被排除、丢失或畸变的现象。在这种情况下,所产生的融合子细胞往往只含有一个亲本的染色体及其携带的遗传物质。在体细胞杂交实验中,已发现有不少的种内、种间、属间、科间的融合产生了原生质体真正融合;但也发现有些异核细胞发生了染色体的选择排除。

3. 融合细胞的增殖

融合后的杂种细胞有可能通过持续的细胞分裂，逐步形成肉眼可见的细胞团，即愈伤组织。如大豆和粉蓝烟草的融合细胞已增殖形成了愈伤组织，培养了6个月的愈伤组织仍具有双亲的染色体。但也发现，有些植物的融合细胞在进行了1～2次分裂，有些甚至上百次分裂以后，便停止持续分裂而逐渐衰老死亡。

三、杂种细胞的选择

原生质体融合后，得到的是含有双亲细胞的同源融合体和异源融合体的混合群体，未融合的或同源融合的原生质体能迅速适应培养条件而生长得很快，而异源融合体或远缘不亲和的杂种细胞，常常由于其发育缓慢而受到优势生长的亲本细胞的抑制，不易顺利地发育成真正的杂种。因此，发展一种只允许杂种细胞生长，以淘汰双亲细胞的杂种筛选体系，对早期发现并促进杂种细胞的发育是十分重要的。杂种细胞选择方法总的来说可分为互补选择法和机械分离法两类。

1. 互补选择法

利用两个不同亲本具有不同的生理或遗传特性，在形成杂种细胞时产生的互补作用进行选择称互补选择法。此法是用可察觉的标记性状的互补进行选择，常常涉及某些叶绿体突变和生化突变的利用。互补选择法又可分激素自养型互补选择、白化激素自养型细胞利用、白化互补选择、营养互补选择、抗性互补选择、基因互补选择，共六种选择方法。

2. 机械分离法

此法是采用特制的培养皿，把一个个细胞单独分离开来悬滴培养，根据双亲原生质体及其杂种原生质体在颜色上的差别而进行选择的方法。此法又可分为天然颜色标记分离、荧光素标记分离、荧光活性细胞自动分类器选择融合体法选择，共三种方法。

四、杂种细胞的鉴定

通过筛选出来的杂种细胞，可从下列几方面进行鉴定。①形态学鉴定。体细胞杂种植株应具有两个亲本的形态学特征，或与两个亲本有区别。②细胞学鉴定。细胞学鉴定能作为鉴别杂种的染色体的数目及形态的依据。一般融合时亲本的原生质体都是二倍体原生质体，因此融合的原生质体应是四倍体杂种或双二倍体杂种。在亲缘关系较远的原生质体融合中，某一亲本的染色体可能会丢失，因此得到的融合体也有可能是非整倍体。③同工酶分析。体细胞杂种的同工酶也应具有与双亲不同的特征，或表现为双亲酶带的总和，或丢失部分亲本带，或出现新的杂种带。④生化测定。可根据植株中存在的特征酶进行鉴定。例如，烟草瘤细胞和矮牵牛的属间体细胞杂种的章鱼碱合成酶，该酶是由肿瘤细胞中的T-DNA基因所编码，测定该酶的存在，就可作为融合重组的指标。⑤分子生物学方法。利用特异性限制性内切酶对叶绿体和线粒体基因组作酶切和电泳分析，可以鉴定杂种细胞质中是否含有两个亲本细胞器的DNA重组。

五、诱导杂种细胞产生愈伤组织和再生植株

生长正常而健壮的杂种愈伤组织，在异核体生长的培养基中继续培养，其细胞会不断

地增殖，但不能分化成植株；而且会随着培养时间的延长，逐渐丧失分化能力。因此，应及时将其转移到分化培养基上进行培养，使其恢复分化能力，诱导它分化出芽和根，并长成完整的杂种植株。

综上所述，虽然对体细胞杂交技术在作物育种中应用的研究较多，技术也基本趋于成熟，例如马铃薯与番茄的体细胞杂交育种（图13-3）。但是体细胞杂交育种技术是一项十分困难的工作，目前尚无成熟的方法和经验。

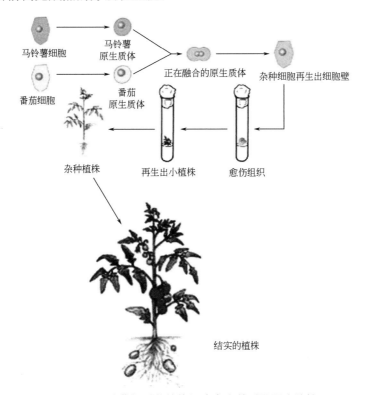

图13-3　马铃薯与番茄的体细胞杂交并诱导再生植株

第三节　基因工程在作物育种中的应用

基因工程是指在体外将核酸分子插入病毒、质粒或其他载体分子，构成遗传物质的新组合，并使之渗入到原先没有这类分子的寄主细胞内，且能持续稳定地繁殖的技术，也就是所谓的转基因技术。基因工程包括以下内容：①从复杂的生物体基因组中，分离出带有目的基因的DNA片段；②在体外将带有目的基因的外源DNA片段连接到能够自我复制的并具有选择标记的载体分子上，形成重组DNA分子；③将重组DNA分子转移到适当的受体细胞，并与之一起增殖；④从大量的细胞繁殖群体中，筛选出获得了重组DNA分子的受体细胞克隆；⑤从这些筛选出来的受体细胞克隆中提取出已经得到扩增的目的基因；⑥将目的基因克隆到表达载体上，导入寄主细胞，使之在新的遗传背景下实现功能表达，产生人类所需要的物质（图13-4）。

作物育种中基因工程的应用主要是通过目的基因的分离、改造、利用，培育出具有改良的重要经济性状的工程植株和具有生物反应器功能的植株。

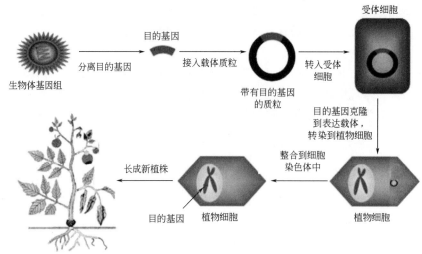

图13-4 转基因技术流程

一、目的基因的获取

目的基因的获取主要应用以下方法：①通过建立基因文库，然后从基因文库中筛选并扩增目的基因；②利用分子标记进行基因定位克隆；③应用 PCR 技术扩增分离特定的 DNA；④利用转位因子分离目的基因。

（一）基因图谱克隆技术

基因图谱克隆技术又称定位克隆技术。这是建立在拥有 RFLP 等分子标记的连锁遗传图和基因组文库，基因产物未知时的新基因克隆技术。第一步是筛选与目标基因紧密连锁的分子标记；第二步用目标基因连锁的两端标记筛选基因组文库，构建包含目标基因的基因组物理图谱，通过染色体步移技术或染色体登陆技术对目标基因进行精细定位，并筛选部分重叠的亚克隆；第三步用亚克隆构建植物表达载体，转化隐性受体，通过表型鉴定出含有目标基因的亚克隆。

（二）转座子或 T-DNA 标签法

转座子是可从基因的一个位置转移到另一位置的 DNA 片段，它的插入可引起基因突变，当割离后基因功能又可恢复，因此可以将它作为一个插入突变元来克隆因为其插入而失活的基因。当某基因的突变是由于转座子插入而造成的，以转座子 DNA 为探针就可从变异株的基因文库中筛选出带有此转座子的部分基因，再以突变基因的部分序列作探针，即可从野生型文库中克隆出完整的基因。

T-DNA 标签法与转座子标签法原理相似，只是前者的突变是由于 T-DNA 的插入导致的。由于该技术成功与否常取决于能否筛选出转座因子插入的突变体，如在个体水平上筛选，因转座频率较低，通常要在 $10^4 \sim 10^6$ 个后代中筛选，工作量大。

（三）PCR 扩增克隆

这是一种参考已知基因序列克隆基因的方法。目前很多植物基因序列已知，当要克隆类似基因时，可先从 GenBank 库中找到有关基因序列，设计特异引物用 PCR 方法克隆不同植物的基因。这是 PCR 技术诞生后出现的一种快速、简便克隆植物基因的方法。目前利用抗病基因保守序列设计引物进行 PCR 扩增，已在大豆、马铃薯、大麦、番茄、玉米和水稻中克隆到许多与已知抗病基因同源的 DNA 序列。

(四) 以 mRNA 为基础的基因克隆

1. 差别杂交和减法杂交

高等植物大约含有 1×10^5 个不同的基因，在发育过程中只有大约 15% 的基因按特定时间和空间有序地表达，这种方式即为基因的差别表达。差别杂交和减法杂交都属于核酸杂交范畴，特别适合于克隆经诱导表达的，在特定组织中、特定发育阶段表达的基因或参与发育调节的基因。

2. mRNA 差别显示

mRNA 差别显示 PCR 是根据大多数真核细胞 mRNA 的 3′ 端具有多聚核苷酸尾 ploy A 结构，因此可用含 Oligo T 的寡聚核苷酸作为引物将 mRNA 反转录成 cDNA，根据 ploy A 序列起点前 2 个碱基除 AA 外只有 12 种可能性而设计合成了 12 种下游锚定引物 5′-T_{11}MN。利用 3′ 端锚定引物与 5′ 端 20 种 10bp 随机引物构成的引物对进行 PCR 扩增，能扩增出 20000 条左右的 DNA 带，每一条带代表一种特定 mRNA，这个数目可大体涵盖一定发育阶段某种细胞中所表达的全部 mRNA，通过比较品种间的差异条带，则可得到目的基因。

(五) 功能克隆

功能克隆就是根据性状的基本生化特征，鉴定已知基因的功能后克隆。将纯化的相应编码蛋白构建 cDNA 文库或基因组文库。文库筛选有两种方法：①根据蛋白质的氨基酸序列，合成寡核苷酸探针从 cDNA 文库或基因组文库中筛选编码基因；②将编码蛋白制成相应抗体探针，从 cDNA λ 载体表达文库中筛选相应克隆。

二、载体系统及其改造

天然质粒是指没有经过以基因克隆为目标的体外修饰改造的质粒。大肠杆菌中可用于基因克隆的天然质粒有 ColE1，RSF2124 和 pSC101 等。天然质粒用作基因克隆载体的局限性主要是拷贝数低和选择记号少。研究者便对其进行修饰改造，满足基因克隆的要求。理想的用作克隆载体的质粒必须满足如下条件：①具有复制起点。一般情况下一个质粒只含有一个复制起点，以保证质粒自我增殖。②具有抗生素抗性基因。③具有若干限制性核酸内切酶单一识别位点，以满足基因克隆的需要，插入适当大小的 DNA 片段之后，不影响质粒 DNA 复制。④具有较小的分子质量和较高的拷贝数。

质粒载体克隆的基因较小，人们对 λ 噬菌体进行改造，产生了噬菌体载体，创造出黏粒载体，使克隆能力达到 45kb 以上。黏粒指带有黏性末端位点的质粒。因此，黏粒是一类人工构建含有 λDNA 的 COS 序列和质粒复制子的特殊类型质粒载体。

新型克隆载体 YAC (酵母人工染色体) 可以克隆数百 kb 大分子量 DNA 片段，为制备 DNA 文库和制备物理图谱提供了有效手段。YAC 载体由①一段来自酵母染色体的着丝粒序列；②一段控制酵母 DNA 复制的自主复制序列；③一对酵母或四膜虫的端粒序列；④选择记号；⑤克隆位点等组成。可在酵母细胞中正常复制。

三、重组DNA的制备

DNA 体外重组技术就是指外源 DNA 片段同载体分子连接的方法。主要依赖于限制性核酸内切酶和 DNA 连接反应,应考虑以下三个因素:①实验步骤要尽可能简单易行;②连接形成的"接点"序列应能被一定的限制性核酸内切酶重新切割,以便回收插入的外源 DNA 片段;③对转录和翻译过程中密码结构阅读不发生干扰。

1. 外源 DNA 片段定向插入载体分子

当载体和外源 DNA 用同样的限制酶,或能产生相同黏性末端的限制酶切割时,所形成的 DNA 末端就能彼此退火,并被 T_4 连接酶连接起来,形成重组子。当两种 DNA 同时被两种限制酶消化后,混合起来,载体和外源 DNA 将按一种取向退火形成外源 DNA 的定向插入连接。

2. 非互补黏性末端 DNA 分子间的连接

载体分子和外源 DNA 插入片段并不一定总能产生出互补的黏性末端。如机械切割制备的 DNA 片段;化学合成的或 cDNA 合成的 DNA 片段;用两种不同的限制酶分别切割载体分子和给体 DNA;或用非黏性末端内切酶消化产生的 DNA 片段。对于非互补黏性末端 DNA 分子间的连接可采用以下策略:①用 S_1 核酸酶处理将 DNA 片段均变成平末端,然后用 T_4DNA 连接酶连接。②使用附加衔接物的办法提高平末端间的连接作用的效率。衔接物是一种人为合成的 DNA 短片段,具有一个或数个受体 DNA 上并不存在的限制酶识别位点。将具有非互补黏性末端的载体分子和外源 DNA 片段先用 S_1 核酸酶处理成平末端,然后加上相同的衔接物,再用衔接中具有的唯一识别位点的限制酶切割,产生互补黏性末端,再用 T_4DNA 连接酶连接。

重组体 DNA 形成后,导入受体细胞(大肠杆菌 K_{12} 突变体或土壤农杆菌等)繁殖、检测、筛选。检测的方法有遗传检测法、物理检测法、菌落或噬菌斑杂交筛选法和免疫化学检测法等。

四、植物的遗传转化

植物的遗传转化根据所用植物材料不同,所采用的方法也不同。常用的材料有植物组织、愈伤组织、原生质体等。

(一)植物组织和愈伤组织的遗传转化

1. 土壤农杆菌转化技术

土壤农杆菌中含有 Ti 质粒,可诱发植物产生根瘤。Ti 质粒带有致瘤基因和冠瘿碱合成酶基因,当土壤农杆菌感染植物受伤组织后,Ti 质粒上的部分基因可以进入植物细胞并整合到植物正常染色体上,这段 DNA 通常称作 T-DNA。Ti 质粒大小约 200kb,对普通的基因克隆操作显得过大,很难直接将外源基因转移到 Ti 质粒上。可先将 T-DNA 切割出来,并插入 pBR322 质粒中,使之在大肠杆菌中扩增并分离,然后再用 DNA 重组技术将目的基因插入到 T-DNA 中。这种杂化的 T-DNA 在大肠杆菌中大量扩增后再转入土壤农杆菌中,并与天然的 Ti 质粒发生同源重组,将带有目的基因的 T-DNA 转移到 Ti 质粒中并取代正常的 T-DNA。带有外源基因的 Ti 质粒通过土壤农杆菌再去感染植物材料和愈伤组织;最终使所需的外源基因导入植物中。

目前广泛应用的技术是叶盘法。先将叶片消毒,切成小片,与土壤农杆菌共培养一段时间。这是提高转化率的关键,常需要生长迅速的看护细胞。用作看护细胞的细胞系大多为烟草、胡萝卜等悬浮细胞系。在培养基上加一层看护细胞，用滤纸覆盖在看护细胞上，感染后的叶片或愈伤组织放在滤纸上。共培养后的叶片或愈伤组织转移先到选择培养基上培养，然后再转移到分化培养基上继续培养，得到转基因植株。

2. 利用基因枪进行基因转化

基因枪转化技术是20世纪80年代末由康奈尔大学的Sanford提出，主要是为了克服以往各种基因转化技术的局限。基因枪转化就是通过高速飞行的金属颗粒将包被其外的目的基因直接导入到受体细胞内，从而实现基因转化的方法。在利用基因枪对基因进行转化过程中，影响其成功的因素有以下几个方面。

（1）动力系统　目前国际上主要有三类基因枪，第一类以火药爆炸力作为动力，其优点是容易获得很高的速度，使用起来也比较经济；第二类以电弧放电蒸发液滴作为动力；第三类以高压气体作为动力。后两种在速度的可控性和转化成功率等方面有明显的优势。

（2）微弹　微载体有两类，一是钨粉，另一类是金粉，直径一般为0.6~4μm。钨粉经济实惠，但颗粒易聚集，对细胞毒害作用比金粉大。金粉效果较好，但较昂贵。将DNA包被到载体上常用的沉淀剂有亚精胺、氯化钙、聚乙二醇和乙醇等。

除以上因素外，受体材料、环境温度、湿度和光照等对转化也有一定的影响。

（二）通过原生质体的基因转化

通过原生质体进行基因转化方法有多种，除上面介绍的土壤农杆菌转化外，另外还有电击法、PEG法、显微注射法和脂质体介导法等。

1. 电击法

电击法最初用于细胞融合，随后用于植物细胞的基因转化。在脉冲电场的作用下，原生质体细胞膜上将生成一些小孔，其大小随电击条件不同而变化。电场消失后，小孔又可以重新闭合。闭合时间依赖于温度，温度越低，小孔维持时间越长。质粒DNA在载体DNA作用下，将外源基因导入植物细胞。

2. PEG法

PEG法最初也用于细胞融合。作用原理是通过化学法破坏膜透性，使外源DNA进入植物细胞。1982年Kren用此法将一段T-DNA转入烟草原生质体中，并获得转化植株，从此PEG法便广泛用于原生质体基因转化。一般用40%PEG与原生质体悬浮液按1:2体积混合，室温放置30分钟后即可完成反应。也可以与电击法相结合来提高转化效率。

3. 显微注射法

显微注射法要求特殊的显微注射装置。需要一台倒置显微镜，一根针尖直径0.3μm左右的注射针和一根吸附针。全部操作在显微镜下进行。取一载玻片，滴一滴原生质体样品，在旁边滴一滴质粒DNA。用吸附针轻轻吸住一个原生质体，使含细胞核的一半朝外面，以便注射针穿刺。用注射针吸取少量DNA，注入细胞核中，一次注射2pL（10^{-12}L），注射完毕即可进行培养。

五、转基因植株的鉴定

转基因植株检测的方法很多，可以根据表现型检测，根据代谢产物在生化水平上检测；也可以根据遗传组成在分子水平上检测。

（一）报告基因检测法

报告基因检测就是根据质粒载体中的一种特殊标记基因存在与否，检测转基因植株的目的基因是否存在，属于生化水平上的检测。报告基因一般编码一个特殊的酶，这些酶所催化的反应很容易用普通生化反应检测出来。但是，正常未转基因植物中，没有该酶。目前常用的报告基因主要有卡那霉素抗性基因（NPT-Ⅱ），胭脂碱和章鱼碱基因，氯霉素乙酰转移酶基因（CAT 基因）和 β- 葡萄糖苷酸酶基因（GUS 基因）等。这些基因由于检测灵敏方便、在多数植物中背景小，故而得到广泛应用。

（二）遗传检测

1. Southern 杂交分析

Southern 杂交是 E.Southern 1975 年设计出来的，故称为 Southern DNA 印迹转移技术。其原理是将电泳分离的 DNA 片段转移并结合到适当的硝酸纤维素膜上，然后通过与标记的单链 DNA 或 RNA 探针杂交作用检测被转移的 DNA 片段。通过 Southern 杂交可以检测转入植物基因组中的克隆基因的存在及拷贝数量。主要包括酶解、电泳、转膜、预杂交、探针标记、杂交和检测等步骤。

2. Northern 杂交检测

1979 年，J.C.Alwine 等发展了一种新的方法，将 RNA 转移到经化学修饰的活性滤纸上，然后用标记的 DNA 进行杂交检测，该方法同 Southern 方法原理基本相同，所以对应地称为 Northern 杂交。该方法主要检测外源基因转入后是否表达了，表达水平有多高，即在转录水平上研究外源基因的转录活性。

3. PCR 检测

PCR 技术是 DNA 体外扩增技术。只要设计合适的引物，就可以通过 PCR 技术将被转入的外源基因扩增出来，通过电泳即可检测。PCR 技术通过变性、退火、延伸三大步骤，从而使被扩增 DNA 不断加倍，按照 2^n 扩增。

除上述报告基因和遗传检测外，还可以通过免疫检测，对大的基因片段也可通过原位杂交检测，对部分性状也可利用表型检测，如抗病、抗虫检测等。

第四节 分子标记与育种

遗传标记是指基因型易于识别的表现形式。目前把遗传标记区分为四种类型：形态标记、细胞标记、生化标记和分子标记。分子标记是在 DNA 水平上对基因型的标记，与其他标记相比具有以下优点：①直接以 DNA 形式表现，在植物的各个组织、各发育时期均可检测到不受季节、环境限制、不存在表达与否的问题；②数量多，遍及整个基因组；③多态性高；④不影响目标性状的表达，与不良性状无必然的连锁；⑤许多分子标记表现为显性或其显性能够鉴别出纯合和杂合的基因型。因此，分子标记在育种中有着广泛的应用前景。

一、分子标记的分类

分子标记是在 DNA 水平上的遗传标记，具有许多优点，20 世纪 90 年代分子标记技术发展迅速，不同学者依据分子标记技术的原理不同将其分成不同种类。国际植物遗传资源研究所 Karp 等人将目前应用的分子标记技术分为非 PCR 技术、随机或半随机引物 PCR 技术和特异 PCR（目标位点 PCR）技术三大类。此外，还有一些其他技术。

1. 非 PCR 技术

这一类技术有 RFLP 和 VNTR 技术。RFLP 即限制性片段长度多态性，始于 1974 年。是将限制性酶切、电泳、Southern 杂交结合在一起。杂交所用的探针一般是 800bp 左右，来源于克隆的表达序列或未知的 DNA 片段。VNTR 即易变的顺序重复数目，其原理方法与 RFLP 基本相同，所用探针为"小卫星"或"微卫星"探针，产生含有 SSR（简单顺序重复）的多位点模式。

2. 随机或半随机引物扩增技术

随机扩增技术有 RAPD（随机扩增顺序多态性 DNA），Caetano-Annolles 称为 MAAP（多重任意扩增子图谱）。利用相同原理的相似方法有 AP-PCR（任意引物 PCR）和 DAF（DNA 扩增指纹），这两种方法与 RAPD 不同之处主要在于引物长度、扩增条件、分离检测技术等。随机扩增技术对反应条件、试剂、操作等要求极为苛刻，结果重演性较低，可比性差，抑制了这类技术的应用。在这类技术中还有 AFLP（扩增片段长度多态性），该技术将酶切、扩增、电泳结合在一起，具有多态性高，结果稳定，一般可检测到 50~100 个扩增产物，信息量大，引物具有通用性，可用同位素、生物素和银染进行检测，是目前研究品种多样性、品种指纹和性状标记的有效手段。

3. 目标位点 PCR

目标位点 PCR 即通常所说的特异 PCR，这类技术有 STS（序列标签位点）和 STMS（序列标记微卫星位点）。STS 引物序列是特定的，对于任何一个能克隆测序的位点都可以设计特定的引物，进行扩增。因此 RFLP 标记、AFLP 标记及 RAPD 标记又都通过测序转化为 STS。STMS 即通常所说的 SSR 技术，由于 1~5bp 的简单序列重复次数不同而产生多态，将 SSR 两侧碱基序列测出，设计引物就可将该 SSR 特异扩增出来，即 STMS。SSR 具有丰富的等位变异，结果稳定，重现性好，各实验室间可相互比较。

4. 其他技术

其他技术包括各种派生技术。RAPD 派生的 SCAR（序列特异性扩增区）技术是在测定 RAPD 克隆片段的末端序列，在 RAPD 引物基础上加上 14bp 形成 24bp 的特定引物，以扩增特定区域。SCAR 技术类似于 STS 技术。ISSR 即间隔简单序列重复，具有很好的稳定性和多态性，可用于遗传多样性分析和品种鉴定。此外，还有 PCR-RFLP 和 CAPS（酶切扩增多态性序列）技术。

二、构建遗传图谱

遗传图谱是遗传学研究的重要内容，对育种和基因工程有着重要的应用价值。利用遗传标记构建连锁图谱的主要步骤是：①构建适当的作图群体；②分析作图群体中不同个体或品系的标记基因型；③构建标记间连锁群。其中要特别注意两个问题：①亲本纯系的相对性状应尽可能极端，这样才能在分离世代获得标记与性状重组交换的丰富信息，以提高检测的效率；②分子标记应具备中性、共显性、可靠性和广布于整个基因组［标记间的平均遗传距离小于 15～20 厘摩（cM）] 的基本特征。构建分离群体是作图成功与高效的关键。作图群体按遗传稳定性可分为暂时性分离群体（F_2、F_3、F_4、BC 群体、三交群体等）和永久性分离群体 [重组近交系（RIL）、近等基因系（NIL）和加倍单倍体（DH）群体]。大多数情况下所使用的是由单交 F_1 派生的 F_2 或回交一代 BC_1 群体。Melchinger 指出，F_2 群体提供的信息量比其他群体更大，更适于物种初次构建连锁图时使用。但是在实际应用中，由于永久性群体各品系的遗传组成相对稳定，可进行重复试验，更能得到可靠的结果，因而对于某些病害的抗性鉴定，以及由多基因控制、易受环境影响的数量性状的分析更为重要。通过花药培养技术，许多作物现在已可迅速获得遗传组成纯合稳定的 DH 群体，这将更有利于遗传作图工作。而对于暂时性分离群体，若借助于组织培养技术做无性繁殖，也可对某些性状进行重复鉴定。

创建作图群体应尽量选择亲缘关系远、DNA 多态性大的品种或材料。如美国 Cornell 大学创建小麦 RILs 群体时采用了中国春与人工合成的六倍体小麦杂交。群体不同作图效率也有差异。DH 群体提供的信息量是 F_2 群体的一半。RILs 群体几乎与 F_2 群体相同，但重组率 $r>0.15$ 时所提供的信息量甚至少于 DH 群体，对于极紧密连锁的基因，约为 F_2 群体的 2 倍。

遗传图谱构建的基本原理仍然是普通遗传学中重组率的计算、二点测验和三点测验等方法。利用分子标记构建遗传图谱，需要对大量标记之间的连锁关系进行统计分析。随着标记数目的增加，计算工作量常呈指数形式增加。因此，许多人设计了构建遗传图谱的专用程序。Mapmaker 用于人类、植物近交物种间 F_2、BC 群体；Join Map 可用于分离群体和 RIL 群体；Map Mapnager 可用于 RIL 群体。目前已利用 RFLP、SSR、AFLP 等常用的分子标记技术构建了小麦、玉米、水稻等作物的遗传图谱，为遗传育种研究奠定了良好的基础。但是，在遗传图谱中，分子标记间的距离，即遗传图距是以厘摩（cM）表示的，是根据重组率测算的。由于同一基因组中不同区段的重组率是不一样的，重组同时受遗传背景和许多因素影响，因此遗传图距不能可靠地表示同一染色体 DNA 上不同基因间的实际距离——物理距离。

三、分子标记基因定位

基因定位就是将具有某一表型性状的基因定位于分子标记连锁图中，实现分子连锁图与经典连锁图的整合。

（一）质量性状基因定位

质量性状是由单个或几个基因控制，其定位就是寻找与该目标基因紧密连锁的分子标记。寻找与目标性状连锁的分子标记的有效方法可通过近等基因系（NIL）。NIL 是指通过多次回交筛选得到的、品系间差异主要在于某一目标性状的品系。理论上，除了目标基因及邻近区不同外，其他区段应完全一致。近等基因系定位的原理就是鉴别和导入与目标基因连锁的分子标记。如果在近等基因系中检测出多态性，差异就必定在目标基因及邻近区域中。找到的标记在这个范围内与目标基因连锁。

在没有近等基因系可利用的情况下，集团分离分析法也是筛选多态性标记的有效方法。从一对具有表型差异的亲本所产生的任何一种分离群体中，根据目标基因的表型分别选取一定数量的植株，构成 2 个亚群或集团（如抗病群与感病群，其基因型在 F_2 中抗病群为 *RR*、*Rr*，感病群为 *rr*；在 BC_1 中，抗病群为 *Rr*，感病群为 *rr*；在 DH 中，抗病群为 *RR*，

感病群为 rr）。将每群植株的 DNA 等量混合，形成两个相对性状"基因池"。因为每个"基因池"是由特定性状或基因组区域相同而其他非连锁区域完全随机的同类个体组成，所以在每个群体内，不管其他性状（基因）如何，在目标基因表型上是一致的，而在两群间表型相反。在两类群间表现多态性的分子标记，遗传上与构建该类群所用性状基因座位相连锁。当用双亲和两"基因池"作 RFLPs 分析时，表现多态性的探针应是抗病集团与抗病亲本同带，感病集团与感病亲本同带。但在 F_2 选择抗病单株时，因表型上不能区分纯合和杂合抗性单株，有可能选了杂合抗性个体进入"基因池"。此时，抗病集团可能有一条同感病集团的弱带出现。当用 RAPDs 作分析时，如标记与抗病基因处于相引相时，表现多态性的引物应是抗病集团与抗病亲本显相同带型，感病集团与感病亲本为零带型。如标记与抗病基因处于相斥相时，在无杂合抗病个体入选时，它们均显感病亲本带型，无法筛选。此外，如在两集团中，分别混有性状基因与标记的交换型个体（在表型上难以区分）时，无论哪种筛选方法，两集团间均显相同带型，即使用有差异的探针或引物进行筛选，也鉴别不出来。在组建集团时，个体越多，交换型个体混入的机会越大，会对探针或引物的筛选带来干扰。用 F_3 家系或对 F_2 测交，鉴定 F_2 单株，组建集团时，剔去杂合体，使筛选更为可靠。总的来看，这种方法应用于 RAPDs 较 RFLPs 更方便，也较常规的 RAPDs 更有效、准确。排除了环境及人为因素的影响，并让研究者把目标集中在植物基因组的特定区域。

（二）数量性状基因的定位

DNA 分子标记的建立和发展，使植物数量性状基因（QTL）作图及其定位方法进展很快，现已在玉米、水稻、番茄、大白菜等 20 多种作物上绘出 100 多个数量性状的 QTL 图谱。QTL 定位方法主要有以下几种。

1. 单标记定位法

单标记定位法是利用线性回归原理，通过比较各标记基因型的数量性状观测值的差异来定位 QTL，并估计其效应的方法。用单个标记研究 QTL 时，受遗传重组影响较大。如 QTL 与标记相距较远时，易因遗传重组失去连锁。且两自交系在该位点为纯合基因或两亲本的 QTL 不同，但对该性状的作用相同时，可能根本检测不到某些实际存在的 QTL，往往低估实际 QTL 数目。此外，该法还存在以下不足之处：①不能估计 QTL 的确切位置；②不能确定标记是和一个还是多个 QTL 连锁；③ QTL 效应估计值偏低；④检测 QTL 需要较多的个体，其效率较低。

2. 区间作图法

Lander 和 Botstein 针对单标记定位法的不足提出区间作图法，利用染色体上 1 个 QTL 两侧的各 1 个标记，建立个体数量性状观察值对双侧标记基因型指示变量的线性回归关系，以分离检验统计量中重组率和 QTL 效应。统计原理是对基因组上两邻近分子标记间按一定遗传距离的片段逐一分析。这种检验同时用到了两个标记提供的信息，可将 QTL 与 RFLPs 之间重组类型鉴别出来，使检验灵敏度大大提高。但由于该方法假定一条染色体上存在 2 个或多个效应近似的 QTL，而当一条染色体上存在 2 个或多个效应近似的 QTL 时，区间作图法难以逐一分辨 QTL 的效应。

3. 复合区间作图法

Roddlphe 和 Lefort 为了克服区间作图法的缺陷以及能利用多个遗传标记的信息，提出了复合区间作图法，以提高多个连锁 QTL 辨别能力及其相应位置和效应估计的准确性。由于染色体的结构是线性的，当不存在连锁干扰和基因互作时，一个标记基因型值的偏回归系数只受与其相邻区间内的基因的影响，与其他区域内的基因无关。虽然连锁干扰和基因互作可能存在，并且对作图有影响，但这种影响较小。在此基础上，Zeng 将多元回归分析引入了区间作图法，实现了同时利用多个遗传标记的信息对基因组的多个区间进行多个 QTL 的同步检验。该法能减少剩余方差，提高 QTL 的发现率，并可降低测验统计量的显著水平。

单标记定位虽难以精确标定 QTL 位置，但其发现能力仍可能是最高的。三种方法的同一性是主要的，方法间变异大多小于方法内变异。在构建 QTL 图谱时，应同时使用几种方法，并优先标定共同发现的 QTL，合并估计 QTL 的效应。

四、分子标记在种质资源研究上的应用

种质资源是农业生产中开展育种工作的物质基础。分子标记在种质资源工作中的主要用途是绘制品种（品系）的指纹图谱、种质资源的遗传多样性及分类研究、种质资源的鉴定和选择。

1. 绘制品种指纹图谱和纯度检测

指纹图谱是鉴别品种、品系（含杂交亲本、自交系）的有力工具。具有迅速（数小时至数天）、准确等优点。指纹图谱技术在检测良种真假及纯度，防止伪劣种子销售，保护名、优、特种质及新品种知识产权和育种家权益等方面有重大意义。

指纹图谱技术主要应满足两方面的要求。第一是分辨率高，多态性强；第二是重复性要强，即稳定可靠。作物品种指纹图谱目前主要有两种类型，一类是蛋白质电泳指纹图谱，其中包括同工酶和贮藏蛋白。另一类是 DNA 指纹图谱。当前用作 DNA 指纹图谱的标记主要有 RFLPs、小卫星 DNA、微卫星 DNA、AFLPs 及 RAPDs 等。DNA 指纹的应用主要在品种鉴定、种子纯度鉴定、种质资源的筛选和保存方面，避免资源保存中经常发生的重复、混淆，避免同名异物和同物异名等现象。

2. 种质资源的遗传多样性及分类研究

分子标记是检测种质资源遗传多样性的有效工具，目前主要用于种质资源考察时取样量的大小、取样点的选择、保护种质资源遗传完整性的最小繁种群体和最小繁种量的确定、核心种质筛选和种质资源的分类等方面的研究。

五、分子标记在辅助选择中的应用

目标基因与分子标记紧密连锁为利用分子标记间接选择提供了方便。通过基因定位，找到与目标基因紧密连锁的分子标记后，就可以通过该分子标记，间接地对目标性状进行选择。此法简称分子标记辅助选择（MAS）。MAS 是育种中的一个新兴领域，将对传统的育种研究带来革命性的变化。MAS 主要应用在有利基因的转移和基因的累加两个方面。

1. 有利基因的转移

改善某品种的某一性状，常用方法是回交育种法。然而，在回交育种过程中，有利基因的导入同时，与其连锁的不利基因也会被导入，成为"连锁累赘"。利用与目的基因紧密连锁的 DNA 标记，直接选择在目的基因附近发生重组的个体，避免或显著减少连锁累赘，

提高选择效率。如要将外源种质优良的隐性性状导入另一品种,经典方法是回交一次,自交一次,以分离出双隐性个体,再与轮回亲本回交。用分子标记则可选择只含目标性状的杂合体进行下一轮回交,省去自交,缩短育种年限。

2. 基因的累加

农作物有许多基因的表现型是相同的。经典遗传学研究就无法区别不同的基因,因而无法鉴定一个性状的产生是由于一个基因还是多个具有相同表现型基因共同作用的。采用 DNA 标记方法,先在不同亲本中将基因定位,然后通过杂交或回交将不同的基因转移到一个品种中,通过检测与不同基因连锁的分子标记来判断生物体是否含有某一基因,以帮助选择。实际上是将表型的检测转移成了基因型的检测。目前,国际水稻研究所已将抗稻瘟病基因 pi-1、pi-2 和 pi-4 精细定位,并建成了分别具有 3 个基因的等位基因系,通过两两杂交以获得含有所有这 3 个基因的新品系。

第五节 人工种子的生产程序和方法

随着组织培养、细胞杂交、基因工程等现代生物技术的飞速发展,世界范围内的许多育种家正在致力于可进行工厂化生产的"人工种子"的研究。人工种子一旦进入商业化生产,将会引起农业生产翻天覆地的大变化。

一、人工种子的概念和研究进展

人工种子又称合成种子或体细胞种子。人工种子是将组织培养产生的胚状体或芽密封在胶囊中,使其外观、结构、功能均似天然种子的繁殖体,可用以播种或流通。

广义上的人工种子技术包括体细胞胚生产、体细胞包裹、人工种子贮藏、人工种子制造机械等众多技术内容。从狭义范围讲,人工种子技术只包括体细胞胚生产和体细胞胚包裹(人工胚、胚乳和人工皮)技术。

生产高质量的体细胞胚是人工种子制作的关键。目前并不是所有的植物均开发出了体细胞胚培养技术。不同植物体细胞的培养亦有难易。生产人工种子时,要求体细胞胚具有相同的甚至超过天然种子的成株率,就是所说的高质量人工种子。

体细胞胚的包裹关系到人工种子萌发、贮藏和生产与应用等重要环节。对体细胞胚包裹要求做到:首先,不影响体细胞胚萌发,并提供其萌发与成苗所需的养分和能量,即起到胚乳的作用;其次,使体细胞胚经得起生产、贮存、运输及种植。

1985 年以来,我国人工种子的研究也取得了可喜进展。在体细胞胚胎的诱导方面,先后对胡萝卜、黄连、芹菜、苜蓿、西洋参、橡胶树、松树等十几种植物材料进行了系统研究,其中在胡萝卜、黄连、芹菜、苜蓿方面已得到大量体细胞胚,其人工种子在无菌条件下发芽率可达 90% 以上。

二、人工种子的结构和研制意义

目前研制的人工种子,是由胚状体(或称体细胞胚)、人工胚乳和人工种皮三部分组成(图 13-5)。

体细胞胚系由茎、叶等植物营养器经组织培养产生的一

图13-5 人工种子结构

种类似于自然种子胚的结构，具有胚根和胚芽的双极性，实为幼小的植物体。在某些情况下，亦可用芽或带芽茎段来执行这一功能。人工胚乳是为胚状体进一步发育和萌发提供营养物质，相当于天然种子的胚乳，其成分主要为各种培养基的基本成分，只是根据使用者的目的不同，可自由地向内加入一些抗生素、植物激素、有益微生物或除草剂等物质，赋予人工种子比自然种子更加优越的特性。人工种皮即包裹于人工种子的最外层部分。人工种皮既要能保持人工种子内的水分和营养免于丧失，又要能保证通气，且具有一定强度，能防止外来机械冲击的压力，还要无毒，且在田间条件下能使胚状体破封发芽。经过研究发现，目前只有琼脂、褐藻酸盐、白明胶、角叉菜胶和槐豆胶几种物质比较好，其中最理想的是褐藻酸钙，是一种从海藻中提取出来的多糖类化合物，具有凝聚作用好、使用方便、无毒及价格便宜等特点。

人工种子一经问世便引起了世界各国的广泛重视，因为其具有以下特点：①可以简化育种过程、缩短育种年限。胚状体或芽由无性繁殖体产生，可以固定杂种优势，一旦获得优良基因型，可多年使用而不需三系配套或多代选择等复杂的育种过程。②有利于远缘杂交、孤雌（雄）生殖等突变体的利用。在多数情况下，远缘杂交、孤雌（雄）生殖等的突变体后代多不育，很难产生后代，若将其突变体制成人工种子，就可世代延续、连年种植。③便于营养繁殖和机械化播种的进行。通过组织培养产生胚状体，具有繁殖快、数量多（1L 培养基可产生 1×10^5 个胚状体）、结构完整等特点，胶囊化后形成的人工种子规则、均匀，便于机械化播种且节约种子、省工高效。④人工胚乳中除含有胚状体发育所需的营养物质外，还可以添加各种附加成分，如固氮细菌、防病虫农药、除草剂和植物激素类似物等，有利于幼苗茁壮成长，提高作物产量。⑤便于工厂化生产。天然种子生产在很大程度上受自然气候的影响，产量和品质不稳，常导致大余大缺。而人工种子制作主要在实验室中进行，可不受季节、环境的限制快速地批量生产一个良种，且可选用无病毒的材料进行培养、制作，从而明显地提高了植物的生长势和抗性，增加产量和改善品质。天然种子试管苗的大量贮藏和运输也是相当困难的。人工种子则克服了这些缺点，人工种子外层是起保护作用的薄膜，类似天然种子的种皮，因此，可以很方便地贮藏和运输。对木本植物来说，因其自然有性繁殖的时间很长，利用人工种子的意义就更大。

三、人工种子的制作

人工种子的制作包括三大环节，即高质量胚状体的诱导、人工胚乳的配制和人工种皮的包裹。

人工种子的制作

1. 高质量胚状体的诱导

胚状体是制作人工种子的核心，诱导出具有高发芽力和转换率的胚状体，是制作人工种子的首要问题。所谓转换，是指胚状体发育成正常表现型的绿色植株。在组织培养中，不少植物都可诱导产生胚状体，但由于培养条件或植物激素的不适宜影响，常使诱导出的胚状体出现子叶不对称、子叶连合、多子叶、畸形子叶、胚轴肉质肥大及胚状体发育受抑制而中途停顿等，导致低的转换率。要诱导高质量的胚状体，可从培养基的选择、氮源和碳源的合理利用等方面入手。许多情况下，在培养基中加入活性炭对胚状体的发育亦大有好处。

理论上任何植物都可诱导胚状体从而制成人工种子，但从技术的成本、价值及组培技术考虑，选择的植物有两类，一是已能生产高质量胚状体的植物如苜蓿、胡萝卜、香菜、稷等；二是有强大商业基础和经济价值的植物，如玉米、棉花、番茄等。自 Reinert 诱导出胡萝卜胚状体以来，至今可以产生胚状体的植物约有100余种。

2. 人工胚乳的配制

不论是有胚乳还是无胚乳植物，在制作人工种子时添加人工胚乳能有效地提高人工种子的成苗率，说明大量元素对人工种子播种成苗十分重要。然而，对人工胚乳的研究却有限。美国植物遗传公司是采用半量的 SH（Sehenk 和 Hildebrandt）培养基同时加入抗生素。他们还在 SH 培养基中加入其他淀粉，其中水解的马铃薯淀粉效果最好。同时还指出，将粗制藻酸盐与淀粉合用对人工种子的萌发、生长有利。

3. 人工种皮的包裹

胚状体产生和人工胚乳配制好后，就要进行人工种皮的包裹。目前国外虽已研制成功人工种子包埋机，每秒钟可包埋10粒，但此机器还需进一步改进才能应用于规模生产，目前多数还处于手工处理阶段。手工包裹的方法很多，最常用的有滴注和装模两种。滴注是将胚状体与一定浓度的藻酸钠溶液混合，然后用吸管吸进含胚状体的藻酸钠溶液，再滴入氯化钙溶液中，经离子交换后形成一定硬度的胶丸（图13-6）。装模法是把胚状体混入到一种有较高温度的胶液中，如 Gelrite 或琼脂等，然后滴注到一个有小坑的微滴板上，待温度降低即变为凝胶形成胶丸。日本研制成功的包埋机与人工鱼子制作机相似，内具双重管，最中心滴出的为胚状体和人工胚乳

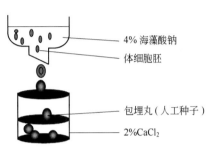

图13-6　人工包埋

（培养液）混合成的悬浮液，外层滴出的为藻酸钠溶液，滴入氯化钙溶液中形成珠状胶丸即人工种子。包埋成功的人工种子，在外形上就像一颗乳白色半透明的鱼卵或圆珠状的鱼肝油胶丸。

四、存在问题和展望

由于人工种子有巨大的研究价值和广阔的利用前景，发展速度是惊人的，成绩也是卓有成效的。但是，目前人工种子的研究仍处于实验室阶段，要加速其从实验室向商业化生产转化的进程，还有许多难题需要解决。

1. 优良体细胞胚胎发生体系的建立和高质量胚状体的诱导

目前胚状体的培养仅限于少数植物，培养周期长，发芽率和转换率很低，较好的黄连人工种子在消毒土壤中转换率为15.3%～18.5%，在未消毒土壤中仅为4.4%～5.2%。

2. 人工种皮材料的筛选和胶丸自动化生产工艺的研制

目前人工种皮最佳材料褐藻酸钙，具有保水性差、做成人工种子易粘连、萌发常受阻等缺点。美国植物遗传所曾用 Elvax 聚合体在胶囊丸表面做成一层疏水界面，得到了一定改善，但离问题的真正解决还差得远。包埋机械化问题也需进一步完善。

3. 人工种子干燥和贮藏方法的研究和改进

干燥、贮藏条件和方法是人工种子研究中又一个难题，目前还没有一套较为完善的方法，多数情况下是将人工种子置一定条件下干燥后放在4℃低温下保存，但随着保存时间

的延长，其萌发率显著下降。

4. 制作成本的降低

在当前条件下，人工种子的生产成本相对来说是昂贵的，据美国植物遗传所报道，生产1000粒苜蓿人工种子的成本为26美分，而苜蓿的天然种子仅0.8美分/1000粒。

当然，在国际社会的广泛关注和多学科技术人员的联合攻关下，人工种子的研究会更加深入，制作工艺会日趋完善，人工种子作为一项高新技术而广泛应用于植物育种和良种的快速繁育，将是指日可待的事。

思考题

1. 名词解释

组织培养 突变体 外植体 子房（胚珠）培养 离体受精 原生质体培养 基因工程 体细胞杂交 遗传标记 基因定位 遗传图谱 分子标记辅助选择

2. 植物体细胞突变体的类型有哪些？如何增加其变异类型和提高选择效率？
3. 结合遗传学知识，综合分析植物组织培养中体细胞变异所有可能的机制及其变异途径。
4. 离体培养在遗传、育种研究中有什么价值？
5. 植物原生质体融合的方法、方式有哪些？
6. 体细胞杂交中，杂种细胞的鉴定方法有哪些？
7. 基因工程概括起来包括哪些内容？
8. 转基因植株的鉴定方法有哪些？
9. 分子标记的种类有哪些？分别有哪些用途？
10. QTL作图方法有哪些，如何作出有价值的QTL图？
11. 分子标记在种质资源工作方面有哪些用途？
12. 分子标记在辅助选择中有哪些应用？
13. 什么是人工种子？怎样进行人工种子的生产？
14. 目前人工种子生产过程中存在哪些技术问题？

第十四章 新品种审定、登记、保护与利用

作物新品种是指经过人工培育的或者对发现的野生植物加以开发，具备新颖性、特异性、一致性和稳定性，并有适当名称的作物品种。我国实行主要农作物品种审定制度，分为全国和省（自治区、直辖市）两级。新品种按照规定程序，由相应的品种管理机构进行公正、科学的品种试验、室内相关指标测试鉴定和检测审定，对该申请品种的种性、实用性以及市场准入进行确认、评审和许可。品种审定的目的是防止盲目引进和任意推广不适宜本地区种植的品种或劣质品种，给农业生产和农民利益造成损失。对通过审定的新品种进行登记、保护，是有效合理利用新品种、保护育种者权益和促进育种成果产生最大社会效益和经济效益的基础。新品种保护是新品种保护审批机构对经过人工培育的或者对发现并加以开发的野生植物的新品种，依据授权条件，按照规定程序进行审查，决定该品种能否被授予品种权。品种保护的目的就是保护作物新品种，鼓励培育和使用新品种，是促进农业生产的重要管理措施。科学合理的新品种审定、登记、保护制度是种子产业化成熟完善的标志。

第一节 品种的区域试验与生产试验

一、区域试验

品种区域试验和审定是品种推广的基础。育种单位育成的品种要在生产上推广种植，也必须先经过品种审定机构统一布置的品种区域试验的鉴定，确定其适宜推广的区域范围、推广价值和品种适宜的栽培条件。在此基础上，经各省（自治区、直辖市）或国家品种审定机构组织审定，通过后才能取得品种资格，得以推广。品种区域试验实际上是新品种选育与良种繁育推广承前启后的中间环节，为品种审定和品种布局区域化提供主要依据。目前我国农业农村部规定稻、小麦、玉米、棉花、大豆、油菜和马铃薯共7种主要农作物需审定，省级可再增加1至2种，即最多9种是需审定的作物，其余作物属登记品种。

最近几年，由于我国育种者参加品种审定的试验品种（系）较多，给区域试验带来较大的压力，难以保证区域试验的正常进行，因此，我国大多省份在审定品种的区域试验之前都设有预备试验，对参加预备试验材料的要求是只有一年的品种比较资料数据，且产量比对照增产5%以上即可。预备试验小区采用间比法排列，不设重复；预备试验中表现优异者晋级，获取参加下年品种区域试验的资格。

（一）区域试验的组织体系

品种区域试验分为全国和省（自治区、直辖市）两级。全国区域试验由全国农业技术推广服务中心组织跨省进行,各省的区域试验由各省的种子管理部门与同级农业科学院负责组织。市、县级一般不单独组织区域试验。

对没有设置预备试验的作物品种(系),参加全国区域试验的品种(系),一般由省(自治区、直辖市)的区域试验主持单位或全国攻关联合试验主持单位推荐;参加省(自治区、直辖市)区域试验的品种(系),由各育种单位所在地区品种管理部门推荐。申请参加区域试验的品种(系),必须有2年以上育种单位的品种比较试验结果,性状稳定,显著增产,且比对照增产10%以上;或增产效果虽不明显,但有某些特殊优良性状,如抗逆性、抗病性强,品质好,或在成熟期方面有利于轮作等。

(二)区域试验的任务

由负责区域试验的主持单位根据不同作物的特点制订详细的区域试验实施方案,包括试验设计、田间布置、栽培管理、考种、记载项目和统计分析方法等;安排区域试验和生产试验点、落实试验计划和进度,进行试验总结;并负责向有关专业组提供试验总结材料。具体指标为:①进一步客观地鉴定参试品种的主要特征、特性,主要是新品种的丰产性、稳产性、适应性和品质等性状鉴定,并分析其增产效果和增产效益,以确定其利用价值。②确定各地区最适宜推广的主要优良当家品种和搭配品种。③为优良品种划分最适宜的推广区域,做到因地制宜种植良种,适合当地和最大限度地利用当地自然条件和栽培条件,发挥优良品种的增产潜力。④生产试验是在接近大田生产的条件下,对品种的丰产性、适应性、抗逆性等进行进一步验证,同时总结配套栽培技术。新品种通过区域试验,还可起到示范作用,增加生产者对良种的感性认识,以便进一步推广。⑤每一个生产周期结束后3个月内,向品种审定委员会推荐符合审定条件的新品种。

转基因作物品种的试验应当在农业转基因生物安全证书确定的安全种植区域内安排,具体试验办法由全国品种审定委员会制订并发布。

(三)区域试验的方法

1. 试验设计和田间布置

(1)试验点的选择　品种区域试验一般是将若干个新品种(系)加对照(CK)按随机区组排列,设计多次重复的品种比较试验,进行多年和多点鉴定。多年试验是对新品种审定的要求,一般2~3年;多点试验根据作物的适应性、种子管理部门管辖的地区范围加以安排。每一个品种的区域试验在同一生态类型区不少于5个试验点,试验时间不少于2个生产周期。每一个品种的生产试验在同一生态类型区不少于5个试验点,试验时间不少于1个生产周期。

(2)试验处理的确定　常规的方法应用"唯一差异性原则"。区试中除年份、地点外,处理仅为品种不同的单因素试验。要统一田间设计,统一参试品种,统一供应种子,统一调查项目及观察记载标准,统一分析总结。参试品种的性状必须稳定一致,一组区试不超过15个品种,并选择同类型中推广面积最大、种子质量为原种或一级良种的优良品种作对照。

(3)小区的形状　小区的长宽比和方位对降低田间试验误差起着决定性作用,在相同小区面积上利用狭长的矩形小区可减少试验误差。

(4)小区的方位　地力均匀的平坦地块,小区长边应与整个试验地的长边一致,作物行向与长边相垂直为宜;有坡向的试验地,小区长边应与坡向一致,作物行向与坡向垂直,这样安排可以防止土壤侵蚀。

（5）小区的面积　小麦、水稻等矮秆禾谷类作物适宜的小区面积为 $10\sim20m^2$，玉米、高粱等高秆禾谷类作物为 $30\sim50m^2$，大豆、小豆等豆类作物为 $20\sim30m^2$。应当指出，当小区面积过小时，存在着处理差异与区内竞争相混淆的风险。

（6）重复次数　要想获得无偏的试验误差估计，根据方差分析自由度分解要求，误差的自由度（E_{df}）大于 12 为宜，试验设置重复次数越多，试验误差越小。重复次数的多少，一般还应根据试验所要求的精确度、试验地土壤差异大小、试验材料种子的数量、试验地的面积及小区大小等具体情况来决定，区域试验重复不少于 3 次。

2. 取样、考种与测产

区域试验中，通过样本性状的考察推测其总体，在许多试验中对样本的抽取不规范：一是样本数过少，二是抽样方法存在较多问题。

（1）样本容量　样本容量的大小影响到估算的精度和结论的可靠性。样本容量过小时，往往得到有偏性的数据，因此容易导致理论与实际不相符。金文林对小麦、大麦、水稻、大豆和小豆 5 种作物以及不同遗传组成的群体小区样本平均数估测的样本容量进行了研究，得出较适宜的样本容量与考察的目标性状有关：如株高、节数等变异系数较小的性状取样容量为 $10\sim20$ 株，单株产量及构成因素等变异系数大的性状取样容量应为 30 株，并在测产区中间行连续抽取具有代表性的样本株。

（2）样本株农艺性状考查　样本株取回室内应妥善保存，及时考察预定项目。根据考种植株的原始数据，通过产量构成因素计算出各小区理论产量。理论产量与实测产量相差 10% 以内，样本株考种结果有效，否则样本株不具有代表性。

（3）测产面积和方法　在田间测产时应剔除边行和缺株或与断垄相邻的植株面积。实际测产时应选小区内生长正常、无缺苗断垄的植株群体，准确丈量实际测产面积，同时调查该面积内的植株数或穗数，其测产面积一般占小区面积的 50%~60% 即可，实测实收。

3. 区试资料的统计方法和对品种的评价

作物生育期间应组织有关人员进行检查观摩，收获前对试验品种进行田间评定。试验结束后，各试验点及时整理试验资料，写出书面总结，上报主持单位。作物品种的稳产性及适应性是由作物品种本身基因型、性状与环境综合因素作用的结果，通过试验结果的统计分析可获得相应的信息。统计分析方法主要有常规的多年多点联合方差分析法及秩次分析法。

二、生产试验和栽培试验

（一）生产试验

参加生产试验的品种，应是参试第一、第二年在大部分区域试验点上表现性状优异，增产效果在 10% 以上，或具有特殊优异性状的品种。参试品种除对照品种外一般为 2~3 个，可不设重复。生产试验种子由选育（引进）单位无偿提供，质量与区域试验用种要求相同。在生育期间尤其是收获前，要进行观察评比。

生产试验原则上在区域试验点附近进行，同一生态区内试验点不少于 5 个，进行 1 个生产周期以上。生产试验与区域试验可交叉进行。在作物生育期间进行观摩评比，以进一步鉴定其表现，同时起到良种示范和繁殖的作用。

生产试验应选择地力均匀的田块，也可一个品种种植一区，试验区面积视作物而定。

稻、麦等矮秆作物，每个品种不少于 660m²，对照品种面积不少于 300m²；玉米、高粱等高秆作物 1000～2000m²；露地蔬菜作物生产试验每个品种不少于 300m²，对照品种面积不少于 100m²；保护地蔬菜作物品种不少于 100m²，对照品种面积不少于 67m²（0.1 亩）。

（二）栽培试验

在生产试验以及优良品种决定推广的同时，还应进行栽培试验，目的在于摸索新品种的良种良法配套技术，为大田生产制订高产、优质栽培措施提供依据。栽培试验的内容主要有密度、肥水、播期及播量等，视具体情况选择 1～3 项，结合品种进行试验。试验中也应设置合理的对照，一般以当地常用的栽培方式作对照。当参加区试的品种较少，而且试验的栽培项目或处理组合又不多时，栽培试验可以结合区域试验进行。

三、试验总结

各试验点每年度要按照实验方案要求及田间档案项目标准认真及时进行记载，作物收获后于 1～2 个月内写出总结报告，报送主持单位汇总。

主持单位每年根据各区域试验、生产试验点的总结材料进行汇总，及时写出文字总结材料（包括参试单位、参试品种、试验经过、考察结果，结合各种试验依据和当年气象资料、病虫发生情况，对试验结果进行总结分析）。作物收获后 2～3 个月内将年度试验总结提交给品种审定委员会的专业委员会或者审定小组初审，在 1 个试验周期结束后（包括 2 年生产试验）由主持单位对参试品种提出综合评价意见，作为专业组审定依据。

第二节 新品种审定与品种登记管理

一、品种审定的意义与任务

（一）品种审定的意义

2022 年 3 月修订颁发的《中华人民共和国种子法》中明确规定，主要农作物品种和主要林木品种在推广应用前应当通过国家级或者省级审定，并由相应管理部门发布公告。应当审定的农作物品种未经审定通过的，不得发布广告，不得经营、推广。品种审定就是根据品种区域试验结果和生产试验的表现，对参试品种（系）科学、公正、及时地进行审查、定名的过程。实行主要农作物品种审定制度，可以加强主要农作物的品种管理，有计划、因地制宜地推广优良品种，加强育种成果的转化和利用，避免盲目引种和不良播种材料的扩散，防止在一个地区品种过多、良莠不齐、种子混杂等"多、乱、杂"现象，以及品种单一化，盲目调运等现象的发生。这些都是实现生产用种良种化、品种布局区域化，合理使用优良品种的必要措施。

（二）品种审定的任务

品种审定实际上是对品种的种性和实用性的确认及其市场准入的许可，是建立在公正、科学的试验、鉴定和检测基础上，对品种的利用价值、利用程度和利用范围的预测和确认。主要是通过品种的多年多点区域试验、生产试验或高产栽培试验，对其利用价值、适应范围、推广地区及栽培条件的要求等做出比较全面的评价，一方面为生产上选择应用最适宜的品种，充分利用当地条件，挖掘其生产潜力；另一方面为新品种寻找最适宜的栽培环境条件，发挥其应有的增产作用，给品种布局区域化提供参考依据。我国现在和未来很长一段时期内，对主要农作物实行强制审定，对其他农作物实行自愿登记制度。《中华人民共和国种子法》中明确规定，主要农作物品种在推广应用前应当通过审定。我国主要农作物品种规定为稻、小麦、玉米、棉花、大豆、油菜和马铃薯共7种。各省、自治区、直辖市农业农村行政主管部门可根据本地区的实际情况再确定1~2种农作物为主要农作物，予以公布并报农业农村部备案。如北京市增加大白菜和西瓜2种农作物为主要农作物。原则上，没有大的风险的品种、有一定利用价值的品种都可以被审定。

二、品种审定与登记管理

品种审定是对育成或引进的、经过农作物品种区域试验和生产试验鉴定，表现优良的品种，由国家或地区品种审定委员会评定其利用价值、适应范围和相应的栽培技术的工作。

（一）组织体制

我国主要农作物品种实行国家和省（自治区、直辖市）两级审定制度。农业农村部设立国家农作物品种审定委员会，负责国家级农作物品种审定工作。省级农业行政主管部门设立省级农作物品种审定委员会，负责省级农作物品种审定工作。全国农作物品种审定委员会和省级农作物品种审定委员会是在农业农村部和省级人民政府农业行政主管部门的领导下，负责农作物品种审定的权力机构。

全国农作物品种审定委员会由农业农村部聘请从事品种管理、育种、区域试验、生产试验、审定及繁育推广等工作的专家担任，负责审定适合于跨省、自治区、直辖市推广的国家级新品种，并指导和协调省级品种审定委员会的工作。

省级农作物品种审定委员会一般由农业行政、种子管理、种子生产经营、种子科研、教学等部门及其他有关单位的行政领导、专业技术人员组成，负责该省（自治区、直辖市）的农作物品种审定工作。农作物品种审定委员会办公室负责品种审定委员会的日常工作，品种审定委员会可按作物种类设立专业委员会，委员具有高级专业技术职称或处级以上职务，年龄一般在55岁以下，每届任期5年。

具有生态多样性的地区，省级农作物品种审定委员会可以在辖区的市、自治州设立审定小组，承担适宜于在特定生态区域内推广应用的主要农作物品种初审工作。

农作物品种审定委员会设立主任委员会，由品种审定委员会主任、副主任、各专业委员会主任、各审定小组组长、办公室主任等组成。

（二）审定与登记程序

1. 品种参试申请

稻、小麦、玉米、棉花、大豆以及农业农村部确定的主要农作物品种实行国家或省级审定，申请品种审定的单位或个人（以下简称申请者）可以申请国家审定或省级审定，也可以同时向几个省（自治区、直辖市）申请审定。在中国没有经常居所或者营业场所的外国人、外国企业或者其他组织在中国申请品种审定的，应当委托具有法人资格的中国种子科研或生产经营机构代理。

品种参试必须在播种前2个月将申报表及有关资料报品种审定委员会办公室，品种审定委员会办公室在收到申请书2个月内作出受理或不予受理的决定，并通知申请者。符合

《中华人民共和国种子法》和《主要农作物品种审定办法》规定的申请应当受理,经同级种子管理站审核协调后,通知申请者在 1 个月之内交纳试验费,并无偿提供试验种子,种子质量要符合原种标准。对于交纳试验费和提供试验种子的,安排品种区域试验。逾期不交纳试验费或不提供试验种子的,视同撤回申请。

申请品种参试的,第一年应向品种审定委员会办公室提交申请书。

2. 审定的基本条件

申请审定的品种首先要具备的条件是,人工选育的新品种或发现并经过改良的群体;新品种与现有品种(本级品种审定委员会已受理或审定通过的品种)有明显区别;遗传性状相对稳定,形态特征和生物学特性一致;具有适当的名称。同时还需要提交有关田间试验和室内测定的结果等。

(1)申报省级品种审定的条件　报审品种需在本省经过连续 2～3 年的区域试验和 1～2 年的生产试验,两项试验可交叉进行。特殊用途的主要农作物品种的审定可以缩短试验周期、减少试验点数和重复次数,具体要求由品种审定委员会规定。申请特殊品种的还需对特殊性状在指定测定分析的部门作必要的鉴定。

报审品种的产量水平一般要高于当地同类型的主要推广品种 10% 以上,或者产量水平虽与当地同类的主要推广品种相近,但在品质、成熟期、抗病(虫)性、抗逆性等有一项乃至多项性状表现突出。

要有一定数量的原种(含杂交种亲本)种子,原种质量应达到国家、部、省、市规定的原种标准。果树必须有母株、高接树和多点生产鉴定树的系列调查材料。报审品种均不带检疫性病虫害、杂草种子;报审的杂交种要有成熟的配套制种技术。

报审时,要提交区域试验和生产试验年终总结报告、指定专业单位的抗病(虫)鉴定报告、指定专业单位的品质分析报告、品种特征标准图谱,如植株、根、叶、花、穗、果实的照片和栽培技术及繁(制)种技术要点等相关材料。

(2)申报国家级品种审定的条件　凡参加全国农作物品种区域试验,且多数试验点连续 2 年以上(含 2 年)表现优异,并参加 1 年以上生产试验,达到审定标准的品种;或国家未开展区域试验和生产试验的作物,有全国品种审定委员会授权单位进行的性状鉴定和 2 年以上的多点品种比较试验结果,经鉴定、试验单位推荐,具有一定应用价值或特用价值的品种。同时填写《全国农作物品种审定申请书》,并要附相关证明材料。

经过两个或两个以上省级品种审定部门通过的品种也可报请国家级品种审定,除要附上述相关证明材料外,还要附省级农作物品种审定委员会的审(认)定合格证书、审(认)定意见(复印件)以及其他相关材料。

3. 品种审定申报

(1)申报程序　申请者提出申请(签名盖章)→申请者所在单位审查、核实(加盖公章)→主持区域试验和生产试验单位推荐(签章)→报送品种审定委员会。向国家级申报的品种须有育种者所在省(自治区、直辖市)或品种最适宜种植的省级品种审定委员会签署意见。

(2)申报时间　按照现行规定,申报国家级审定的农作物品种的截止时间为每年 3 月 31 日,各省审定农作物品种的申报时间由各省自定。

(3)品种审定与命名　稻、小麦、玉米、棉花、大豆以及农业农村部确定的主要农作物的品种审定标准,由农业农村部制订。省级农业行政主管部门确定的主要农作物品种的审定标准，由省级农业行政主管部门制订，报农业农村部备案。

对于完成品种区域试验、生产试验和栽培试验程序的品种，由品种审定委员会办公室汇总结果，并提交品种审定委员会专业委员会或者审定小组初审。

初审通过的品种，由专业委员会（审定小组）将初审意见及推荐种植区域意见提交主任委员会审核，审核同意的，通过审定。审定通过的品种，由品种审定委员会编号、颁发证书，并由同级农业行政主管部门发布公告。

省级品种审定多由专业组（委）进行初审后向品种审定委员会推荐报审品种。品种审定办公室依据推荐意见和申报材料整理提案，于会前呈送品种审定委员会各委员，然后由品种审定委员会统一审定、命名、发布。省级品种审定委员会审定合格的品种报全国品种审定委员会备案。引进品种一般采用原名，不得另行命名。

审定通过的品种，由申请者提供一定数量的育种种子交给有关种子推广部门，加速繁殖推广，并编写品种说明书，说明品种来源、选育年代、特征特性、适宜推广地区、栽培技术要点及制种技术等。

审定通过的品种，原申请者对其个别性状进行改良的，品种名称不得使用原名称，但应明确表明与原品种有关。经营、推广前应当报经原品种审定委员会审定。品种审定委员会可不另行安排区域试验和生产试验，仅就改良性状作1~2个生产周期的试验进行验证。

4. 审定品种公告

通过国家级审定的主要农作物品种由国务院农业行政主管部门公告，可以在全国适宜的生态区域推广。通过省级审定的主要农作物品种由省、自治区、直辖市人民政府农业行政主管部门公告，可以在本行政区域内适宜的生态区域推广；相邻省、自治区、直辖市属于同一适宜生态区的地域，经所在省、自治区、直辖市人民政府农业行政主管部门同意后可以引种。

审定通过的品种在相应的媒体上发布。省级品种审定公告应当报国家品种审定委员会备案。审定公告公布的品种名称为该品种的通用名称。审定通过的品种，在使用过程中如发现有不可克服的缺点，由原专业委员会或者审定小组提出停止推广建议，经主任委员会审核同意后，由同级农业行政主管部门公告。

第三节　植物新品种保护与合理利用

一、植物新品种保护的意义及概念

（一）植物新品种保护的重要意义

植物新品种作为育种家的智力劳动成果，在农业生产的增产、增收和品质改善中发挥着至关重要的作用。植物新品种保护，又称育种者权力，是与著作权、专利权等一样属于知识产权的范畴。因为培育新品种需要大量的投资，包括人才、技术、资源、物质和资金，以及花费很长的时间。而且随着农业生产水平的提高，育成一个品种所需要的技术越来越复杂，相应投资也越来越大。但是，由于植物新品种的可控性差，容易在试验、示范或者生产过程中被他人通过各种手段获取，若新品种一旦落入他人之手，即没有失而复得的机会。如果没有育种者权力，他人可以任意繁殖生产销售该品种的种子，育种者期望从新品种的推广利用过程中收回其成本，为进一步投资积累必要资金的目标将难以达到，该品种经济效益化为乌有。

植物新品种保护是国际间公认的对植物品种进行管理的重要措施。《中华人民共和国植物新品种保护条例》（以下简称《条例》）第六条规定："完成育种的单位或者个人对其授权品种，享有排他的独占权。任何单位或者个人未经品种权所有人许可，不得为商业目的生产或者销售该授权品种的繁殖材料，不得为商业目的将该授权品种的繁殖材料重复使用于生产另一品种的繁殖材料。"因此，有效的植物新品种保护制度，对农业领域倡导包括植物新品种在内的知识产权进行保护，才能保障农业科研人员的应有权益，激励农业技术持续创新能力的提升和实现农业科技资源的有效配置，才能规范农村市场经济秩序，并以自主知识产权参与国内、国际市场的竞争。如果我们对植物新品种权保护不力，就难以吸引外国科研人员将最新的繁殖材料带到中国市场来，更难得到国际先进技术和市场的支持。

（二）植物新品种保护的有关概念

1. 植物新品种

植物新品种是指经过人工培育的或者对发现的野生植物加以开发，具备新颖性、特异性、一致性和稳定性并有适当命名的植物品种。

2. 植物新品种权（品种权）

完成育种的单位或者个人对其授权品种享有排他的独占权，任何单位和个人未经品种权所有人许可，不得为商业目的生产或者销售该授权品种的繁殖材料，不得为商业目的将该繁殖材料重复用于生产另一品种的繁殖材料。

3. 品种权申请人

品种权申请人指申请品种权的单位或者个人。获得品种权的单位或者个人统称为品种权人。

4. 职务育种

职务育种是指执行本单位的任务或者主要是利用本单位的物质条件（本单位的资金、仪器设备、试验场地以及单位所有或者持有的尚未允许公开的育种材料和技术资料等）所育成的品种。在《中华人民共和国植物新品种保护条例实施细则》中规定：①在本职工作中完成的育种。②履行本单位交付的本职工作之外的任务所完成的育种。③退职、退休或者调动工作后，三年内完成的与其在原单位承担的工作或者原单位分配的任务有关的育种，都属于职务育种。职务育种育成的植物新品种的申请权属于该单位。

5. 非职务育种

单位的职工育种不属于本职工作范围，不是单位交付的任务，也不是利用单位的物质条件育成的品种，植物新品种的申请权属于完成育种的人。

6. 完成新品种育种的人（培育人）

培育人指对新品种培育做出创造性贡献的人。完成新品种育种的单位或个人都可称为培育人。仅负责组织管理工作、为物质条件提供方便或者从事其他辅助工作的人不能被视为培育人。

7. 委托育种或者合作育种

品种权的归属由当事人在合同中约定；没有合同约定的，品种权属于受委托完成或者共同完成育种的单位或者个人。

8. 植物新品种的申请权和品种权的转让

一个植物新品种只能授予一项品种权,品种权授予最先申请的人;同一个新品种不能由两个以上申请人分别同时申请品种权。同时申请的,植物新品种保护办公室可以要求申请人在指定期限内提供证据证明自己是最先完成新品种育种的人。逾期不提供证据或者所提供证据不足以作为判定依据的,由申请人自行协商确定申请权的归属;协商达不成一致意见的,植物新品种保护办公室可以驳回申请。

植物新品种的申请权和品种权可以依法转让。

二、我国植物新品种保护体系

(一)组织体系

我国植物新品种保护工作是由农业农村部和国家林业和草原局两个部门负责。农业农村部为我国粮、棉、油、麻等植物新品种权的审批机关,依照《条例》规定,授予植物新品种权。农业农村部新品种保护办公室承担品种权申请的受理和审查任务,以及管理其他有关事务。

(二)授予品种权的条件

申请品种权的植物新品种应当属于国家植物保护名录中列举的植物的属或种,同时申请品种权的植物新品种还须符合《条例》规定的新颖性、特异性、一致性和稳定性及命名要求。我国植物新品种保护名录由农业农村部确定和公布,首批列入农业植物新品种保护名录的属或者种是:水稻、玉米、大白菜、马铃薯等,不在保护范围内的植物新品种不能申请品种权。

(三)品种权的申请和受理

1. 申请材料

《条例》规定提交的各种手续,应当以书面形式办理。提交的各种文件应当使用中文,采用国家统一中文译文的,应当注明原文。当事人向农业农村部植物新品种保护办公室和复审委员会提交的各种文件应当打字或印刷,字迹呈黑色,并整齐清晰。申请文件的文字部分应当横向书写,且纸张只限单面使用。

当事人提交的各种文件和办理其他手续,应当由申请人、品种权人、其他利害关系人或者其代表人签字或者盖章;委托代理机构的,由代理机构盖章。请求变更培育人姓名、品种权申请人和品种权人的姓名或名称、国籍、地址、代理机构的名称和代理人姓名的,应当向农业农村部植物新品种保护办公室和复审委员会办理著录事项变更手续,并附具变更理由的证明材料。申请品种权的,应提交请求书、说明书、照片等相关材料。

2. 材料受理和处理

当事人递交各种文件时可以直接递交,也可以邮寄。邮寄时应当使用挂号信函,不得使用包裹,一件信函中应当只包含同一申请文件。品种权申请文件中要求请求书、说明书、照片齐全,文件要使用中文,符合规定格式,打印后装订整齐,字迹清楚,不得有涂改,并标注申请人姓名或单位名称、地址、邮政编码,其中任何一项达不到要求的,均不予受理。

农业农村部植物新品种保护办公室认为必要时,申请人应当送交申请品种和对照品种的繁殖材料，用于申请品种的审查和检测。申请人送交的繁殖材料应当与品种权申请文件中所描述的该植物新品种的繁殖材料相一致，并不得受到意外的损害和药物的处理，无检疫性的有害生物。

3. 优先权的处理

依照《条例》第二十三条规定，申请人自在外国第一次提出品种权申请之日起12个月内，又在中国就该植物新品种提出品种权申请的，依照该外国同中华人民共和国签订的协议或者共同参加的国际条约，或者根据相互承认优先权的原则，可以享有优先权。

申请人要求优先权的，应当在申请时提出书面说明，并在3个月内提交经原受理机关确认的第一次提出的品种权申请文件的副本；未依照本条例规定提出书面说明或者提交申请文件副本的，视为未要求优先权。

4. 外国人品种权的申请和受理

在中国没有经常居所的外国人、外国企业或者其他外国组织向农业农村部植物新品种保护办公室提出品种权申请的，应当委托该办公室指定的涉外代理机构办理。手续与国内申请人相同。若要申请品种权或者要求优先权的，必要时，可以要求其提供有关文件：①国籍证明。②申请人是企业或者其他组织的，其营业场所或总部所在地的证明。③外国人、外国企业、外国其他组织的所属国，承认中国单位和个人可以按照该国国民的同等条件，在该国享有品种申请权、优先权和其他与品种权有关的权利的证明文件。

（四）品种权的审查与批准

1. 回避

在初步审查、实质审查、复审和无效宣告程序中进行审查和复审的人员中，是当事人、其代理人近亲属的，或与品种权申请、品种权有直接利害关系的，或与当事人、代理人有其他关系，可能影响公正审查和审理的，应当自行回避。当事人或者其他利害关系人也可以要求其回避。审查人员的回避由农业农村部植物新品种保护办公室决定，复审人员的回避由农业农村部决定。

2. 审查

申请人缴纳申请费后，审批机关对品种权的申请进行必要的初步审查，初审合格，申请人按照规定缴纳审查费后，审批机关对品种权申请的特异性、一致性和稳定性进行实质审查。实质审查主要依据申请文件和其他有关书面材料，必要时，指定测试机构进行测试或进行实地考察。

自品种权申请初审合格公告之日起至授予品种权之日前，任何人均可以对不符合《条例》规定的品种权申请向农业农村部植物新品种保护办公室提出异议，说明理由。

3. 品种权的无效宣告

依照《条例》的规定，任何单位或者个人请求宣告品种权无效的，应当向复审委员会提交品种权无效宣告请求书和有关文件，说明所依据的事实和理由。

复审委员会将品种权无效宣告请求书的副本和有关文件的副本送交品种权人，要求其在指定的期限内陈述意见。期满未答复的，不影响复审委员会审理。依照《条例》第三十七条第一款规定，复审委员会对一项授权品种作出更名决定后，由审批机关登记和公告；办公室及时通知品种权人，并更换品种权证书。

4. 复审

对审批机关驳回品种权申请的决定不服的，申请人可以自收到通知之日起 3 个月内向植物新品种复审委员会请求复审。

农业农村部定期发布植物新品种保护公报，公告与品种权有关内容。

（五）侵权案件的处理

未经品种权人许可，以商业目的生产、销售授权品种的繁殖材料的行为称为品种侵权行为。《条例》第三十九条规定的侵权案件，由侵权行为发生地的省级农业行政部门管辖；两个以上省级农业行政部门都享有管辖权的侵权案件，应当由先立案的省级行政部门管辖；省级农业行政部门对侵权案件管辖权发生争议时，由农业农村部指定管辖；农业农村部在必要时可以直接处理侵权案件。省级农业行政部门认为侵权案件重大、复杂，需要由农业农村部处理的，可以报请农业农村部处理。

（六）植物新品种复审

农业农村部专门成立了农业农村部植物新品种复审委员会（以下简称复审委员会），负责审理驳回品种权申请的复审案件、品种权无效宣告案件和新品种更名案件。复审委员会依法独立行使审理权，并作出审理决定。

复审委员会坚持以事实为依据，以法律为准绳，依法公正、客观地审理案件。当事人在复审中的法律地位一律平等。复审委员会主要依据书面材料进行审理。

（七）品种权的保护期限

我国植物新品种权的保护期限，自授权之日起，藤本植物、林木、果树和观赏树木为 20 年，其他植物为 15 年。申请品种权和办理其他手续时，应当按照国家有关规定向农业农村部缴纳申请费、审查费、年费和测试费。品种权人自被授予品种权的当年开始缴纳年费，并按照审批机关的要求提供用于检测的该授权品种的繁殖材料。当品种权人以书面声明放弃品种权，或未按规定缴纳年费，或未按审批机关的要求提供检测所需的该授权品种的繁殖材料的，或经检测该授权品种不再符合被授予品种权时的特征特性的，该品种权终止，由审批机关登记和公告。

三、品种保护与品种审定的区别

植物品种是人类在一定的生态和经济条件下，根据其需要所选育的某种栽培植物群体。该群体具有相对稳定的遗传特性，在生物学、形态学及经济性状上表现为相对一致性，而与同一栽培植物的其他群体在特征特性上有所区别，在相应地区和种植条件下可以种植或栽培，在产量、抗性、品质等方面都能符合生产发展的需要。审定品种必须符合生产需要，其丰产性、优质性和抗逆性等能直接为生产利用，是育种选育的结果。品种参加审定需要具备 3 个基本条件，即特异性、一致性和稳定性，也即品种的 DUS 三性。新品种保护就是围绕审定通过的植物新品种的品种权这个核心开展工作的。品种权是智力劳动成果，是一种无形资产，其功能和作用需要通过种子、种苗等有形资产作为载体进行物化。《条例》规定：植物新品种，是指经过人工培育的或者对发现的野生植物加以开发，具备新颖性、特异性、一致性和稳定性，并有适当命名的植物品种。品种审定与品种保护的区别主要表现在：①品种审定的新品种可以是新育成的品种，也可以是新引进的品种，具品种权的新品种既可以是新育成的品种，也可以是对发现的野生植物加以开发所形成的品种。②品种审定的品种是对比对照品种有优良的经济性状的新培育的品种和引进品种。品种保护是对国家保护名录之内具备新颖性、特异性、一致性和稳定性并具有适当命名的植物品种授予品种权,品种来源可以是国内的,也可以是国际的。要求品种权保护的新品种除了具备品种审定要求的相对稳定的遗传特性,生物学、形态学性状具有相对一致性,并与其他植物品种在特征特性上有所区别的特异性外,还须具有新颖性和适当的名称。尤其是新颖性,通过审定的新品种在申请保护之前是不可以在市场上出售或者在市场上出售不超过条例规定时间的。品种审定强调新品种的经济性状。通过审定的新品种,一定可以在农业生产中推广应用,但是通过品种保护审查程序获得品种权的新品种,有的可以通过品种审定推广应用,但是有的因其经济性状的缘故不能在生产中推广,但是可以作为育种科研的繁殖材料。③我国品种保护的受理、审查和授权集中在国家一级进行,由植物新品种保护审批机构负责。而品种审定采用国家和省两级审定,由品种审定委员会负责。二者批准授权依据不同的法规条例。新品种保护证书是授予育种家一种财产独占权,品种审定证书是该品种进入市场的推广许可证。取得品种权的品种要生产推广应用还须经过品种审定或者认定,通过品种审定的新品种要取得法律保护就需要提出品种权申请。审定品种没有严格的生产推广应用时间限制。获得品种保护的品种是有时间限制的,超过有效期限该品种将不受保护。

 思考题

1. 名词解释

作物新品种　区域试验　生产试验　栽培试验　品种审定　植物新品种　职务育种　非职务育种　品种权　合作育种　委托育种　品种权申请人

2. 简述品种区域试验的目的与任务。
3. 简述品种审定的申报程序。
4. 植物新品种保护的意义何在?
5. 简述植物新品种保护与品种审定的区别。

技能实训14-1　品种(系)区域试验总结

一、试验目的

为了选拔和推广适应农业生产中各种不同自然区域的农作物新品种,尽快地提高农作物的产量和品质,本试验对育种单位和个人新选育的品系、新杂交种的丰产性、适应性、抗逆性等进行鉴定,为审定推广高产、优质、熟期适合、抗性强、适合机械化作业的新品种提供科学的依据。

二、试验材料以及地点

按省或国家每年下发的布点表进行。现以辽宁省2010年玉米区域试验(部分材料)为例说明如下:供试材料分为中熟组、中晚熟组、晚熟组、极晚熟组四组。

1. 中熟组

①美育99,②瑞德7号,③屯玉80,④国富一号,⑤SN696,⑥辽单565(CK),⑦吉单528,⑧海玉11,⑨宁玉524。

2. 中晚熟组

①石玉9号，②先玉696，③津玉60，④华农181，⑤沈87，⑥郑单958（CK），⑦美锋0808，⑧金山26，⑨新引KXA4574。

3. 晚熟组

①佳尔919，②华单25，③金洲1号，④吉兴688，⑤屯玉60，⑥丹玉39（CK），⑦金城508，⑧中科11号，⑨万佳25。

4. 极晚熟组

①海2416，②LB084，③华英40，④铁348，⑤丹科2280，⑥丹玉402（CK），⑦金育080，⑧普试518，⑨BS468。

三、试验方法

1. 田间设计

采用随机区组法，4次重复，各个重复之间的相同材料避免排在一条直线上，实验材料少于3份可用对比法，重复3次，重复间留步道1m，试验小区周围设2m以上保护行，宽度以3～5行为宜。

2. 小区面积和密度

不同作物小区面积和密度不尽一致，例如玉米小区行长10m，行距0.6～0.7m，4～5行区。小麦小区行长10m，行距0.15m，10行区。

各种作物的密度均按当地常用种植密度。

3. 试验地的选择与整地

选择有代表性的土壤，地势平坦，肥力均匀，前茬一致，地板干净，最好有排灌条件。防止重茬和迎茬。对秋翻地应在早春化冻后及时整地，做到整细保墒。试验区不宜靠近建筑物或有林木遮蔽，并应有利于防止人畜损害。

4. 播种与施肥

播前要进行发芽试验。根据发芽率，考虑田间损失率，计算小区播种量。机械播种机单口流量差±2%。根据小区播种量进行种子分装。谷、糜、麦稻、亚麻等作物要按行定量包装，机械或人播时必须注意同一行内的均匀。分装后的种子袋要用铅笔清楚标明重复号、小区号、品种名称或代号。

要在当地适宜时期播种，技术执行人员必须始终在场，亲自检查种子袋的标记和小区标牌的区号是否相符。播完的种子袋，必须压放在本小区地头，待全试验区播完后再复查一次，整个试验要在当天种完。然后固定标牌，并检查是否与田间布置图完全相符。

马铃薯区域试验在切割种薯时，如发现坏腐病薯时，要丢掉病薯，并将切刀用开水煮沸15min，或用酒精等药物消毒。

施肥数量应不低于大面积生产田的施肥水平，施化肥时应注意防止烧苗。

5. 田间管理与收获

人工及时间苗、定苗，缺苗小区要及时进行移苗或补苗（种），并做好标记。玉米补种高粱等，收获时剔除。严禁高矮棵作物交替补种。小麦、玉米等区域试验均不用化学除草。

适时铲趟（即深松和中耕），连续作业，每一项目田间操作力求一致，一项作业必须同一天内完成。易受麻雀危害的作物，应从乳熟期到成熟期设专人看雀，或设防麻雀措施。

收获要及时。收获前要对证田间标牌与品种是否相符，田间调查项目是否有遗漏，并应及时地补充和订正。成熟一区收一区，收获时应去掉小区两侧的边行和小区两头各0.5m

的植株。玉米还应去掉缺株未补的两临株,缺株15%以上的小区作废。收割的植株捆小捆,轻拿轻放,减少落粒。每捆拴两个标牌,用铅笔注明名称、小区号及捆数。玉米收获的果穗,按小区装入网袋,同时拴两个标牌。晒干后及时脱粒。每脱完一个材料,应将脱谷机或场地彻底清扫干净。严防品种混杂。

四、田间调查和室内考种

现以小麦、玉米田间调查和室内考种举例如下。

1. 小麦调查项目

田间项目:播种期、出苗期、抽穗期、成熟期、生育日数、抗旱性、耐湿性、抗倒伏性、落粒性、秆锈病、叶锈病、根腐病、赤霉病、叶枯病,散黑穗病及收获密度。

室内项目:株高、穗长、小穗数、黑胚率、饱满度、千粒重、容重、小区实收面积、每平方米穗数、小区产量、亩产量。

2. 玉米调查项目

田间:播种期、出苗期、幼苗强弱、抽丝期、成熟期、植株整齐度、大斑病级、丝黑穗病、瘤黑粉病、倒伏程度、株高、穗位、空秆率、双穗率、活动积温、茎粗。

室内:穗型、籽粒类型、穗粒齐度、穗长、穗粗、秃尖、粒色、粒行数、百粒重、籽粒出产率、单株产量、小区实收株数、小区产量、亩产量。

五、试验结果统计分析

要求数据可靠,计算精确,步骤清晰,处理意见明确。为了便于各试验点统计分析,现举例如下,供参考。

例如:玉米品种区域试验结果统计分析方法和步骤。2011年玉米品种早熟组区域试验,共有A、B、C、D、E、F六个品系。其中E品种为对照,采取随机区组设计,4次重复,小区面积35m^2(表14-1)。

表14-1 玉米品种区域试验产量结果表

组合	产量				总计	平均产量/斤	平均亩产/斤
	I	II	III	IV			
A	49.92	50.71	52.92	56.80	210.35	52.59	1001.27
B	50.35	46.35	46.46	42.58	185.74	46.44	884.48
C	46.20	38.11	44.36	44.78	173.45	43.36	825.71
D	42.26	45.15	42.10	43.78	173.29	43.32	824.86
E	38.32	45.36	38.95	40.63	163.26	40.82	777.12
F	36.54	40.90	40.63	39.06	157.13	39.28	747.94
总计 T	263.59	266.58	265.42	267.63	1063.22		

第一步:应根据每个试验材料的实收面积和实收产量,列出"产量原始数据表"。

第二步:根据"产量原始数据表"换算列出"小区产量结果表"。如果实收面积小于小区面积时,应将小区原始数据换算成小区产量,换算公式:

小区产量=实收产量(斤)/实收面积(m^2)×小区面积(m^2)

或小区产量=实收产量(斤)/实收株数×小区株数(株)

第三步:试验材料间的差异显著性测验。

1. 求矫正值（C）

$$C=(\sum x)^2/N=(T)^2/(n\times r)=1063.22^2/(4\times 6)=47101.53$$

式中，C 为矫正值，N 为小区总数，n 为重复次数，r 为品种数，x 为各小区产量，T 为各小区产量总计。

2. 自由度和平方和的分解

自由度的分解：DF（总）$=nr-1=24-1=23$　DF（区组）$=n-1=4-1=3$　DF（品种）$=r-1=6-1=5$　$DF_e=DF$（总）$-DF$（区组）$-DF$（品种）$=15$

平方和分解：SS_T（总）$=\sum x^2-C=49.92^2+50.71^2+52.92^2+56.80^2+\cdots+39.60^2-C$
$=47697.02-47101.53=595.49$

SS_t（区组间平方和）$=\sum T_t^2/r-C=263.59^2+266.58^2+265.42^2+267.63^2/6-C=1.50$

SS_r（品种间平方和）$=\sum T_r^2/n-C$
$=210.35^2+185.74^2+\cdots+157.13^2/4-C=47551.12-C=449.59$

SS_e（误差平方和）$=SS_T-SS_t-SS_r=595.49-1.50-449.59=144.40$

3. 方差分析（表 14-2）

表14-2　方差分析表

变异来源	自由度（DF）	平方和（SS）	方差（MS）	F	F（0.05）	F（0.01）
区组	3	1.50	0.50	0.05	3.92	5.42
品种	5	449.59	89.92	9.34**	2.90	4.56
机误	15	144.40	9.63			
总计	23	595.49				

注：**表示差异达到0.01水平。

根据误差自由度即小均方值的自由度 15 和区组、品种自由度查 F 表，得到 F（0.05）和 F（0.01）的值，列入表中。由于区组 $F=0.05$，小于 F（0.05）$=3.29$，说明区组间差异不显著；品种 $F=9.34$，大于 F（0.01）$=4.56$，说明品种间差异极显著。数据说明 6 个供试验材料存在本质差异，须进一步进行多重比较，测定各供试材料间差异显著程度。如果供试材料间差异不显著时，就不进行多重比较了。

4. 多重比较 [采用 LSR 法（最小显著极差法）中的新复极差测验 SSR 测验]

计算平均数的标准误 $S_E=\sqrt{\dfrac{MS_e}{n}}=\sqrt{\dfrac{9.63}{4}}=1.55$

再查 SSR 表，查得在 S_e^2 所具有的自由度下，$P=2$、3、4、$\cdots\cdots$、K 时的 SSR_a 值（P 为某两极差间所包含的平均数个数）

因为 $LSR_a=S_E\times SSR_a$，所以进而算得各个 P 值下的最小显著极差 LSR_a（表 14-3）。

表14-3　新复极差测验的最小显著极差（LSR值表）

P	2	3	4	5	6
SSR_a（0.05）	3.01	3.16	3.25	3.31	3.36
SSR（0.01）	4.17	4.37	4.50	4.58	4.64
LSR（0.05）	4.67	4.90	5.04	5.13	5.21
LSR（0.01）	6.46	6.77	6.98	7.10	7.19

根据上表可测验各品种区域试验平均产量的差异显著性。将各品系产量平均数按大小顺序排列（表 14-4）。

表14-4　列产量差异比较表

组合	平均产量/斤	差异					差异显著性	
							5%	1%
A	52.95						a	A
B	46.44	6.15*					b	AB
C	43.36	9.23**	3.08				bc	B
D	43.32	9.27**	3.12	0.04			bc	B
E（CK）	40.82	11.77**	5.62*	2.54	2.50		C	B
F	39.28	13.31**	7.16**	4.08	4.04	1.54	C	B

注：*表示差异达到5%，**表示差异达到1%水平。

六、结论

1. 试验材料 A 较对照品种 E 增产，达到极显著水平。
2. 试验材料 B 较对照品种 E 增产，达到显著水平；同时，较试验材料 F 增产达到极显著水平；与参试材料 C、D 无明显差异。
3. 试验材料 C、D 比对照品种增产，但差异不显著。
4. 试材 F 比 CK 品种减产，但差异不显著。

最后，根据产量差异比较结果、田间调查和室内考种以及群众鉴评等项，对各供试材料进行综合评定，并提出处理意见。

七、作业

1. 简述品种（系）区域试验的试验方法？
2. 何谓品种区域试验？品种区域试验的目的是什么？
3. 品种区域试验是如何设计的？分几次重复？
4. 根据 2008 年我国北方春小麦早熟组区域试产量结果（表 14-5），试对其进行统计分析。

表14-5　2008年我国北方春小麦早熟组区域试验结果

品系	小区产量/斤				T_r	X-r
	I	II	III	IV		
长春9号	12.10	11.50	12.00	11.80	47.40	11.85
冰瑞15	10.50	10.20	9.90	8.60	39.20	9.80
辽春17号（CK）	7.00	7.75	8.15	8.10	31.00	7.75
赤麦7号	10.35	10.00	10.15	10.10	40.60	10.15
T_t	39.95	39.45	40.20	38.60	T=158.20	
X-t	9.99	9.86	10.05	9.65		

注：仅部分材料，且数据已经改动，不是原始数据，只为教学用，无其他目的。

参考文献

[1] 北京农业大学作物育种教研室.植物育种学.北京：北京农业大学出版社，1989.
[2] 蔡旭.植物遗传育种学.2版.北京：科学出版社，1988.
[3] 郭才，霍志军.植物遗传育种及种苗繁育.北京：中国农业大学出版社，2006.
[4] 高荣岐，张春庆.作物种子学.北京：中国农业科学技术出版社，1997.
[5] 胡延吉.植物育种学.北京：高等教育出版社，2003.
[6] 景士西.园艺植物育种学总论.北京：中国农业出版社，2000.
[7] 李雅志.无性繁殖植物辐射育种的新方法.北京：原子能出版社，1991.
[8] 李浚明.植物组织培养教程.北京：中国农业大学出版社，2002.
[9] 林忠平.走向21世纪的植物分子生物学.北京：科学出版社，2000.
[10] 刘秉华.作物改良理论与方法.北京：中国农业科学技术出版社，2001.
[11] 卢庆善，孙毅，华泽田.农作物杂种优势.北京：中国农业科学技术出版社，2000.
[12] 潘家驹.作物育种学总论.北京：中国农业出版社，1994.
[13] 秦泰辰.杂种优势利用原理和方法.南京：江苏科学技术出版社，1981.
[14] 王蒂.植物组织培养.北京：中国农业出版社，2004.
[15] 王关林，方宏筠.植物基因工程.北京：科学出版社，2002.
[16] 王建华，张庆春.种子生产学.北京：高等教育出版社，2006.
[17] 王孟宇，刘弘.作物遗传育种.北京：中国农业大学出版社，2009.
[18] 王云生.作物育种及良种繁育.牡丹江：黑龙江朝鲜民族出版社，1985.
[19] 昊兆苏.小麦育种学.北京：中国农业出版社，1990.
[20] 吴乃虎.基因工程原理.北京：科学出版社，1998.
[21] 西北农学院.作物育种学.北京：农业出版社，1981.
[22] 夏英武.作物诱变育种.北京：中国农业出版社，1997.
[23] 尹承佾，傅焕延.现代植物育种.北京：农业出版社，1991.
[24] 颜启传.种子学.北京：中国农业出版社，2000.
[25] 张宝石.作物育种学.北京：中国农业科学技术出版社，1996.
[26] 张天真.作物育种学总论.北京：中国农业出版社，2003.
[27] 董炳友.作物良种繁育.北京：化学工业出版社，2011.
[28] 胡虹文.作物遗传育种.北京：化学工业出版社，2010.
[29] 弓利英.种子法规与实务.北京：化学工业出版社，2011.
[30] 纪英.种子生物学.北京：化学工业出版社，2009.
[31] Mohan M，et al.Genome mapping, molecular markers and marker-assisted selection in crop plants. Molecular Breeding，1997（3）：87-103.
[32] Poehlman J M.Breeding Field Crops.2nd ed.Westport, Connecticut：AVI Publishing Company，2007：13-27.